高等职业教育本科教材

化工自动化及仪表

王银锁　主　编
李海霞　杜青青　副主编
丁　炜　主　审

HUAGONG
ZIDONGHUA
JI YIBIAO

化学工业出版社
·北京·

内容简介

本书主要介绍压力、流量、物位、温度及成分变量检测仪表的基本结构、工作原理、使用方法、故障现象分析和安装注意事项；过程控制系统的基本概念、组成、过渡过程形式、质量指标和控制器参数对系统过渡过程的影响；简单、串级、均匀、比值等控制系统的结构、特点、应用场合等；介绍了新型控制系统、集散控制系统、典型单元操作和生产过程控制方案等。部分项目中编写了实训指导，通过一边学习理论知识，一边进行实际操作训练，将理论与实践紧密结合起来，真正实现国家职业教育标准要求的培养目标。

本书可作为职业本科教育、继续教育等院校的应用化工技术专业、精细化工技术专业、煤炭清洁利用工程专业、化工智能制造技术专业和高分子材料工程专业等的教材，可作为炼油、化工、医药、煤矿等相关企业的职业技能培训教材或参考书。

图书在版编目（CIP）数据

化工自动化及仪表/王银锁主编；李海霞，杜青青副主编．—北京：化学工业出版社，2022.10（2024.9 重印）

ISBN 978-7-122-42551-5

Ⅰ.①化… Ⅱ.①王…②李…③杜… Ⅲ.①化工仪表-教材②化工过程-自动控制-教材 Ⅳ.①TQ056

中国版本图书馆 CIP 数据核字（2022）第 212773 号

责任编辑：王海燕 提 岩　　文字编辑：吴开亮

责任校对：王 静　　装帧设计：李子姮

出版发行：化学工业出版社（北京市东城区青年湖南街 13 号 邮政编码 100011）

印 装：河北延风印务有限公司

787mm×1092mm 1/16 印张 17 字数 416 千字　2024 年 9 月北京第 1 版第 2 次印刷

购书咨询：010-64518888　　售后服务：010-64518899

网 址：http://www.cip.com.cn

凡购买本书，如有缺损质量问题，本社销售中心负责调换。

定 价：49.90 元

前言

随着科学技术的飞速发展，自动化技术已成为当代备受关注的技术之一。由于化工生产过程连续化、大型化、复杂化，工艺生产技术人员需要学习和掌握必要的检测技术及自动化方面的知识。为了满足生产过程的需求，适应高职本科教育的发展，作者编写了《化工自动化及仪表》。

本书以加强实践能力培养为原则，突出应用性和针对性。本教材注重内容的实用性、先进性、通用性和典型性，突出高等职业本科教育注重实践技能训练和动手能力培养的特色，培养学生精益求精的大国工匠精神，教材遵循职业本科培养人才的原则，精选教学材料，精心设计实训项目。

本书以过程控制系统的内容为主线，主要介绍过程控制系统的基本概念、组成、过渡过程形式、质量指标和控制器参数对系统过渡过程的影响；压力、流量、物位、温度及成分等变量的检测方法，检测仪表的基本结构、工作原理和使用方法；简单、串级、均匀、比值等过程控制系统的结构、特点、应用场合等。还介绍了新型控制系统、集散控制系统、典型单元的控制方案等。模块七典型化工单元的控制案例中，压缩机、精馏塔和锅炉的控制方案设计，体现了党的二十大精神中的坚持降碳减污、节约集约、绿色低碳的发展思想。有些项目编写了实训指导，通过一边学习理论知识，一边进行实际操作训练，将理论与实践紧密结合起来，工学结合，案例教学，可实现国家职业教育标准要求的培养目标。每个项目后面给出了习题与思考，供广大师生参考。

本书分为七个模块，授课总计约 70 学时。授课教师可根据本校情况，对书本中的内容进行选择、补充、删节等处理，拟定实施性授课计划，以满足教学需要。

本书由王银锁任主编，李海霞、杜青青任副主编，丁炜主审。具体编写分工如下：模块一由兰州石化职业技术大学王银锁编写；模块二项目一~ 项目四由兰州石化职业技术大学张富玉编写；模块二项目五、项目六，模块七项目一~ 项目三和附录由华北制药集团新药研究开发有限责任公司冯曦编写；模块二项目七、项目八由中国石油兰州石化公司乙烯厂董志富编写；模块三、模块五的项目二~ 项目六由兰州石化职业技术大学李海霞编写；模块四、模块六由兰州石化职业技术大学杜青青编写；模块五的项目一由中国石油兰州石化公司机电仪运维中心严新亮编写；模块七项目四由辽宁石油化工大学刘素枝编写；王银锁负责全书统稿工作。

在本书编写过程中，得到了兰州石化职业技术大学和中国石油兰州石化公司等单位的大力支持和帮助，编者在此致以诚挚的谢意！

由于编者水平有限，书中难免存在不妥之处，恳请读者批评指正。

编者

2023 年 5 月

模块一　自动控制系统基本知识

项目一　化工自动化及仪表概述　2

一、化工自动化及仪表技术发展概况　2

二、化工仪表的分类　3

三、化工自动化系统的分类　3

习题与思考　4

项目二　自动控制系统的组成及分类　5

一、自动控制系统的组成　5

二、自动控制系统的分类　8

习题与思考　9

项目三　自动控制系统的过渡过程及其质量指标　11

一、静态与动态　11

二、自动控制系统的过渡过程　11

三、过渡过程的质量指标　11

四、影响质量指标的主要因素　16

习题与思考　16

模块二　过程检测及仪表

项目一　过程检测及仪表的基本知识　19

一、测量过程　19

二、测量误差　19

三、仪表性能指标　20

四、检测仪表的分类　22

习题与思考　22

项目二　压力检测及仪表　23

一、概述　23

二、常用压力检测方法及仪表 24
三、弹性式压力计 25
四、电气式压力计 26
五、智能型压力变送器 27
六、压力仪表的选择与安装 28
七、弹簧管压力表的校验 30
习题与思考 33
项目三　流量检测及仪表 34
一、概述 34
二、差压式流量计 34
三、转子流量计 37
四、椭圆齿轮流量计 38
五、涡轮流量计 39
六、电磁流量计 39
七、旋涡流量计 40
八、超声波流量计 41
九、质量流量计 43
十、流量检测仪表的选用 43
十一、智能差压变送器的校验 44
习题与思考 45
项目四　物位检测及仪表 47
一、差压式液位变送器 47
二、浮力式液位计 48
三、电容式物位计 50
四、雷达式液位计 51
五、射线式物位计 51
六、磁致伸缩物位计 52
七、沉筒液位计 52
习题与思考 53
项目五　温度检测及仪表 54
一、概述 54
二、热电偶测温仪表 56
三、热电阻温度计 59
四、温度变送器 61
五、测温元件的选用与安装 62

习题与思考 63

项目六　在线分析仪表 64

一、概述 64

二、pH 计/电导仪 64

三、红外线气体分析仪 67

四、气相色谱分析仪 70

五、氧化锆分析仪 73

习题与思考 76

项目七　火焰检测仪表 77

一、火焰监测器 77

二、火焰监测系统 78

习题与思考 78

项目八　机械量测量仪表 79

一、位移检测仪表 79

二、振动检测仪表 79

三、转速检测仪表 80

习题与思考 81

模块三　过程对象特性和控制器

项目一　对象特性 83

一、概述 83

二、典型环节的数学模型 86

三、描述对象特性的参数 88

习题与思考 93

项目二　控制规律 94

一、位式控制 94

二、比例控制 96

三、比例积分控制 98

四、比例微分控制 99

五、比例积分微分控制 100

习题与思考 102

项目三　控制器简介 103

一、概述 103

二、电动模拟式控制器简介 103
三、数字式控制器简介 106
四、可编程控制器简介 109
五、智能 PID 控制器简介 111
习题与思考 112

模块四　执行器

项目一　气动薄膜控制阀 114
一、控制阀的结构 114
二、控制阀的主要类型及选择 114
三、控制阀的流量特性 115
四、控制阀开关形式的选择 118
五、控制阀的安装与维护 119
习题与思考 120
项目二　电动执行器与阀门定位器 121
一、电动执行器 121
二、阀门定位器 121
三、阀门定位器的使用 122
四、智能阀门定位器 122
习题与思考 123
项目三　数字控制阀和智能控制阀 124
一、数字控制阀 124
二、智能控制阀 125
习题与思考 125
项目四　变频器 126
一、变频器的外形 126
二、变频器的基本原理结构 126
三、变频器的应用 129
习题与思考 130
项目五　控制阀及阀门定位器的校验 131
一、学习目标 131
二、实训设备材料及工具 131
三、系统调校图 131

四、实训任务 132
五、实训步骤 132
六、实训结果分析 133

模块五 简单控制系统及复杂控制系统

项目一 简单控制系统 135
一、概述 135
二、简单控制系统的设计 136
三、简单控制系统的投运与参数整定 143
四、简单控制系统的认知 146
五、简单控制系统中控制器的参数整定训练 147
习题与思考 149
项目二 串级控制系统 150
一、概述 150
二、串级控制系统的工作过程 151
三、串级控制系统的特点 153
四、串级控制系统中副被控变量的确定 153
五、主副控制器控制规律及正反作用的选择 154
六、串级控制系统的操作 155
习题与思考 156
项目三 均匀控制系统 158
一、均匀控制系统的目的和特点 158
二、均匀控制系统的类型 159
习题与思考 160
项目四 比值控制系统 161
一、概述 161
二、比值控制系统的类型 161
习题与思考 163
项目五 其他复杂系统简介 165
一、前馈控制系统 165
二、分程控制系统 166
三、选择性控制系统 170
四、新型控制系统 171

五、安全仪表系统 174

习题与思考 177

项目六 识读管道及仪表流程图 178

一、图例符号 178

二、 管道及仪表流程图 181

习题与思考 183

模块六 计算机控制系统

项目一 概述 185

一、计算机控制系统的基本组成 185

二、计算机控制系统的应用类型 186

习题与思考 190

项目二 CENTUM CS 分散控制系统 191

一、系统的特点 191

二、系统配置及功能 192

习题与思考 192

项目三 CENTUM CS 在工业生产装置上的应用示例 193

一、工艺装置简介 193

二、 DCS 配置 193

三、系统控制方案 194

项目四 现场总线控制系统简介 195

一、现场总线控制系统的特点 195

二、基金会现场总线 196

三、 Profibus 现场总线 196

四、 DeltaV 现场总线控制系统 196

习题与思考 200

项目五 PKS 集散控制系统 201

一、 PKS 的体系结构 201

二、系统硬件 203

三、 PKS 容错以太网（FTE）结构 207

习题与思考 208

项目六 PKS 应用案例 209

一、工艺简介 209

二、系统配置 209

项目七 CENTUM CS3000控制系统的认知和操作运行 212

一、学习目标 212

二、实训设备 212

三、实训相关概念 212

四、实训任务 214

五、实训步骤 214

习题与思考 220

模块七 典型化工单元的控制案例

项目一 流体输送设备的控制 222

一、泵的控制 222

二、压缩机的控制 225

三、大型压缩机组状态检测系统 227

习题与思考 231

项目二 传热设备的控制 232

一、一般传热设备的控制 232

二、加热炉的控制 234

三、工业锅炉的控制 236

习题与思考 241

项目三 精馏塔的控制 242

一、精馏塔控制的要求及干扰因素分析 242

二、被控变量与操纵变量的选择 243

三、常用控制方案 245

四、乙烯精馏塔的控制方案 247

习题与思考 249

项目四 化学反应器的控制 250

一、化学反应器对控制的要求 250

二、釜式反应器的控制 250

三、固定床反应器的控制 250

四、流化床反应器的控制 252

习题与思考 252

附录

附录一　常用弹簧管压力表型号与规格　254
附录二　常用热电偶、热电阻分度表　256

参考文献

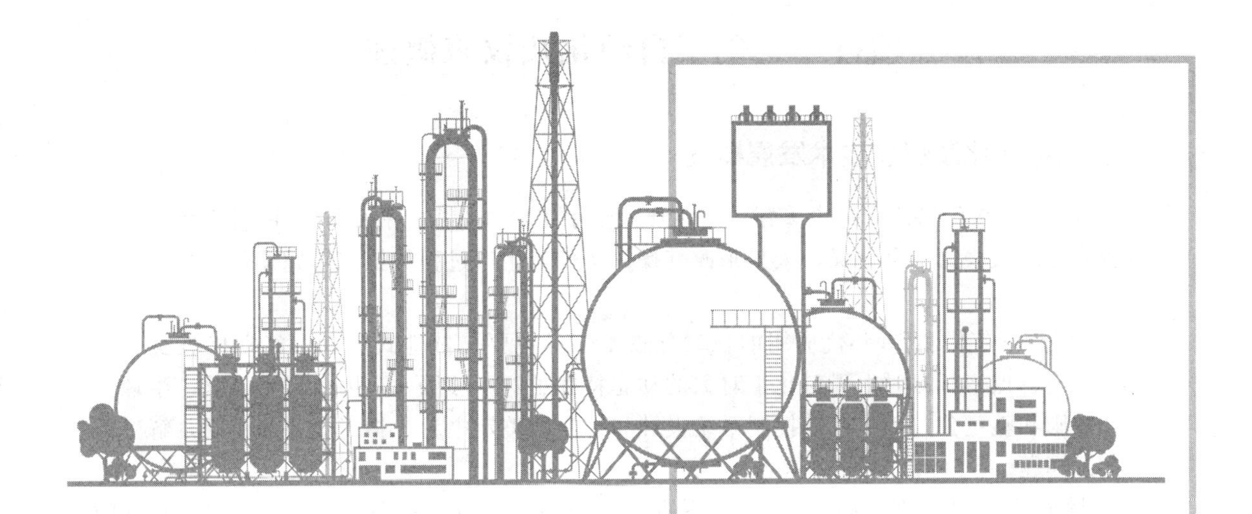

化工生产过程自动化，就是在化工设备、装置及管道上，配置一些自动化装置，替代操作人员的部分体力劳动和脑力劳动，使某些过程变量能准确地按照预期需要的规律变化，使生产在不同程度上自动地进行。这种部分地或全部地通过自动化装置来管理化工生产过程的办法，就称为化工生产过程自动化，简称化工自动化。

模块一

自动控制系统基本知识

项目一　化工自动化及仪表概述

一、化工自动化及仪表技术发展概况

20 世纪 40 年代以前，绝大多数化工生产处于手工操作状况，操作人员根据反映主要工艺过程变量的仪表的指示情况，人工来改变操作条件，生产过程的控制单凭操作人员的经验进行。

20 世纪 50 年代和 60 年代应用的自动化技术工具主要是基地式电动、气动仪表及膜片式的单元组合仪表。此时由于对化工对象的动态特性了解不够深入，因此，半经验、半理论的设计准则和整定公式，在自动控制系统设计和控制器整定中起了相当重要的作用，解决了许多实际问题。

20 世纪 70 年代，在自动化技术工具方面，气动Ⅲ型和电动Ⅲ型单元组合式仪表相继问世，并发展到多功能的组装仪表、智能式仪表，为实现各种特殊控制规律提供了条件。新型智能传感器和控制仪表的问世，使仪表与计算机之间的直接联系极为方便。

在自动控制系统方面，各种新型控制系统相继出现，控制系统的设计与整定方法也有了新的发展。特别是电子计算机在自动化中发挥越来越巨大的作用，促进常规仪表不断变革，以满足生产过程中对能量利用、产品质量、效率等各个方面越来越高的要求。

20 世纪 70 年代，计算机开始用于生产过程控制，出现了计算机控制系统。最初是用计算机代替常规控制仪表，实现集中控制，这就是直接数字控制系统（Direct Digital Control，DDC）。由于计算机集中控制的固有缺陷，其很难取得显著的社会效益和经济效益，因此很快就被集散控制系统（Distributed Control Systems，DCS）所代替。

集散控制系统一方面将控制负荷分散化，另一方面又将数据显示、实时监控等功能集中化，这种既集中又分散的控制系统在 20 世纪 80 年代得到了很快的发展和广泛的应用。DCS 不仅可以实现许多复杂控制系统，而且在其基础上还可以实现许多先进控制和优化控制。随着计算机及网络技术的发展，DCS 还可以实现多层次计算机网络构成的管控一体化系统（Computer Integrated Process System，CIPS）。

现场总线和现场总线控制系统得到了迅速的发展。现场总线是顺应智能现场仪表而发展起来的一种开放型的数字通信技术，它是综合运用微处理器技术、网络技术、通信技术和自动控制技术的产物。

采用现场总线作为系统的底层控制网络，构造了新一代的网络集成式全分布计算机控制系统，这就是现场总线控制系统（Fieldbus Control System，FCS）。FCS 的最显著特征是它的开放性、分散性和数字通信，较 DCS 而言，更好地体现了“信息集中，控制分散”的思想，因此有着更加广泛的应用基础。

近年来，计算机、信息技术的飞速发展，引发了自动化系统结构的变革，有线控制网络和无线控制网络相结合。无线局域网（Wireless Lan）技术可以非常便捷地以无线方式连接网络设备，人们可随时、随地、随意地访问网络资源，是现代数据通信系统发展的重要方向。无线局域网可以在不采用网络电缆线的情况下，提供以太网互联功能。

计算机网络技术、无线技术以及智能传感器技术的结合，产生了“基于无线技术的网络化智能传感器”的全新概念。这种基于无线技术的网络化智能传感器使得工业现场的数据能够通过无线链路直接在网络上传输、发布和共享。无线局域网技术能够在工厂环境下，为各种智能现场设备、移动机器人以及各种自动化设备之间的通信提供高带宽的无线数据链路和灵活的网络拓扑结构，在一些特殊环境下有效地弥补了有线网络的不足，进一步完善了工业控制网络的通信性能。

二、化工仪表的分类

在化工生产过程中，需要测量与控制的变量是多种多样的，但主要的变量有压力、流量、液位、温度和成分（或物性）量等。

化工自动化仪表按其功能不同，大致分成四个大类：检测仪表（包括各种工艺变量的测量元件和变送器）；显示仪表（包括模拟量显示仪表和数字量显示仪表）；控制仪表（包括气动、电动控制仪表及数字式控制器）；执行器（包括气动、电动、液动控制阀和变频器等）。

三、化工自动化系统的分类

化工自动化系统根据其功能不同，可以分为以下四类。

1. 自动检测系统

利用各种仪表对化工生产过程中主要工艺变量进行测量、指示或记录的系统，称为自动检测系统。它代替了操作人员对工艺变量的不断观察与记录，因此起到对过程信息的获取与记录的作用，在生产过程自动化中，是最基本的也是十分重要的内容。

2. 自动信号报警和联锁保护系统

化工生产过程中，有时由于一些偶然因素的影响，导致工艺变量超出允许的变化范围而出现异常情况，就有可能引发事故。为此，应对某些关键性变量设有自动信号报警和联锁保护系统。

当工艺变量超过了工艺允许的范围，在事故即将发生以前，信号报警系统就自动地发出声、光信号警报，提醒操作人员注意，并督促操作人员及时采取措施。声信号是提醒操作人员有变量超过了工艺允许的范围，光信号是帮助操作人员确定是哪一个变量异常。

如果工况已到达危险状态，联锁保护系统立即自动采取紧急措施，打开安全阀或切断某些通路，必要时紧急停车，以防止事故的发生和扩大。它是生产过程中的一种安全保护系统。

3. 自动操纵及自动开停车系统

自动操纵系统可以根据预先规定的步骤自动地对生产设备进行某种周期性操作。

例如合成氨造气车间的煤气发生炉，要求按照吹风、上吹、下吹、制气、吹净等步骤周期性地接通空气和蒸汽。利用自动操纵系统可以代替人工，自动地按照一定的时间程序开启空气和蒸汽的阀门，使它们交替地接通煤气发生炉，从而极大地减轻了操作人员的重复性体力劳动。

自动开停车系统可以按照预先规定好的步骤，将生产过程自动地投入运行或自动停车。

4. 自动控制系统

化工生产大部分是连续生产，各设备相互关联，生产过程中各种工艺条件是经常变化的，当某一设备的工艺条件发生变化时，可能会引起其他设备中某些变量的波动，偏离了正常的工艺条件。为此，就需要用一些自动控制装置，对生产中某些关键性变量进行自动控制，使它们在受到外界干扰的影响而偏离正常状态时，能自动地回到规定的数值上或规定的数值范围内，这就是自动控制系统。

由以上所述可以看出：自动检测系统是“了解”生产过程进行的情况；自动信号报警和联锁保护系统能够在工艺条件进入某种极限状态时，采取安全措施，以免发生生产事故；自动操纵系统能够按照预先规定好的步骤进行某种周期性操纵；自动控制系统能够自动地克服各种干扰因素对工艺变量的影响，使它们始终保持在预先规定的数值上或数值范围内，保证生产维持在正常或最佳的工艺操作状态。因此，自动控制系统是化工自动化系统的核心内容。

习题与思考

1. 化工自动化系统包含哪些系统?

2. 举一个生活或生产过程中自动化系统的例子，并简要说明其工作过程。

项目二　自动控制系统的组成及分类

在工业生产中，一般用温度、压力、流量和液位等工艺变量反映生产过程的状况，同时对某些变量有一定的要求。例如在锅炉运行过程中，当过热蒸汽温度和压力都稳定在一定范围内时，过热蒸汽的质量才能达到工艺要求的质量。炉膛内的压力保持微负压并稳定，是锅炉平稳运行和节能的前提。因此生产过程中的某些工艺变量，需要加以控制。

一、自动控制系统的组成

为了实现对生产过程的控制，早期采用人工控制，后来发展为自动控制。自动控制是受到人工控制经验的启发而产生和发展起来的。

1. 人工控制

液体贮槽是生产上常用的设备，通常用来作为中间容器或成品贮罐。从前一个工序来的物料连续不断地流入贮槽，而槽中的液体又送至下一工序进行加工或包装。流入量或流出量的波动都会引起槽内液位的波动。贮槽液位过高，液体有可能溢出槽外造成浪费。液位过低，贮槽可能被抽空，有被抽瘪而报废的危险。因此，维持液位在设定的标准值上是保证贮槽正常运行的重要条件。这可以采用以贮槽液位为操作指标，以改变流出量为控制手段，达到维持液位稳定的目的。

贮槽液位人工控制原理如图 1-2-1 所示。操作人员用眼睛观察玻璃管液位计的液位高度，并通过神经系统告知大脑；大脑根据眼睛观察到的液位高度与生产上要求的液位标准值进行比较，得出偏差大小和方向，然后根据经验发出操作命令。按照大脑发出的命令，操作人员用双手去改变阀门开度，以调节流出（出料）流量大小，最终使液位保持在工艺要求的数值上。贮槽液位人工控制逻辑如图 1-2-2 所示，人的眼、脑、手分别承担了检测、运算和执行三个任务，通过眼看、脑想和手动等一系列行为，共同来完成测量、求偏差、控制以纠正偏差的全过程，保持了贮槽液位稳定在一定范围内。

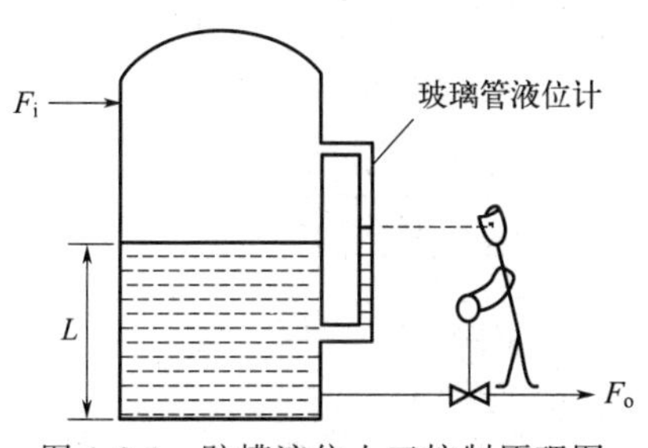

图 1-2-1　贮槽液位人工控制原理图

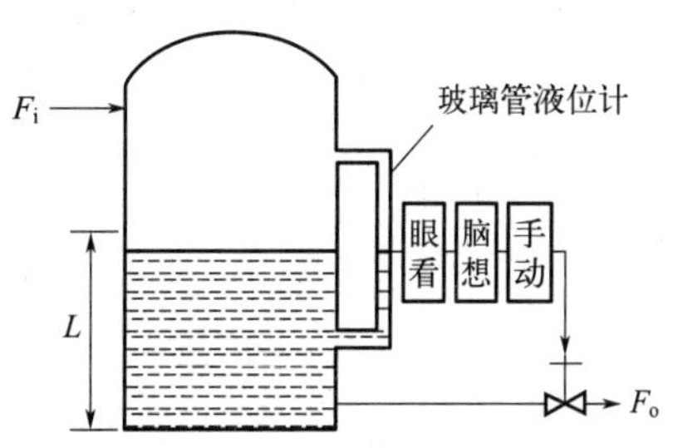

图 1-2-2　贮槽液位人工控制逻辑图

2. 自动控制

随着工业生产装置的大型化和对生产过程的强化，生产流程更为复杂。人工控制受人生理上的限制，越来越难以满足现代大型生产的需要。因此，人们在长期的生产和科学实验中经过不断探索发现，如果能找到一套自动化装置替代人工操作，将液体贮槽和自动化装置结合在一起，构成一个自动控制系统，那么就可以实现自动控制了。

贮槽液位自动控制原理如图 1-2-3 所示。变送器测量贮槽液位的高度并将其转换为标准统一的信号。控制器接收变送器的标准信号，与工艺要求保持的贮槽液位高度设定值相比较得出偏差，按某种规律运算并输出控制信号。控制阀接收控制器输出的控制信号并根据控制信号的大小改变阀门的开度，调节流出物料的流量大小，实现保持贮槽液位稳定到一定数值的目的。这就是自动控制。图 1-2-4 是贮槽液位自动控制流程图。图中，LT 表示液位变送器，LC 表示液位控制器，SV 表示设定值，LV 表示液位控制阀（图中仪表符号功能可查表 5-6-1），它们组合起来，构成了自动化装置。

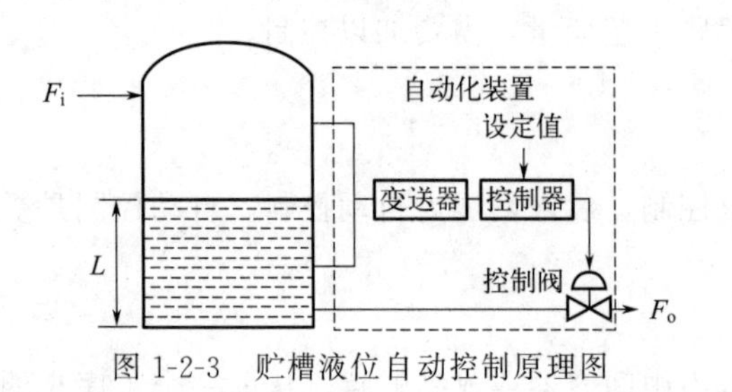

图 1-2-3　贮槽液位自动控制原理图

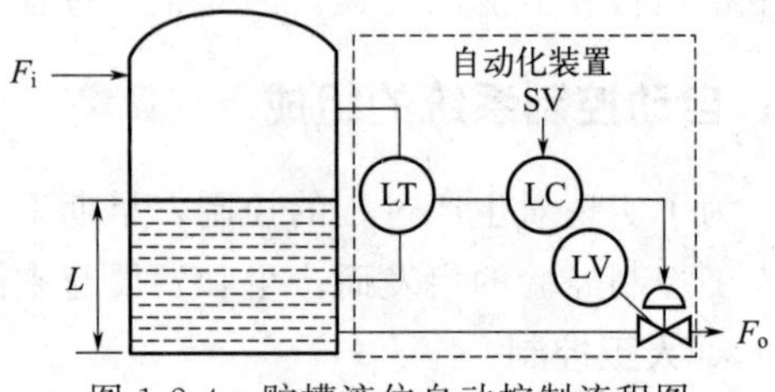

图 1-2-4　贮槽液位自动控制流程图

通过以上示例的对比分析可知，在贮槽液位自动控制中，液位变送器、液位控制器和液位控制阀分别替代了人工控制中人的眼、脑和手的职能，它们和液体贮槽一起，构成了一个自动控制系统。这里，液体贮槽称为被控对象，简称对象或过程。

综上所述，一般自动控制系统是由被控对象和自动化装置两大部分组成的。或者说，自动控制系统是由被控对象、检测元件与变送器、控制器和执行器四个基本环节组成的。

3. 自动控制系统的方框图

在研究自动控制系统时，为了能更清楚地说明系统的结构及各环节之间的信号联系和相互影响，一般用方框图加以表示。自动控制系统的方框图，就是从信号流的角度出发，将组成自动控制系统的各个环节用带箭头的信号线相互连接起来的图形，如图 1-2-5 所示。

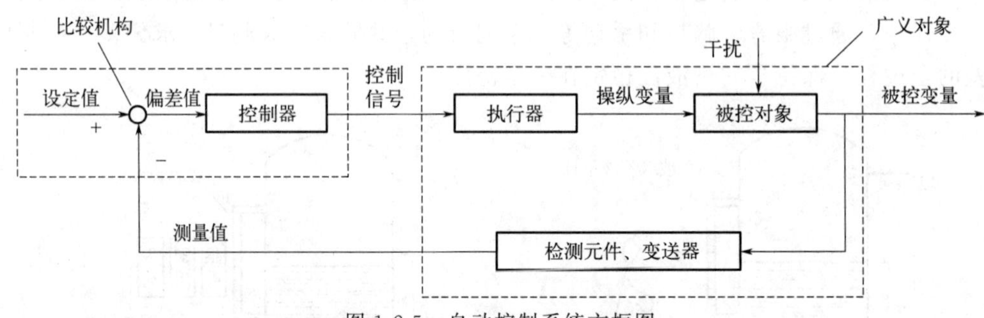

图 1-2-5　自动控制系统方框图

方框图中每个方框代表系统中的一个环节，方框之间用一条带有箭头的线段表示它们相互间的联系。线上箭头表示信号传递的方向，线上的说明为传递信号的名称。箭头指向方框的信号为该环节的输入信号，箭头指离方框的信号为该环节的输出信号。

几点说明：

① 箭头具有单向性，即方框的输入信号只能影响输出信号，而输出信号不能影响输入信号。

② 方框图中各线段所表示的是信号关系，而不是指具体的物料或能量。

③ 图中的比较机构实际上是控制器的一个部分，不是独立的元件，为了更醒目地表示

其比较作用，才把它单独画出。比较机构的作用是比较设定值与测量值并得到其偏差值。

贮槽液位控制系统方框图如图 1-2-6 所示。

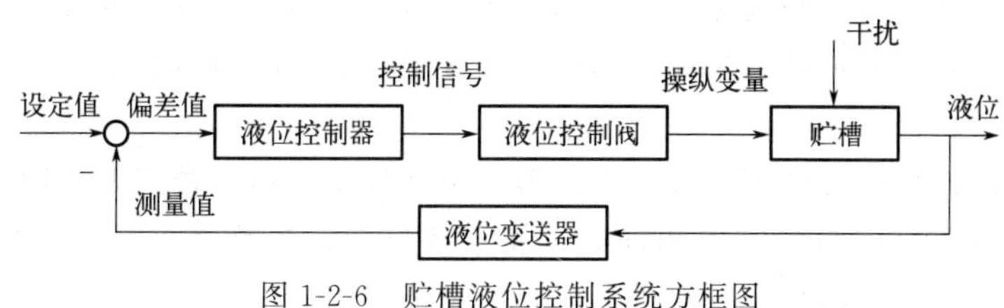

图 1-2-6 贮槽液位控制系统方框图

现以贮槽液位控制系统为例，说明自动控制系统中常用的名词和术语的意义。

（1）被控变量 y

被控变量是表征生产设备或过程运行状况，需要加以控制的变量。在图 1-2-3 中，贮槽液位就是被控变量。在控制系统中常见的被控变量有温度、压力、流量、液位或物位、成分或物性等。

（2）干扰（或扰动）作用 f

在生产过程中，凡是作用于对象，引起被控变量变化的各种外来因素都叫干扰作用。在图 1-2-3 中，流入贮槽液体的流量或压力变化就是干扰。

（3）操纵变量 q

在控制系统中，受控制器操纵，并使被控变量保持在一定值的物料量或能量，被称为操纵变量。在图 1-2-3 中，流出物料流量就是操纵变量。用来实现控制作用的具体物料称为操纵介质。一般地说，流过控制阀的流体就是操纵介质。

控制阀输出信号的变化称为控制作用。控制作用具体实现对被控变量的控制。

（4）设（给）定值 x

设定值是一个与工艺要求的（期望的）被控变量相对应的信号值，或工艺要求被控变量保持的数值。在图 1-2-3 中，工艺要求的贮槽液位数值就是设定值。

（5）测量值 z

测量值是检测元件与变送器的输出信号值。在图 1-2-3 中，变送器的输出信号值就是测量值。

（6）偏差值 e

在自动控制系统中，规定偏差值是设定值与测量值之差，即 $e=x-z$（在对控制器的特性进行分析和调校时，习惯取测量值与设定值之差为偏差值，即 $e=z-x$）。

（7）控制器输出（或控制信号）u

设定值与测量值进行比较得出偏差值，控制器根据此偏差值，按一定的控制规律进行运算，得到一个结果，与此结果对应的信号值即为控制器输出。

（8）检测变送器

检测变送器是检测元件与变送器的简称。检测元件是将被测变量转换成宜于测量的信号的元件。变送器是接收过程变量（输入变量）形成的信号，并将其转换成标准统一的信号的装置，例如温度变送器、压力变送器、流量变送器、液位变送器等。

（9）执行器

执行器是自动控制系统的终端环节。它响应控制器发出的信号，用于直接改变操纵变量，实现控制被控对象的目的。它可以是控制阀，也可以是变频调速装置等。

（10）被控对象

被控对象通常是需要控制其工艺变量的生产设备、机器、一段管道或设备的一部分，例如各种塔器、反应器、换热器、泵和压缩机等。在图 1-2-3 中，贮槽就是被控对象。

（11）反馈

把系统的输出信号通过检测元件与变送器又引回到系统输入端的做法称为反馈。当系统输出端送回的信号取负值与设定值相加时，属于负反馈；当反馈信号取正值与设定值相加时，属于正反馈。过程控制系统一般采用的是负反馈。

二、自动控制系统的分类

自动控制系统有多种分类方法，可以按被控变量分类，如温度、压力、流量、液位和成分等控制系统；也可以按控制器的控制规律分类，如比例、比例积分、比例微分、比例积分微分等控制系统。在分析控制系统时，最经常遇到的是将自动控制系统按照工艺过程需要控制的被控变量数值（即给定值）是否变化和如何变化来分类，这样可以将自动控制系统分为三类，即定值控制系统、随动控制系统和程序控制系统。

1. 定值控制系统

在生产过程中，如果工艺要求自动控制系统的被控变量保持在一定值上，这类控制系统称为定值控制系统。如图 1-2-3 液位控制系统就是定值控制系统的一个实例。在化工生产中，绝大部分是定值控制系统，因此我们后面讨论的自动控制系统，如果没有特殊说明，都是定值控制系统。

2. 随动控制系统

给定值是无规律变化的自动控制系统称为随动控制系统。这类控制系统的任务是保证各种条件下的输出（被控变量）以一定的精度跟随着给定信号的变化而变化，这类控制系统称为随动控制系统，又称为跟踪系统。

3. 程序控制系统

程序控制系统被控变量的设定值是按预定的时间程序变化的。程序控制系统的给定值有规律地变化，是已知的时间函数。

无论自动控制系统属于定值控制系统、随动控制系统或程序控制系统，目的都是使被控变量等于或接近设定值。

假如对自动控制系统按有无闭合（简称闭环）来分类，可分为闭环控制系统和开环控制系统。

系统的输出信号对控制作用有直接影响的控制系统，即操纵变量与测量值相互影响的自动控制系统，就称为闭环控制系统。例如，图 1-2-3 所示的贮槽液位控制便是闭环控制系统。在图 1-2-6 所示的方框图中，任何一个信号沿着箭头方向前进，最后又会回到原来的起点。从信号的传递角度来看，构成了一个闭合回路。所以，闭环控制系统必然是一个反馈控制系统。

若系统的输出信号不能影响控制作用，即操纵变量与测量值不相互影响的自动控制系统，则称为开环控制系统。开环控制系统的输出信号不反馈到输入端，不能形成信号传递的闭合环路。贮槽液位开环控制系统如图 1-2-7 所示，假设入口流量 F_i 是贮槽液位的主要干扰，则开环控制系统控制策略是调节出口流量 F_o 与入口流量 F_i 相等，来维持贮槽液位稳

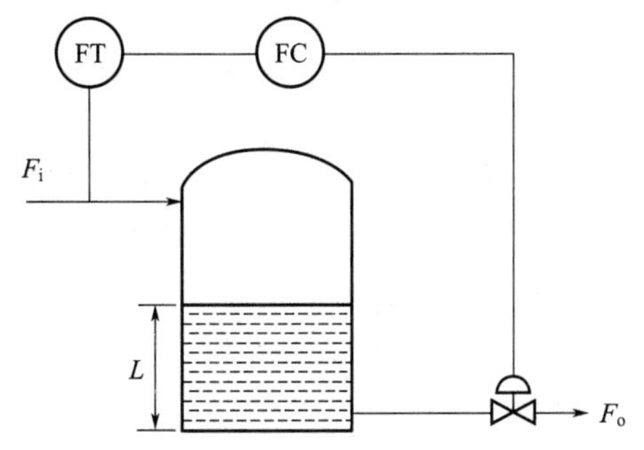

图 1-2-7　贮槽液位开环控制系统

定。当入口流量变化时，通过控制出口流量以保持物料平衡。图 1-2-8 是贮槽液位开环控制系统方框图，开环控制系统不是反馈控制系统。

由于闭环控制系统采用了负反馈，因而使系统的被控变量受外来干扰和内部参数影响小，具有一定的抑制干扰、提高控制精度的特点。开环控制系统则不能做到这一点，但开环控制系统控制及时。

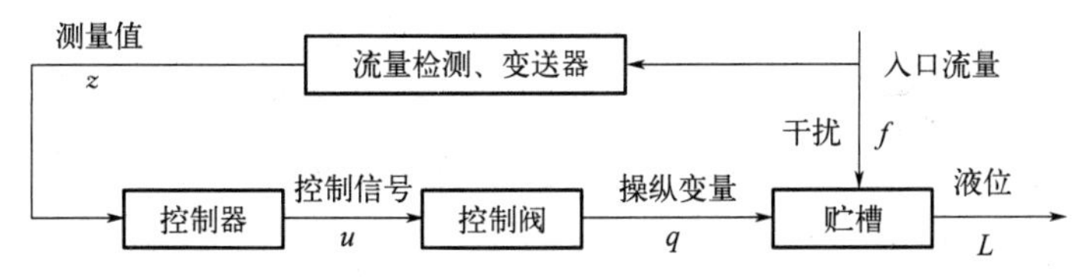

图 1-2-8　贮槽液位开环控制系统方框图

方框图是研究自动控制系统的常用工具和重要的概念，有了它可以方便地讨论各个环节之间的相互影响。如果只需要研究系统输入与输出的关系，有时把图 1-2-5 的方框图简化为图 1-2-9 中所示的形式，即将检测元件与变送器、控制阀、被控对象合为一个整体，称之为广义对象。

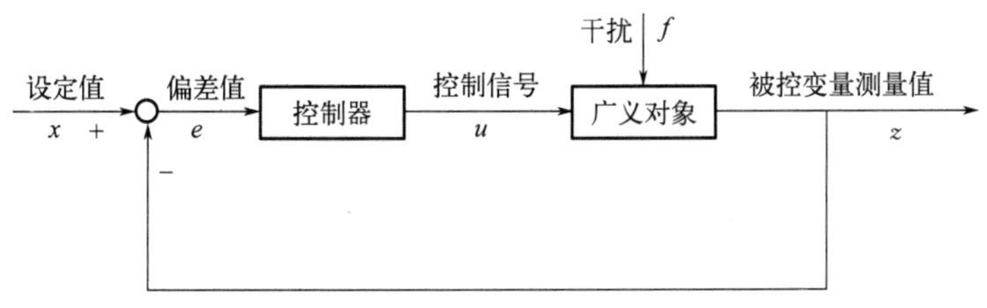

图 1-2-9　自动控制系统简化方框图

上述各种系统中，各环节的传递信号都是时间的函数，因而统称为连续控制系统。当各环节的输入输出特性是线性时，则称这种系统为线性控制系统，反之为非线性控制系统。根据系统的输入和输出信号的数量可分为单输入系统和多输入多输出系统等。

习题与思考

1. 什么是自动控制？自动控制系统是由哪些环节构成的？

2. 按设定值形式不同，自动控制系统可分为哪几类？

3. 在自动控制系统中，检测与变送器、控制器、执行器分别起什么作用？

4. 什么是干扰作用？什么是控制作用？两者有何关系？

5. 管式加热炉是炼油、化工生产中的重要设备，燃料在炉膛中燃烧以产生很多的热量，原料油在很长的炉管中经过炉膛时吸收热量，通过调整进入炉膛燃料流量来保持炉出口原料温度的稳定。无论是原油的加热还是重油的裂解，对炉出口原料温度的控制都十分重要。某加热炉温度控制系统如图 1-2-10 所示，图中，TT 表示温度变送器、TC 表示温度控制器、TV 表示控制阀。试画出该控制系统的方框图，并指出该系统中的被控对象、被控变量、设定值、操纵变量、操纵介质及可能影响被控变量的干扰分别是什么？结合本题说明，该温度控制系统是一个具有负反馈的闭环系统。

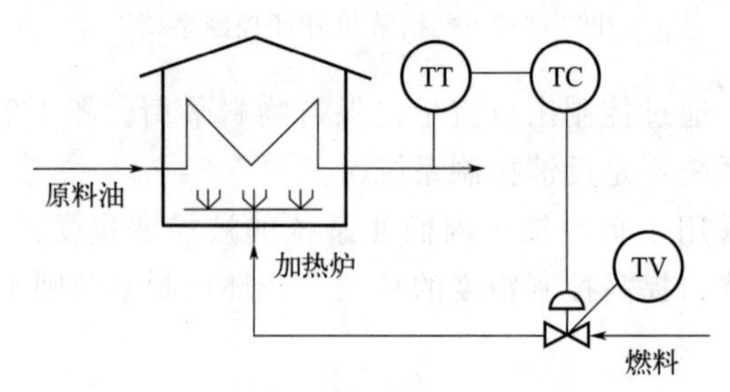

图 1-2-10　加热炉温度控制系统

6. 图 1-2-10 所示的温度控制系统中，假定由于原料油增加使炉出口原料温度低于设定值，试说明此时该控制系统是如何通过控制作用来克服干扰作用对被控变量的影响，使炉出口原料温度重新回到设定值的？

项目三　自动控制系统的过渡过程及其质量指标

一、静态与动态

自动控制系统如果处于平衡状态，系统的输入信号（给定值和干扰量等）及输出信号（被控变量）都保持不变，过程控制系统内各组成环节都不改变其原来的状态，其输入、输出信号的变化率为零。而此时生产仍在进行，物料和能量仍然有进有出。被控变量不随时间而变化的平衡状态称静态。

自动控制系统中原来处于平衡状态的系统受到干扰的影响，其平衡状态受到破坏，被控变量偏离给定值，此时控制器会改变原来的状态，产生相应的控制作用，改变操纵变量去克服干扰的影响，使系统达到新的平衡状态。被控变量随时间而变化的不平衡状态称动态。

二、自动控制系统的过渡过程

当自动控制系统受到外界干扰信号或设定值变化信号时，被控变量都会偏离原先的设定值或稳态值，使系统原先的平衡状态被破坏，只有当操纵变量重新找到一个合适的新数值来平衡外界干扰或设定值变化的作用时，系统才能重新达到平衡状态。因此，自动控制系统的过渡过程实际上是自动控制系统在外界干扰或设定值变化作用下，从一个平衡状态过渡到另一个新的平衡状态的过程，是控制作用不断克服干扰的过程。

研究自动控制系统的过渡过程对设计、分析、整定和改进自动控制系统具有十分重要的意义，过渡过程可以直接表示自动控制系统控制质量的优劣，与工业生产过程中的安全、产品产量及质量等有着密切的联系。

三、过渡过程的质量指标

1. 过渡过程的形式

在自动控制系统中，干扰作用是破坏系统的平衡状态，引起被控变量发生变化的外界因素，例如生产过程中前后工序的相互影响，负荷的变化，压力、温度的波动，气候的影响等。干扰是客观存在的，不可避免。在生产过程中，大多数被控对象往往有数种干扰作用同时存在。从种类和形式来看，干扰是不固定的，多半是随机性的。在分析和设计自动控制系统时，为了安全和方便起见，在多种干扰中，往往只考虑一个最不利的干扰。阶跃干扰通常是最不利的，其作用特性如图 1-3-1 所示。

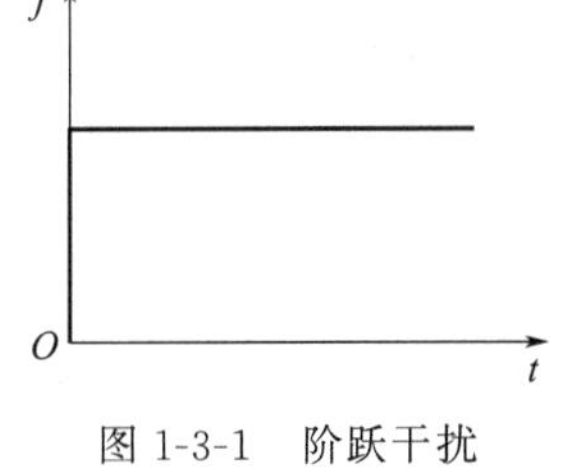

图 1-3-1　阶跃干扰

（1）非周期衰减过程

当系统受到阶跃干扰后，在控制作用下，被控变量的变化先是单调地增大，到达一定程度后又逐渐减小，变化速度愈来愈慢，最终趋近设定值而稳定下来，这种过渡过程形式称为非周期衰减过程，如图 1-3-2 所示。

（2）衰减振荡过程

当系统受到阶跃干扰后，被控变量在设定值附近上下波动，但幅度愈来愈小，最后稳定在某一数值上，这种过渡过程形式称为衰减振荡过程，如图 1-3-3 所示。

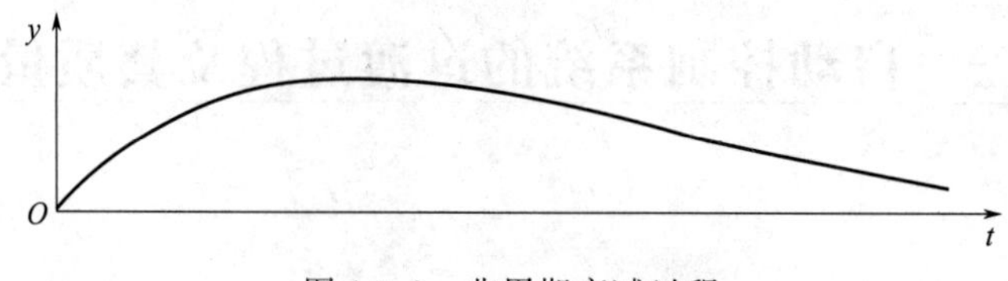

图 1-3-2　非周期衰减过程

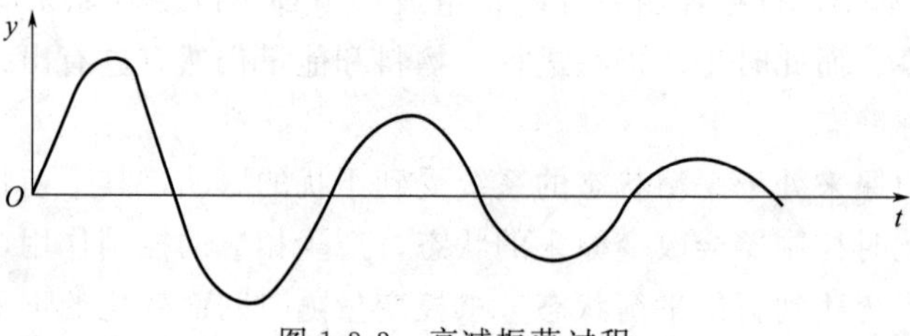

图 1-3-3　衰减振荡过程

（3）等幅振荡过程

当系统受到阶跃干扰后，被控变量在设定值附近来回波动，而且波动幅度保持相等，这种过渡过程形式称为等幅振荡过程，如图 1-3-4 所示。

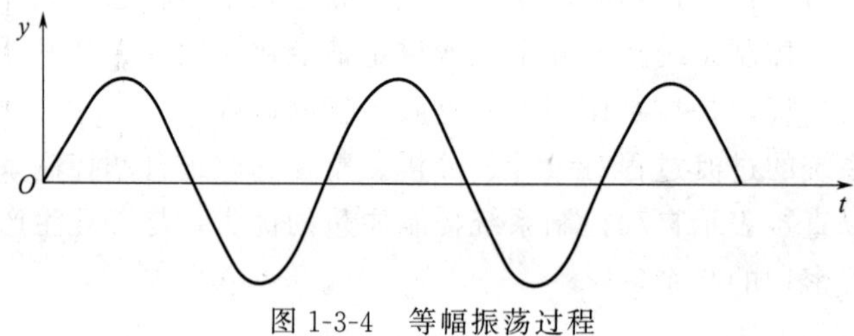

图 1-3-4　等幅振荡过程

（4）发散振荡过程

当系统受到阶跃干扰后，被控变量来回波动，而且波动幅度逐渐变大，即偏离设定值越来越远，这种过渡过程形式称为发散振荡过程，如图 1-3-5 所示。

（5）非周期发散过程

当系统受到阶跃干扰后，被控变量是单调地增大或减小，偏离原来的平衡点越来越远，这种过渡过程形式称为非周期发散过程，如图 1-3-6 所示。

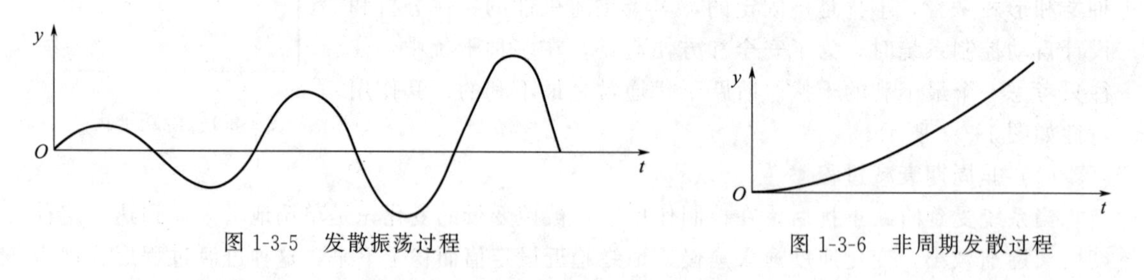

图 1-3-5　发散振荡过程　　　　图 1-3-6　非周期发散过程

从以上分析可知，发散振荡、等幅振荡及非周期发散都属于不稳定过程，在控制过程中，被控变量不能达到平衡状态，甚至将导致被控变量超越工艺允许范围，严重时会引起事故，这是生产上所不允许的和不希望的，应竭力避免。非周期衰减与衰减振荡属于稳定过程，被控变量经过一段时间后，逐渐趋向原来的或新的平衡状态。对于非周期衰减过程，由于这种过渡过程变化较慢，被控变量在控制过程中长时间地偏离给定值，而不能很快恢复平衡状态，所以一般不会采用，只有在生产上不允许被控变量有波动的情况下才会采用。对生产操作者来说，更希望得到衰减振荡过程，因为它容易看出被控变量的变化趋势，能够较快地使系统稳定下来，便于及时操作调整。所以，在研究过渡过程时，一般都以在阶跃干扰（包括设定值的变化）作用下的衰减振荡过程为依据。

2. 过渡过程的质量指标

自动控制系统在受到外界干扰作用时，要求被控变量能平稳、迅速和准确地回到稳态值。自动控制系统的过渡过程是衡量其质量的依据，因此，可以从过渡过程的稳定性、快速性和准确性三方面来分析自动控制系统的控制质量（品质）。

假定自动控制系统在阶跃输入作用下，被控变量的变化是衰减振荡形式，如图 1-3-7 所示。图中横坐标为时间，纵坐标为被控变量偏离设定值的变化量。假定在 $t=0$ 之前，系统处于静态，且被控变量等于设定值。当 $t=0$ 时，外加阶跃干扰作用。在控制作用下，被控变量开始按衰减振荡规律变化，经过一段时间后逐渐达到新的稳态值。一般采用下列指标来评价自动控制系统的控制质量。

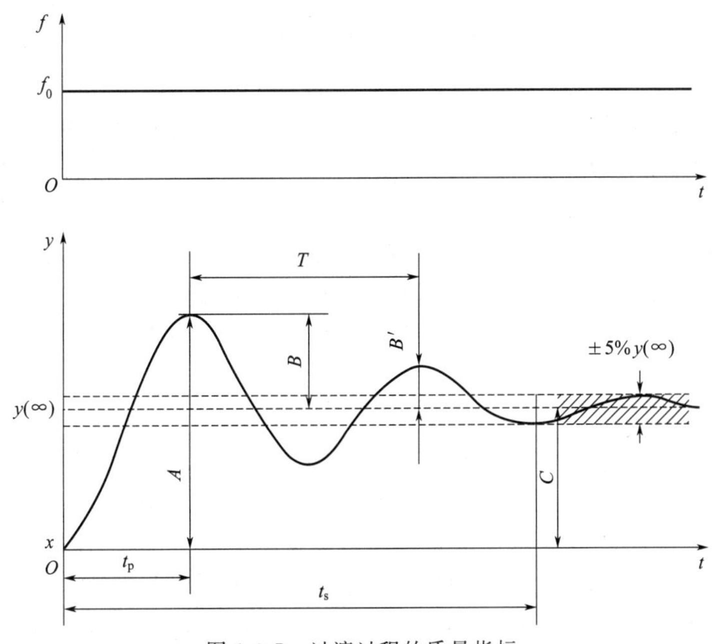

图 1-3-7　过渡过程的质量指标

（1）余差（C）

余差是自动控制系统过渡过程终了时，被控变量新的稳态值 $y(\infty)$ 与设定值 x 之差。或者说余差就是过渡过程终了时存在的残余偏差，在图 1-3-7 中用 C 表示。即

$$C=y(\infty)-x \tag{1-3-1}$$

余差是衡量自动控制系统准确性的一个质量指标，希望余差越小越好。但在实际生产中，也并非要求任何系统的余差都要很小。例如，一般的贮槽液位控制要求不高，这种系统往往允许液位在一定范围波动，余差就可以大一些。又如精馏塔的温度控制，一般要求比较高，应当尽量消除余差。所以，对余差大小的要求，必须结合具体系统做具体分析，不能一

概而论。

有余差的控制过程称为有差控制，相应的系统称为有差系统；没有余差的控制过程称为无差控制，相应的系统称为无差系统。

(2) 最大偏差（A）或超调量（B）

最大偏差是指在过渡过程中，被控变量偏离设定值的最大数值，是衡量定值控制系统的指标。在衰减振荡过程中，最大偏差就是第一个波的峰值，在图 1-3-7 中用 A 表示。达到第一峰值所用的时间用 t_p 表示，第一峰值可用 $y(t_p)$ 表示。最大偏差表示系统瞬间偏离设定值的最大程度。若偏离越大，偏离的时间越长，对稳定、正常生产越不利，因此，最大偏差可以作为衡量自动控制系统稳定性的一个质量指标。

被控变量偏离设定值的程度有时也可用超调量来表示，在图 1-3-7 中用 B 表示。超调量是指过渡过程曲线超出新稳态值的最大值，反映了系统超调程度，也是衡量自动控制系统稳定性的一个质量指标。对于有差系统，超调量习惯上用百分数 σ 来表示，即

$$\sigma=\frac{y(t_p)-y(\infty)}{y(\infty)}\times 100\%=\frac{B}{C}\times 100\% \tag{1-3-2}$$

(3) 衰减比（n）

衰减比是指过渡过程曲线同方向的前后相邻两个峰值之比，用 n 表示。在图 1-3-7 中，$n=B/B'$。习惯上用 $n:1$ 表示。衰减比表示衰减振荡过渡过程的衰减程度，是衡量自动控制系统稳定性的质量指标。

若 $n<1$，则过渡过程是发散振荡过程；若 $n=1$，则过渡过程是等幅振荡过程；若 $n>1$，则过渡过程是衰减振荡过程。

如果尽管 $n>1$，但 n 只比 1 稍大一点，则过渡过程接近于等幅振荡过程，由于这种过程不易稳定，振荡过于频繁，不够安全，因此一般不采用。如果 n 值过大，则又太接近于非周期衰减过程，过渡过程过于缓慢，通常这也是不希望的。通常衰减比取 4∶1～10∶1 之间为宜。选择衰减振荡过程并规定衰减比在 4∶1～10∶1 之间，是人们多年操作经验的总结。

(4) 过渡时间（t_s）

过渡时间是从干扰作用开始，到系统重新建立平衡为止，过渡过程所经历的时间。从理论上讲，要系统完全达到新的平衡状态需要无限长的时间。实际上，由于仪表灵敏度（或分辨率）的限制，当被控变量靠近新稳态值时，显示值就不再改变了。所以，有必要在可以测量的区域内，在新稳态值上下规定一个适当小的范围，当显示值进入这一范围而不再越出时，就认为被控变量已经达到稳态值。这个范围一般定为新稳态值的 ±5%（有的为 ±2%）。按照这个规定，过渡时间就是从干扰开始作用之时起，直至被控变量的增量进入最终稳态值的 ±5%（或 ±2%）的范围之内且不再越出时为止所经历的最短时间，在图 1-3-7 中用 t_s 表示。注意，这里所讲的最终稳态值是指被控变量的动态变化量即增量，而不是被控变量的最终实际值。因为在自动控制系统的过渡过程中，各个变量的值是相对于稳态的增量值。例如，假定某温度控制系统在阶跃干扰作用下，被控变量从 600℃开始变化，在控制作用下经过反复调整，最终使被控变量在 605℃上重新稳定下来，则被控变量增量的最终稳态值的 ±5% 应该为 (605－600)×(±5%)＝±0.25(℃)。过渡时间定义适合有差系统。

过渡时间是衡量系统快速性的质量指标。过渡时间短，表示过渡过程进行得比较迅速，

这时即使干扰频繁出现，系统也能及时适应，系统控制质量就高。反之，过渡时间太长，前一个干扰引起的过渡过程尚未结束，后一个干扰就已经出现，这样，几个干扰的影响叠加起来，就可能使系统难以满足生产的要求。

(5) 振荡周期（T）或频率（f）

过渡过程同向相邻两个波峰（或波谷）之间的间隔时间称为振荡周期或工作周期，在图 1-3-7 中用 T 表示。其倒数称为振荡频率，一般用 f 表示。它们也是衡量系统快速性的质量指标。在衰减比相同的情况下，振荡周期与过渡时间成正比，因此希望振荡周期短一些为好。

除上述品质指标外，还有一些次要的品质指标。其中振荡次数是指在过渡过程内被控变量振荡的次数。所谓“理想过渡过程两个波”，就是指过渡过程振荡两次就能稳定下来，此时衰减比约为 4∶1，被认为是良好的过程。另外，峰值时间也是一个品质指标，它是指从干扰开始作用起至第一个波峰所经过的时间。显然，峰值时间短一些为好。

综上所述，过渡过程的品质指标主要有最大偏差、衰减比、余差、过渡时间和振荡周期等。这些指标在不同的系统中各有其重要性，且相互之间既有矛盾又有联系。因此，应根据具体情况分清主次，区别轻重，对生产过程有决定性意义的主要质量指标应优先予以保证。另外，对一个系统提出的质量要求和评价一个控制系统的质量，都应该从实际需要出发，不应过分偏高偏严，否则就会造成人力物力的巨大浪费，有时甚至根本无法实现。

例 1-3-1

某石油裂解炉工艺要求的操作温度为 890℃±10℃，为了保证设备的安全，在过程控制中，辐射管出口温度偏离设定值最高不得超过 20℃。温度控制系统在单位阶跃干扰作用下的过渡过程曲线如图 1-3-8 所示。试分别求出最大偏差、余差、衰减比、振荡周期和过渡时间等过渡过程质量指标。

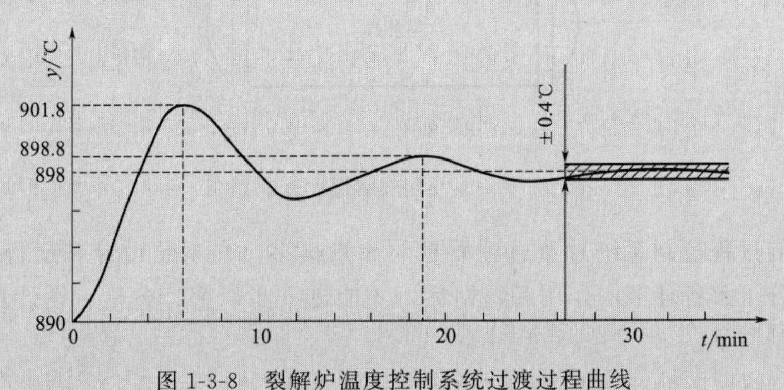

图 1-3-8　裂解炉温度控制系统过渡过程曲线

解：① 最大偏差：$A=901.8-890=11.8$(℃)；

② 余差：$C=898-890=8$(℃)；

③ 第一个波峰值：$B=901.8-898=3.8$(℃)；第二个波峰值：$B'=898.8-898=0.8$(℃)；衰减比：$n=3.8:0.8=4.75:1$；

④ 振荡周期：$T\approx19-6=13$(min)；

⑤ 过渡时间与规定的被控变量限制范围大小有关。假定被控变量进入额定值的±5%，就可以认为过渡过程已经结束。那么限制范围为(898−890)×(±5%)=±0.4(℃)，这时，可在新稳态值（898℃）两侧以宽度为±0.4℃画一区域，图 1-3-8 中以画有阴影线的区域表示，只要被控变量进入这一区域且不再越出，过渡过程就可以认为已经结束。因此，从图上可以看出，过渡时间 t_s≈27min。

四、影响质量指标的主要因素

一个自动控制系统包括两大部分，即工艺过程部分（被控对象）和自动化装置。前者是指与该过程控制系统有关的部分，后者指的是为实现自动控制所必需的自动化仪表设备，通常包括测量与变送器、控制器和执行器三部分。对于一个过程控制系统，过渡过程质量的好坏，很大程度上取决于对象的性质。下面通过蒸汽换热器温度控制系统来说明影响过渡过程质量的主要因素。如图 1-3-9 所示，从结构上分析可知，影响过程控制系统过渡过程质量的主要因素有：换热器的负荷的波动；换热器设备结构、尺寸和材料；换热器内的换热情况、散热情况及结垢程度等。对于已有的生产装置，对象特性一般是基本确定的。自动化装置应按对象特性加以选择和调整。自动化装置的选择和调整不当，也直接影响控制质量。此外，在控制系统运行过程中，自动化装置的性能一旦发生变化，如阀门失灵、测量失真，也会影响控制质量。

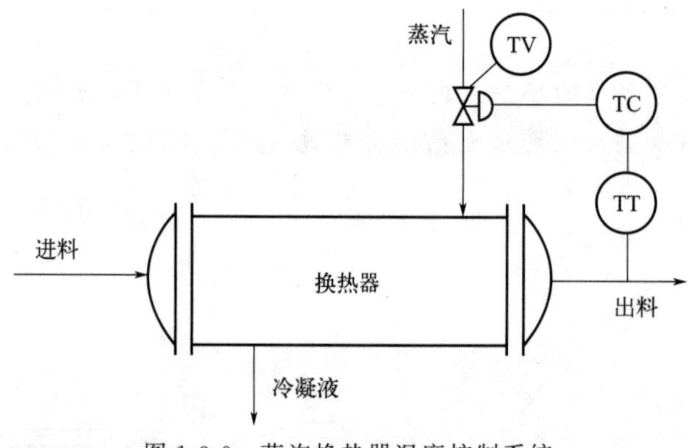

图 1-3-9 蒸汽换热器温度控制系统

总之，影响过程控制系统过渡过程质量的因素很多，在系统设计和运行中都应充分注意。只有在充分了解各环节的作用和特性后，才能进一步研究、分析、设计自动控制系统，提高系统的控制质量。

习题与思考

1. 什么是自动控制系统的静态和动态？为什么说研究自动控制系统的动态比研究其静态更为重要？

2. 阶跃干扰作用是怎样的？为什么经常采用阶跃干扰作用作为系统的输入作用形式？

3. 什么是自动控制系统的过渡过程？系统在阶跃干扰作用下的过渡过程有哪几种基本形式？

4. 为什么生产上通常希望得到自动控制系统的过渡过程是衰减振荡形式？

5. 自动控制系统衰减振荡过渡过程的质量指标有哪些？

6. 图 1-3-10 是直接蒸汽加热器的温度流程控制图。加热器的目的是用蒸汽直接加热流入的冷物料，使加热器出口的热流体达到某一规定的温度，然后送至下一工序进入下一步的工艺过程。试画出该系统的方框图，并指出被控对象、被控变量、操纵变量和可能存在的干扰。现因生产需要，要求出口物料温度从 80℃提高到 81℃，当控制器的设定值阶跃变化后，被控变量的响应曲线如图 1-3-11 所示。试求该系统的过渡过程质量指标：最大偏差、衰减比、振荡周期和余差。

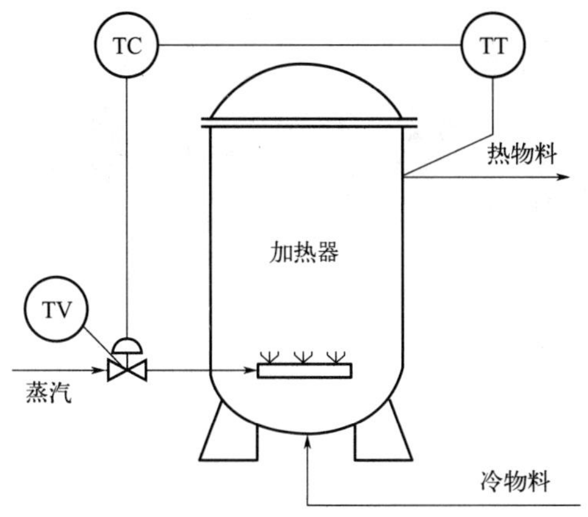

图 1-3-10　直接蒸汽加热器的温度控制系统

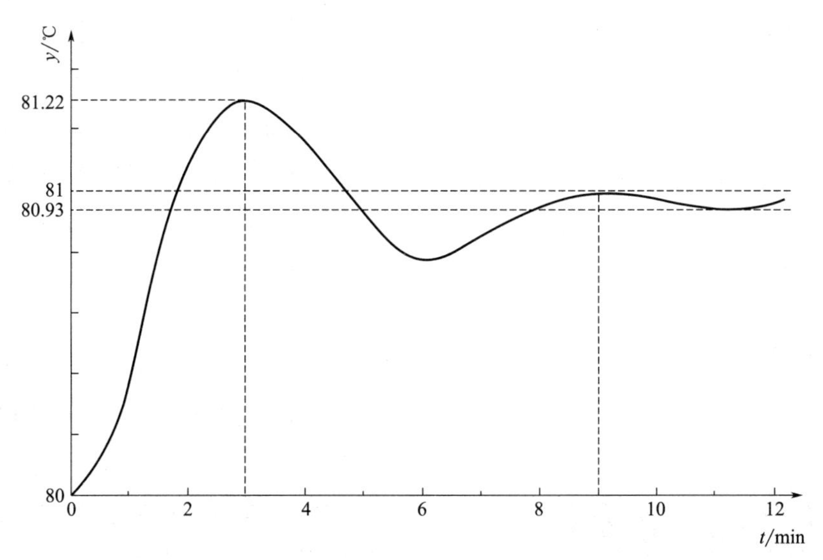

图 1-3-11　温度控制系统过渡过程曲线

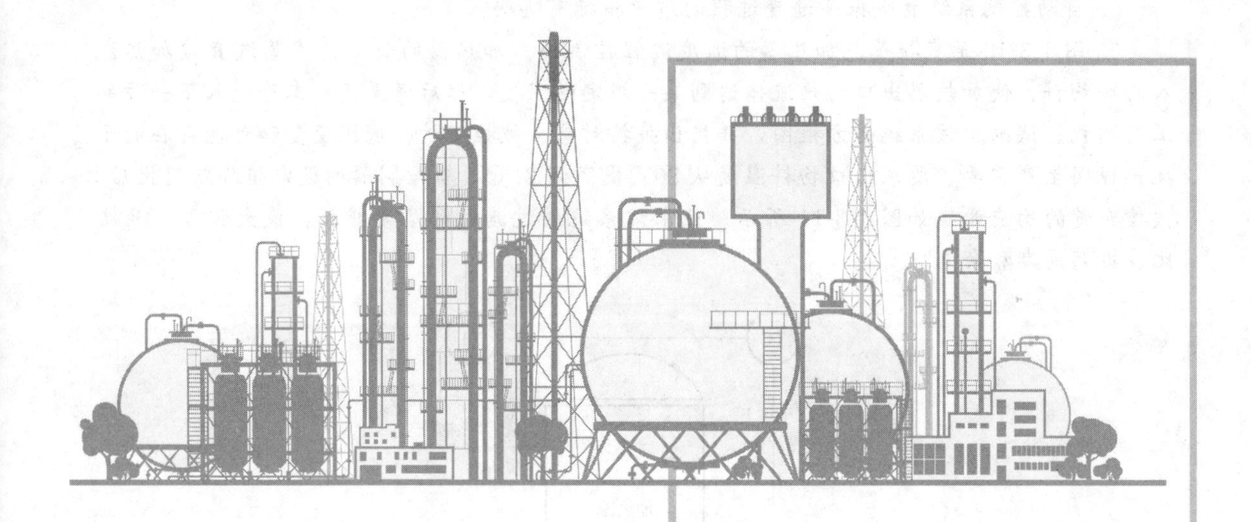

模块二 过程检测及仪表

过程检测仪表用来实现对过程变量的自动检测、变送和显示，通过它获取过程变量变化的信息，以便对生产过程有效地进行监视和控制。常见的过程检测仪表有压力（包括差压、负压）检测仪表、流量检测仪表、物位（包括液位、料位和界面）检测仪表、温度检测仪表、物质成分分析仪表及物性检测仪表等。

由于工业生产过程机理复杂，被测介质的化学和物理性质及操作条件有差异，所以检测要求各不相同。为了满足各类产品生产的需要，目前生产、使用的过程检测仪表品种繁多，而且还在不断更新换代。本章仅就常用检测仪表及变送器的基本结构、工作原理、主要特点、用途及使用等内容分别做介绍。

项目一　过程检测及仪表的基本知识

一、测量过程

过程变量的检测方法很多，但就测量过程的实质而言，其共性在于被测变量都需经过一次或多次的信号能量形式的变换，最后获得便于测量的信号能量形式，通过指针位移或文字、图形显示出来。因此，测量过程实质上就是被测变量信号能量的不断变换和传递，并将它与相应的测量单位进行比较的过程，而检测仪表正是实现这种比较的工具。例如，使用热电偶温度计检测炉温时，通常利用热电偶的热电效应，首先将被测温度（热能）变换成直流毫伏信号（电能），然后经过毫伏信号检测仪表转换成仪表指针位移，再与温度标尺相比较而显示被测温度的数值。

二、测量误差

测量的目的是获取被测变量的真实值。但是，由于测量工具本身的性能、检测者的主观性和环境条件等原因，使被测变量的测量值与真实值之间存在着一定的差距，这个差距称为误差。

任何测量过程都存在误差，知道被测变量的真实值是困难的。在实际工作中，通常用约定真值来代替真实值。约定真值一般用被测变量的多次测量结果来确定，即在一定测量条件下，采用算术平均值求得近似真实值。被测变量的指示值（测量值）与其约定真值的差值就称为测量误差。

测量误差通常有两种表示方法，即绝对误差和相对误差。绝对误差在理论上是指仪表指示值 x_i 和被测变量的真实值 x_t 之间的差值，可表示为

$$\Delta = |x_i - x_t| \tag{2-1-1}$$

测量仪表在其标尺范围内各点读数的绝对误差，一般是指用被校表（x）和标准表（x_0）同时对同一被测变量进行测量所得到的两个读数之差，可用下式表示

$$\Delta = |x - x_0| \tag{2-1-2}$$

式中　Δ——绝对误差；

x——被校表的读数值；

x_0——标准表的读数值。

测量误差越小，说明测量仪表的可靠性越高。因此，求知测量误差的目的就在于判断测量结果的可靠程度。绝对误差表示了被校表与标准表对同一变量测量时的读数偏差，它反映了测量值偏离标准值的大小。

测量误差还可以用相对误差来表示。相对误差 y 等于某一点的绝对误差与标准表在这一点的指示值 x_0 之比。可表示为

$$y = \frac{\Delta}{x_0} \times 100\% \tag{2-1-3}$$

式(2-1-3) 表明，相对误差的大小与被测变量的真实值也有关。

三、仪表性能指标

1. 精确度（简称精度）

仪表的精度不仅与绝对误差有关，而且还与仪表的测量范围有关。工业上经常将绝对误差折合成仪表测量范围的百分数表示，称为相对百分误差，即

$$\delta=\pm\frac{\Delta_{max}}{N}\times100\%=\pm\frac{\Delta_{max}}{x_H-x_L}\times100\% \tag{2-1-4}$$

式中 δ——相对百分误差；

Δ_{max}——最大绝对误差；

x_H——仪表测量范围的上限值；

x_L——仪表测量范围的下限值；

N——仪表的量程，是仪表测量范围的上限值与下限值之差，$N=x_H-x_L$。

根据仪表的使用要求，规定一个在正常情况下允许的最大相对百分误差，这个允许的最大相对百分误差就叫允许误差。仪表的$\delta_{允}$越大，表示它的精确度越低。仪表的允许误差去掉"±"号及"%"号，就是仪表的精度等级。

目前，我国生产的仪表常用的精度等级有

0.005，0.02，0.05（Ⅰ级标准仪表）

0.1，0.2，0.4，0.5（Ⅱ级标准仪表）

1.0，1.5，2.5，4.0（一般工业用表）

在仪表的显示面板上，通常将表示该仪表精度等级的数字标注在一个圆圈、菱形或三角形框中，例如(0.5)、△0.5等。

根据工艺要求来选择仪表精度等级时，仪表的允许误差应该小于（至多等于）工艺上所允许的最大相对百分误差。

例 2-1-1

某台测压仪表的测量范围为0～600kPa，校验该表得到的最大绝对误差为±3.5kPa，试确定该仪表精度等级？

解：仪表相对百分误差为

$$\delta=\pm\frac{\Delta_{max}}{N}\times100\%=\pm\frac{\Delta_{max}}{x_H-x_L}\times100\%=\pm\frac{3.5}{600-0}\times100\%=\pm0.58\%$$

如果将仪表的相对百分误差去掉正负号和百分号，其数值为0.58。由于国家规定的精度等级中没有0.58级仪表，同时，该仪表的允许误差超过了0.5级（±0.5%），所以该仪表的精度等级为1.0级。

例 2-1-2

某台测温仪表的测温范围为200～1000℃，根据工艺要求，温度指示值的最大绝对误差不得超过±6℃。试问仪表的精度等级为多少才能满足以上要求？

解：仪表相对百分误差为

$$\delta=\pm\frac{\Delta_{max}}{N}\times100\%=\pm\frac{\Delta_{max}}{x_H-x_L}\times100\%=\pm\frac{6}{1000-200}\times100\%=\pm0.75\%$$

将仪表的相对百分误差去掉正负号及百分号，其数值为 0.75。此数值介于 0.5～1.0 之间。如果选择精度等级为 1.0 级的仪表，其允许误差的最大绝对误差为±10℃，超过了工艺上允许的数值，故应选择 0.5 级仪表才能满足工艺要求。

由以上两个例题可以看出，根据工艺要求来选择仪表精度等级时，仪表的允许误差应小于或等于工艺上所允许的最大相对百分误差，即仪表精度向数值小的方向选；根据仪表的校验数据来确定仪表的精度等级，仪表的允许误差应该大于（至少等于）仪表校验所得的最大相对百分误差，即仪表精度向数值大的方向选。

2. 变差

检测仪表的变差（又称回差）是在规定的技术条件下，用同一仪表对某一变量进行正、反行程（即被测变量逐渐由小到大和逐渐由大到小）测量时，仪表正、反行程指示值之间存在的差值，如图 2-1-1 所示。

仪表变差的大小，通常用仪表测量同一变量时正、反行程指示值间的最大绝对差值与仪表量程之比的百分数表示，即

$$变差=\frac{E_{max}}{N}\times 100\% \tag{2-1-5}$$

式中 E_{max}——最大绝对差值；

N——仪表的量程，$N=x_H-x_L$。

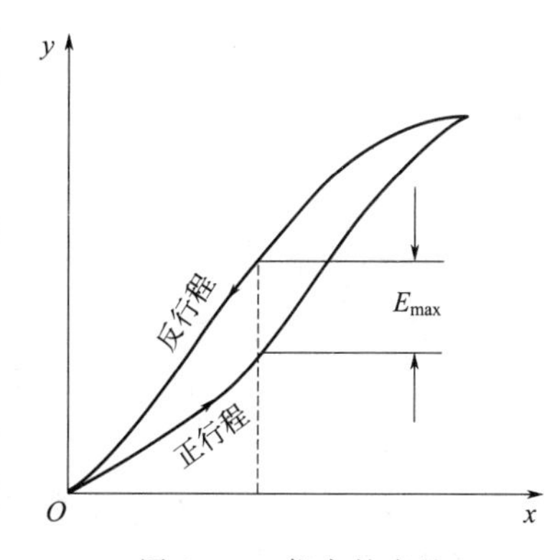

图 2-1-1 仪表的变差

x—被测变量；y—仪表示值；

E_{max}—最大绝对差值

仪表变差产生的因素有传动机构的间隙、运动部件间的摩擦、弹性元件弹性滞后的影响等。必须注意，仪表的变差不能超出仪表的允许误差，否则，应及时检修。

3. 灵敏度与灵敏限

仪表指针的线位移或角位移，与引起这个位移的被测变量变化量之比值称为仪表的灵敏度，即

$$S=\frac{\Delta\alpha}{\Delta x} \tag{2-1-6}$$

式中 S——仪表的灵敏度；

$\Delta\alpha$——仪表输出变化量；

Δx——引起 $\Delta\alpha$ 所需的输入变化量。

所谓仪表的灵敏限，是指能引起仪表指针发生动作的被测变量的最小变化量。通常仪表灵敏限的数值应不大于仪表允许绝对误差的一半。

4. 分辨率

对于数字式仪表，往往用分辨率来表示仪表反应的灵敏程度。分辨率表示使仪表测量范围的下限值末位改变一个数字所对应的输入信号的变化量，即

$$\phi=\frac{1}{2^{n+1}-1}\times 100\% \tag{2-1-7}$$

式中 ϕ——分辨率；

n——数字式仪表的数据位数。

5. 线性度

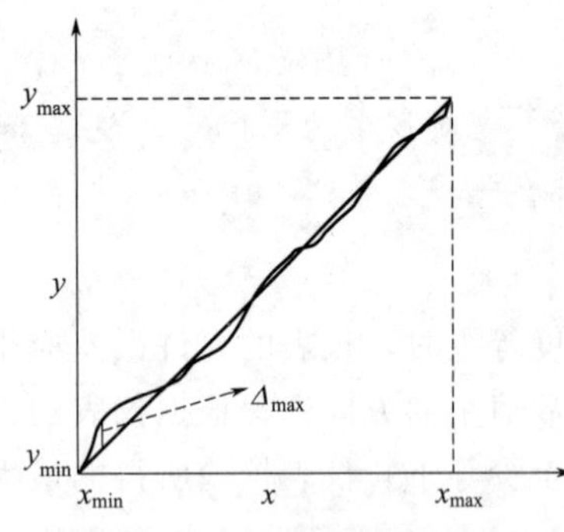

图 2-1-2 仪表线性度特性曲线

线性度是指表征线性刻度，即仪表的输出量与输入量的实际校准曲线与理论直线的吻合程度。

线性度通常用实际测得的输入-输出特性曲线（称为校准曲线）和理论直线之间的最大偏差与测量仪表量程之比的百分数表示。如图 2-1-2 所示。

$$线性度=\frac{\Delta_{max}}{y_{max}-y_{min}}\times 100\% \tag{2-1-8}$$

式中 Δ_{max}——仪表特性曲线与理论直线间的最大偏差；

$y_{max}-y_{min}$——刻度上限－刻度下限，即仪表量程。

四、检测仪表的分类

1. 检测仪表的类型

① 依据所测变量的不同，可分为压力（包括差压、压力）检测仪表、流量检测仪表、物位（液位）检测仪表、温度检测仪表、物质成分分析仪表、物性检测仪表。

② 按表达示数的方式不同，可分为指示型、记录型、信号型、远传指示型、累积型。

③ 按精度等级及使用场合的不同，可分为一般工业用表——在现场使用、Ⅱ级标准仪表——在实验室使用、Ⅰ级标准仪表——在标定时使用。

2. 测量方法的分类

按照测量结果的获得过程，测量方法可以分为直接测量和间接测量。

（1）直接测量

利用经过标定的仪表对被测变量进行测量，并直接从显示结果获得被测变量的具体数值，这种测量方法叫直接测量。

（2）间接测量

当被测变量不宜直接测量时，可以通过测量与被测变量有关的几个相关量后，再经过计算来确定被测变量的大小。

这种间接测量方法一般比直接测量要复杂一些，但随着计算机的应用、仪表功能的加强，测量过程中的数据处理完全可以由计算机快速而准确地完成。

习题与思考

1. 何谓测量与测量误差？

2. 某温度检测仪表的测温范围为 0～800℃，精度等级为 1.0 级，试问此温度检测仪表的允许最大绝对误差为多少？在校验点为 400℃时，温度检测仪表的指示值为 404℃，试问该温度检测仪表在这一点上精度是否符合 1.0 级？为什么？

3. 已知一台 DDZ-Ⅲ温度变送器，对其校验数据如下：

输入信号/℃	温度/℃	0	50	100	150	200
输出/mA	正行程	4	8	12.01	16.01	20
	反行程	4.02	8.10	12.10	16.09	20.01

试确定仪表的精度和变差。

项目二　压力检测及仪表

在工业生产中，对工艺过程中的一些物理量，即工艺变量，有着一定的控制要求。例如，在精馏塔的操作中，当塔中压力维持恒定时，只有保持精馏段或提馏段的温度一定，才能得到合格的产品。有些工艺变量虽不直接地影响产品的质量和数量，然而，保持其平稳却是使生产获得良好控制的前提。因此对某些工艺变量，需要加以必要的测量和控制。

一、概述

工业生产中，所谓压力是指由气体或液体均匀垂直地作用于单位面积上的力。此外，压力测量的意义还不局限于它自身，有些其他变量的测量，如物位、流量等往往是通过测量压力或差压来进行的，即测出了压力或差压，便可确定物位或流量。

根据国际单位制（代号为SI）规定，压力的单位为帕斯卡，简称帕（Pa），1帕为1牛顿每平方米，即

$$1\text{Pa}=1\text{N/m}^2 \tag{2-2-1}$$

帕所表示的压力较小，工程上经常使用兆帕（MPa）。帕与兆帕之间的关系为：

$$1\text{MPa}=1\times10^6\text{Pa} \tag{2-2-2}$$

过去使用的压力单位比较多，有些单位已不再使用。为了使大家了解国际单位制中的压力单位（Pa或MPa）与这些单位之间的关系，下面给出几种单位之间的换算关系，见表2-2-1。

表2-2-1　压力单位换算表

单位	帕 Pa/(N/m²)	标准大气压 /atm	工程大气压 /(kgf/cm²)	毫米水柱 /mmH₂O	毫米汞柱 /mmHg	巴 /bar
帕 pa/(N/m²)	1	0.9869236×10^{-5}	1.019716×10^{-5}	1.019716×10^{-1}	0.75006×10^{-2}	1×10^{-5}
标准大气压 /atm	1.01325×10^{5}	1	1.0332	1.033227×10^{4}	0.76×10^{3}	1.01325
工程大气压 /(kgf/cm²)	0.980665×10^{5}	0.9678	1	1×10^{4}	0.73556×10^{3}	0.980665
毫米水柱 /mmH_2O	0.980665×10	0.9678×10^{-4}	1×10^{-4}	1	0.73556×10^{-1}	0.980665×10^{-4}
毫米汞柱 /mmHg	1.333224×10^{2}	1.316×10^{-3}	1.35951×10^{-3}	1.35951×10	1	1.333224×10^{-3}
巴/bar	1×10^{5}	0.9869236	1.019716	1.019716×10^{4}	0.75006×10^{3}	1

在压力测量中，常有表压、绝对压力、负压或真空度之分，其关系见图2-2-1。工程上所用的压力指示值，大多为表压（绝对压力计的指示值除外）。表压是绝对压力和大气压力之差，即

$$p_{\text{表压}}=p_{\text{绝对压力}}-p_{\text{大气压力}} \tag{2-2-3}$$

当被测压力低于大气压力时，一般用负压或真空度来表示。他是大气压力与绝对压力之

差，即

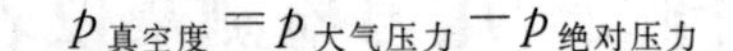

$$p_{真空度}=p_{大气压力}-p_{绝对压力} \tag{2-2-4}$$

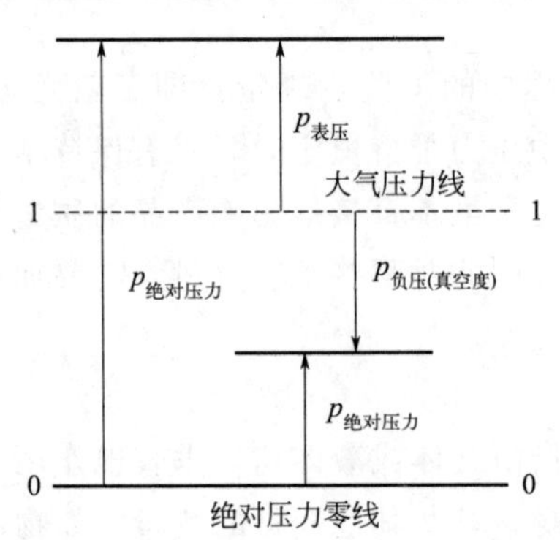

图 2-2-1　绝对压力、表压、负压（真空度）的关系

二、常用压力检测方法及仪表

测量压力或真空度的仪表很多，按照其转换原理的不同，大致可分为四大类。

1. 液柱式压力计

液柱式压力计是根据流体静力学原理，将被测压力大小转换成液柱高度来进行测量的。按其结构形式的不同，有 U 形管压力计、单管压力计和斜管压力计等，如图 2-2-2 所示。这类压力计使用方便、结构简单，但其精度受工作液（常用的有水、酒精等）的毛细管作用、密度及视差等因素的影响，测量范围较窄，一般用来测量较低压力、真空度或压力差。

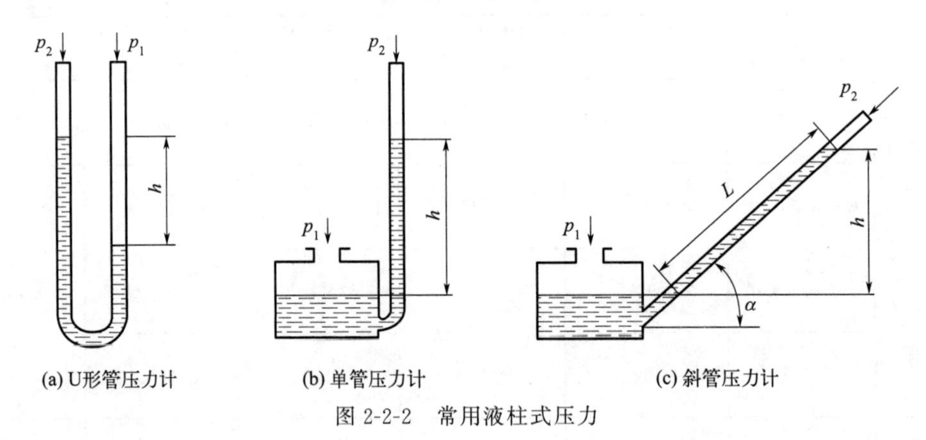

(a) U形管压力计　　(b) 单管压力计　　(c) 斜管压力计

图 2-2-2　常用液柱式压力

2. 弹性式压力计

弹性式压力计是将被测压力转换成弹性元件变形的位移来进行测量的。例如弹簧管压力计、波纹管压力计及膜式压力计等。

3. 电气式压力计

电气式压力计是通过电气元件和机械结构将被测压力转换成电量（如电压、电阻、电流、频率等）来进行测量的。例如各种压力传感器和压力变送器。

4. 活塞式压力计

活塞式压力计是根据水压机液体传送压力的原理，将被测压力转换成活塞上所加平衡砝码的质量来进行测量的。其结构较复杂，价格较高，但测量精度很高，允许误差可小到0.02%～0.05%，一般作为标准型压力测量仪器来校验其他类型的压力计。

三、弹性式压力计

弹性式压力计是利用各种形式的弹性元件，在被测介质压力的作用下产生弹性变形的原理而制成的测压仪表。这种仪表具有结构简单、使用可靠、读数清晰、牢固可靠、价格低廉、测量范围宽等优点。弹性式压力计可以用来测量几百帕到数千兆帕范围内的压力，因此在工业上是应用最广泛的测压仪表之一。

1. 弹性元件

弹性元件是一种简易可靠的测压元件。当测压范围不同时，所用的弹性元件也不一样，常用的弹性元件如图 2-2-3 所示。

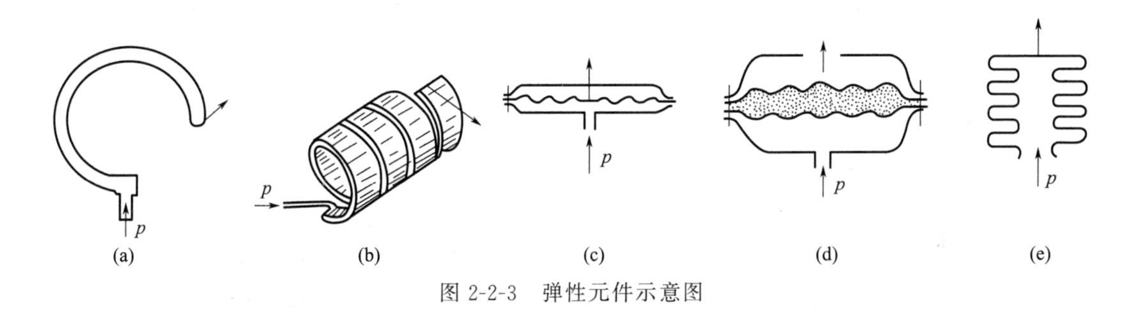

图 2-2-3 弹性元件示意图

（1）弹簧管式弹性元件

弹簧管式弹性元件测压范围较宽，可测高达 1000MPa 的压力。单圈弹簧管是一根弯成270°圆弧、横截面为椭圆或扁圆截面的空心金属管，如图 2-2-3(a) 所示。为了增加自由端的位移，可以制成多圈弹簧管，如图 2-2-3(b) 所示。

（2）薄膜式弹性元件

薄膜式弹性元件有膜片与膜盒，如图 2-2-3(c)、(d) 所示。

（3）波纹管式弹性元件

波纹管式弹性元件如图 2-2-3(e) 所示。这种元件易于变形，而且位移很大，常用于微压与低压的测量。

2. 弹簧管压力表

弹簧管压力表的结构如图 2-2-4 所示。弹簧管 1 是压力表的测量元件。图中所示为单圈弹簧管，它是一根弯成 270°圆弧的椭圆或扁圆截面的空心金属管。管子的自由端 B 封闭，管子的另一端固定在接头 9 上。当被测的压力 p 进入弹簧管 1 后，弹簧管 1 椭圆形截面在压力 p 的作用下，将趋于圆形，弹簧管 1 也随之产生向外挺直的扩张变形，使弹簧管的自由端 B 产生位移。由于输入压力 p 与弹簧

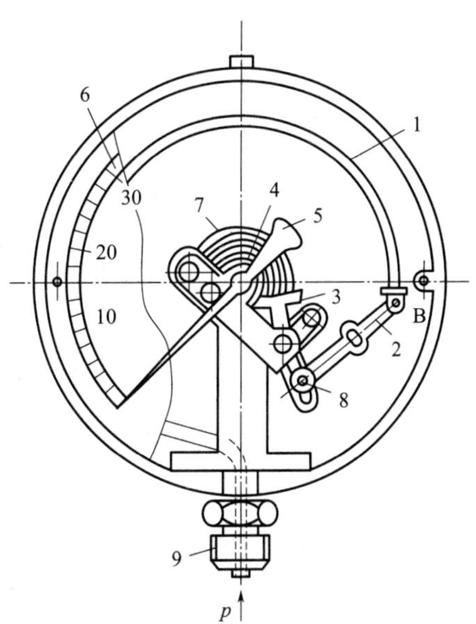

图 2-2-4 弹簧管压力表

1—弹簧管；2—拉杆；3—扇形齿轮；4—中心齿轮；5—指针；6—面板；7—游丝；8—调整螺钉；9—接头

管自由端B的位移成正比，所以只要测得弹簧管自由端B的位移量，就能反映压力 p 的大小。这就是弹簧管压力表的基本测量原理。

弹簧管自由端B的位移量一般很小，必须通过放大机构才能指示出来。放大过程如下：弹簧管自由端B的位移通过拉杆2使扇形齿轮3做逆时针转动，于是指针5在同轴的中心齿轮4的带动下做顺时针转动，在面板6的刻度标尺上显示出被测压力的数值。由于弹簧管自由端的位移与被测压力之间具有正比关系，因此弹簧管压力表的刻度标尺是线性的。

游丝7用来克服因中心齿轮和扇形齿轮间的传动间隙而产生的仪表变差。改变调整螺钉8的位置（根据杠杆原理即改变机械传动的放大系数），可以实现压力表量程的调整。

在石油化工生产过程中，需要把压力控制在某一范围内，因为当压力低于或高于要求范围时，就会破坏正常工艺条件，甚至可能发生危险。将普通弹簧管压力表加以改造，便可成为电接点信号压力表，它能在压力偏离要求范围时，及时发出信号，以提醒操作人员注意或通过中间继电器实现压力的某种自动控制。上下限的数值可以根据工艺要求进行调整。

四、电气式压力计

1. 应变片式压力传感器

电阻应变片有金属应变片（金属丝或金属箔）和半导体应变片两种。当应变片产生压缩或拉伸应变时，其阻值减小或增加。图2-2-5(a)是应变片式压力传感器原理图，应变片 r_1 和 r_2 用特殊的黏结剂牢牢地粘在传感筒的外壁，应变片 r_1 沿传感筒的轴向粘贴，应变片 r_2 沿传感筒的径向粘贴，当被测压力 p 作用于传感筒密封膜片时，传感筒受压变形，应变片 r_1 被压缩，阻值减小，应变片 r_2 被拉长，阻值增加。应变片阻值的变化，通过桥式电路获得相应的毫伏级电势输出，如图2-2-5(b)所示，并用毫伏计或其他记录仪表显示出被测压力。

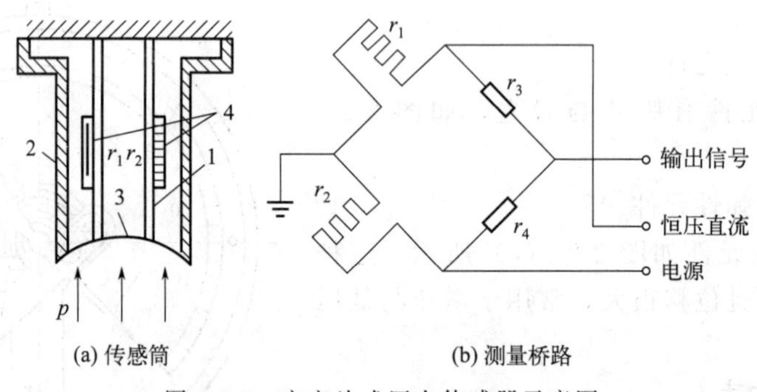

图2-2-5 应变片式压力传感器示意图

1—传感筒；2—外壳；3—密封膜片；4—应变片

2. 压阻式压力传感器

压阻式压力传感器是利用单晶硅的压阻效应工作的。采用单晶硅片为弹性元件，在单晶硅膜片上利用集成电路的工艺，在单晶硅的特定方向扩散一组等值电阻，并将电阻接成桥路，单晶硅片置于传感器腔内。当压力发生变化时，单晶硅片产生应变，使直接扩散在上面的应变电阻产生与被测压力成比例的变化，再由桥式电路获得相应的电压输出信号。如图2-2-6所示。

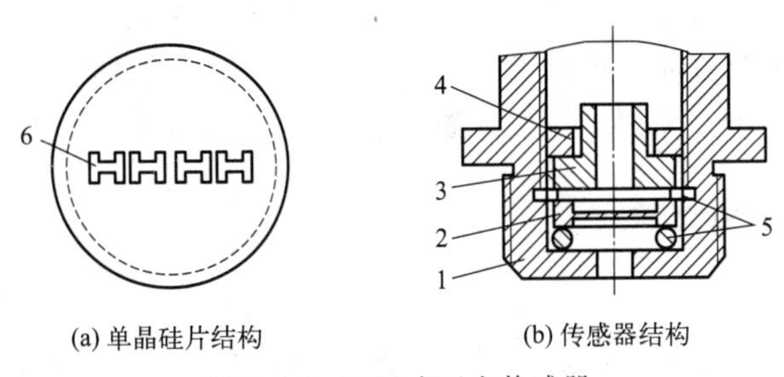

图 2-2-6 压阻式压力传感器

1—基座；2—单晶硅片；3—导环；4—螺母；5—密封垫圈；6—等效电阻

3. 电容式压力（差压）变送器

图 2-2-7 是电容式压力变送器的原理图。将左右对称的不锈钢基座的外侧加工成环状波纹沟槽，并焊上波纹隔离膜片。玻璃层内表面磨成凹球面，球面上镀有金属膜，此金属膜层有导线通往外部，构成电容的左右固定极板。在两个固定极板之间是弹性材料制成的测量膜片，作为电容的中央动极板。当被测压力 p_1、p_2 分别加于左右两侧的隔离膜片时，引起中央动极板与两边固定极板间的距离发生变化，因而两固定极板的电容量不再相等，电容的变化量通过导线传至测量电路，最终输出 4～20mA 的直流电信号。

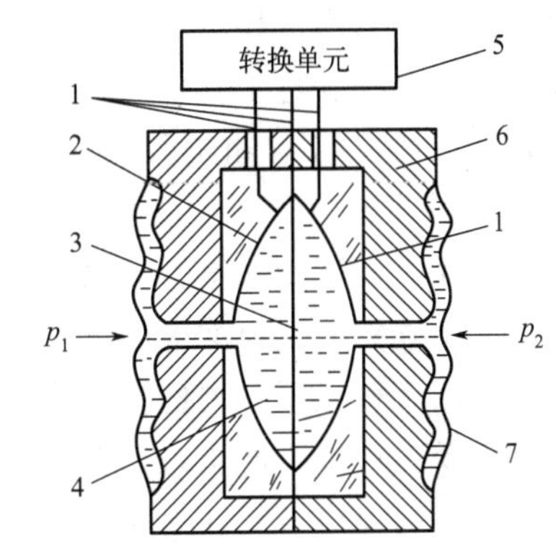

图 2-2-7 电容式压力变送器示意图

1—导线；2—固定极板；3—中央动极板；4—硅油；5—转换与放大电路；6—基座；7—隔离膜片

五、智能型压力变送器

智能型压力（差压）变送器就是在普通压力（差压）传感器的基础上增加了微处理器电路而形成的智能检测仪表。智能压力变送器所用的手持通信器，可以接在现场变送器的信号端子上，就地设定及检测，也可以在远离现场的控制室中，接在某个变送器的信号线上进行远程设定及检测。为了便于通信，信号回路必须有不小于 250Ω 的负载电阻。其连接示意图见图 2-2-8 所示。

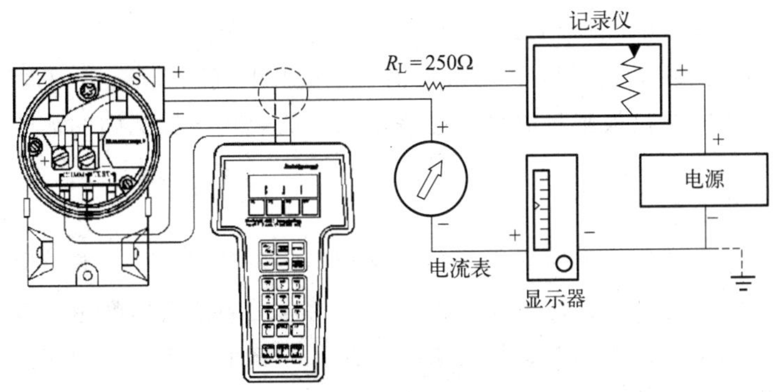

图 2-2-8 手持通信器的连接示意图

智能型压力变送器的特点是利用手持通信器，可对现场仪表进行各种参数的选择和标定，使维护和使用都十分方便；可以进行远程通信，通过通信器使变送器具有自修正、自补偿、自诊断及错误方式报警等多种功能，简化了调整、校准与维护过程。

六、压力仪表的选择与安装

1. 压力计的选用

压力计的选用应根据工艺生产过程对压力测量的要求，结合其他各方面的情况（例如介质的物理和化学性质），进行全面地考虑和具体地分析。选用压力计和选用其他仪表一样，一般应该考虑以下几个方面的问题。

（1）仪表类型的选择

仪表类型必须满足工艺生产的要求。例如自动记录或报警，是否需要远传；被测介质的物理、化学性质是否对测量仪表提出特殊要求；现场环境条件对仪表类型是否有特殊要求等。

例如普通压力计的弹簧管多采用铜合金，高压的也有采用碳钢的。氨气用压力计弹簧管的材料都采用碳钢，不允许采用铜合金。因为氨气对铜的腐蚀性极强，所以采用铜合金弹簧管的压力计用于氨气压力测量时很快就损坏了。

氧气用压力计与普通压力计在结构和材质上完全相同。氧气用压力计禁油，因为油进入氧气系统易引起爆炸。氧气用压力计在存放时要严格避免接触油污。如果必须采用带油污的压力计测量氧气压力时，使用前必须用四氯化碳反复清洗，直到无油污为止。

（2）仪表测量范围的确定

仪表的测量范围是指该仪表可按规定的精度对被测量进行测量的范围，它是根据操作中需要测量的变量的大小来确定的。

在测量压力时，为了仪表使用寿命，避免弹性元件因受力过大产生永久性变形，压力计的上限值应该高于生产工艺中可能的最大压力值。根据《自动化仪表选型设计规范》的规定，在测量稳定压力时，最大工作压力不应超过测量上限值的2/3；测量脉动压力时，最大工作压力不应超过测量上限值的1/2；测量高压压力时，最大工作压力不应超过测量上限值的3/5。

为了保证测量值的准确性，被测压力值不能太接近于仪表的下限值，亦即仪表的量程不能选得太大，一般被测压力的最小值不低于仪表满量程的1/3为宜。

根据被测参数的最大值和最小值计算出仪表的上、下限后，还不能以此数值直接作为仪表的测量范围。因为仪表标尺极限值是系列值，它是由国家主管部门用规程或标准规定了的。因此，选用仪表的标尺极限值时，只能采用相应的规程或标准中的数值（一般可在相应的产品目录中找到）。

（3）仪表精度等级的选取

仪表精度是根据工艺生产上所允许的最大测量误差来确定的。一般来说，所选用的仪表精度越高，则测量结果越精确、越可靠。但不能认为选用的仪表精度越高越好，因为仪表精度越高，一般价格越贵，操作和维护越费事。因此，在满足工艺要求的前提下，应尽可能选用精度较低、价廉耐用的仪表。

例 2-2-1

某往复式空气压缩机的出口压力范围为 26～29MPa，工艺要求测量误差不得大于 1MPa，就地观察，并能高低限报警，试正确选用一台压力表（型号、精度、量程范围）。

解： 由于往复式空气压缩机的出口压力波动较大，按脉动压力处理，所以选择仪表的上限值为

$$p_1 = p_{max} \times 2 = 29 \times 2 = 58(\text{MPa})$$

根据就地观察及能进行高低限报警的要求，由本书附录一可查得选用 YX-150 型电接点压力表，测量范围为 0～60MPa。

由于$\frac{26}{60} > \frac{1}{3}$，故被测压力的最小值不低于满量程的 1/3。另外，根据测量误差的要求，可算得允许误差为

$$\delta = \pm \frac{1}{60} \times 100\% = \pm 1.67\%$$

去掉±号和%号为 1.67，所以精度等级为 1.5 级的仪表完全可以满足误差要求。

压力表类型为 YX-150 型电接点压力表，量程范围为 0～60MPa，精度等级为 1.5 级。

2. 压力计的安装

压力计安装得正确与否对测量结果的准确性和压力计的使用寿命有直接影响。

（1）测压点的选择

所选择的测压点应能反映被测压力的真实大小。为此，必须注意以下几点。

① 要在介质直线流动的管段部分选择测压点，不要选在管路死角、分叉、拐弯或其他易形成漩涡的地方。

② 测量流动介质的压力时，应使测压点的取压管与管道垂直，取压管内端面与生产设备连接处的内壁应保持平齐，不应有凸出物或毛刺。

③ 测量液体压力时，测压点应在管道下部，使导压管内不积存气体；测量气体压力时，取压点应在管道上方，使导压管内不积存液体。

（2）导压管的铺设

① 导压管粗细要合适，一般内径为 6～10mm，长度应尽可能短，越长压力指示反应越慢，最长不得超过 50m。如超过 50m，应选用能远距离传送的压力计。

② 导压管水平安装时应保证有 1∶20～1∶10 的倾斜度，以利于积存于其中之液体（或气体）的排出。

③ 当被测介质具有易冷凝或易冻结的特性时，必须加设保温伴热管线。

④ 测压点到压力计之间应装有切断阀，以备检修压力计时使用。切断阀应装设在靠近测压点的地方。

（3）压力表的安装

① 压力表应安装在易观察和易检修的地方。安装地点应力求避免振动和高温的影响。

② 为安全起见，测量高压的压力计如果有通气孔，安装时表壳的通气孔应向墙壁或无人通过之处，以防发生意外。

③ 测量蒸汽压力时，应加装冷凝管，以防止高温蒸汽直接接触测压元件[见图 2-2-9

(a)]；对于有腐蚀性介质的压力测量，应加装有中性介质的隔离罐，图 2-2-9（b）表示了被测介质密度 ρ_2 大于和小于隔离液密度 ρ_1 的不同情况。

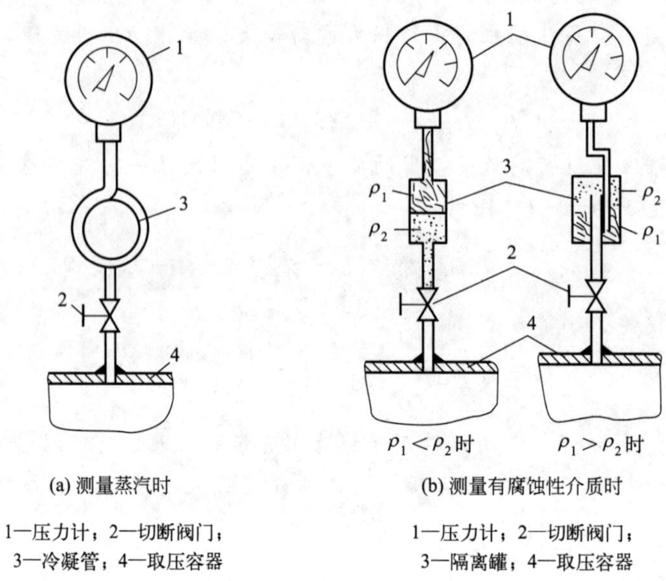

(a) 测量蒸汽时

1—压力计；2—切断阀门；3—冷凝管；4—取压容器

(b) 测量有腐蚀性介质时

1—压力计；2—切断阀门；3—隔离罐；4—取压容器

图 2-2-9　压力计安装示意图

④ 压力计的连接处，应根据被测压力的高低和介质性质，选择适当的材料作为密封垫片，以防泄漏。

⑤ 当被测压力较小，而压力计与测压点又不在同一高度时，对由此高度而引起的测量误差应按 $\Delta p = \rho g h$ 进行修正。式中，h 为高度差，ρ 为导压管中介质的密度，g 为重力加速度。

总之，对被测介质的不同性质（高温、低温、腐蚀、脏污、结晶、沉淀、黏稠等），要采取相应的防热、防冻、防腐、防堵等措施。

七、弹簧管压力表的校验

（一）实验目的

① 熟悉弹簧管压力表的结构及工作原理；

② 掌握校验弹簧管压力表的方法；

③ 了解并掌握电动压力校验台的正确使用。

（二）实验设备

1. 实验所需要的仪器、设备及工具

① 电动压力校验台　　　　一台

② 标准弹簧管压力表　　　一只

③ 普通弹簧管压力表　　　一只

④ 压力表取针器　　　　　一个

⑤ 螺钉旋具（一字、十字）各一把

2. 实验装置图（图 2-2-10）

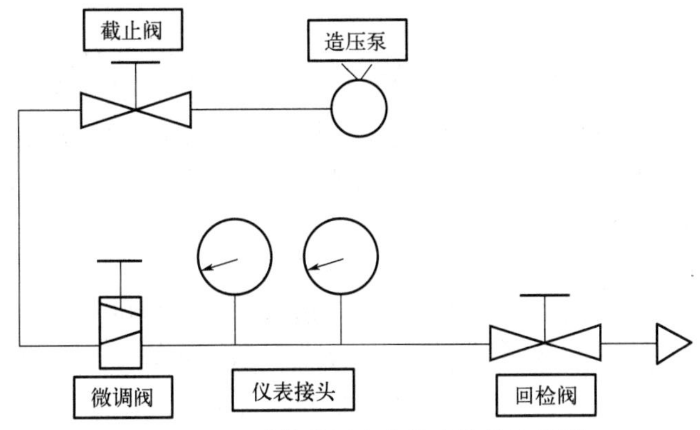

图 2-2-10　弹簧管压力表校验装置连接图

（三）实验原理

弹簧管压力表随着时间的增长，其弹性元件的弹性特性会发生变化，从而产生残余变形，仪表中的传动机件也会随着使用时间的增长而产生磨损，这些因素都将使仪表的精度逐渐降低。因此，必须定期对仪表进行校验、调整。

弹簧管压力表的校验常采用“标准表比较法”，即使标准表与被校表受到相同压力的作用，比较它们的值，鉴定被校表的主要技术指标，看它是否符合制造厂的规定。主要技术要求是：

① 仪表示值的实际最大误差不应超过仪表精度等级所允许的误差值。

② 仪表的变差不应超过基本的允许误差的绝对值。

③ 在指示值范围内，指针应平稳偏转在任何位置上，指针与表盘的距离不得小于1mm；用手轻敲表壳时，指针的示值变动不应超过基本的允许误差绝对值的 50%。

④ 当仪表处于垂直位置时，且弹簧管内无压力时，无零位限制钉的仪表的指针应指在零位分度线上，有零位限制钉的仪表的指针应紧靠在零位限制钉上。

通常所选标准压力表应满足以下两点要求：

① 选取的测量上限应超过被校表的上限三分之一的最接近系列值，一般选取大一级的系列值；

② 允许的绝对误差应小于被校表允许的绝对误差的三分之一。

（四）实验内容与步骤

1. 实验内容

选择一只精度为 1.5 级或 2.5 级的普通弹簧管压力表作为被校表，用标准表比较法鉴定它的基本误差、变差和零位偏差，对指针偏转的平稳性（要求指针在偏转过程中不得有停滞或跳动）及轻敲表壳的位移量（不得超过允许的绝对误差的一半）也应进行检查。在全标尺的范围内，总的校验点一般不得少于五个。

2. 实验操作步骤

① 记录仪表的精度等级及相关值。

② 把电动压力校验台平放在便于操作的工作台上。

③ 检查电动压力校验台上微调阀、回检阀和截止阀的状态，将微调阀打开一半到中间位置，关闭回检阀和截止阀。

④ 连接电动压力校验台电源线，按下“电源”按钮，电动压力校验台通电开机。

⑤ 按下“设置”按钮，对电动压力校验台进行压力值上限值设置。

⑥ 按动“手动调整”旋钮，可改变显示压力值上限值的光标位置；转动“手动调整”旋钮，可改变显示压力值上限值的光标位置的数值大小。通过按动与转动“手动调整”旋钮的配合操作，正确设置压力值上限值（超量程20%）。

⑦ 按下“确认”按钮，完成电动压力校验台设置。

⑧ 按下“启动”按钮，电动压力校验台内造压泵启动并造压。

⑨ 校验。校验时，先检查零位偏差，进行处理后（校正或修正），在被校表测量范围的25%、50%、75%三处做线性刻度校验，进行处理后，对各校验点进行正反行程校验。

⑩ 校验结束后，先打开回检阀，放空工作压缩空气，再关闭回检阀，电动压力校验台断电复位。

（五）注意事项

① 电动压力校验台上的各阀均为针型阀，开、闭时不宜用力过度，以免损坏。

② 一般取测量范围的0%、25%、50%、75%、100%五处刻度线校验，并记录各值于表中。

③ 在电动压力校验台上安装压力表时，应使仪表面板正对观测者。

④ 正向校验时，快到校验位时截止阀旋转要缓慢并关闭，旋转微调阀加压至校验位，压力不能超程。反之，反向校验时，快到校验位时回检阀旋转要缓慢并关闭，旋转微调阀降压至校验位，压力不能过调。

⑤ 不允许私自拆开标准压力表，以免影响其精度。

（六）零点、量程调整

1. 零点的调整

当弹簧管压力表未输入被测压力时，其指针应对准表盘零位刻度线，否则，可用特制的压力表取针器将指针取下，对准零位刻度线重新固定。对有零位限制钉的弹簧管压力表，一般要升压在第一个有数字的刻度线处取、装指针，以进行零位调整。

2. 量程的调整

如果压力表的零点已调准，当测量上限时其示值超差，则应进行量程调整。做法是调整扇形齿轮与拉杆的连接位置，以改变图中OB的长短，即可调量程。要结合零位调整反复数次才能达到要求。如图2-2-11所示。

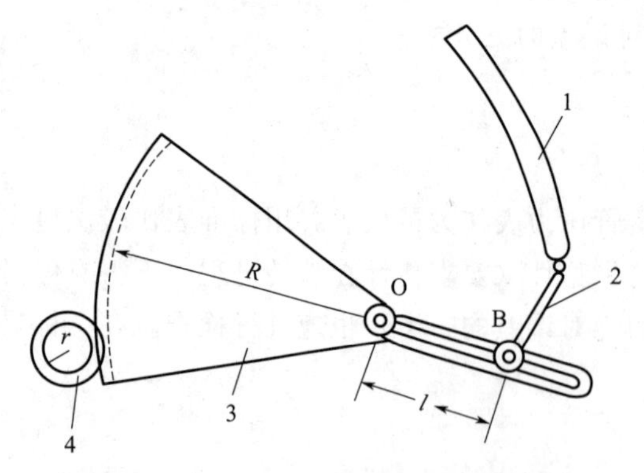

图2-2-11 弹簧管压力表量程示意图

1—弹簧管；2—拉杆；3—扇形齿轮；4—中心齿轮

（七）实验报告要求

1. 数据处理

弹簧管压力表超差的处理：仪表的示值误差超过它的允许的误差的现象称为超差。超差的原因很多，如仅由于弹簧管压力表的零件配合不当造成，可以通过对零件相对位置的调整予以排除。主要有零位的调整、量程的调整和线性度的调整。

① 计算被校表的绝对误差及引用误差、变差。

变差＝$(A_{正}-A_{反})/A_{全}$ （$A_{正}$、$A_{反}$为正、反行程时被校表的测量值，$A_{全}$仪表测量范围）。

② 对比出厂时的精度，说明仪表是否需要调整，是否符合出厂时的精度。

2. 实验报告内容

（1） 目的及要求

（2） 实验装置图

（3） 原始记录、数据处理过程及结果

校验日期________年____月____日　　　　校验人____________

被校表名称________型号________量程________出厂编号________精度等级______

标准表名称________型号________量程________出厂编号________精度等级______

校验点	被校表读数/kPa	标准表读数/kPa				绝对误差/kPa				正反行程绝对差值/kPa	
		正行程		反行程		正行程		反行程		轻敲前	轻敲后
		轻敲前	轻敲后	轻敲前	轻敲后	轻敲前	轻敲后	轻敲前	轻敲后		
0%											
25%											
50%											
75%											
100%											
校验结果	绝对误差＝________　最大绝对误差＝________ 允许变差＝________　最大变差＝________ 检定结论：										

习题与思考

1. 测压仪表有哪几类？各基于什么原理？

2. 感测压力的弹性元件有哪几种？各有何特点？

3. 简述单圈弹簧管压力计的测压原理。试述单圈弹簧管压力计的主要组成及测压过程。

4. 电容式压力变送器的工作原理是什么？有何特点？

5. 为什么测量仪表的测量范围要根据测量值的大小来选取？选一只量程很大的仪表来测量很小数值有何问题？

6. 某台空压机的缓冲器，其工作压力范围为1.3～1.6MPa，工艺要求就地观察罐内压力，并要求测量结果的误差不得大于罐内压力的±5%，试选择一只合适的压力计（类型、测量范围、精度等级）并说明理由。

项目三　流量检测及仪表

一、概述

在化工和炼油生产过程中，为了生产平稳安全进行，经常需要测量生产过程中各种介质（液体、气体和蒸汽等）的流量，以便为生产操作和控制提供依据。同时，为了进行经济核算，应知道在一段时间（如一班、一天等）内流过的介质总量。所以，介质流量是生产过程达到优质高产和安全生产以及进行经济核算所必需的重要变量。

流量大小是指单位时间内流过管道某一截面的流体数量的多少，即瞬时流量。在某一段时间内流过管道的流体流量的总和，即瞬时流量在某一段时间内的累计值，称为总量（累积流量）。

流量和总量，可以用质量表示，也可以用体积表示。质量流量是指单位时间内流过管道的流体以质量表示，常用符号为 M。体积流量是指单位时间内流过管道的流体以体积表示，常用符号为 Q。

测量流体流量的仪表一般叫流量计。测量流体总量的仪表常称为计量表。

若流体的密度是 ρ，则体积流量与质量流量之间的关系是

$$M=\rho Q \qquad \text{或} \quad Q=\frac{M}{\rho} \tag{2-3-1}$$

若以 t 表示时间，则流量和总量之间的关系是

$$\begin{aligned} Q_{总} &= \int_0^t Q\,\mathrm{d}t \\ M_{总} &= \int_0^t M\,\mathrm{d}t \end{aligned} \tag{2-3-2}$$

常用的流量单位：吨每小时（t/h）、千克每小时（kg/h）、千克每秒（kg/s）、立方米每小时（m^3/h）、升每小时（L/h）、升每分（L/min）等。

流量测量仪表的分类如下。

1. 速度式流量计

通过测量流体在管道内的流速来计算流量的仪表。例如差压式流量计、转子流量计、电磁流量计、涡街流量计、涡轮流量计、堰式流量计等。

2. 容积式流量计

通过测量单位时间内所排出的流体的固定容积的数目来计算流量的仪表。例如椭圆齿轮流量计、活塞式流量计等。

3. 质量式流量计

测量流过的流体的质量 M 的流量仪表。例如惯性力式质量流量计、补偿式质量流量计等。

质量流量计的流量测量数值具有不受流体的温度、压力、黏度等变化影响的特点。

二、差压式流量计

差压式（也称节流式）流量计，是基于流体流动的节流原理，利用流体流经节流装置时产生的压差而实现流量测量的。节流装置包括节流元件和取压装置。节流元件是使管道中的

流体产生局部收缩的元件。常用的节流元件有孔板[图 2-3-1(a)]、喷嘴、文丘里管等。

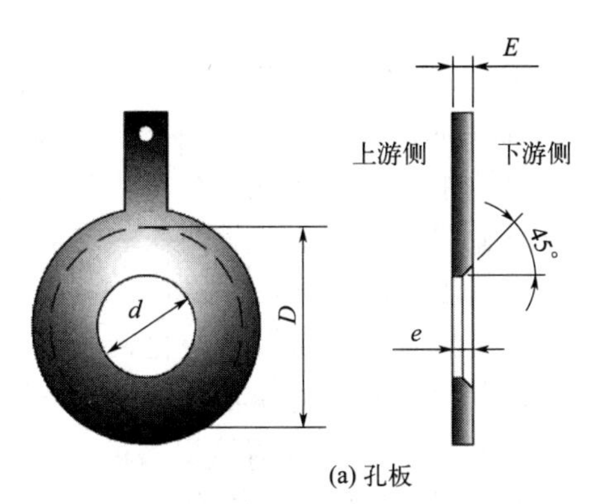

(a) 孔板

d—孔板开孔直径；D—管道直径；E—孔板总厚度；
e—孔板直孔部分的厚度

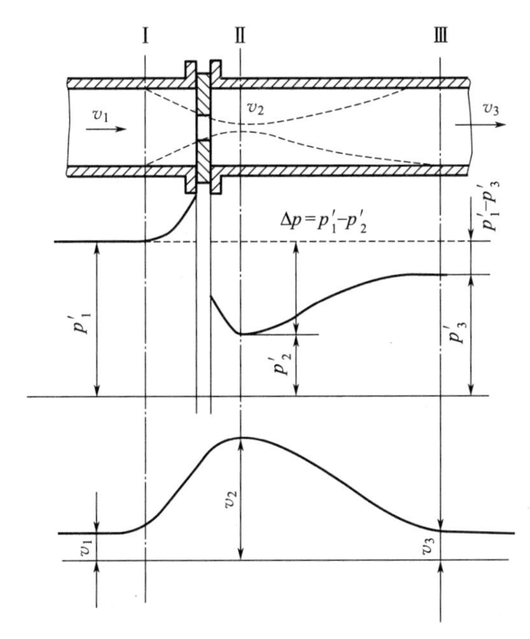

(b) 孔板节流装置的压力、流速分布图

图 2-3-1 孔板及压力、流速分布图

在流量检测系统中，节流装置产生的压差信号，通过差压变送器转换成相应的信号（标准统一的信号），以供显示、记录或控制使用。

1. 节流现象与流量基本方程式

(1) 节流现象

流体在有节流装置的管道中流动时，在节流装置前后的管壁处，流体的静压力产生差异的现象称为节流现象。下面以孔板为例说明节流现象（图 2-3-1）。

流动流体的能量有两种形式，即静压能和动能。流体由于有压力而具有静压能；流体由于有流动速度而具有动能。这两种形式的能量在一定的条件下可以互相转化，并遵守能量守恒定律。

流体在管道截面Ⅰ前，以一定的流速 v_1 流动。此时静压力为 p_1'。在接近节流装置时，由于孔板的开孔面积小于管道，对流体的流动有阻挡作用，尤其靠近管壁处的流体受到孔板的阻挡作用最大，因而使一部分动能转化为静压能，出现了孔板入口端面靠近管壁处的流体静压力升高，并且比管道中心处的压力大，即在孔板入口端面处产生一径向压差。这一径向压差使流体产生径向附加速度，从而使靠近管壁处的流体质点的流向与管道中心轴线相倾斜，形成了流束的收缩运动。由于惯性作用，流束的最小截面并不在孔板的开孔处，而是经过孔板后仍继续收缩，到截面Ⅱ处达到最小，这时流速最大，达到 v_2，随后流束的截面又逐渐扩大，至截面Ⅲ后完全复原，流速便降低到原来的数值，即 $v_3=v_1$。

由于孔板造成流束的局部收缩，使流体的流速发生变化，即动能发生变化。与此同时，表征流体静压能的静压力也要变化。在Ⅰ截面，流体具有静压力 p_1'。到达截面Ⅱ，流速增加到最大值，静压力就降低到最小值 p_2'，而后又随着流束的扩大而逐渐增加。

由于在孔板端面处，流通截面突然缩小与扩大，使流体形成局部涡流，要消耗一部分能量，同时流体流经孔板时，要克服摩擦力，所以流体的静压力不能恢复到原来的数值 p_1'，而产生了压力损失 $\delta_p=p_1'-p_3'$。

节流装置前后压差的大小与流量有关。管道中流动的流体流量越大，在节流装置前后产生的压差也越大。只要测出孔板前后侧压差的大小，即可表示流量的大小，这就是节流装置测量流量的基本原理。

节流装置前流体压力较高，称为正压，常以“+”标志；节流装置后流体压力较低，称为负压，常以“−”标志。

孔板前后流体的速度与压力的分布情况如图 2-3-1(b) 所示。

(2) 流量基本方程式

流量基本方程式是阐明流量与压差之间的定量关系的基本流量公式。它是根据流体力学中的伯努利方程式和连续性方程式推导而得的。

$$M=\alpha\varepsilon F_0\sqrt{2\rho\Delta p} \tag{2-3-3}$$

$$Q=\alpha\varepsilon F_0\sqrt{(2/\rho)\Delta p} \tag{2-3-4}$$

式中 α——流量系数，它与节流装置的结构形式、取压方式、孔口截面积与管道截面积之比、雷诺数 (Re)、孔口边缘锐度、管壁粗糙度等因素有关；

ε——膨胀校正系数，它与孔板前后压力的相对变化量、介质的等熵指数（绝热指数）、孔口截面积与管道截面积之比等因素有关，应用时可查阅有关手册，对不可压缩的液体来说，取 $\varepsilon=1$，对于气体，取 $\varepsilon<1$；

F_0——节流装置的开孔截面积；

Δp——节流装置前后实际测得的压差；

ρ——节流装置前的流体密度。

由流量基本方程式还可以看出，流量 $Q(M)$ 与压差 Δp 的平方根成正比。用这种流量计测量流量时，如果不加开方器，流量标尺刻度是不均匀的——起始部分的刻度很密，后来逐渐变疏，因此在用差压式流量计测量流量时，被测流量值接近于仪表的下限值，误差将会很大。

孔板使用条件的规定：被测介质应充满全部管道截面连续地流动；管道内的流束（流动状态）应该是稳定的。被测介质在通过孔板时应不发生相变。例如液体不发生蒸发；溶解在液体中的气体不会释放出来，同时是单相存在的。对于成分复杂的介质，只有其性质与单一成分的介质类似时，才能使用。测量气体（蒸汽）流量时所排出的冷凝液或灰尘，或测量液体流量时所排出的气体或沉淀物，既不得聚积在管道中的孔板附近，也不得聚积在连接管内。在测量能引起孔板堵塞的介质的流量时，必须对孔板进行定期清洗。在距离孔板前后两端面 $2D$ 的管道内表面上，没有任何凸出物和肉眼可见的粗糙与不平现象。

2. 标准节流装置

差压式流量计，由于应用历史长久，人们已经积累了丰富的实践经验和完整的实验资料。因此，国内外已把最常用的节流装置——孔板、喷嘴、文丘里管等标准化，并称为“标准节流装置”。标准节流装置适用于测量管径大于 50mm 的管道中介质的流量。

标准节流装置可以直接使用，不必用实验方法进行标定。但对于非标准化的特殊节流装置，在使用前应进行标定。

三、转子流量计

转子流量计与前面所讲的差压式流量计在工作原理上是不同的。差压式流量计是在节流面积（如孔板面积）不变的条件下，以压差变化来反映流量的大小，即变压降定流通截面积。转子流量计是以压降不变，利用节流面积的变化来测量流量的大小，即转子流量计采用的是恒压降变流通截面积的流量测量法。转子流量计适用于测量管径小于 50mm 的管道中介质的流量。

图 2-3-2 是转子流量计工作原理图，它基本上由两个部分组成：一个是由下往上逐渐扩大的锥形管；另一个是放在锥形管内可自由运动的转子。

当被测流体由锥形管下部进入，沿着锥形管向上运动，流过转子与锥形管之间的环隙，再从锥形管上部流出。当流体流过锥形管时，转子阻碍流体流动，在转子的上下有一定的压降，此压降的大小与流体的速度有关，位于锥形管中的转子受到一个向上的力，使转子浮起。当这个力等于浸没在流体里的转子重量减去转子所受的浮力时，则作用在转子上的上下方向的力达到平衡，此时转子就停浮在一定的高度上。

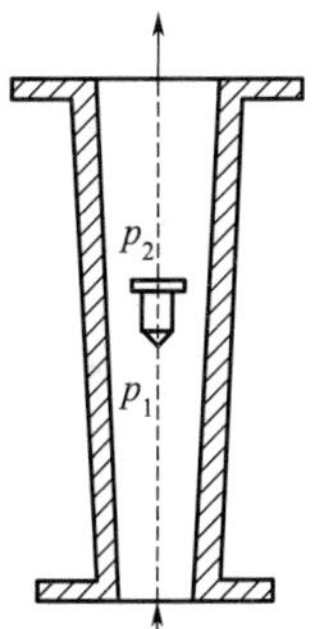

图 2-3-2 转子流量计的工作原理图

假如被测流体的流量突然增加时，作用在转子上的力就加大，所以转子就上升。由于转子在锥形管中位置的升高，造成转子与锥形管间环隙面积增大，即流通面积增大。随着环隙的面积增大，环隙中流体流速变慢，因而，流体作用在转子上的力也就变小。当流体作用在转子上的力再次等于转子重量减去在流体中的转子所受的浮力时，转子又稳定在一个新的高度上，平衡方程可用下式表示

$$V(\rho_t-\rho_f)g=(p_1-p_2)A \tag{2-3-5}$$

式中 V——转子的体积，m^3；

ρ_t——转子材料的密度，kg/m^3；

ρ_f——被测流体的密度，kg/m^3；

p_1, p_2——分别为转子前后流体的压力，Pa；

A——转子的最大横截面积，m^2；

g——重力加速度，m/s^2。

转子停浮在一定的高度上，转子下上的压差 $\Delta p = p_1 - p_2$ 一定的情况下，流过转子流量计的流量与转子和锥形管间环隙面积 F_0 有关。由于锥形管由下往上逐渐扩大，所以 F_0 是与转子浮起的高度有关的。这样，根据转子的高度就可以判断被测介质的流量大小。

这样，转子在锥形管中的平衡位置的高低与被测介质的流量大小相对应。如果在锥形管外沿其高度刻上对应的流量值，那么根据转子平衡位置的高低就可以直接读出流量的大小。这就是转子流量计测量流量的基本原理。

使用时注意：转子流量计是一种非标准化仪表，仪表制造厂在定刻度时，对于液体介质用（20℃，760mmHg❶）水标定，对于气体介质用（20℃，760mmHg）空气标定；在实际使用时，必须进行修正。

四、椭圆齿轮流量计

椭圆齿轮流量计是容积式流量计的一种，特别适合于测量高黏度的流体甚至是糊状物的流量。

1. 工作原理

椭圆齿轮流量计的主要部分是壳体和装在壳体内的一对相互啮合的椭圆齿轮，它们与盖板构成了一个密闭的流体计量空间，流体的进出口分别位于两个椭圆齿轮轴线所构成平面的两侧壳体上，如图 2-3-3 所示。

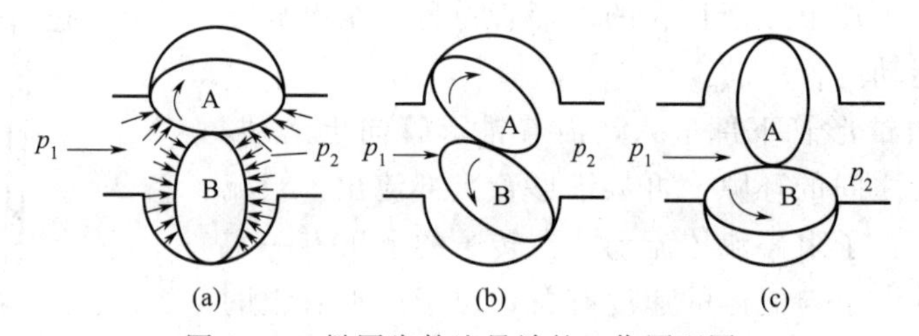

图 2-3-3　椭圆齿轮流量计的工作原理图

当流体流过椭圆齿轮流量计时，要克服阻力一定有压力降，即进口压力 p_1 大于出口的压力 p_2。在被测量介质的压差 $\Delta p = p_1 - p_2$ 的作用下，产生作用力矩而使椭圆齿轮转动。在图 2-3-3(a) 所示的位置时，由于 $p_1 > p_2$，在 Δp 的作用下椭圆齿轮 A 将受到一个合力矩的作用，使齿轮 A 按顺时针方向转动，把齿轮 A 和壳体间的半月形容积内的介质排至出口，并带动齿轮 B 做逆时针方向转动，这时 A 为主动轮，B 为从动轮；在图 2-3-3(b) 所示中间位置时，A 和 B 均为主动轮；在图 2-3-3(c) 所示的位置时，作用在 A 齿轮上的合力矩为零，作用在 B 齿轮上的合力矩将使 B 齿轮做逆时针方向转动，并把已吸入的半月形容积内的介质排至出口，这时 B 为主动轮，A 为从动轮，与图 2-3-3(a) 刚好相反。如此往复循环，轮 A 和轮 B 互相交替地由一个带动另一个转动，将被测量介质以半月形容积为单位一次一次地由进口排至出口。显然，图 2-3-3 所示仅仅表示椭圆齿轮转动了 1/4 周的情况，而所排出的被测量介质量为一个半月形容积。所以椭圆齿轮每转一周所排出的被测量介质量为半月形容积的 4 倍，则通过椭圆齿轮流量计的体积流量为：

$$Q = 4nV_0 \tag{2-3-6}$$

❶ 1mmHg≈0.1333kPa，760mmHg≈101.325kPa。

式中　n——椭圆齿轮的转速，r/s；

V_0——半月形部分的容积，m^3。

由上式可知，在椭圆齿轮流量计的半月形容积 V_0 已知的条件下，只要测量出椭圆齿轮的转速 n，便可知道被测介质的流量。

2. 使用特点

椭圆齿轮流量计有就地显示和远传显示两种类型，可根据生产的实际要求进行选择。这种流量计测量精度较高，压力损失较小，安装使用也较方便。但是，它的结构比较复杂，加工制造比较困难，因而成本较高。

椭圆齿轮流量计一般用于重油、聚乙烯醇树脂等黏度较高的介质的流量测量。使用时要特别注意，必须满足其规定的使用温度和允许最小流量条件，否则将会增大测量误差。

椭圆齿轮流量计在使用时要特别注意被测介质中不能含有固体颗粒，更不能有机械夹杂物，否则会引起齿轮磨损以至损坏。为此，椭圆齿轮流量计的入口端必须加装过滤器。

五、涡轮流量计

涡轮流量计的测量变送部分结构如图 2-3-4 所示，它由外壳、涡轮、导流器、磁电感应转换器和前置放大器构成。涡轮是由导磁的不锈钢材料制成的。

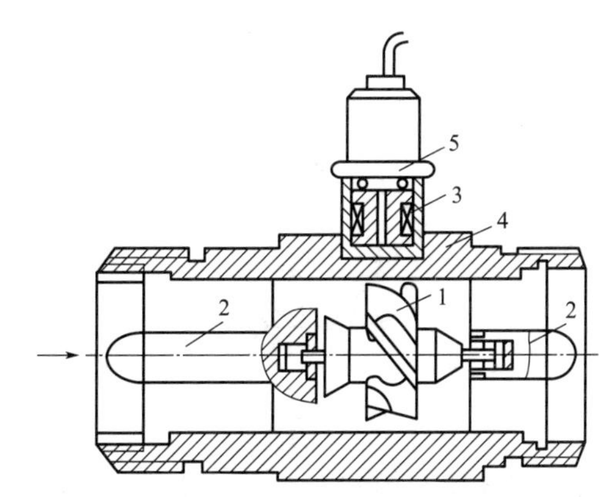

图 2-3-4　涡轮流量计的测量变送部分结构示意图

1—涡轮；2—导流器；3—磁电感应转换器；4—外壳；5—前置放大器

涡轮流量计的工作原理：当流体通过涡轮叶片与管道之间的间隙时，由于叶片前后的压差产生的力推动叶片，使涡轮旋转。在被测流体冲击下，涡轮沿着管道轴向旋转，其旋转速度随流量的变化而不同，即流量越大，涡轮的转速也越高。在涡轮旋转的同时，叶片周期性地切割电磁铁产生的磁力线，改变通过线圈的磁通量。根据电磁感应原理，在线圈内将感应出脉动电势信号。脉动电势信号的频率与被测流体的流量成正比。将脉动电势信号通过前置放大器放大后送至显示仪表（或 DCS）进行计算和显示，根据单位时间内的脉冲数和累计脉冲数即可求出瞬时流量和累积流量。

涡轮流量计的涡轮容易磨损，被测介质中不应带机械夹杂物，否则会影响测量精度和损坏机件。因此，一般应加过滤器。

六、电磁流量计

电磁流量计是基于法拉第电磁感应定律而工作的流量测量仪表。当导体在磁场中做切割磁力线的运动时，就会感应出一个方向与磁场方向和导体运动方向都垂直的感应电动势，其值与磁感应强度和运动的速度成正比。

电磁流量计的特点是能够测量酸、碱、盐溶液以及含有固体颗粒或纤维的液体的体积流量。电磁流量计变送部分的原理图如图 2-3-5 所示。在一段用非导磁材料制成的管道外面，安装有一对磁极 N 和 S，用以产生磁场。当导电液体流过管道时，因流体切割磁力线而产生了感应电动势。此感应电动势由与磁极成垂直方向的两个电极引出。

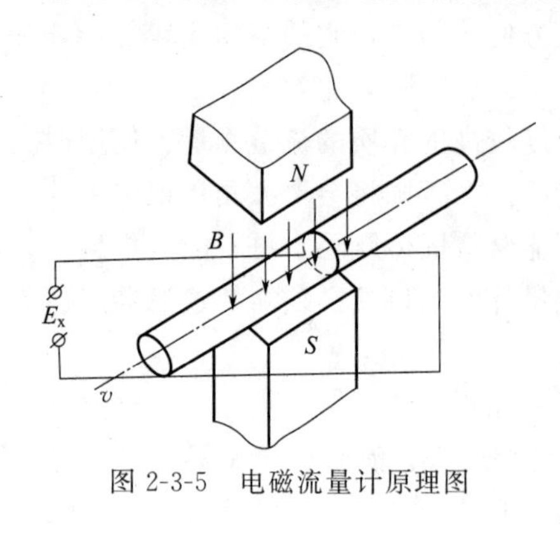

图 2-3-5　电磁流量计原理图

电磁流量计是电磁感应定律的具体应用，当导电的被测介质垂直于磁力线方向流动时，在与介质流动方向和磁场方向都垂直的方向上产生一个感应电动势 E_x，如图 2-3-5 所示。

$$E_x=BDv \tag{2-3-7}$$

式中　E_x——感应电动势，V；

B——磁感应强度，T；

D——导管直径，即导体垂直切割磁力线的长度，m；

v——被测介质在磁场中运动的速度，m/s。

因体积流量 Q 等于流体流速 v 与管道截面积 A 的乘积，直径为 D 的管道的截面积 $A=\frac{\pi}{4}D^2$，故

$$Q=\frac{\pi D^2}{4}v \tag{2-3-8}$$

将式(2-3-7) 代入式(2-3-8) 中，即得

$$E_x=\frac{4B}{\pi D}Q$$

$$Q=\frac{\pi D}{4B}E_x \tag{2-3-9}$$

由式 (2-3-9) 可知，当管道直径 D 和磁感应强度 B 不变时，感应电动势 E_x 与体积流量 Q 成正比。

电磁流量计的测量导管内无可动部件或突出于管内的部件，因而压力损失很小。在采取防腐衬里的条件下，可以用于测量各种腐蚀性液体的流量，也可以用来测量含有颗粒、悬浮物等的液体的流量。此外，其输出信号与流量之间的关系不受液体的物理性质变化和流动状态的影响，对流量变化反应速度快，故可用来测量脉动流量。

电磁流量计只能用来测量导电液体的流量，其电导率要求不小于 20μS/cm，即不小于水的电导率。不能测量气体、蒸汽及石油制品等的流量。安装时要远离一切磁源（例如大功率电机、变压器等)，不能有振动。

七、漩涡流量计

漩涡流量计又称涡街流量计。漩涡流量计的特点是精度高、测量范围宽、没有运动部件、无机械磨损、维护方便、压力损失小、节能效果明显。

漩涡流量计是利用有规则的漩涡剥离现象来测量流体流量的仪表。在流体中垂直插入一个非流线形的柱状物（圆柱或三角柱）作为漩涡发生体，如图 2-3-6 所示。当雷诺数达到一

定的数值时，会在柱状物的下游处产生两列平行并且上下交替出现的漩涡，称为涡街，也称作“卡门涡街”。当两列漩涡之间的距离 h 和同列的两漩涡之间的距离 L 之比能满足 $\frac{h}{L}=0.281$ 时，则所产生的涡街是稳定的。

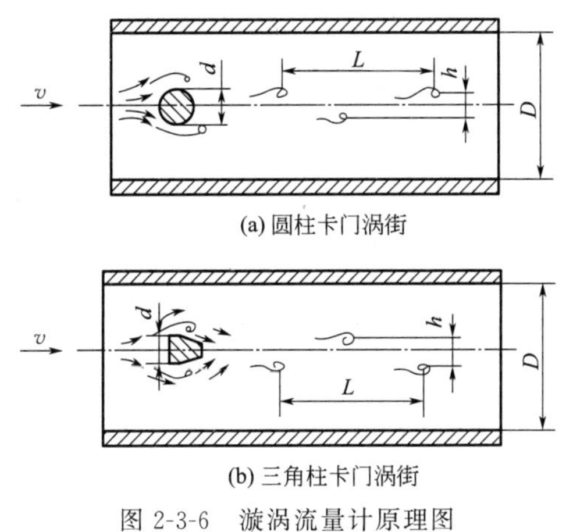

图 2-3-6　漩涡流量计原理图

体积流量为

$$Q=Kf \tag{2-3-10}$$

式中　f——漩涡频率，Hz；

K——仪表系数，与漩涡发生体两侧的流通截面、管道的流通截面、流体的平均流速、漩涡发生体的尺寸和形状等有关。

漩涡流量计可显示流量和总量，其内置免维护锂电池，支持工作时间 1 年以上；可检测介质的温度与压力并进行自动补偿和压缩因子自动修正；流量计可输出脉冲信号或 4～20mA 标准模拟信号。

八、超声波流量计

超声波流量计是一种利用超声波脉冲来测量流体流量的速度式流量仪表，适用于测量不易接触和观察的流体以及大管径管道内流体的流量。

超声波在流动的流体中传播时就载上了流体流速的信息，因此通过接收到的超声波就可以测量出流体的流速，从而换算成流量。根据信号检测的原理，可分为传播速度差法、多普勒法、波束偏移法、相关法、空间滤波法及噪声法等不同类型的超声波流量计，如图 2-3-7 所示。

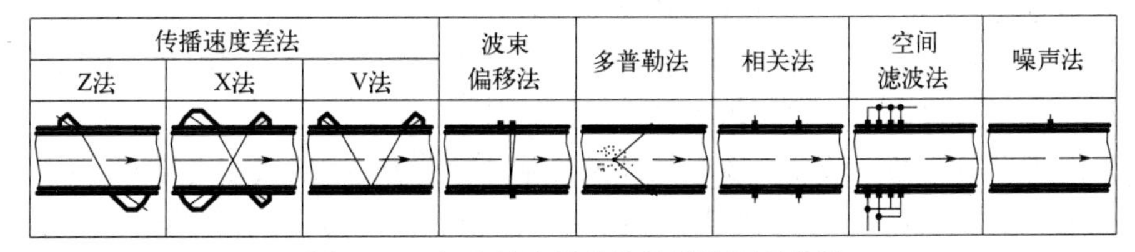

图 2-3-7　超声波流量计按检测的原理分类

传播速度差法超声波流量计是通过测量超声波脉冲顺流和逆流传播时速度之差来反映流

体流速的。按照换能器的配置方法不同，传播速度差法又分为Z法（透过法）、V法（反射法）、X法（交叉法）等。

如图2-3-8所示，换能器1向换能器2发射超声波信号，这是顺流方向，反之为逆流方向，其传播时间差为

$$\Delta t_1=t_2-t_1=\frac{2Lv\cos\theta}{c^2-v^2\cos^2\theta} \tag{2-3-11}$$

式中 t_1——顺流传播时间，s；

t_2——逆流传播时间，s；

c——声速，m/s；

L——换能器间距，m；

θ——换能器安装角度，(°)；

v——被测流体流速，m/s。

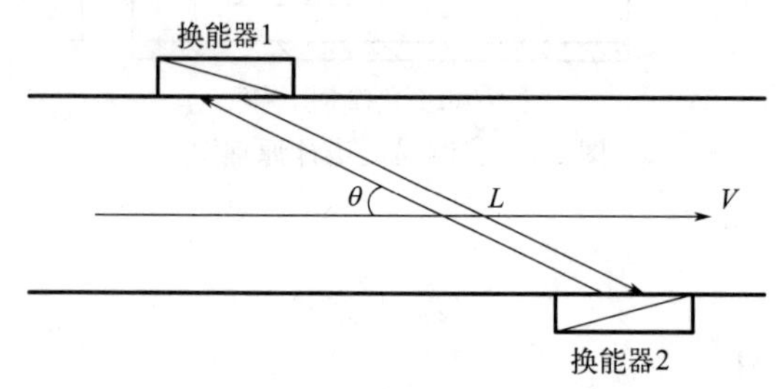

图2-3-8 传播速度差法测量原理图

由于 $c\gg v$，$v^2\cos^2\theta$ 忽略不计，

$$\Delta t=\frac{2L\cos\theta}{c^2}\times v \tag{2-3-12}$$

所以，流体流速为

$$v=\frac{c^2}{2L\cos\theta}\times\Delta t \tag{2-3-13}$$

c、L、θ 均为常数，测得时间差 Δt 即可求出流体流速 v，进而求得流体流量。

目前生产最多、应用范围最广泛的超声波流量计是传播速度差法超声波流量计。它主要用来测量洁净的流体流量，在工业用水领域和自来水公司得到广泛应用。此外，它也可以测量杂质含量不高（杂质含量小于10g/L，粒径小于1mm）的均匀流体，如污水等介质的流量，而且精度可达±1.5%。实际应用表明，选用传播速度差法超声波流量计，对相应流体的测量都可以达到令人满意的效果。

超声波流量计由超声波换能器（又称探头）、电子线路及流量显示和累积系统三部分组成。超声波换能器将电能转换为超声波能量，并将其发射到被测流体中，接收器接收到的超声波信号，经电子线路放大并转换为代表流量的电信号，供给显示和积算仪表进行显示和积算，这样就实现了流量的检测和显示。超声波流量计换能器常用压电换能器。

根据换能器安装方式的不同，可以分为夹装式、插入式、管段式三种超声波流量计，如图2-3-9所示。

管段式超声波流量计把换能器和测量管组成一体，不受管道材质、衬里的限制，而且测量精度也比其他超声波流量计要高，可达到±0.5%，但同时也牺牲了外贴式超声波流量计

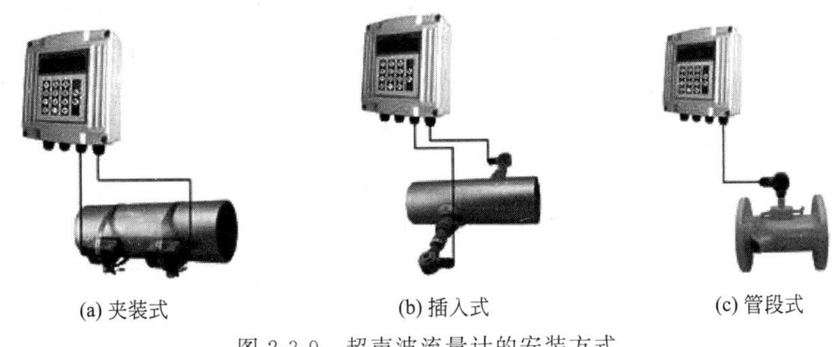

图 2-3-9　超声波流量计的安装方式

不断流安装这一优点，要求断开管道安装换能器。随着管径的增大，成本也会随之增加，通常情况下，选用中小口径的管段式超声波流量计较为经济。

九、质量流量计

1. 直接式质量流量计——科氏力流量变送器

科氏力流量变送器的两根金属 U 形管与被测管路由连通器相接，流体按箭头方向分为两路通过，如图 2-3-10 所示。在 A、B、C 三处各有一组压电换能器，其中 A 处利用逆压电效应，B 和 C 处利用正压电效应。A 处在外加交流电压下产生交变力，使两个 U 形管彼此一开一合地振动，B 和 C 处分别检测两管的振动幅度。B 处位于进口侧，C 处位于出口侧。根据出口侧相位领先于进口侧的规律，C 处输出的交变电信号领先于 B 处某个相位差，此相位差的大小与质量流量成正比。

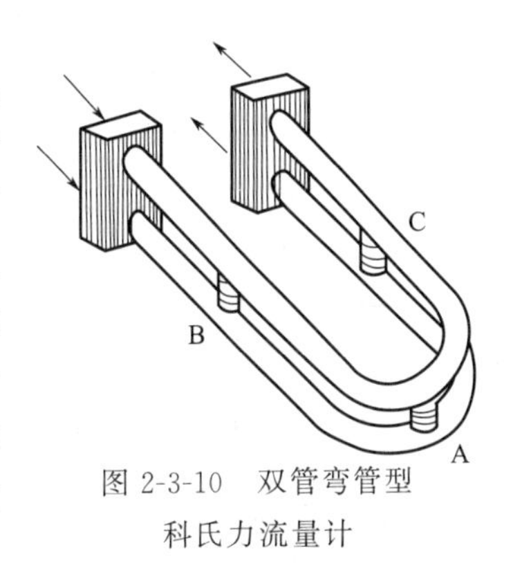

图 2-3-10　双管弯管型科氏力流量计

2. 间接式质量流量计

这类仪表是由测量体积流量的仪表与测量密度的仪表配合，再用运算器将两表的测量结果加以适当的运算，间接得出质量流量。

十、流量检测仪表的选用

各种工艺对测量的要求不同，有的要求在较宽的流量范围内保持测量的精度，有的要求在某一特定范围内满足一定的精度即可。一般过程控制中对流量测量的可靠性和重复性要求较高，而在流量结算、商贸储运中对测量的准确性要求较高。应该针对具体的测量目的有所侧重地选择仪表。

流体特性对仪表的选用有很大影响。流体的物性参数与流动参数对测量精度影响较大；流体的化学性质、脏污结垢等对测量的可靠性影响较大。在众多物性参数中，影响最大的是密度和黏度。如大部分流量计测量的是体积流量，但在生产过程中经常要进行物料平衡或能源计量，这就需要结合密度来计算质量流量，若选用直接式质量流量计则价格太贵。差压式流量计测量原理本身就与密度有关，密度的变化直接影响测量的准确性。涡轮流量计适用于测低黏度介质，容积式流量计适用于测高黏度介质。另外，电磁流量计要考虑流体的电导率，超声波流量计要考虑流体中的声速。有些流量计与介质直接接触，必须考虑是否会产生腐蚀，可动部件是否会被堵塞等。表 2-3-1 是按被测介质一部分特性选用流量计的参考表。

各种流量计对安装要求差异很大，如差压式流量计、漩涡式流量计需要长的上游直管段以保证检测元件进口端为充分发展的管流，而容积式流量计就无此要求。间接式质量流量计中包括推导运算，对上下游直管段长度的要求是保证测量准确性的必要条件。因此，选用流量仪表时必须考虑安装条件。

表 2-3-1　按被测介质特性选用流量计

流量仪表 \ 适用性 \ 介质		清洁液体	脏污液体	蒸汽或气体	高黏性液体	腐蚀性液体	腐蚀浆液	含纤维浆液	高温介质	低温介质	低流速流体	不满管流体	非牛顿流体
节流装置	孔板	○	+	○	+	√	×	×	○	+	×	×	
	文丘里管	○	+	○	+	+	×	×	+	+	+	×	×
	喷嘴	○	+	○	+	+	×	×	○	+	+	×	×
电磁流量计		○	○	×	×	○	○	○	+	×	√	+	√
涡街流量计		○	+	√	+	√	×	×	√	√	×	×	×
超声波流量计		○	+	×	+	+	×	×	×	+	+	×	×
转子流量计		○	+	○	√	√	×	×	√	×	√	×	×
容积式流量计		○	×	○	○	+	×	×	√	√	√	×	×
涡轮流量计		○	+	√	√	√	×	×	+	√	+	×	×
靶式流量计		○	√	√	√	√	+	×	√	+	×	×	+

注：标记√为适用，○为可用，+为一定条件下可用，×为不适用。

十一、智能差压变送器的校验

1. 实训设备、材料及工具

（1）实训设备

① 智能差压变送器　　一台

② 造压台　　一套

③ 手操器　　一个

④ 精密压力表　　一只

（2）实训工具

① 300mm 扳手　　一把

② 200mm 扳手　　一把

③ 平口旋具　　一把

④ 万用表　　一只

（3）实训材料

① 实心材料导线若干。

② PV 管少量。

2. 系统调校图

智能差压变送器系统调校图如图 2-3-11 所示。

3. 实训任务

实训任务见表 2-3-2。

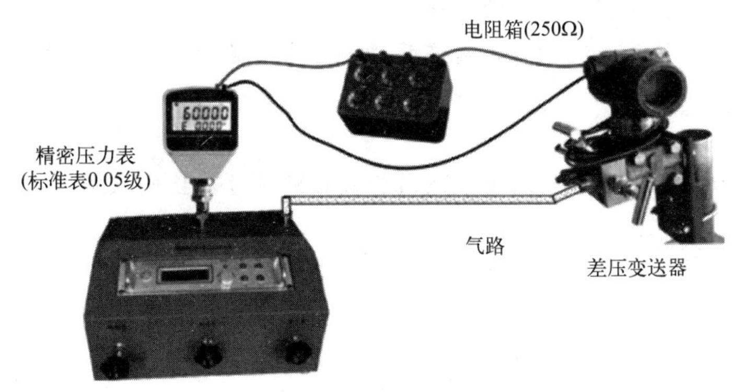

图 2-3-11　智能差压变送器系统调校图

表 2-3-2　实训任务

任务一	智能差压变送器的结构、原理
任务二	电流表的使用
任务三	智能差压变送器校验的接线方法
任务四	智能差压变送器零点和量程的调教方法
任务五	智能差压变送器的上下行程校验
任务六	误差计算和精度计算

4. 实验步骤

（1）智能差压变送器的认识

① 仔细观察智能差压变送器的外表、铭牌、整体结构。

② 查找变送器的输入、输出信号的位置，了解各端子的作用。

③ 打开仪表外壳，大概认识内部结构。

④ 将仪表恢复原样。

（2）系统连接

按图 2-3-11 组成压力校验系统。

（3）检测、调整

① 造压台量程设置。

② 大气零点修正。

③ 使用手操器对变送器进行组态并进行 4mA、20mA 微调。

5. 数据处理

正确填写校验单并处理实验数据、原始数据（保留小数点后三位），原始数据、计算数据及其他填写项不得涂改、空格或填虚假数据、画斜线。

6. 断电、拆除线路

拆除校验电路、气路、智能差压变送器装置并归位，工具归位、清洁，要按规程操作，不得出现安全事故，要在指定工位区域操作。

习题与思考

1. 什么叫节流现象？流体流经节流装置时为什么会产生静压差？

2. 试述差压式流量计测量流量的原理。

3. 原来测量水的差压式流量计，现在用来测量相同测量范围的油的流量，读数是否正确？为什么？

4. 什么叫标准节流装置？

5. 当孔板的入口边缘尖锐程度由于使用长久而变钝时，会使仪表指示值偏高还是偏低？为什么？

6. 椭圆齿轮流量计的工作原理是什么？为什么齿轮旋转一周能排出4个半月形容积的液体？

7. 涡轮流量计的工作原理及特点是什么？

项目四　物位检测及仪表

一、差压式液位变送器

1. 工作原理

差压式液位变送器是利用容器内的液位改变时，由液柱产生的静压也相应变化的原理而工作的，如图 2-4-1 所示。通常被测介质的密度是已知的。

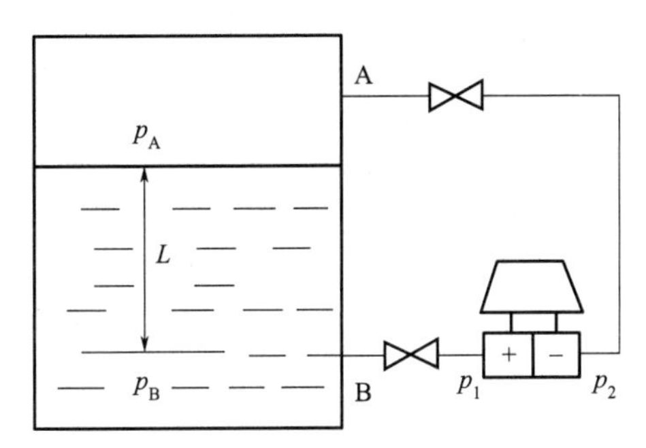

图 2-4-1　差压式液位变送器原理图

差压式液位变送器正压室压力

$$p_1 = p_A + L\rho g \tag{2-4-1}$$

式中　p_A——容器内气相压力，kPa；

L——容器内液体高度，m；

ρ——容器内液体介质的密度，kg/m^3；

g——重力加速度，m/s^2。

差压式液位变送器负压室压力

$$p_2 = p_A \tag{2-4-2}$$

式(2-4-1) 减去式(2-4-2)，得差压式液位变送器压差

$$\Delta p = p_1 - p_2 = L\rho g \tag{2-4-3}$$

从式(2-4-3) 可知，在介质密度 ρ 一定的情况下，差压式液位变送器测得的压差与液位高度成正比。液位高度的测量转换为压差的测量问题了。

当被测容器是敞口的，气相压力为大气压时，只需将差压式液位变送器的负压室通大气即可。

2. 零点迁移问题

零点迁移是指液位测量系统，当液位为零时，由于现场安装位置情况的不同，造成压差不为零，而是一个固定压差值，也就是零点发生“迁移”，这个压差值就称为迁移量。如果 $L=0$、$\Delta p=0$，称为无迁移；如果 $L=0$、$\Delta p>0$，即有迁移，称为正迁移；如果 $L=0$、$\Delta p<0$，称为负迁移。

在使用差压式液位变送器测量液位时，为防止容器内液体和气体进入变送器而造成管线堵塞或腐蚀，并保持负压室的液柱高度恒定，在变送器正、负压室与取压点之间分别装有隔离罐，并充以隔离液，如图 2-4-2 所示。

差压式液位变送器正压室压力

$$p_1=p_0+L\rho_1 g+h_1\rho_2 g \quad (2\text{-}4\text{-}4)$$

差压式液位变送器负压室压力

$$p_2=p_0+h_2\rho_2 g \quad (2\text{-}4\text{-}5)$$

式(2-4-4) 减去式(2-4-5)，得差压式液位变送器压差

$$\Delta p=p_1-p_2=L\rho_1 g-(h_2-h_1)\rho_2 g \quad (2\text{-}4\text{-}6)$$

从式(2-4-6) 可知，当 $L=0$，压差不为零，且 $\Delta p<0$，为负迁移，迁移量为 $-(h_2-h_1)\rho_2 g$。“迁移”只是同时改变了仪表的量程上下限，而不改变量程的大小。

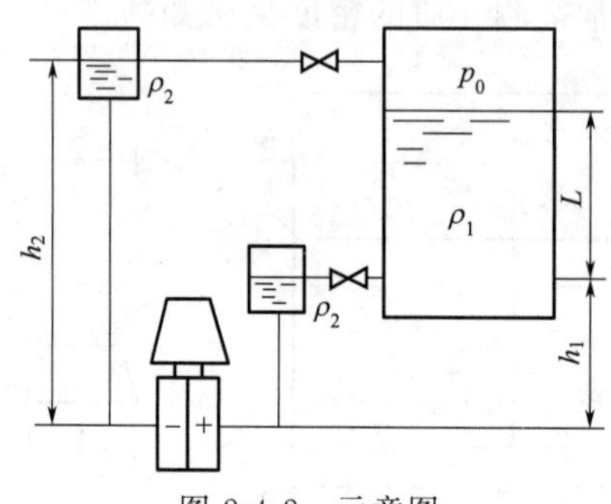

图 2-4-2　示意图

3. 用法兰式差压变送器测量液位

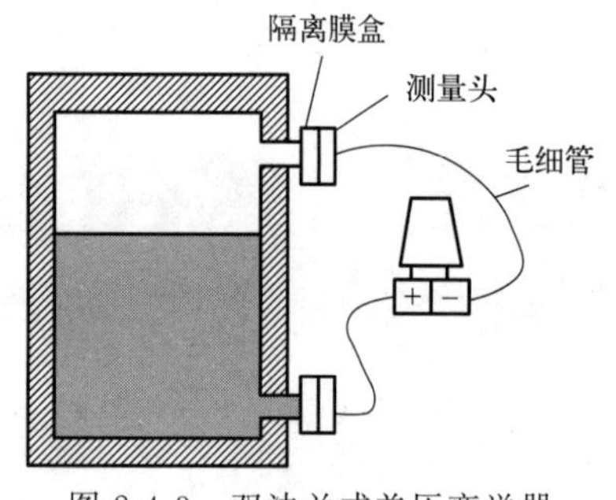

图 2-4-3　双法兰式差压变送器

如果介质含有结晶颗粒以及黏度大或具有腐蚀性、易凝固等性质，在测量时易出现引压管线被腐蚀、被堵塞的问题，因此可采用在导压管入口处加隔离膜盒的法兰式差压变送器，如图 2-4-3 所示。作为敏感元件的测量头（金属膜盒），经毛细管与变送器的测量室相通。在膜盒、毛细管和测量室所组成的封闭系统内充有硅油，使被测介质不进入毛细管与变送器，以免堵塞。

法兰式差压变送器按其结构形式又分为单法兰式及双法兰式两种，图 2-4-3 为双法兰式。

二、浮力式液位计

浮力式液位计结构简单，造价低廉，维护也比较方便，在工业生产中广泛应用。浮力式液位计大致分为两种：一种是恒浮力式，浮标永远漂浮在液面上，浮标的位置随着液面高低而变化，这种液位计有浮标式液位计、浮球式液位计、自动跟踪式液位计等；另一种是变浮力式，浮筒浸没在液体中，浮筒所受的浮力随被浸没的高度——液位高低而变。

1. 恒浮力式液位计

(1) 浮球式液位计

浮球式液位计用于温度、黏度较高，而压力不太高的密闭容器内的液位的测量。其工作原理如图 2-4-4 所示。浮球 1 是一个空心圆球，一般用不锈钢制成，它通过连杆 2 与转动轴 3 相连，转动轴 3 的另一端与容器外侧的杠杆 5 相连，在杠杆 5 上加以平衡锤 4，组成以转动轴 3 为支点的杠杆系统。一般要求浮球的一半浸没在液体中时，实现系统的力矩平衡。当液位升高时，浮球位置不变，浮球浸没在液体中的深度增加，浮球所受的浮力增加，破坏了原有的力矩平衡状态，平衡锤 4 拉动杠杆 5 做顺时针方向转动，浮球上升，直到杠杆系统的

力矩平衡，浮球停留在新的位置上，这时浮球浸没在液体中的深度与原先相同。如果在转动轴 3 的外端安装指针和刻度标尺，便可以从输出的角位移确定液位高低。

浮球式液位计可将浮球直接装在容器内部［即内浮球式，图 2-4-4(b)］。当容器直径很小时，也可在容器外侧另设一浮球室［即外浮球式，图 2-4-4(a)］与容器相通。外浮球式便于检修，但不适于黏稠或易结晶、易凝固的液体的测量，与内浮球式的特点相反。浮球式液位计必须用轴、轴套、密封填料等结构才能保持既密封又能将浮球的位移传送出去，因此不适用于较高压力下的测量，它的测量范围也受到角位移限制而不能太大。

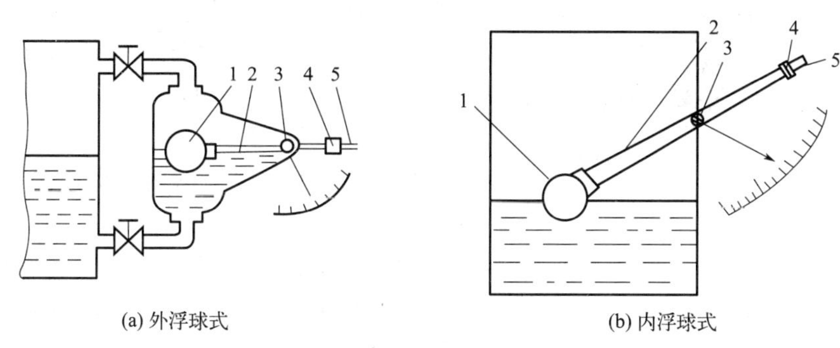

图 2-4-4　浮球式液位示意图

1—浮球；2—连杆；3—转动轴；4—平衡锤；5—杠杆

在安装检修时，必须特别注意浮球、连杆与转动轴等部件连接是否结实牢固，以免日久浮球脱落，造成严重事故。在使用时，遇有液体中含有沉淀物或凝结的物质附着在浮球表面时，要重新调整平衡锤的位置，调整好零位。一旦调好，就不能随便移动平衡锤，否则会引起测量误差。

除了在转动轴的外侧安装指针，也可以将这个位移转换成标准信号进行远传，即采用浮球液位变送器，一般采用 4～20mA、标准二线制传输方式。它具有结构简单、调试方便、可靠性高、精度高、体积小的特点，常直接安装在各种储槽设备上，特别适用于热重油（如温度≤450℃），压力≤4.0MPa 的黏稠脏污介质、沥青、含蜡油品等以及易燃、易爆、有腐蚀性介质的液位的连续测量，被广泛用于石油、化工、冶金、医药等工业领域。

（2）磁翻转式液位计

磁翻转式液位计可替代玻璃板或玻璃管液位计，用来测量有压容器或敞口容器内的液位，不仅可以就地指示，还可以附加液位超限报警及信号远传功能，实现远距离的液位报警和监控。它的结构原理如图 2-4-5 所示。

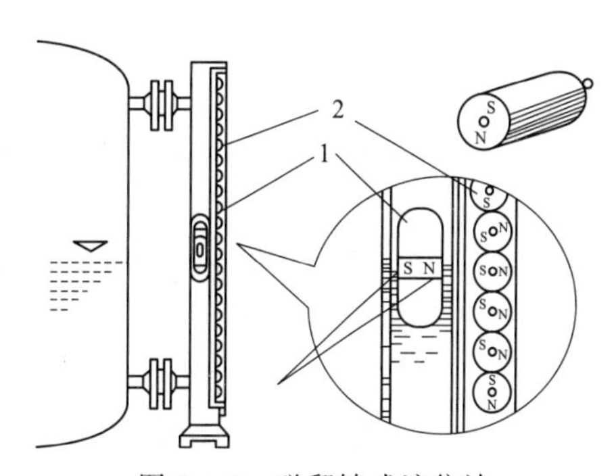

图 2-4-5　磁翻转式液位计

1—内装带磁铁的浮子；2—磁翻板

在与设备连通的连通器内，有一个自由移动的带磁铁的浮子。连通器一般由不锈钢管制成，连通器外面一侧有一个铝制翻板支架，支架内纵向均匀安装了多个磁翻板 2。磁翻板可以是薄片形，也可以是小圆柱形。支架长度和磁翻板数量随测量范围及精度而定。翻板支架上有液位刻度标尺。每个磁翻板都有水平轴，可以灵活转动，磁翻板的一面是红色，另一面为白色。每个磁翻板内都镶嵌有小磁铁，磁翻板间小磁铁彼此吸引，使磁翻板总保持红色朝外或白色朝外。根据红色或白色指示的高度可以读到液位的具体数值，读数直观、色彩分明，效果较好。

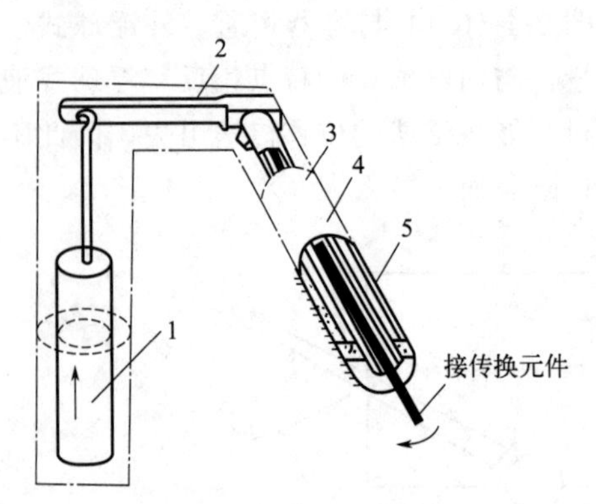

图 2-4-6　浮筒液位计示意图

1—浮筒；2—杠杆；3—扭力管；4—芯轴；5—外壳

2. 变浮力式液位计

浮筒液位计是典型的变浮力式液位计，如图 2-4-6 所示。其基本原理是当浮筒被液体浸没的高度不同时，浮筒受到的浮力也不同，因此通过检测浮筒所受的浮力，便可以确定液位高度。当液位低于浮筒下端时，浮筒的全部重力作用在杠杆上，此时作用在扭力管上的力矩最大，扭力管产生的扭转角最大（一般约为 7℃）。

当液位上升时，浮筒的浮力抵消掉一部分重力，作用在扭力管上的力矩减小，则扭力管扭转角减小。与扭力管 3 底端固定的芯轴 4 顺时针偏转相同的角度。芯轴输出角位移量，通过机械传动放大机构带动指针，便可以就地指示出液位数值，并通过转换元件将此角位移转换为电动信号输出，以适应远传和控制的需要。

浮筒式液位计的量程取决于浮筒的长度。国产液位计的量程范围为 300mm、500mm、800mm、1200mm、1600mm、2000mm，所适用的密度范围为 0.5～1.5kg/m^3。液位计的输出信号不仅与液位高度有关，并且与被测液体的密度有关，因此密度发生变化时，必须进行密度修正。浮筒式液位计还可用于两种液体分界面的测量。

三、电容式物位计

电容式物位计是将物位变化量转换成电容的变化量，然后再变换成统一的标准电信号，传输给显示仪表进行指示、记录、报警或控制。

电容式物位计的电容检测元件结构形式如图 2-4-7 所示。电容器由两个相互绝缘的同轴圆柱极板——内电极和外电极组成，在两筒之间充以介电常数为 ε 的电介质时，两圆筒间的电容量为

$$C=\frac{2\pi\varepsilon L}{\ln(D/d)} \tag{2-4-7}$$

式中　L——两极板相互遮盖部分的长度，m；

D——外电极的内径，m；

d——圆筒形内电极的外径，m；

ε——电介质的介电常数，$\varepsilon=\varepsilon_0\varepsilon_p$，其中 $\varepsilon_0=8.84\times10^{-12}$F/m 为真空（和干空气的值近似）介电常数，$\varepsilon_p$ 为介质的相对介电常数。

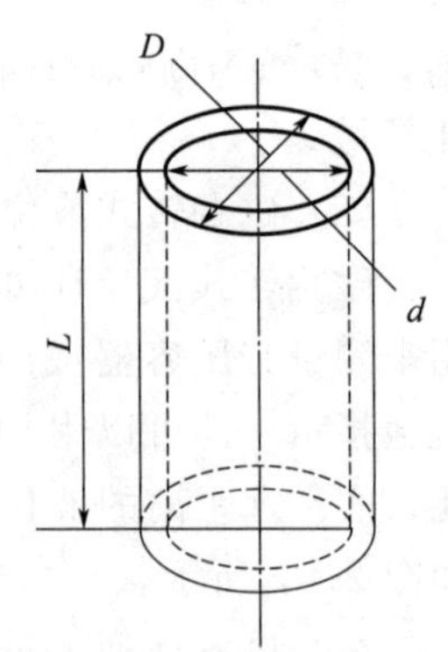

图 2-4-7　圆筒形电容器

由式(2-4-7) 可知，只要 ε、L、D、d 中任何一个参数发生变化，就会引起电容 C 的变化。在实际应用中，D、d 一定时，电容量 C 的大小与极板的长度和电介质的介电常数 ε 的乘积成比例。将电容式物位计的探头插入被测介质中，电极进入介质中的深度随物位高低变化，故测得 C 即可知道物位的高低。

四、雷达式液位计

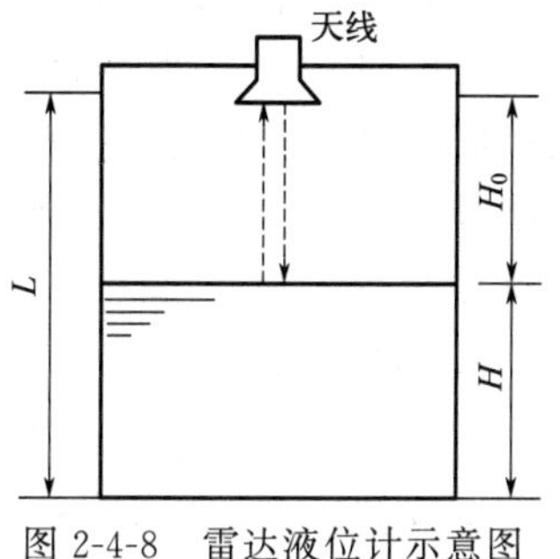

图 2-4-8　雷达液位计示意图

雷达式液位计将超高频电磁波经天线向被探测容器里的液面发射，当电磁波碰到液面后反射回来，仪表检测出发射波和回波的时差，从而计算出液面高度。

典型的脉冲雷达测距原理如图 2-4-8 所示。由振荡器产生的脉冲电磁波信号被送往检测系统，检测器向液面发出脉冲电磁波信号，并接收由液面反射回来的脉冲电磁波信号，由此产生一个时间差。即

$$H_0=\frac{1}{2}C\Delta t \tag{2-4-8}$$

式中　H_0——雷达天线至液面的距离，m；

C——电磁波在介质中的传播速度，C 为光速（3×10^8 m/s）；

Δt——发射电磁波信号和接收反射回的电磁波信号的时间差，s。

液位高度

$$H=L-H_0 \tag{2-4-9}$$

式中　L——雷达天线至容器底部之间的距离，m。

雷达式液位计的测量原理和电磁波的传播特性有关，介质的相对介电常数、液体的湍动和气泡等被测物料的特性会对电磁波信号造成衰减，严重时甚至不能工作。

雷达式液位计具有耐高温、耐高压的特点，采用非接触的测量方式，安装使用简单方便。当采用反射波测量液位时，其测量精度几乎不受被测介质温度、压力、相对介电常数及易燃易爆恶劣工况的影响。雷达式液位计可用于易燃、易爆、强腐蚀等介质的液位测量，特别适用于大型立罐和球罐等。一般分为工业测量级和计量级。

五、射线式物位计

射线式物位检测是一种物位检测方法。由于射线的可穿透性，它们常被用于情况特殊或环境条件恶劣场合的参数的非接触式检测，如位移、材料的厚度及成分、流体密度、流量、物位等。

当射线射入一定厚度的介质时，部分能量被介质吸收，射线的强度随着所通过的介质厚度的增加而减弱，它的变化规律为

$$I=I_0e^{-\mu H} \tag{2-4-10}$$

式中　I_0，I——射入介质前和通过介质后的射线的强度；

μ——介质对射线的吸收系数；

H——射线所通过的介质厚度。

介质不同，吸收射线的能力也不同。一般固体吸收能力最强，液体其次，气体最弱。当射线源和被测介质一定时，I_0 和 μ 都为常数，测出通过介质后的射线强度 I，便可求出被测介质的厚度 H。

射线式物位检测系统主要由射线源、射线探测器和电子线路等部分组成。

（1）射线源

主要从射线的种类、射线的强度以及使用的时间等方面考虑选择合适的放射性同位素和所使用的量。由于物位检测中一般需要射线穿透的距离较长，因此常采用穿透能力较强的 γ

射线。能产生γ射线的放射性同位素主要是^{60}Co（钴）和^{137}Cs（铯），它们的半衰期分别约为5.3年和30年。射线源的强度取决于所使用的放射性同位素的质量。质量越大，所释放的射线的强度也越大，这对提高测量精度、提高仪器的反应速度有利，但同时也给防护带来了困难，因此必须是两者兼顾，在保证测量满足要求的前提下尽量减小其强度，以简化防护和保证安全。

（2）探测器

射线探测器的作用是将其接收到的射线的强度转变成电信号，并输出至下一级电路。采用γ射线的检测，常用的探测器是闪烁计数管，此外，还有电离室、正比计数管和盖革-米勒计数器等。

电子线路将探测器输出的脉冲信号进行处理并转换为统一的标准信号。

六、磁致伸缩物位计

磁致伸缩物位计是一种可进行连续液位、界面测量，并提供用于监视和控制的模拟信号输出的极高精度的测量仪表。磁致伸缩物位计还可应用于两种不同液体之间的界位测量。防爆型的设计，适合危险场合；智能电子线路设计可计算出容积量；可动部件为浮子，维护量极低。

磁致伸缩物位计由外管、变送器、电子单元三个主要部分组成。外管部分采用的是耐腐蚀、耐工业恶劣环境的材料。变送器的核心部分是波导管，它是由磁致伸缩物质构成。变送器的电子单元部分产生一个低电流的询问脉冲，该脉冲同时产生一个磁场，并沿波导管向下传播。当该磁场与波导管上的浮子内的永磁体所产生的磁场相交时，就会产生一个应变脉冲（或叫波导扭曲）。应变脉冲沿波导管返回并被电子单元所接收，通过精确测量询问脉冲和返回的应变脉冲之间的时间间隔，可获得高精度、高重复性的液位值。

磁致伸缩物位计的优点：

① 可靠性强。采用波导原理，无机械可动部分，故无摩擦、无磨损。整个变换器封闭在不锈钢管内，和测量介质不接触，故传感器工作可靠、寿命长。

② 精度高。由于磁致伸缩物位计用波导脉冲工作，通过测量询问脉冲和返回的应变脉冲的时间间隔来确定被测位移量，因此测量精度高，分辨率高于0.01%FS。

③ 安全性好。磁致伸缩物位计的防爆性能高，可实现本安防爆或隔离防爆，特别适合对化工原料和易燃液体的测量。

④ 易于安装和维护简单。磁致伸缩物位计一般通过罐顶已有管口进行安装，特别适合安装在地下储罐和已投运储罐上，并可在安装过程中不影响正常生产。

七、沉筒液位计

沉筒液位计基于阿基米德浮力定律，用于连续测量工业生产中的液体的液位、界位或密度的仪表。沉筒液位计由表头与测量室、测量机构、浮筒、扭力管组件等组成。沉筒按照安装位置，可以分为两种：

① 若装在设备内，称为内沉筒，也就是沉筒直接放进被测容器内部。

② 若装在设备外，称为外沉筒，也就是通过法兰盘将外壳接到被测液体的容器。

对沉筒液位计进行检验，一般采用两种方法：挂重法和水校法。

1. 挂重法调试步骤

测量液位时，按照被校刻度的不同，调节重力，按照既定公式和算法判断输出信号。

2. 水校法调试步骤

① 变送器以工作的状态放置后，使其与连接法兰和盲板法兰进行连接，或是直接连接在装置上，关闭根部阀，从排污孔引出一根透明的软管，形成一个连通器，用来观察测量室水位。当介质密度小于水的密度时，按下式计算出注水高度。考虑到水的密度 $\rho_水 \approx 1g/cm^3$，则测量液位时：

$$L_0 = 0$$

$$L_水 = \frac{\rho_1}{\rho_水} \times L \approx \rho_1 L$$

式中 L_0——零点水位的高度，mm；

$L_水$——注水高度，mm；

L——浮筒长度，mm；

ρ_1——重相液体的密度，g/mm^3。

② 零点调试。测液位时，将测量室内的清水排出，调整零点调整螺钉的输出为 4mA。

③ 满度调试。零点调整好后，向测量室内注入清水至 L_m（满刻度时水位的高度，mm）处，调整调整螺钉使输出为 20mA，并重新按零点与满度调试步骤反复调整几次，使零点和满度分别稳定在 4mA 和 20mA。

④ 中间各点调试。取量程范围的 25%、50%、75%分别做出标记，所对应的输出电流为 8mA 、12mA 和 16mA。

⑤ 当介质密度大于水时，则取量程内的某一点作为上限调试点。调试前首先计算出该点对应的水位高度 $L_水$ 和该点在量程内对应的电流值 I。调试时，调量程使输出电流为该点在量程内对应的电流值。

习题与思考

1. 雷达式液位计的工作原理是什么？

2. 超声波液位计的工作原理是什么？

3. 差压式液位变送器的工作原理是什么？当测量有压容器的液位时，差压计的负压室为什么一定要与容器的气相连接？

4. 如图 2-4-9 所示液位测量系统，用差压式液位变送器测量液位时，要不要迁移？如要迁移，迁移量为多少？

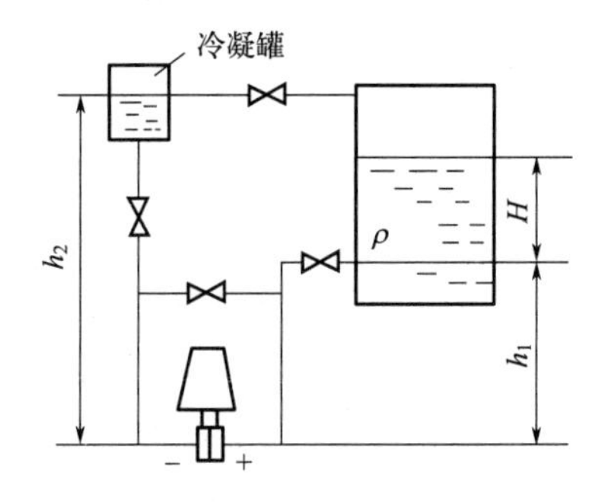

图 2-4-9　高温液体的液位测量

项目五　温度检测及仪表

一、概述

温度是表征物体冷热程度的物理量，是工业生产和科学实验中最普遍、最重要的变量之一。物质的许多物理性质和化学性质都与温度有关，许多生产过程都是在一定温度范围内进行的。例如精馏塔利用混合物中各组分沸点不同实现组分分离，对塔釜、塔顶等的温度，都必须按工艺要求分别控制在一定的数值上，否则产品质量将不合格。因此，温度的检测和控制是保证生产正常进行、确保产品质量和安全生产的关键。

温度的测量，一般根据物质的某些特性值与温度之间的函数关系，通过对这些特性变量的测量间接地进行。

测量 600℃以下的测温仪表叫温度计。测量 600℃以上的测温仪表叫高温计。

1. 测温仪表的分类

(1) 接触式

接触法可以直接测得被测物体的温度，因而简单、可靠、测量精度高。任意两个冷热程度不同的物体相接触，必然要发生热交换现象。热量由较热的物体传到较冷的物体，直到两物体的冷热程度完全一致，即达到热平衡状态为止。

接触法测温就是利用这一原理，选择某一物体与被测物体相接触，并进行热交换。当两者达到热平衡状态时，选择的物体与被测物体温度相等。于是，可以通过测量选择的物体的某一物理量（例如液体的体积、导体的电阻等），得出被测物体的温度数值。

(2) 非接触式

非接触法测温时，测温元件不与被测物体直接接触。它是利用物体的热辐射（或其他特性），通过对辐射能量（或亮度等）的检测来实现测温的。

2. 各种测温仪表的适用范围

各种测温仪表的使用范围见表 2-5-1。

表 2-5-1　各种测温仪表的使用范围

型式	温度计种类	使用范围/℃
接触式测温仪表	玻璃温度计	−100～100(150)有机液体 0～350(30～650)水银
	双金属温度计	0～300(−50～600)
	压力式温度计	0～500(50～600)液体型 0～100(50～200)蒸汽型
	电阻温度计	−150～500(200～600)铂热电阻 0～100(−50～150)铜热电阻 −100～200(300)半导体热敏电阻
	热电偶温度计	−20～1300(1600)铂铑 10-铂热电偶 −50～1000(1200)镍铬-镍硅热电偶 −40～800(900)镍铬-铜镍热电偶
非接触式测温仪表	光学高温计	900～2000(700～2000)
	辐射高温计	100～2000(50～2000)

3. 温度检测的基本原理

（1）应用热膨胀原理测温

利用液体或固体受热时产生热膨胀的原理，可以制成膨胀式温度计。

常见类型：液体膨胀式温度计——玻璃温度计；固体膨胀式温度计——双金属温度计。

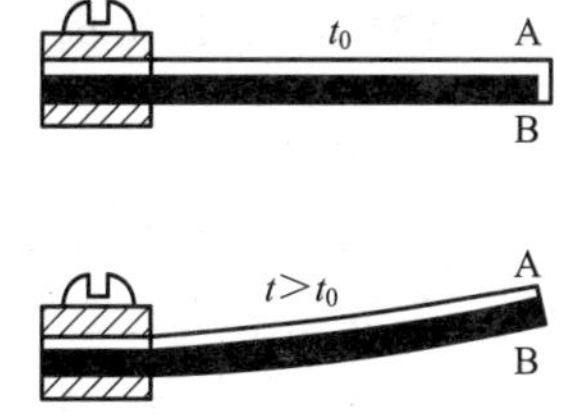

图 2-5-1　双金属片

双金属温度计中的敏感元件是用两片线胀系数不同的金属片叠焊在一起制成的。当温度变化时，由于两金属片的线胀系数不同而发生弯曲，弯曲的方向朝着线胀系数小的一方，如图 2-5-1 所示。温度越高产生的线膨胀长度差越大，因而弯曲的角度越大。双金属片温度计就是根据这一原理制成的。

工业上广泛采用的指示式双金属温度计如图 2-5-2 所示。其中，螺旋感温元件是用双金属片制成的，它的一端固定，另一端（自由端）连接在芯轴上，外部加一金属套管。当温度变化时，螺旋的自由端旋转，并带动固定在芯轴上的指针转动，进而指示出温度的数值。将双金属片制成螺旋状，大大提高了仪表的灵敏度。由于它结构简单、价格便宜、示值明显、使用方便、维护容易、耐冲击、耐振动的特性，可用于振动较大场所的温度检测，所以得到了广泛的应用。这种温度计的缺点是精度不高、量程不能做得很小及使用范围有限等。

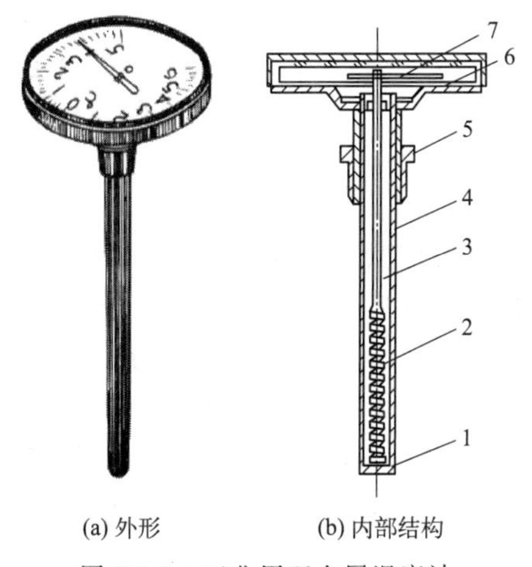

(a) 外形　　(b) 内部结构

图 2-5-2　工业用双金属温度计

1—固定端；2—双金属螺旋；3—芯轴；4—外套管；5—固定螺帽；6—度盘；7—指针

（2）应用压力随温度变化的原理测温

利用封闭在固定体积中的气体、液体或饱和蒸汽受热时压力随温度变化的性质，可制成压力计式温度计，又称温包式温度计。

（3）应用热阻效应测温

利用导体或半导体的电阻值随温度变化的性质，可制成热电阻式温度计。常见类型：铂热电阻，铜热电阻，半导体热敏电阻。

（4）应用热电效应测温

利用金属的热电效应，可制成热电偶温度计。常见类型：铂铑 30-铂铑 6 热电偶，铂铑 10-铂热电偶，镍铬-镍硅热电偶，镍铬-铜镍热电偶，铁-铜镍热电偶，铜-铜镍热电偶。

(5) 应用热辐射原理测温

利用物体辐射能随温度而变化的性质，可以制成辐射高温计。由于这时测温元件不再与被测介质接触，故属于非接触式温度计。

二、热电偶测温仪表

1. 热电偶

热电偶由两种不同材料的导体 A 和 B 焊接而成。焊接的一端插入被测介质中感受被测温度，称为热电偶的工作端（习惯上称为热端），另一端与导线连接，称为自由端（习惯上称为冷端）。导体 A、B 称为热电极，合称热电偶，如图 2-5-3 所示。图 2-5-4 所示为热电偶温度计测温系统示意图。

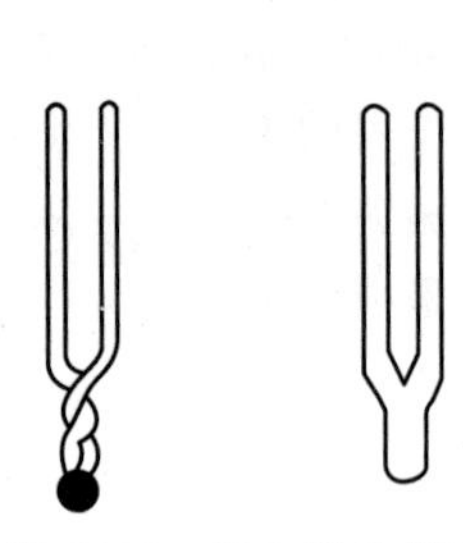

图 2-5-3 热电偶示意图

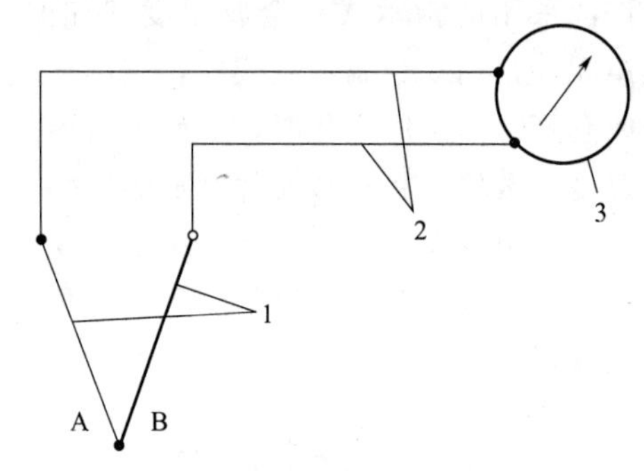

图 2-5-4 热电偶温度计测温系统示意图

1—热电偶；2—导线；3—测量仪表

(1) 热电现象及测温原理

两种不同材料的导体组成闭合回路，如果两端接点温度不同，则回路中就会产生一定的电势，这个电势的大小与导体材料性质以及温度有关，这就是物质的热电现象。假设金属 A 中的自由电子密度大于金属 B 中的自由电子密度，金属 A 的压强也大于金属 B。当两种金属相接触时，在两种金属的交界处，电子从 A 扩散到 B 多于从 B 扩散到 A，金属 A 就因失去电子而带正电，金属 B 则因得到电子而带负电，如图 2-5-5 所示。当扩散进行到一定程度时，压强差的作用与静电场的作用相互抵消，建立暂时的平衡，形成接触电势。接触电势的高低仅和两金属的材料及接触点的温度有关。温度越高，接触电势也越高，在热电偶材料确定后只和温度有关，故称为热电势，记作 $e_{AB}(t)$。

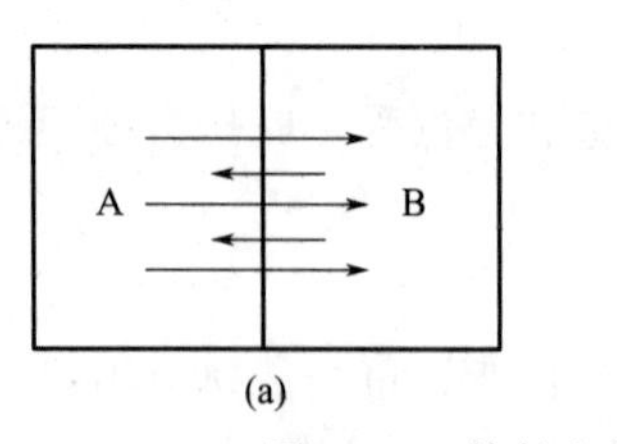

图 2-5-5 接触电势的形成过程

热电偶的热电势包括接触电势和温差电势。温差电势是同一导体因两端的温度不同而产生的电势。在热电偶回路中，接触电势远远大于温差电势，温差电势可忽略不计，所以热电偶的输出电势是热端和冷端温差（$t-t_0$）的函数。

热电偶一般都是在自由端温度为0℃时进行分度的，因此若自由端温度不为0℃而为t_0时，则热电势与温度之间的关系可用式(2-5-1)进行计算。

$$E_{AB}(t,t_0)=E_{AB}(t,0)-E_{AB}(t_0,0) \tag{2-5-1}$$

式中，$E_{AB}(t,0)$和$E_{AB}(t_0,0)$相当于热电偶的工作端温度分别为t和t_0，而自由端温度为0℃时产生的热电势，其值可从热电偶的分度表（附录二）中查得。

（2）插入第三种导线的问题

利用热电偶测量温度时，必须要用某些仪表来测量热电势的数值，而测量仪表往往要远离测温点，这就要接入连接导线C，这样就在A、B所组成的热电偶回路中加入了第三种导线，只要各接点温度相同，原热电偶所产生的热电势数值并无影响。必须保证引入导线两端的温度相同。同理，如果回路中串入更多种导线，只要引入导线两端温度相同，也不影响热电偶所产生的热电势数值。

（3）热电偶的结构

常用热电偶的结构形式主要有普通热电偶和铠装热电偶。

普通热电偶主要由热电极、绝缘子、保护套管及接线盒四部分组成，如图2-5-6所示。热电极是组成热电偶的两种不同材料的导体，用于感测温度，产生热电势。绝缘子用于保证热电偶两极之间及热电极与保护套管之间的电气绝缘，其材料通常是耐高温陶瓷。保护套管在热电极、绝缘子外边，作用是保护热电极不受化学腐蚀和机械损伤。接线盒的主要作用是将热电偶的自由端引出，供热电偶和导线连接使用，兼有密封和保护端子等作用。

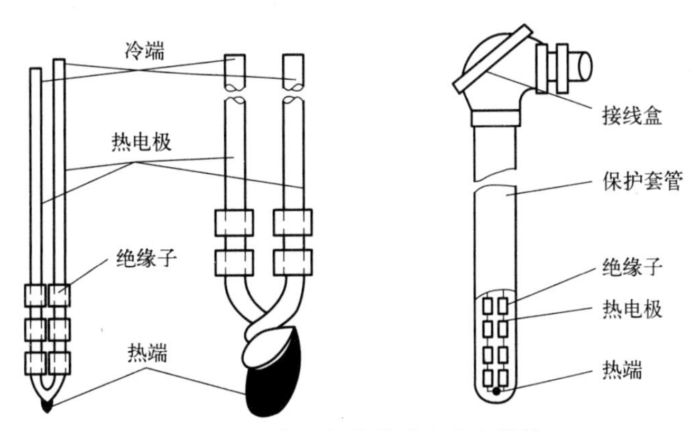

图2-5-6　热电偶的外形和基本结构

铠装热电偶是将热电偶丝与绝缘材料及金属套管经整体复合拉伸工艺加工而成的可弯曲的坚实组合体，如图2-5-7所示。由于铠装热电偶结构的小型化，易于制成有特殊用途的形式，挠性好，能弯曲，具有动态特性好、热响应时间短和坚固耐用等突出优点，特别适用于温度变化频繁、热容量较小及设备结构复杂的测温场合。

（4）常用热电偶

目前，国际标准化热电偶称之为“字母标志热电偶”，即其名称用专用字母表示，这个字母即热电偶型号标志，称为分度号，是各种类型热电偶的方便的缩写形式。热电偶的名称由热电极的材料命名，写在前面的为正极，写在后面的为负极。几种常用热电偶的主要性能见表2-5-2。

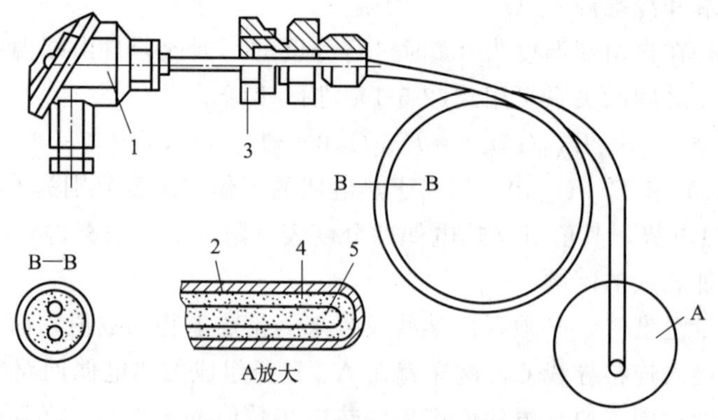

图 2-5-7　铠装热电偶的结构

1—接线盒；2—金属套管；3—固定装置；4—绝缘材料；5—热电极

表 2-5-2　常用热电偶的性能

名　称	分度号	测温范围/℃		主要性能
		长期使用	短期使用	
铂铑 30-铂铑 6	B	0～1600	1800	稳定性好，测量温度高，自由端在 0～100℃范围内可以用铜导线代替补偿导线，适用于在氧化性气氛中测量，热电势小，价格高
铂铑 10-铂	S	0～1300	1600	热电性能稳定，抗氧化性能好，适用于在氧化性和中性气氛中测量，热电势小，价格高
镍铬-镍硅	K	−50～1200	1300	热电势大，线性度好，适于在氧化性和中性气氛中测量，且价格便宜，工业上使用最多
镍铬-康铜	E	−40～800	900	热电势大，灵敏度高，价格便宜，测量中低温稳定性好，适用于在氧化性或弱还原性气氛中测量
铁-康铜	J	−40～700	750	测量精度高，稳定性好，低温时灵敏度高，价格最低，适用于在氧化性和还原性气氛中测量
铜-康铜	T	−40～300	350	低温时灵敏度高，稳定性好，价格便宜，适用于在氧化性和还原性气氛中测量

2. 补偿导线与冷端温度补偿

由热电偶的工作原理可知，热电偶热电势的大小不仅与测量端的温度有关，而且与冷端的温度有关。为了保证输出电势是被测温度的单值函数，就必须使冷端温度保持不变。然而在实际应用中，冷端（接线盒处）暴露于空气中，受到周围环境温度波动的影响，温度很难保持恒定，使测量存在误差，因此必须采取措施补偿。通常采用如下温度补偿方法。

（1）补偿导线

为了减小周围环境温度波动的影响，将热电偶延伸到温度恒定的场所；为了集中显示和控制，温度测量的热电势信号需要从现场传送到集中控制室里。如用很长的热电偶使冷端延长到温度比较稳定的地方，这种方法由于热电极不便于敷设，且采用贵金属很不经济，因此是不可行的。所以，一般用导线（称补偿导线）将热电偶的冷端延伸出来。补偿导线随使用的热电偶及其构成材料的不同而不同，它要与各自对应的热电偶组合使用。这种导线采用的廉价金属在一定温度范围内（0～100℃）具有和所连接的热电偶相同的热电性能。

补偿导线将热电偶冷端延伸到温度比较稳定的控制室处，节约了贵金属。不同的热电偶必须配用不同的补偿导线，正负极不得接反。补偿导线和热电偶连接处的两个接点温度应保持相同。延长后“新的”冷端温度应恒定，这样用补偿导线才有意义。

（2）冷端温度的变化对测量的影响及消除方法

配用补偿导线，将冷端延伸至温度基本恒定的地方，但新冷端若不恒为0℃，配用按分度表刻度的温度显示仪表时，必定会引起测量误差，必须予以校正。

① 冷端温度修正方法　当热电偶冷端温度不是0℃而是t_0时，热电势的计算校正公式为

$$E(t,0)=E(t,t_0)+E(t_0,0)$$

式中　$E(t,0)$ ——冷端为0℃而热端为t时的热电势；

$E(t,t_0)$ ——冷端为t_0而热端为t时的热电势，热电偶（加补偿导线）产生的热电势；

$E(t_0,0)$ ——冷端为0℃而热端为t_0时的热电势，即冷端温度不为0℃时热电势的校正值。

因此，只要知道了热电偶冷端的温度t_0，就可以从分度表查出对应于t_0的热电势$E(t_0,0)$，然后将这个热电势值与显示仪表所测的读数值$E(t,t_0)$相加，得出的结果就是热电偶的冷端温度为0℃、测量端的温度为t时的热电势$E(t,0)$，最后从分度表查得对应于$E(t,0)$的温度，这个温度的数值就是热电偶测量端的实际温度。

② 校正仪表零点法　将仪表的指针指示先（未接入热电偶前）调到仪表所处环境的温度（即冷端温度）。这种方法不够准确，但由于方法简单，常用于要求不高的场合。

③ 补偿电桥法　它是利用不平衡电桥产生的不平衡电压来补偿热电偶因自由端的温度变化而引起的热电势值的变化，如图2-5-8所示。调节电桥在20℃时，处于平衡状态，即$U_{ab}=0V$，对仪表读数无影响。环境温度高于20℃时，R_{cu}增大，R_{cu}上的电压增大，电桥不平衡，$U_{ab}>0V$，补偿热电偶因自由端的温度上升而引起的热电势值减小。若适当选取桥臂电阻和电流值，可达到很好的补偿效果。

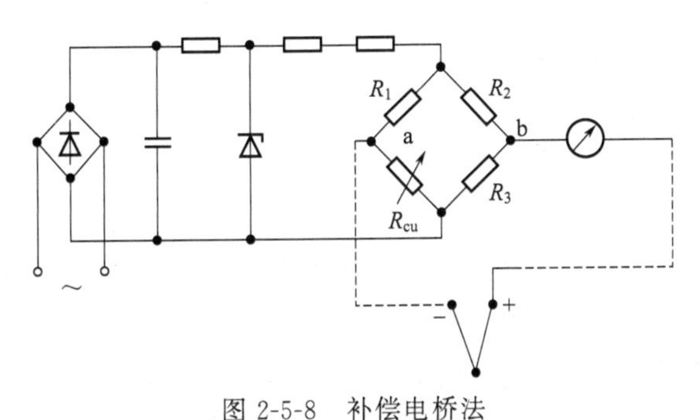

图2-5-8　补偿电桥法

三、热电阻温度计

工业用热电阻主要有金属热电阻和半导体热敏电阻。

1. 金属热电阻

金属热电阻是基于金属导体的电阻值随温度的变化而变化的特性来进行温度测量的。只要测出热电阻阻值的变化量，就可以测得温度。工业上常用的金属热电阻有铂电阻和铜电阻。

铂是一种贵金属，它的特点是精度高，稳定性好，性能可靠，尤其是耐氧化性能很强。铂很容易提纯，复现性好，有良好的工艺性，可制成很细的铂丝（直径 0.02mm 或更细）。与其他材料相比，铂相较于大多数金属有较高的电阻率，因此普遍认为是一种较好的热电阻材料。其缺点是电阻温度系数比较小，价格高。

在 0～850℃范围内，铂电阻与温度的关系为

$$R_t=R_0(1+At+Bt^2) \tag{2-5-2}$$

式中 R_0——温度为 0℃时的电阻值；

R_t——温度为 t（℃）时的电阻值；

A、B——常数，$A=3.90802\times10^{-3}℃^{-1}$，$B=-5.082\times10^{-7}℃^{-1}$。

目前我国常用的铂电阻有两种，分度号 Pt100 和 Pt10。最常用的是 Pt100，即 0℃时铂电阻阻值为 100.00Ω。

铜电阻也是工业上普遍使用的热电阻。铜容易加工提取，其电阻温度系数很大，而且电阻与温度之间的关系呈线性，价格便宜，在－50～150℃范围内具有很好的稳定性。所以在一些测量准确度要求不高且温度较低的场合较多使用铜电阻温度计。目前我国工业上用的铜电阻分度号为 Cu50 和 Cu100。

在－50～150℃测温范围内，铜电阻值与温度的线性关系为

$$R_t=R_0(1+\alpha t) \tag{2-5-3}$$

式中 R_0——温度为 0℃时的电阻值；

R_t——温度为 t℃时的电阻值；

α——铜电阻温度系数，$\alpha=4.25\times10^{-3}℃^{-1}$。

热电阻测温系统一般由热电阻、显示仪表和连接导线等部分组成，如图 2-5-9 所示。

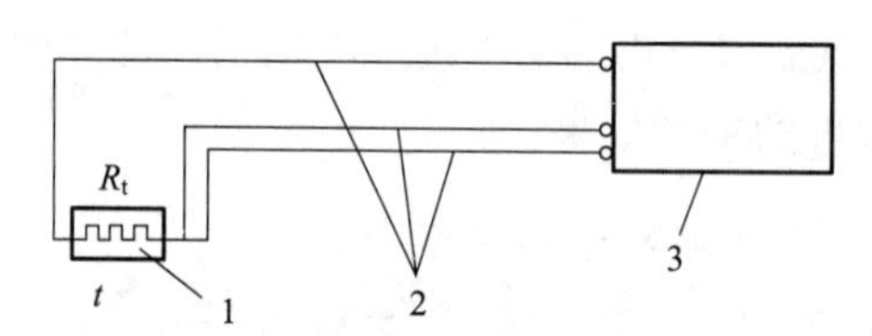

图 2-5-9 热电阻测温系统示意图

1—热电阻；2—连接导线；3—显示仪表

实际工作中，热电阻与显示仪表之间的连接导线较长，若仅使用两根导线连接在热电阻两端，导线本身的电阻会与热电阻串联在一起，造成检测误差。如果每根导线的电阻为 r，则加到热电阻上的绝对误差为 $2r$，而且这个误差是随着导线所处的环境温度的变化而变化的。所以在工业应用时，为避免或减少导线电阻对检测的影响，常常采用三线制连接方式。

热电阻的结构型式有普通型、铠装型和专用型等。

普通型热电阻一般包括电阻体、绝缘子、保护套管和接线盒等部分，如图 2-5-10 所示。

铠装热电阻将电阻体预先拉制成型并与绝缘材料和保护套管连成一体，直径小，易弯曲，抗振性能好。除电阻体外，其余部分的结构、形状以及热电阻的外型均与铠装热电偶的相应部分相似。

专用型热电阻用于一些特殊的测温场合。例如轴承热电阻带有防振结构，能紧密地贴在被测轴承表面，用于测量轴承温度。

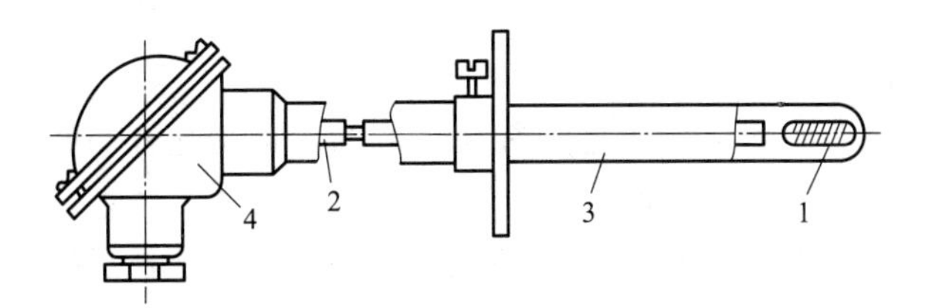

图 2-5-10　普通型热电阻的结构

1—电阻体；2—绝缘子；3—保护套管；4—接线盒

2. 半导体热敏电阻

半导体热敏电阻是利用某些半导体材料的电阻值随温度的升高而减小（或增大）的特性制成的。半导体热敏电阻发展迅速，目前已深入到各个领域，尤其是在家用电器和汽车的温度检测和控制中大量应用。

具有负温度系数的热敏电阻称为 NTC 型热敏电阻，大多数热敏电阻属于此类。NTC 型热敏电阻主要由锰、铁、镍、钴、钛、钼、镁等复合金属氧化物高温烧结而成，通过不同的材料组合得到不同的温度特性。NTC 型热敏电阻在低温段比在高温段更灵敏。

具有正温度系数的热敏电阻称为 PTC 型热敏电阻，它是在 $BaTiO_3$ 和 $SrTiO_3$ 为主的成分中加入少量 Y_2O_3 和 Mn_2O_3 烧结而成。PTC 型热敏电阻在某个温度段内电阻值急剧增加，可用作位式（开关型）温度检测元件。

半导体热敏电阻结构简单、电阻值大、灵敏度高、体积小、热惯性小，但是非线性严重、互换性差、测温范围较窄。

四、温度变送器

温度（温差）变送器将温度或温差信号转换成 4～20mA、1～5V DC 的统一标准信号输出。根据输入信号的不同，温度变送器的主要类型有热电偶温度变送器、热电阻温度变送器、直流毫伏变送器。

1. 温度变送器

热电偶温度变送器和热电阻温度变送器的结构大体上可以分为输入电路、放大电路、反馈电路和温度检测元件，其原理框图如图 2-5-11 所示。

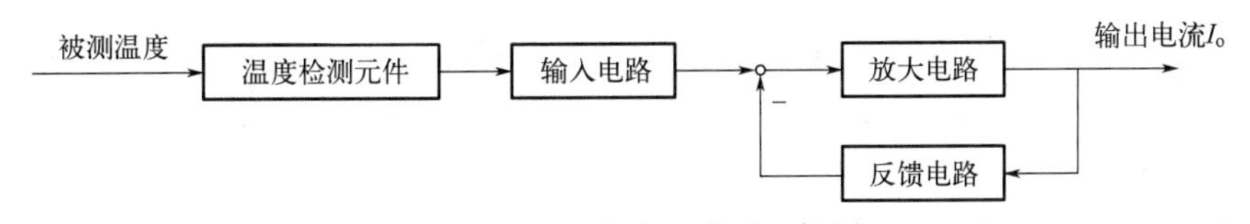

图 2-5-11　温度变送器原理框图

热电偶温度变送器的输入电路主要是一个冷端温度补偿电桥，它的作用是实现热电偶冷端温度补偿和零点调整。热电阻温度变送器输入电路的作用是将热电阻电阻值的变化转换为毫伏信号送至放大电路，同时它还包含线性化的功能，用以补偿热电阻温度变送器的测温元件热电阻阻值变化与被测温度之间的非线性关系。放大电路的作用是将由输入电路送来的毫伏信号进行多级放大，并将放大后的电压信号转换成具有一定负载能力的 4～20mA DC 的标准电流输出信号。反馈电路的作用是使变送器的输出信号 I_o 能与被测温度 t 成一定的对应关系。简单地说，放大电路与反馈电路构成一个负反馈电路，起着电压-电流转换器的作用。

2. 一体化温度变送器

DDZ-Ⅲ型温度变送器的测温元件是安装在现场的，而变送器可以安装在离现场较远的控制室，二者用导线或补偿导线连接。

所谓一体化温度变送器，就是将变送器模块直接安装在测温元件接线盒或专用接线盒内的一种温度变送器，其原理框图如图 2-5-12 所示。

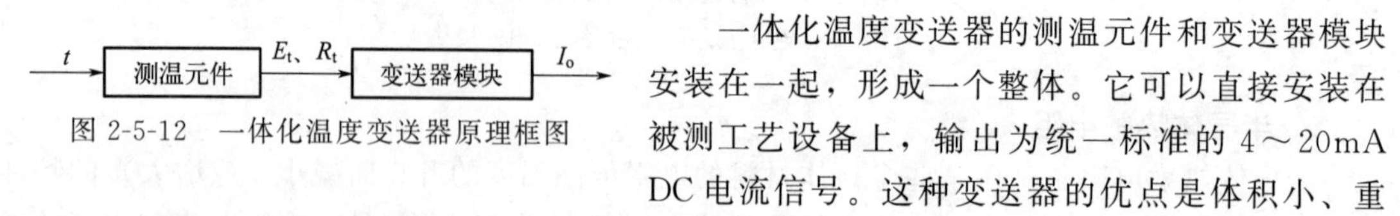

图 2-5-12 一体化温度变送器原理框图

一体化温度变送器的测温元件和变送器模块安装在一起，形成一个整体。它可以直接安装在被测工艺设备上，输出为统一标准的 4～20mA DC 电流信号。这种变送器的优点是体积小、重量轻、现场安装方便，因此在工业生产流程中得到了广泛应用。

3. 智能式温度变送器

智能式温度变送器可以与各种热电偶或热电阻配合使用来测量温度，具有测量范围宽、精度高、环境温度和振动影响小、抗干扰能力强、质量小以及安装维护方便等优点。智能式温度变送器的数字通信格式有符合 HART 协议的，也有采用现场总线通信方式的。符合 HART 协议的产品种类较多，也比较成熟。用户可以通过上位管理计算机或挂接在现场总线通信电缆上的手持式组态器，对变送器进行远程组态，调用或删除功能模块，也可以使用编程工具对变送器进行本地调整。

五、测温元件的选用与安装

1. 测温元件的选用

（1）分析被测对象

包括被测对象的温度变化范围及变化的快慢；被测对象是静止的还是运动的（移动或转动）；被测对象的状态；被测区域的温度分布是否相对稳定，测量局部温度或区域温度；测量场所的环境温度。

（2）合理选用仪表

选用仪表应考虑以下内容；仪表的可能测温范围及常用测温范围；仪表的精度、稳定性、变差及灵敏度等；仪表的防腐、防爆性能及连续使用的期限；输出信号是否远传；测温元件的体积大小及互换性；仪表的响应时间；仪表防振、防冲击、抗干扰能力；电源电压、频率变化及环境温度变化对仪表示值的影响；仪表的使用是否方便，安装维护是否容易。

2. 测温元件的安装要求

① 在测量管道温度时，要求测温元件迎着被测介质流向插入，至少须与被测介质正交，如图 2-5-13 所示。

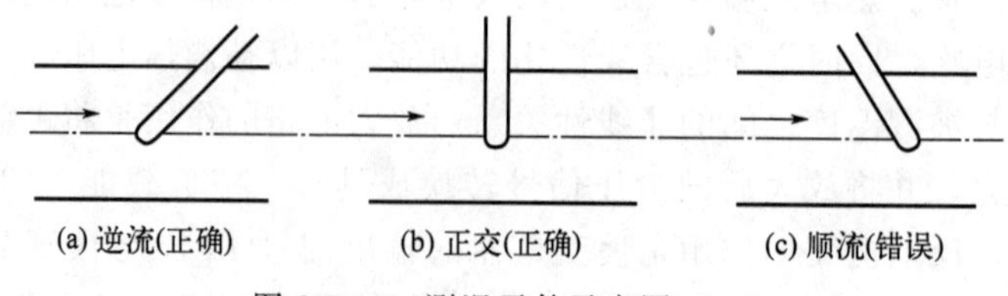

图 2-5-13 测温元件示意图（一）

② 测温元件的感温点应处于管道中流速最大处。

③ 测温元件应有足够的插入深度，以减小测量误差。测温元件应斜插安装或在弯头处安装，如图 2-5-14 所示。

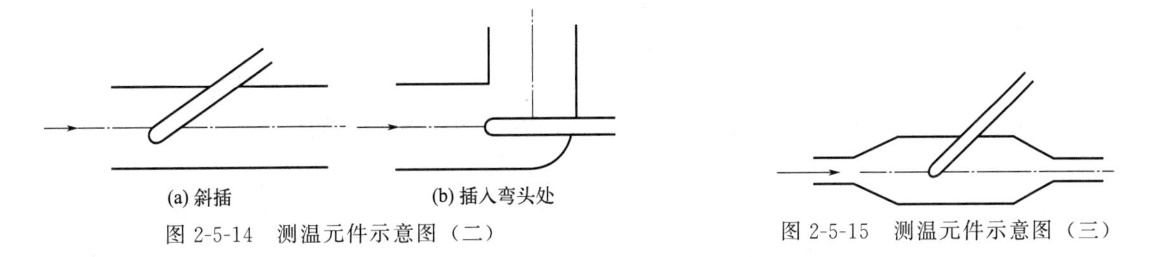

图 2-5-14　测温元件示意图（二）

图 2-5-15　测温元件示意图（三）

④ 如工艺管道过小（直径小于 80mm），安装测温元件处应接装扩大管，如图 2-5-15 所示。

⑤ 热电偶、热电阻的接线盒盖应向上，进线口朝下，以避免雨水、雪水或其他液体进入，造成接线端子的短路。如图 2-5-16 所示。

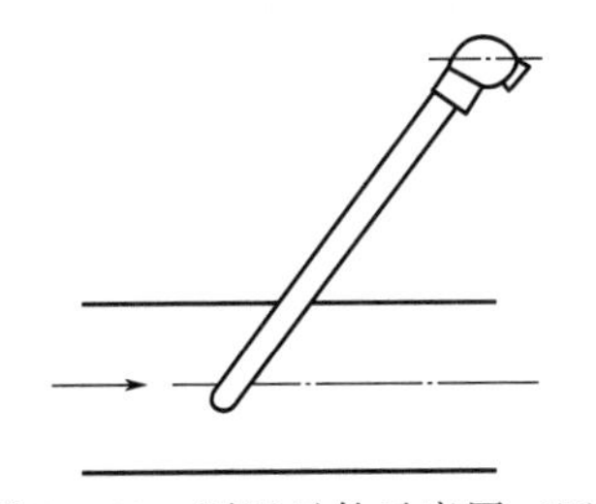

图 2-5-16　测温元件示意图（四）

⑥ 测温元件安装在负压管道中时，必须保证其密封性。

⑦ 为了防止热量散失，测温元件应插在有保温层的管道或设备处。

习题与思考

1. 试述温度测量仪表有哪些种类？各使用在什么场合？

2. 热电偶温度计为什么可以用来测量温度？它由哪几部分组成？各部分有什么作用？

3. 为什么热电偶测温时要采用补偿导线？

4. 什么是冷端温度补偿？用什么方法可以进行冷端温度补偿？

5. 如果用镍铬-镍硅热电偶测量温度，其仪表指示值为 500℃，而冷端温度为 35℃，在没有冷端温度补偿的情况下，则实际被测温度为 535℃，对不对？为什么？正确值应为多少？

6. 用镍铬-镍硅热电偶测量炉温。热电偶在工作时，其冷端温度 t_0 为 15℃，测得的热电势为 22.3mV，求被测炉子的实际温度。

7. 热电阻温度计的工作原理是什么？

项目六　在线分析仪表

一、概述

在线分析仪表，又称过程分析仪表，是直接安装在工业生产流程中或其他流体现场，用于工业生产流程中（即在线）连续或周期性地检测物质化学成分或某些物性参数的自动分析仪表。

在线分析仪表广泛应用于工业生产的实时分析和环境质量及污染排放的连续监测，是对物质的成分及性质进行分析和测量的仪表。在现代工业生产过程中，必须对生产过程的原料、成品、半成品的成分（如水分含量、氧含量）、密度、pH 值、电导率等进行自动检测并进行自动控制，以达到优质高产，降低能源消耗和产品成本，确保安全生产和保护环境的目的。

在线分析仪表种类繁多，按其工作原理可分为热学式分析仪表，如热导式和热化学式气体分析器等；电化学式分析仪表，如 pH 计，电导仪，盐量计，电磁浓度计，原电池式、极谱式和氧化锆氧分析器等；磁式分析仪表，如热磁式和磁力机械式氧分析器等；光学式分析仪表，如红外线气体分析器、紫外线分析器和流程光电比色计等；色谱分析仪，如流程气相色谱仪和流程液相色谱仪；此外，还有密度计、湿度计、水分仪和黏度计等。

二、pH 计/电导仪

pH 值表征水溶液的酸碱性。pH 计常用于化工、炼油、制药和食品等工业领域，尤其在污水处理工程中应用更多。

1. pH 计

（1）pH 计的结构和工作原理

pH 值通常用电位法测量，用一个恒定电位的参比电极和测量电极组成一个原电池，原电池电势的大小取决于氢离子的浓度，也就是取决于溶液的酸碱度。测量电极上有特殊的对 pH 值反应灵敏的玻璃探头，它是由能导电、能渗透氢离子的特殊玻璃制成。当玻璃探头和氢离子接触时，就产生电势，电势的大小与 H^+ 活度等有关，其计算公式为

$$U=U_0+\frac{RT}{nF}\ln(H^+) \tag{2-6-1}$$

式中　U——探头电势值，V；

U_0——pH 值为 7 时的电势值，V；

R——摩尔气体常数，J/(mol・K)；

T——绝对温度，K；

n——被测离子的化合价；

$\ln(H^+)$——氢离子活度的对数；

F——法拉第常数，C/mol。

pH 计测量系统见图 2-6-1。电势是通过悬吊在氯化钾溶液中的银丝对照参比电极测到的，pH 值不同，产生的对应电势也不同，电势经过变送器转换成标准信号 4～20mA 输出。

常用的参比电极有甘汞电极、银-氯化银电极等。

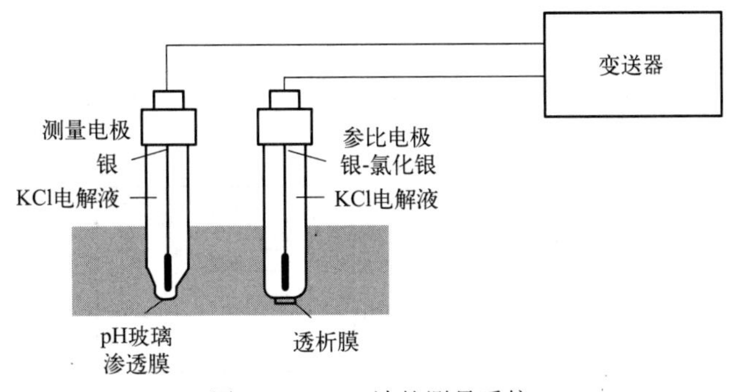

图 2-6-1　pH 计的测量系统

（2）pH 计测量注意事项

在工业生产中，一般 pH 计分为两部分：一部分是检测部分，主要与介质接触；另一部分是变送单元，将检测部分测量的数据转换成 DCS 可以接收的 4～20mA 信号，供相关人员观察。所以，在 pH 计的实际使用过程中必须注意如下几点：

① 首先要注意对电极玻璃探头的保护。由于测量电极与介质直接接触，容易附着脏物，应定期进行冲洗，可根据实际情况每 1 个月或半个月冲洗 1 次，以保证正常使用。在管道中若使用流通式玻璃电极，要求流速不宜太高。若流速不易控制，建议为 pH 计探头增加 1 个保护套管。

② pH 计探头的清洗：由于探头长期接触介质溶液，即使定期清洗亦有结垢现象，建议用 10％的稀盐酸或氯化钾溶液浸泡，以使其活性恢复。

③ 要注意 pH 计探头的插入深度，必须保证介质液位在任何时候不低于 pH 计的电极，否则玻璃探头中的电极极易脱水而无法工作。因停车或其他原因不使用 pH 计时，应将一次表探头部分脱离现场，放氯化钾溶液中保养起来，以备后续使用。

④ 接线时要注意 pH 计的接地。由于 pH 计探头检测的是弱电压信号，容易受到外界的干扰，因此除了安装时要注意远离强磁场以外，接线时亦要注意介质溶液的接地。同时，要求接线线头不能受潮，要保持高度清洁和干燥，以防输出短路，造成测量误差太大或测量错误。一次、二次表连接时若需增加屏蔽电缆的长度，则电缆补接处也要求干燥，并且不能用胶布进行绝缘，可用聚四氟乙烯带进行绝缘处理。

2. 电导率测量仪

电导率的物理意义是表征物质导电的性能。电导率越大则导电性能越强，反之越小。在国际单位制中，电导率的单位是西门子/米（S/m），其他单位有 S/cm、μS/cm。1S/m＝0.01S/cm＝10000μS/cm。

电导率测量仪（电导仪）在生产过程中主要用于监测锅炉给水和其他工业用水的质量指标，监视设备在运行过程中是否有渗漏现象，还可以监视热交换器、蒸汽冷凝器等设备的渗漏情况。

（1）电导率的测量原理

电导率的测量原理：将相互平行且距离是固定值 L 的两块极板（或圆柱电极）放到被测溶液中，在极板的两端加上一定的电势（为了避免溶液电解，通常为正弦波电压，频率 1～3kHz），如图 2-6-2 所示，然后通过电导仪测量极板间电导。

电导率 σ 与电极常数 K 和溶液的电导 G 有关，它们之间的关系为 $\sigma=KG$。电导可以通

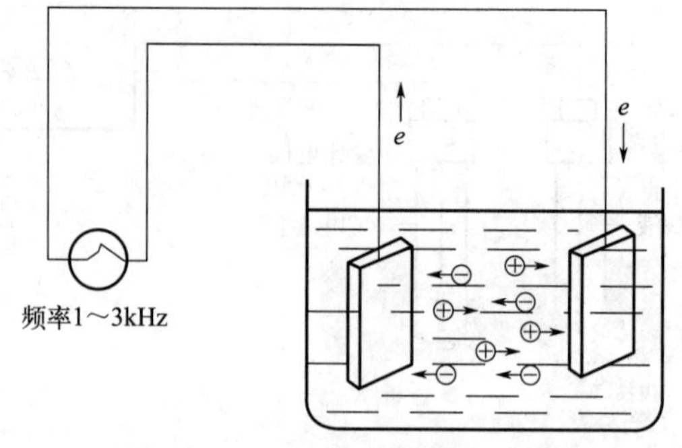

图 2-6-2　电导率测量原理简图

过电流、电压的测量得到。这一测量原理在直接显示测量仪表中得到广泛应用。

电极常数 K 与测量电极的有效极板面积和两极板的距离有关，它们之间的关系可用式(2-6-2) 表示为

$$K=L/A \tag{2-6-2}$$

式中　A——测量电极的有效极板面积；

　　L——两极板的距离；

在电极间存在均匀电场的情况下，电极常数可以通过几何尺寸算出。当两个面积为 $1cm^2$ 的方形极板，之间相隔 1cm 组成电极时，此电极的常数 $K=1cm^{-1}$。如果用其对电极测得电导值 $G=1000\mu S$，则被测溶液的电导率 $\sigma=1000\mu S/cm$。根据上述公式 $K=\sigma/G$，电极常数 K 也可以通过测量电极在一定浓度的 KCl 溶液中的电导 G 来求得，此时 KCl 溶液的电导率 σ 是已知的。

(2) 电导率测量仪的构成

电导率测量仪由电导池、转换器两部分组成。

电导池又称检测器或发送器，其结构如图 2-6-3 所示。它与被测介质直接接触，将溶液的浓度变化转化为电导或电阻的变化。转换器的作用是将电导或电阻的变化转换成标准的直流电压或电流信号。

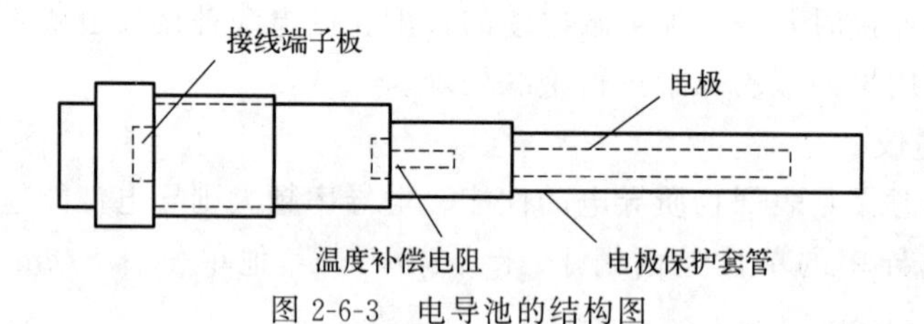

图 2-6-3　电导池的结构图

常见的电导池的类型如图 2-6-4 所示。浸入式电导池直接与被测介质接触，一般用于要求不高的常压场合；插入式电导池可垂直或水平安装，用于有一定压力的场所；流通式电导池安装在工艺管道中，响应速度快；阀式电导池可随时清理，适用于高压场所。

电导池的电极是电导率测量仪的核心部件，制作电极的材料应满足一定的要求，如物理、化学性质稳定，耐腐蚀性，能承受一定的压力和温度，以及便于加工制作等。目前普遍采用的电极材料有铂、镍、铜镀铂、铜镀铬和不锈钢等。

(3) 电导率测量仪的维护和一般故障处理

① 电导池安装在新的管道系统时，建议运行几天后就进行第一次检查。观察电极和池

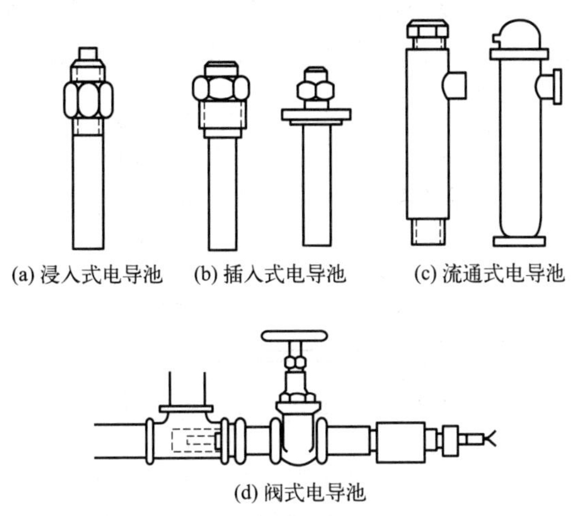

图 2-6-4　常见的电导池的类型示意图

室，如果有油污、铁锈、沉淀物等，应及时清洗。

② 若被测溶液的电导率大大超过仪表测量范围的上限，应立即切断电源，并查看电导池是否损坏。

③ 若仪表出现不明原因的不正常现象，如灵敏度下降、死区增大、仪表指示不稳和平衡困难等，可能是电极表面有损坏，应卸下电导池进行检查、清洗或更换。

三、红外线气体分析仪

红外线是一种人眼看不见的光，其波长范围为 0.77～1000μm。它在红光界限以外，所以得名红外线。红外线可分为三部分，即近红外线，波长为 0.77～3.0μm 之间；中红外线，波长为 3.0～30.0μm 之间；远红外线，波长为 30.0～1000μm 之间。

红外线气体分析仪是一种光学式分析仪器。应用光学方法制成的各种成分分析仪是分析仪中比较重要的一类。光学式分析仪种类很多，除红外线气体分析器，还有分光光度计、光电比色计、紫外线分析仪等，它们是基于光波在不同波长区域内辐射和吸收特性的不同而制成的。

1. 红外线气体分析仪的基本原理

红外线气体分析仪的基本原理是基于某些气体对红外线的选择性吸收特性。红外线气体分析仪常用的红外线波长为 2～12μm。简单说就是将待测气体连续不断的通过一定长度和容积的容器，从容器可以透光的两个端面中的一个入射一束红外线，然后在另一个端面测定红外线的辐射强度，然后依据对红外线的吸收与吸光物质的浓度成正比就可知道被测气体的浓度。

红外线气体分析仪是利用混合气体中某些气体有选择性地吸收红外辐射能这一特性，来连续分析和测定被测气体中某一待测组分的百分含量的，如 CO、CO_2、NH_3、CH_4、NO_2、SO_2、C_2H_2 等气体的百分含量。

2. 红外线气体分析仪基本结构、主要部件及类型

红外线气体分析仪一般由发送器和测量电路两大部分构成。发送器是红外分析仪的“心脏”部分，它将被测组分浓度的变化转为某种电参数的变化，并通过测量电路转换成电压或电流输出。发送器由光学系统和检测器两部分组成。光学系统的构成部件主要有：红外辐射

光源组件，包括红外辐射光源、反射体和切光（频率调制）装置；气室和滤光元件，包括测量气室、参比气室、滤光气室和干涉滤光片。红外线气体分析仪原理结构如图 2-6-5 所示。

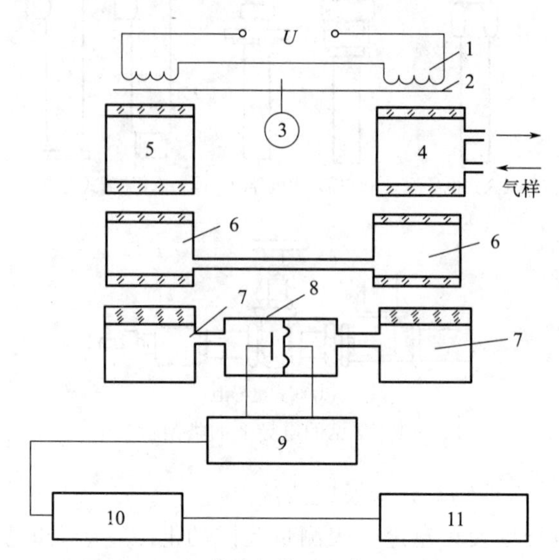

图 2-6-5 红外线气体分析仪原理结构图

1—光源；2—切光片；3—同步电机；4—测量气室；5—参比气室；6—滤光气室；7—检测气室；8—检测器；9—前置放大器；10—主放大器；11—记录器

光源按结构分类，可分为单光源和双光源两种。按发光体分类，主要有以下几种：合金发光源、陶瓷光源、激光光源。

切光装置（也称切光片）的作用是把辐射光源的红外线变成断续的光，即对红外线进行调制。调制的目的是使检测器产生的信号成为交流信号，便于放大器放大，同时改善检测器的时间响应特性。

红外线气体分析仪中的气室包括测量气室、参比气室和滤光气室，它们的结构基本相同，都是圆筒形，两端都是用晶片密封。气室要求内壁粗糙度小，不吸收红外线，不吸附气体，化学性能稳定。气室的材料采用黄铜镀金、玻璃镀金或铝合金，内壁表面要求抛光。金的化学性能极为稳定，气室的内壁永远也不氧化，所以能保持很高的反射系数。气室常用的窗口材料有：氟化锂（透射限为 6.5μm）、氟化钙（透射限为 13μm）、蓝宝石（透射限为 5.5μm）、熔融石英（透射限为 4.5μm）、氯化钠（透射限为 25μm）。参比气室和滤光气室是密封不可拆的。测量气室有可能受到污染，采用橡胶密封，要注意维护和定期更换，晶片上沾染灰尘、污物，起毛都会引起灵敏度下降，使测量误差和零点漂移增大，因此必须保持晶片的清洁，可用擦镜纸或绸布擦拭，注意不要用手接触晶片表面。

滤光片是一种光学滤波元件。它是基于各种不同的光学现象（吸收、干涉、选择性反射、偏振等）而工作的。采用滤光片可以改变测量气室的辐射能量和光谱成分，可消除或减少散射和干扰组分吸收辐射能的影响，可以使具有特征吸收波长的红外线通过。干涉滤光片是一种带通滤光片，根据光线通过薄膜时发生干涉现象的原理工作。干涉滤光片可以得到较窄的通带，其透过波长可以通过镀层材料的折射率、厚度及层次等加以调整。

检测器的作用是将待分析组分的浓度转换成电信号，有薄膜电容检测器、半导体检测器、微流量检测器等类型。

薄膜电容检测器由金属薄膜动极和定极组成电容器，当接收气室的气体压力受红外辐射能的影响而变化时，推动电容动极相对于定极移动，把被测组分浓度变化转变成电容量变化。其特点是温度变化影响小、选择性好、灵敏度高。缺点是薄膜易受机械振动的影响，调制频率不能提高，放大器制作比较困难，体积较大等。

半导体检测器是利用半导体光电效应的原理制成的。当红外线照射到半导体上时，半导体吸收光子能量使电子状态发生变化，产生自由电子和空穴，引起电导率的变化，即电阻值变化，所以半导体检测器又称为光电导率检测器或光敏电阻。其特点是结构简单、制造容易、体积小、寿命长、响应迅速，可采用更高的调制频率，使放大器的制作更为容易。它与窄带干涉滤光片配合使用，可以制成通用性强、快速响应的红外线气体检测器，改变要测量的组分时，只需改换干涉滤光片的通过波长和仪表刻度即可。其缺点是锑化铟受温度变化影响大。

微流量检测器是一种测量微小气体流量的新型检测器件，其传感元件是两个微型热丝电阻和另外两个辅助电阻构成的惠斯通电桥。热丝电阻通电加热至一定温度，当气体流过时，带走部分热量使热丝冷却，电阻变化，通过电桥转变成电压信号。其特点是价格便宜，光学系统体积小，可靠性、耐振性等提高。

3. 红外线气体分析仪的工作原理

下面以检测器是薄膜电容检测器的红外线气体分析仪为例来说明工作原理。由光源发出一定波长范围的红外线，通过在同步电机的带动下做周期性旋转的切光片（即连续地周期性地遮断光源）后，使红外线变成脉冲式红外线辐射，通过测量气室和参比气室后到达检测器，在检测器内腔中位于两个接收室的一侧装有薄膜电容检测器，通过参比气室和测量气室的两路光束交替地射入检测器的前、后吸收室。在较短的前室充有被测气体，这里辐射能的吸收主要发生在红外线谱带的中心处，在较长的后室也充有被测气体，它吸收谱带两侧的边缘辐射能。

当测量气室通入不含待测组分的混合气体（零点 N_2）时，它不吸收待测组分的特征波长。参比气室也充有零点 N_2，红外辐射能被前、后接收气室内的待测组分吸收后，室内气体被加热，压力上升，检测器内电容薄膜两边压力相等，电容量不变。

当测量气室通入含待测组分的混合气体时，因为待测组分在测量气室已预先吸收了一部分红外辐射能，使射入检测器的辐射强度变小。

测量气室里的被测气体主要吸收谱带中心处的辐射强度，影响前室的吸收能量，使前室的吸收能量变小。被测量气室里的待测组分吸收后的红外辐射把前、后室的气体加热，使其压力上升，但能量平衡已被破坏，所以前、后室的压力不相等，产生了压力差，此压力差使电容器膜片位置发生变化，从而改变了电容器的电容量，因为辐射光源已被调制，因此电容的变化量通过电气部件转换为交流电信号，经放大处理后得到待测组分的浓度。

4. 红外线气体分析仪的类型

红外线气体分析仪可以按采用的检测器来划分类型，也可按是否把红外线变成单色光来划分，可以分为分光型（色散型）和不分光型（非色散型）。

分光型具有选择性好、灵敏度高等优点；缺点是分光后能量小，分光系统任一元件的微小位移都会影响分光的波长。

不分光型具有灵敏度高、较高的信噪比和良好的稳定性等优点；缺点是待测样品各组分间有重叠的吸收峰时会给测量带来干扰。

从光学系统来划分，可分为双光路和单光路两种。双光路是从两个相同的光源或者精确分配的一个光源，发出两束彼此平行的红外线，分别通过几何光路相同的测量气室、参比气室后进入检测器。单光路是从光源发出的单束红外线，只通过一个几何光路。但是对于检测器而言，还是接收了两束不同波长的红外线，只是在不同的时间到达检测器而已。单光路时利用调制盘的旋转，将光源发出的光调制成不同波长的红外线，轮流通过测量气室送往检测器，实现时间上的双光路。

四、气相色谱分析仪

气相色谱分析仪是一种多组分分析仪表，能对混合物进行多组分分析测定，具有选择性好、分析灵敏度高、分析速度快和应用范围广等特点。近年来，色谱法得到了迅速的发展，广泛应用于石油、化工、医药卫生、食品工业等领域有机化学原料及生产过程的分析。

色谱法是一种物理分离技术，它可以定性、定量地一次性分析多种物质但并不发现新物质。其过程是，混合组分分布在互不相溶的两相中，其中一相是固定不动的，称固定相，另一相则是通过或沿着固定相做相对移动的，称流动相。流动相在流动过程中，混合组分在两相中利用分配系数或溶解度的不同进行多次反复分配，从而使混合组分得到分离。

在色谱法中，固定相有两种状态，即在使用温度下呈液态的固定液和在使用温度下呈固态的固体吸附剂。流动相也分两种状态，即液体和气体，气体流动相也称载气。装有固定相的管子（玻璃管或不锈钢管）称为色谱柱。用气体作为流动相载运样品的称气相色谱分析仪；用液体作为流动相的称液相色谱分析仪。

气相色谱分析仪主要由样气预处理系统、载气预处理系统、取样装置、色谱柱、检测器、信号处理系统、记录显示仪表、程序控制器等环节构成，如图 2-6-6 所示。

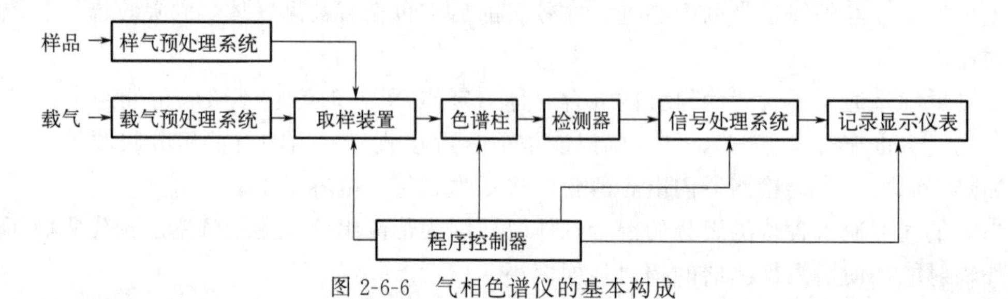

图 2-6-6　气相色谱仪的基本构成

在程序控制器的控制下，载气经预处理系统减压、干燥、净化、稳压、稳流后，再经取样装置到色谱柱、检测器后放空。样品气体经预处理系统后，通过取样装置进入仪表，被载气携带进入色谱柱，混合物通过色谱柱后被分离成单一组分，然后依次进入检测器，检测器根据各组分进入的时间及其含量输出相应的电信号，经过数据处理，由记录显示仪表直接显示出被测各组分的含量。

1. 气相色谱的分离原理

气-液色谱中的固定相是涂在惰性固体颗粒（称为担体）表面的一层高沸点的有机化合物的液膜，这种高沸点的有机化合物称为“固定液”。担体仅起支承固定液的作用，对分离不起作用。起分离作用的是固定液。分离的根本原因是混合气体中的各个待测组分在固定液中有不同的溶解能力，也就是各待测组分在气、液两相中的分配系数不同。

当被分析样品在载气的带动下，流经色谱柱时，各组分不断被固定液溶解、挥发、再溶解、再挥发……由于各组分在固定液中溶解度有差异，溶解度大的组分较难挥发，向前移动速度慢些，停留在柱中的时间就长些，而溶解度小的组分易挥发，向前移动速度快些，停留在柱中的时间短些，不溶解的组分随载气首先流出色谱柱。这样，经过一段时间，样品中各组分就被分离，图 2-6-7 为样品在色谱柱中分离过程的示意图。设样品中仅有 A 和 B 两种组分并设 B 组分的溶解度大于 A 组分的溶解度。t_1 时刻样品被载气带入色谱柱，这时它们混合在一起，由于 B 组分较 A 组分溶解度大，B 组分向前移动的速度比 A 组分小，在 t_2 时已看出 A 组分超前、B 组分滞后，随时间增加，两者的距离逐渐拉大，最后得以分离。两组分在不同时间先后流出色谱柱，然后进入检测器，随后记录仪记录下相应两组分的色谱峰。

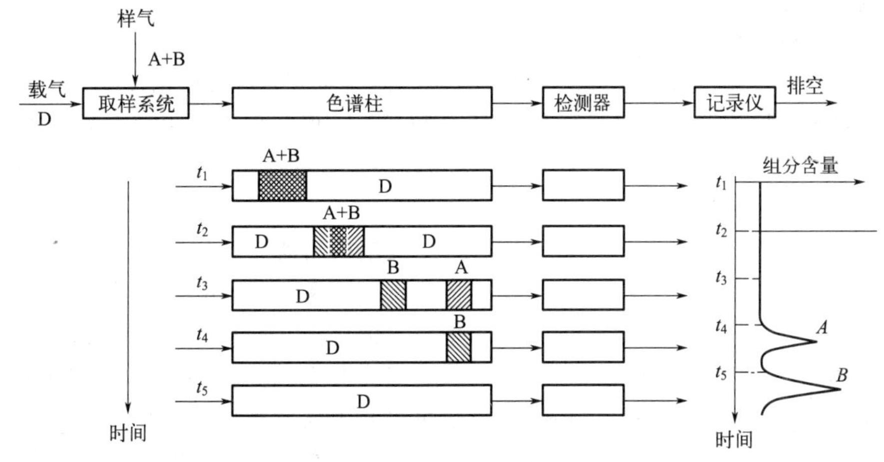

图 2-6-7　组分 A、B 在色谱柱中分离过程的示意图

设某组分在气相中浓度为 C_G，在液相中的浓度为 C_L，则它的分配系数 K 为

$$K=C_L/C_G \tag{2-6-3}$$

各气体组分的 K 值是不一样的，是某种气体区别于其他气体特有的物理性质。

显然，分配系数越大的组分溶解于液体的能力越强，因此在色谱柱中流动的速度就越小，越晚流出色谱柱。反之，分配系数越小的组分，在色谱柱中流动的速度越大，越早流出色谱柱。这样，只要样品中各组分的分配系数有差异，通过色谱柱就可以被分离。

2. 气相色谱检测器

气相色谱检测器的作用是检测从色谱柱中随载气流出来的各组分的含量，并把它们转换成相应的电信号，以便显示和记录。在工业气相色谱分析仪中主要用热导式检测器和氢火焰离子化检测器。

(1) 热导式检测器

热导式检测器结构如图 2-6-8 所示。电阻丝具有电阻随温度变化的特性。当有一恒定直流电通过热导池时，电阻丝被加热。由于载气的热传导作用使电阻丝的一部分热量被载气带走，一部分传给池体。当电阻丝产生的热量与散失热量达到平衡时，电阻丝温度就稳定在一定值。此时，电阻丝阻值也稳定在一定值。由于参比池

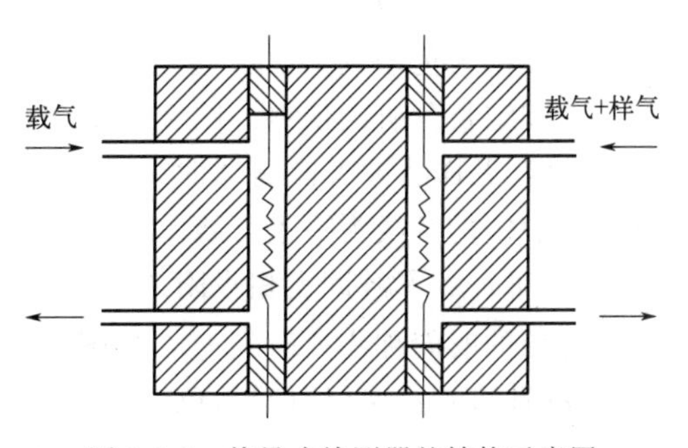

图 2-6-8　热导式检测器的结构示意图

和测量池通入的都是纯载气，有相同的热导率，因此两臂的电阻值相同，电桥平衡，无信号输出，记录仪记录的是一条直线。当有样品进入检测器时，纯载气流经参比池，载气携带着组分气体流经测量池，由于载气和待测量组分二元混合气体的热导率和纯载气的热导率不同，测量池中散热情况因而发生变化，使参比池和测量池中的电阻丝电阻值产生了差异，电桥失去平衡，检测器有电压信号输出，记录仪画出相应组分的色谱峰。载气中待测组分的浓度越大，测量池中气体热导率改变就越显著，温度和电阻值改变也越显著，电压信号就越强。此时输出的电压信号与样品的浓度成正比。

热导式检测器由于灵敏度适宜、通用性强（对无机物、有机物都有响应）、稳定性好、线性范围宽、对样品无破坏作用、结构简单、维护方便，因而得到了广泛应用。

（2）氢火焰离子化检测器

氢火焰离子化检测器简称氢焰检测器。这种检测器对大多数有机化合物具有很高的灵敏度，一般比热导式检测器的灵敏度约高 3～4 个数量级。但它仅对在火焰上被电离的有机化合物有响应，对无机化合物、在火焰中不电离或很少电离的有机化合物组分没有响应，因此它只应用在对有机物的检测。

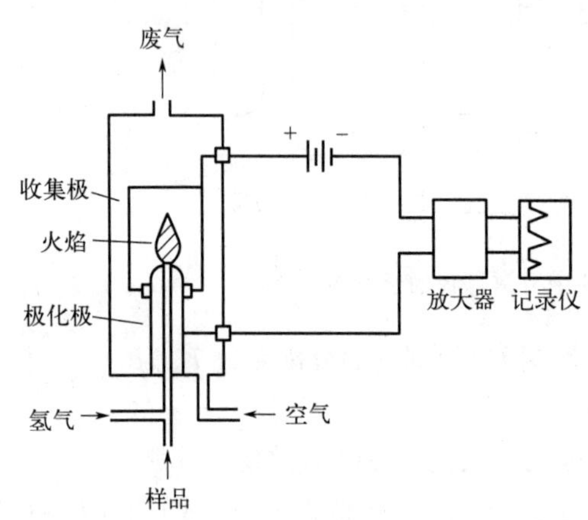

图 2-6-9　氢火焰离子化检测器结构示意图

氢焰检测器一般用不锈钢制成，其结构如图 2-6-9 所示。主要由火焰喷嘴、收集极、发射极（极化极）、点火装置及气体引入孔道组成。点火装置可以是独立的，如用点火线圈，也可以利用发射极作点火极，实际应用时，只需将点火线圈或发射极加热至发红将氢气引燃。在收集极和发射极之间加有 150～300V 的极化电压。氢气燃烧产生灼热的火焰。

由载气携带的样品气体进入检测器后，在氢火焰中燃烧分解，并与火焰外层中的氧气进行化学反应，产生正负电性的离子和电子，离子和电子在收集极和发射极之间的电场作用下定向运动而形成电流，电流的大小与组分中的碳原子数成正比，电流的大小就反映了被测组分浓度的高低。

氢焰检测器对待分析的样品来说，它的电离效率很低，约为十万分之一，所得到的离子流的强度同样很小，因此形成的电流很微弱，并且输出阻抗很高，需用高输入阻抗转换器放大后，才能在记录仪上得到色谱峰。

（3）色谱图及常用术语

色谱图又称为色谱流出线，它是样气在检测器上产生的信号大小随时间变化的曲线图形，是定性和定量分析的依据。图 2-6-10 为典型的色谱图，它表示样品中某一组分的含量。

① 基线：无样品进入检测器时，记录仪所画出的一条反映检测器随时间变化的曲线，叫作基线。稳定的基线为一条直线，如图 2-6-10 中 O－T 线。

② 死时间 t_{τ}^{0}：不被固定相吸附或溶解的气体（如空气），从进入色谱柱开始到出现浓度最大值所经历的时间称为死时间 t_{τ}^{0}，如图 2-6-10 中 O′A'段。

③ 保留时间 t_{τ}：保留时间为色谱法的定性分析的基础，指从样品进入色谱柱起到某组分流出色谱柱达到最大值的时间，如图 2-6-10 中 O′B 段。保留时间（t_{τ}）扣除死时间（t_{τ}^{0}）

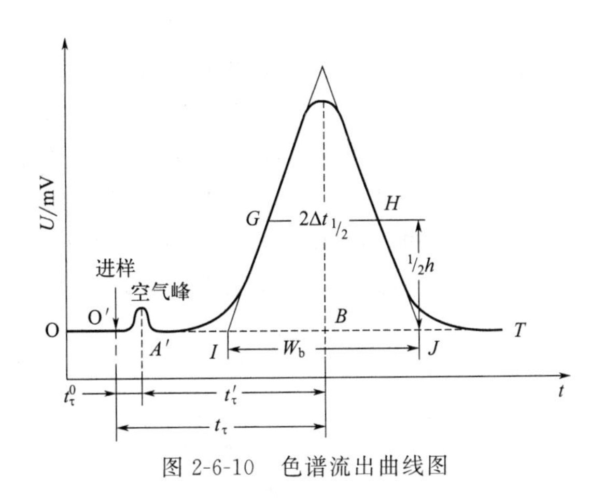

图 2-6-10 色谱流出曲线图

的保留时间，称为校正保留时间（t'_τ），即 $t'_\tau = t_\tau - t_\tau^0$。

④ 保留体积 V_R：指在保留时间内所流出的载气体积。设载气的流量为 F_c，则保留体积为 $V_R = F_c t_\tau$。同理，在校正保留时间内流出的载气体积为校正保留体积，即 $V'_R = F_c(t_\tau - t_\tau^0)$。

⑤ 峰宽 W_b：指某组分的色谱峰在其转折点所做切线在基线上的截距，如图 2-6-10 中 IJ 一段。在峰高一半的地方测得的峰宽称为半峰宽 $2\Delta t_{1/2}$，如图 2-6-10 中 GH 一段。

⑥ 分辨率 R：样品通过色谱柱分离后所形成的流出曲线，人们希望每个组分都有一个对称的峰形，并且相互分离。但当某些组分的保留时间相差不大或色谱柱比较短时，流出曲线中某些组分的峰形常会发生重叠，这种重叠的峰形会给测量带来误差。为了衡量色谱柱分离效率的好坏，可用分辨率 R 的大小来表示。

$$R = 2(t_{\tau b} - t_{\tau a})/(W_b + W_a) \tag{2-6-4}$$

式中 $t_{\tau a}$，$t_{\tau b}$——组分 a、b 的保留时间；

W_a，W_b——组分 a、b 的峰宽。

式(2-6-4) 说明了保留时间相差越大、峰宽越窄，则分辨率越高。如当 $R=1$ 时，分离效率为 98%；$R=1.5$，其分离效率为 99.7%。一般认为 $R=1.5$ 时完全分离。气相色谱分析仪要求有较高的分辨率，以便于程序的安排和维持较长的色谱柱寿命。分辨率与色谱柱的长度 L 的平方根成正比，与理论塔板高度的平方根成反比，即

$$R = \sqrt{\frac{L}{H}} \tag{2-6-5}$$

由式(2-6-5) 可知，L 越大，H 越小，分辨率越高。

五、氧化锆分析仪

在许多生产过程中，特别是燃烧过程和氧化反应过程中，测量和控制混合气体中的氧含量是非常重要的。氧化锆分析仪是电化学分析仪器的一种，可以连续分析各种工业锅炉和炉窑内的燃烧情况，通过控制送风来调整过剩空气系数值，以保证最佳的空气燃料比，从而达到节能和环保的双重效果。下面介绍氧化锆分析仪的检测原理。

1. 氧化锆的导电机理

电解质溶液靠离子导电，具有离子导电性质的固体物质称为固体电解质。固体电解质是

离子晶体结构，靠空穴使离子运动导电，与P型半导体空穴导电的机理相似。纯二氧化锆（ZrO_2）不导电，掺杂一定比例的低价金属氧化物作为稳定剂后，如氧化钙（CaO）、氧化镁（MgO）、三氧化二钇（Y_2O_3），就具有了高温导电性，成为二氧化锆固体电解质。

为什么加入稳定剂后二氧化锆就会具有很高的离子导电性呢？例如掺有少量CaO的ZrO_2混合物，在结晶过程中，钙离子进入立方晶体中，置换了锆离子。由于锆离子是+4价，而钙离子是+2价，一个钙离子进入晶体，只带入一个氧离子，而被置换出来的锆离子带出了两个氧离子，结果，在晶体中便留下了一个氧离子空穴，如图2-6-11所示。

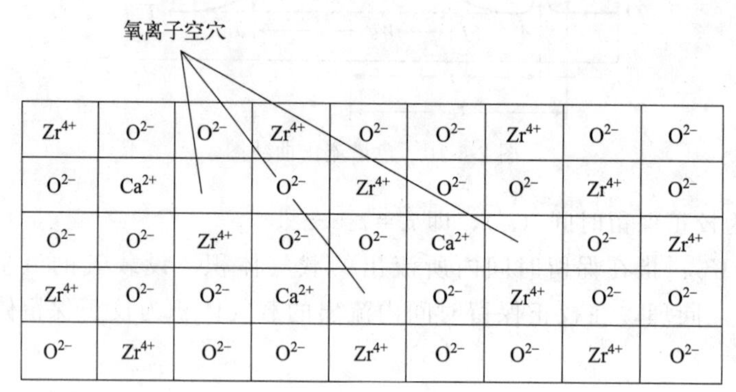

图2-6-11　氧离子空穴形成示意图

2. 氧化锆分析仪的测量原理

在一个高致密的二氧化锆固体电解质的两侧，用烧结的方法制成几微米到几十微米厚的多孔铂层作为电极，再在电极上焊上铂丝作为引线，就构成了氧浓差电池。如果电池左侧通入参比气体（空气），其氧分压为p_0；电池右侧通入被测气体，其氧分压为p_1（未知），如图2-6-12所示。

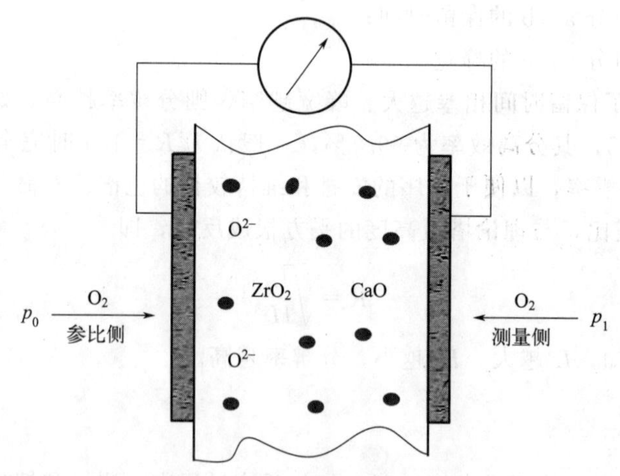

图2-6-12　氧浓差电池原理图

假设$p_0>p_1$，在高温下（650～850℃），氧就会从分压大的p_0一侧向分压小的p_1侧扩散，这种扩散，不是氧分子透过二氧化锆从p_0侧到p_1侧，而是氧分子离解成氧离子后，通过二氧化锆的过程。在750℃左右的高温中，在铂电极的催化作用下，在电池的p_0侧发生还原反应，一个氧分子从铂电极取得4个电子，变成两个氧离子（O^{2-}）进入电解质，即

$$O_2 + 4e^- \rightarrow 2O^{2-} \tag{2-6-6}$$

p_0 侧铂电极由于大量给出电子而带正电，成为氧浓差电池的正极或阳极。这些氧离子进入电解质后，通过晶体中的空穴向前运动到达右侧的铂电极，在电池的 p_1 侧发生氧化反应，氧离子在铂电极上释放电子并结合成氧分子析出，即

$$2O^{2-} - 4e^- \rightarrow O_2 \tag{2-6-7}$$

p_1 侧铂电极由于大量得到电子而带负电，成为氧浓差电池的负极或阴极。这样在两个电极上，由于正负电荷的堆积而形成一个电势，称之为氧浓差电势。当用导线将两个电极连成电路时，负极上的电子就会通过外电路流到正极，再供给氧分子形成离子，电路中就有电流通过。氧浓差电势的大小，与二氧化锆固体电解质两侧气体中的氧浓度有关，据此就可以知道被测气体中的氧含量。在特定的温度下氧的体积分数与氧浓差电势（mV）存在特定的对应关系，与热电偶的分度值类似。

3. 二氧化锆分析仪的种类和结构

根据二氧化锆探头的结构形式和安装方式的不同，可以把氧化锆分析仪分为直插式、抽吸式、自然渗透式及色谱用四类，目前大量使用的是直插式氧化锆分析仪。现在空气检测和色谱检测开始大量使用渗透式二氧化锆分析仪。

直插式氧化锆分析仪的突出特点是：结构简单、维护方便、反应速度快和测量范围广。它省去了取样和样品处理环节，从而省去了许多工作，因而广泛应用于各种锅炉和工业炉窑中。

（1）直插式氧化锆分析仪的结构

直插式氧化锆分析仪由二氧化锆探头（又称检测器，其外形如图 2-6-13 所示）和转换器（二次表）两部分组成。两者连接在一起的称为一体式结构；两者分开安装的称为分离式结构。

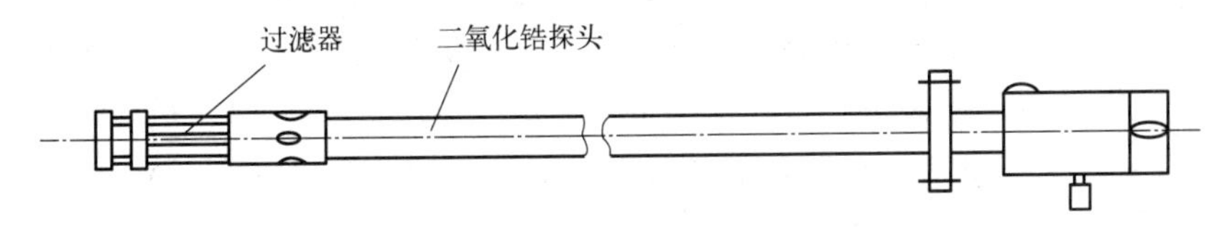

图 2-6-13　直插式二氧化锆探头外形图

二氧化锆管是氧化锆探头的核心，它由二氧化锆固体电解质管、铂电极和引线构成，见图 2-6-14 所示。管内侧通被测气、管外侧通参比气（空气）。二氧化锆管很小，管径为 10mm，壁厚 1mm，长度 150mm 左右。电解质材料有以下两种：ZrO_2（0.90）＋MgO（0.10）、ZrO_2(0.90)＋Y_2O_3(0.10)。内外电极为多孔型铂（Pt），用涂敷和烧结方法制成，长约为 20～30mm，厚度几个至几十微米。铂电极引线一般多采用涂层引线，即在涂敷铂电

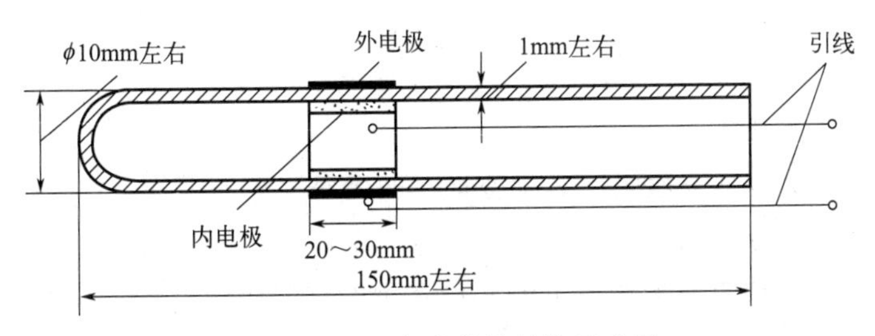

图 2-6-14　二氧化锆管结构示意图

极时，将电极延伸一点，然后用 ϕ0.3～0.4mm 的金属丝与涂层连接起来。

直插定温式氧化锆分析仪由二氧化锆探头、加热器等组成，如图 2-6-15 所示。热电偶检测二氧化锆探头的工作温度，多采用 K 型热电偶。加热器用于对探头加热和进行温控。参比气管路通参比空气，标准气管路在仪器校验时能通标准气。

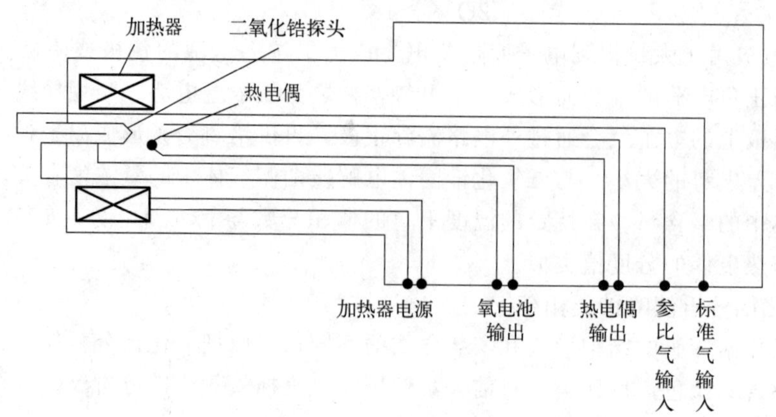

图 2-6-15 直插定温式二氧化锆分析仪组成示意图

转换器除了要完成对检测器输出信号的放大和转换外，还要解决三个问题：氧浓差电池是一个高阻抗信号源，要想真实地检测出氧浓差电池输出的电势信号，首先要注意解决信号源的阻抗问题；氧浓差电池电势与被测样品中的氧含量呈对数关系，所以要注意解决输出信号的非线性问题；根据氧浓差电池的能斯特方程，氧浓差电池电势的大小取决于温度和固体电解质两侧的氧含量，温度的变化会给测量带来较大的误差，所以还要解决检测器的恒温控制问题。

（2）直插式氧化锆分析仪探头的类型及适用场合

直插式氧化锆分析仪主要用于烟道气分析，它的探头主要分为以下几种类型。

中、低温直插式氧化锆探头：这种探头适用于烟气温度 0～650℃（最佳烟气温度 350～550℃）的场合，探头中自带加热器，主要用于火电厂锅炉、6～20t/h 工业炉等，是目前使用量最大的一种探头。

带导流管的直插式氧化锆探头是一种中、低温直插式氧化锆探头，但探头较短（400～600mm），带有一根长的导流管，要先用导流管将烟气引导到炉壁附近，再用探头进行测量。其主要用于大型、炉壁比较厚的加热炉。燃煤炉宜选带过滤器的直插式探头，不宜选带导流管的探头，原因是容易形成灰堵。燃油炉这两种都可以用。

高温直插式氧化锆探头本身不带加热炉，靠高温烟气加热，适用于 700～900℃ 的烟气测量，主要用于电厂、石化厂等高温烟气环境。

习题与思考

1. 简述 pH 计的工作原理。
2. 工业 pH 计由哪些部分组成？各部分的作用是什么？
3. 什么叫气相色谱分析法？
4. 气相色谱分析仪使用的检测器有哪几种类型？

项目七　火焰检测仪表

一、火焰监测器

火焰监测器又称电眼，是指向控制装置发送“火焰存在”“火焰熄灭”或者“中断”信号的装置，一般由传感器和控制器组成。

火焰监测器可以单独使用，但通常是与自动点火器联合使用。该装置由点火器、监测探针、监测器三部分组成。当点火器电源打开后，点火器变压输出15000V以上的高压电，使点火棒与烧嘴（接地极）间产生电弧而点燃烧嘴。耐高温的探针接触火焰获得信号，通过监测器立即推动继电器切断电源，停止打火。火焰熄灭后，先吹扫残余烟气，再重复以上动作，直到获得稳定火焰为止。同时，火焰监测器还可并联出一对触点接到炉子控制室，参与联锁报警或计算机控制系统的工作。

火焰监测器分非接触式和接触式两种。

1. 紫外线火焰监测器

该监测器属于非接触式的，其敏感元件为紫外光敏管，放置在离开火焰但能“看见”火焰的地方。紫外光敏管是一种特殊的光敏元件，它接收火焰发出波长为180～260mm的紫外线，对太阳、白炽灯、荧光灯、炽热件等发出的光则不敏感。它具有灵敏度高、响应速度快、抗干扰能力强等特点。常用的一种紫外线火焰监测器技术指标如下：

① 火焰监测灵敏距离：小于0.5m。

② 着火响应时间：不大于2s。

③ 熄火响应时间：不大于3s。

④ 工作电压：220V。

⑤ 频率：50Hz。

⑥ 控制盒工作环境温度：－40～55℃。

⑦ 传感器工作环境温度：不大于100℃。

⑧ 继电器触点最大负荷：220V，50Hz，3A（感性电流）。

⑨ 功耗：不大于15V·A（不包括触点负荷）。

2. 火焰导电电极式火焰监测器

这种火焰监测器基于火焰导电的原理工作。将耐热钢深入火焰中并在电极与燃烧器之间施加交流或直流电压，当存在火焰时会产生一个2～10μA的直流电流，将这个电流作为信号电流，经放大即可实现对火焰的监测。由于是将探针插入火焰中监测，所以属于接触式火焰监测器。

使用火焰监测器应注意以下事项：

① 安装紫外线火焰监测器时，要注意将光敏管的“视线”对准火焰并放置在允许的测量灵敏距离以内。为冷却光敏管和清洁玻璃片，必要时要在监测器头部安装吹扫风管。

② 使用火焰导电电极式火焰监测器时，要注意探针的耐热能力，最好将烧嘴的火焰分流出小股，让探针接触小股火焰以延长其使用寿命。此外，探针头部如发生积炭，将影响其检测精度，所以设计烧嘴时要注意预防积炭问题。

二、火焰监测系统

火焰监测系统主要由火焰传感器、火焰继电器组成。

火焰监测系统的功能：火焰传感器接受光源照射后，光电二极管导通，电信号通过火焰继电器被传送到 PLC 中，以完成对点火和正常温度的控制。在点火及正常温度控制的过程中，如出现故障导致火焰熄灭，燃油泵及风油调节电动机等会自动停止工作，以保证燃烧器控制系统的安全。

习题与思考

1. 火焰监测器的工作原理是什么？
2. 火焰监测系统的功能是什么？

项目八　机械量测量仪表

一、位移检测仪表

位移检测仪表用于测量机械位移、机械零部件的几何参数（尺寸、表面形状等）以及在加工过程中连续测量材料的几何尺寸，主要由位移传感器、测量电路和指示器等部分组成。位移传感器按输出信号的类型可分为模拟式位移传感器和数字式位移传感器两类。

1. 模拟式位移传感器

模拟式位移传感器是将被测位移变换为模拟量信号输出的测量器件，通常由变换元件、导向构件和测量弹簧等部分构成，有时传感器还包括测量电路的一部分。模拟式位移传感器按变换元件的工作原理又可分为电阻式、电容式、电感式、涡流式、光电式和霍尔式等。变换元件主要是由线圈和磁芯构成的差动电感线圈。测量位移时，传感器的测量端与被测对象接触，测量端感受位移，并通过测杆使磁芯做相应的移动，因而使线圈的电感量发生变化而发出信号。测量电路将传感器输出的信号转换和放大后，由指示器指示被测位移值。磁芯的运动方向由测杆与外壳的滑动配合来限制。测量弹簧给出测量端与被测对象在测量时保持接触所需的测量力。模拟式位移传感器结构较简单、价格较低，因此使用范围很广。其测量上限值为130μm～625mm，测量误差为0.01%～2%。

2. 数字式位移传感器

数字式位移传感器是将被测位移变换为数字信号输出的测量器件，又称为编码器。编码器按编码方式分为绝对编码器和增量编码器两类。

① 绝对编码器　它对应每一个位移量都能产生唯一的数字编码，因此在指示某一个位移时，编码器不必存储原先的位移。编码的分辨力决定于编码器输出数字的位数。编码器的结构与所利用的物理现象（电、光或磁）的变化有关。例如电刷编码器，一般是一个盘子，上面有若干条同心的轨道，称为数道。数道上的导电面积和一些绝缘面积构成代码，每条数道对应输出数字的一位数。当盘子随被测物转动时，电刷以电接触的方式读出每条数道上的导电区和绝缘区，产生数字编码。磁性编码器和光学编码器的结构与电刷编码器相似，只是位移的编码输出由磁场或光束来表示。绝对编码器的特点是误差不会累积，而且在位移快速变化时不必考虑电路的响应问题。

② 增量编码器　它在测量物体位移时，能产生电流或电压的跃变。输出信号的每次跃变所对应的位移增量决定于编码器的分辨力。为了测量位移，必须利用存储器计数跃变的次数。属于这一类的传感器有感应同步器、磁栅和光栅。增量编码器的特点是零点可以任意设定，分辨力为1μm。

数字式位移传感器测量精度高、测量范围宽，适用于对大位移的测量，在精密定位系统和精密加工中得到广泛应用。

二、振动检测仪表

振动检测仪表是基于微处理器最新设计的设备状态检测仪表，具备振动检测、轴承状态分析和红外线温度测量功能。其操作简单，自动指示状态、报警，非常适合维护人员检测现场设备运行时的状态，能及时发现问题，保证设备正常、可靠运行。

振动检测仪表可测量振动速度、加速度和位移值。当保持振动速度读数时，仪器立即比较内置的 ISO 10816-3 振动标准，自动指示设备的报警状态。

振动检测仪表可测量轴承高频振动状态的加速度和振动速度的有效值。当保持轴承状态读数时，仪器按内置的经验法则自动指示轴承的报警状态。

振动检测仪表是测量物体振动量大小的仪器，在桥梁、建筑、地震等领域有广泛的应用。振动检测仪表还可以和加速度传感器组成振动测量系统对物体加速度、速度和位移进行测量。

三、转速检测仪表

转速检测仪表是测量旋转物体转动速度的机械量测量仪表，简称转速表。

转速表在工业和交通运输等领域应用很广，通过对旋转机械转速进行测量以监视或控制机械的运转。转速测量原理有：

① 将转速变换成角位移（如离心式、磁电式转速表）；

② 利用人眼视觉暂留的生理现象（如频闪式转速表）；

③ 将转速变换成电压（如测速电机）；

④ 将转速变换为电脉冲频率（脉冲式转速表）。

（1）离心式转速表

这种转速表是根据角速度与惯性离心力的非线性关系制成的，故称为离心式转速表。它的主要部件是离心摆和测量弹簧，与转轴偏置的重荷 p 在轴旋转时产生的离心力 Q 与转轴的角速度 ω 的平方成正比。测量弹簧在离心力作用下产生的变形——弹簧的伸长或缩短，与作用在弹簧上的力成正比。此变形通过放大机构使指针转动，在刻度盘上指示出转轴角速度的大小。这种转速表结构简单、体积小、造价低，所以应用较广。它的测量范围为 30～24000r/min，测量误差为±1%。

（2）定时式转速表

这种转速表是根据绝对测量法制成的，即利用计时机构控制计数表机构，测量时间间隔和相应的转数，从而确定转速。因为测量转速的时间是一个确定值（3s 或 6s），故称为定时式转速表。

（3）振动式转速表

这种转速表是利用特制的弹簧片组与相应的转速的谐振效应制成的，故称为振动式转速表。它是通过测量旋转机械所产生的周期振动来测量转速的。由于机械产生的振动波可以在钢铁等金属结构物中传递几十米至数百米，所以转速表可以测量远距离的井下电机（泵）的转速。转速表在油田中应用广泛，它有着其他结构的转速表不可替代的优越性。

由于振动式转速表结构的特殊性，它不能在标准转速发生装置上测试，只能在校准振动台上进行。

（4）磁电式转速表

磁电式转速表包括磁感应式转速表、电动式转速表和电谐振式转速表等。

磁电式转速表是根据非电量电测量的原理制成的，在航海、航空等方面应用很广。这种转速表的优点是精度较高，能够远距离测量，并且能够在若干个位置上同时观察同一根轴的转速，即把装在各个位置上的测量仪器连接到同一个转速传感器上，这对于船舶和飞机的操纵是非常必要的。

在磁电式转速表上使用的转速传感器有直流发电机式、交流发电机式、光电式及其他型式。转速传感器连接到被测轴上，当被测轴旋转时，传感器上产生电流、电压，再利用电测量仪器进行测量。

传感器主要由永久磁铁和感应线圈组成。永久磁铁通过转轴与动力设备连接。当永久磁铁被带动旋转后，在线圈中感应出电流，通过导线传输给指示器，经过降压整流后带动广角度电流表指示被测转速。

（5）频闪式转速表

这种转速表是根据频闪测速原理制成的，故称为频闪式转速表。

其工作原理是：利用光源加机械光栅，或电控的周期性明灭光源来照射被测转轴，预先在被测轴上设置标志，当光源闪光频率调节到与被测转速相等或成整数倍时，被测轴上的标志看上去是静止的，由此可以测得被测转速。这种转速表是非接触式测量仪表，因而特别适用于低功率的被测对象。另外，它的测量精度高，所以可作为基准仪器使用。它的测量范围一般为 300～21000r/min，测量误差为 0.03%～0.5%。

（6）脉冲式转速表

这种转速表是利用电子计数原理制成的，是把被测转速变换成电脉冲频率信号后进行测量的转速表。它由转速传感器、测量电路和指示器等部分组成。转速传感器将被测转速变换为脉冲频率信号。转速传感器按作用原理分为光电式、磁电式和霍尔式等。光电式转速传感器具有测量精度高、输出信号便于远传和处理等特点，上限工作频率为 30～100kHz（被测转速与传感器每转输出脉冲数的乘积）。由转速传感器和数字指示器组成的转速表的测量误差小于 0.01%。

习题与思考

转速测量的原理有哪些？

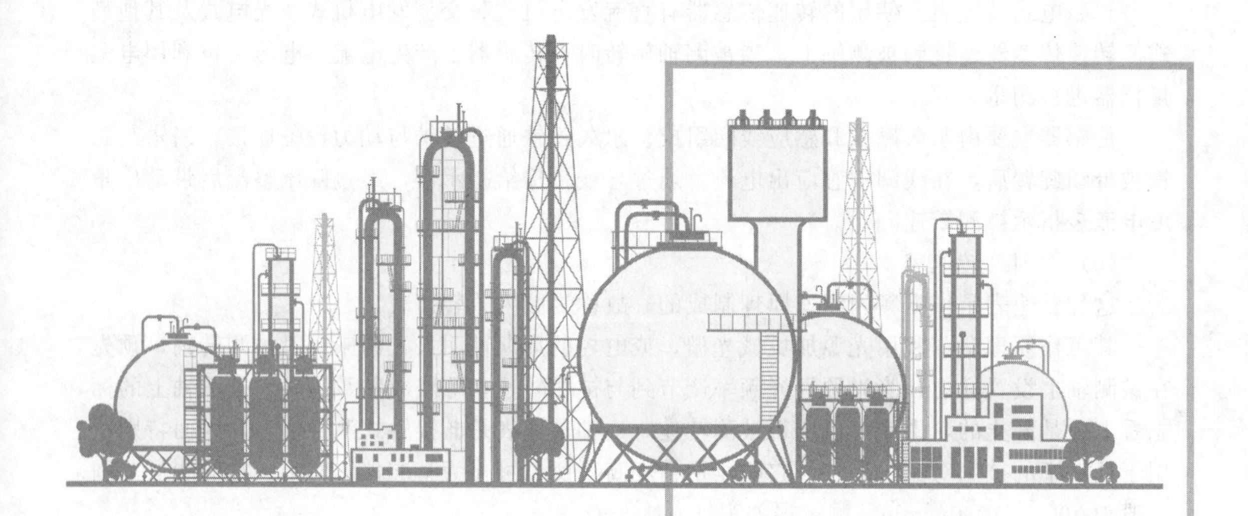

模块三

过程对象特性和控制器

项目一　对象特性

工业过程控制取得了快速的发展，自动控制技术的应用对于提高产品质量以及节约能源等起着十分重要的作用。其中，过程的对象特性对控制质量的影响很大。

在化工生产过程中，最常见的对象是各类热交换器、精馏塔、流体输送设备和化学反应器等。每个对象都有其自身的固有特性，而对象特性的差异对整个系统的运行控制有着重大影响。在自动控制系统中，若想采用过程控制装置来模拟操作人员的劳动，就必须充分了解对象的特性，掌握其内在规律，确定合适的被控变量和操纵变量，在此基础上才能选用合适的检测和控制仪表，选择合理的控制器参数，设计出合乎工艺要求的控制系统。特别是在设计新型控制方案时，例如解耦控制、时滞补偿控制、预测控制、自适应控制和计算机最优控制等，多数都要涉及对象的数学模型，更需要研究对象特性。因此，对象特性对过程控制系统的分析设计、实现生产过程的优化控制具有极为重要的意义。

一、概述

1. 对象特性的概念

所谓对象特性，是指当被控过程的输入变量（操纵变量或干扰变量）发生变化时，其输出变量（被控变量）随时间的变化规律。对象各输入变量对输出变量有着各自的作用途径，将操纵变量 $q(t)$ 对被控变量 $y(t)$ 的作用途径称为控制通道，而将干扰变量 $f(t)$ 对被控变量 $y(t)$ 的作用途径称为干扰通道。在研究对象特性时，对控制通道和干扰通道都要加以考虑。

在研究被控对象的特性时，用被控变量对阶跃输入信号的响应曲线来描述对象的动态特性是最简捷、最常用的方法之一。多数工业过程的被控对象分为以下四种类型。

（1）自衡的非振荡被控对象

在工业生产过程控制中，这类被控对象是最常遇到的。在阶跃信号作用下，被控变量 $y(t)$ 不振荡，逐步地向新的稳态值 $y(\infty)$ 靠近，像这样无须外加任何控制作用，过程能够自发地趋于新的平衡状态的性质称为自衡性。

图 3-1-1 所示的蒸汽加热器（对象），在初始状态下，进入与流出系统的热量相等，被加热冷流体的出口温度稳定在某一温度。若蒸汽阀突然开大，流入的蒸汽流量阶跃增大时，热平衡被破坏。由于流入热量大于流出热量，出口温度也随之升高。随着流出热量不断增大，流入与流出热量之差逐渐减小，被加热流体的出口温度的上升速度也随之逐渐变慢。最终加热系统自发地建立起新的热量平衡，出口温度稳定在一个新的数值上。图 3-1-2 是该过程的自衡非振荡阶跃响应曲线。

（2）无自衡的非振荡被控对象

如果不依靠外加的控制作用，被控对象不能重新达到新的平衡状态，这种特性称为无自衡。

图 3-1-3 所示为一个液体贮槽，出料用泵压送。该贮槽的出料量是恒定的，与液位无关。当进料阀的开度突然开大，使进料量 Q_1 阶跃增加后，物料平衡被破坏，多余的进料量便在贮槽内蓄积起来。由于出料量 Q_2 保持不变，系统无法建立起新的物料平衡，液位呈现上升状态，直至从顶部溢出。因此，这个对象是一个无自衡能力的对象，它的阶跃响应曲线

如图 3-1-4 所示。

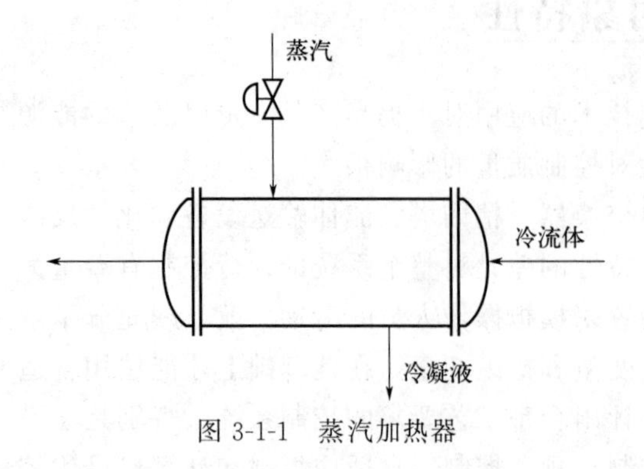

图 3-1-1 蒸汽加热器

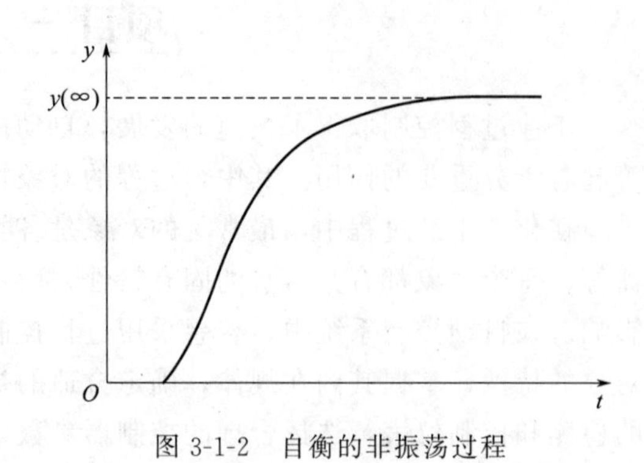

图 3-1-2 自衡的非振荡过程

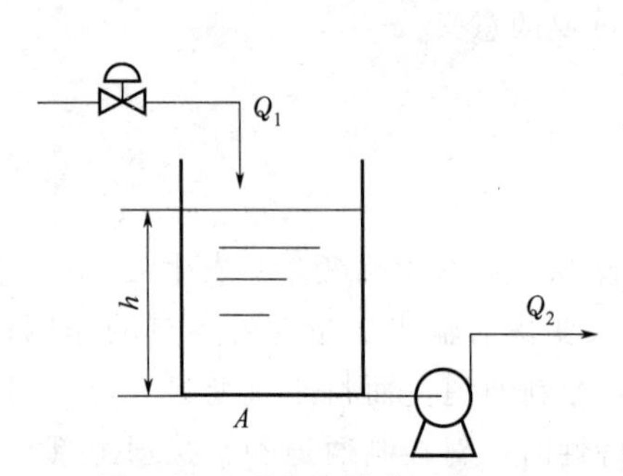

图 3-1-3 无自衡液位对象（1）

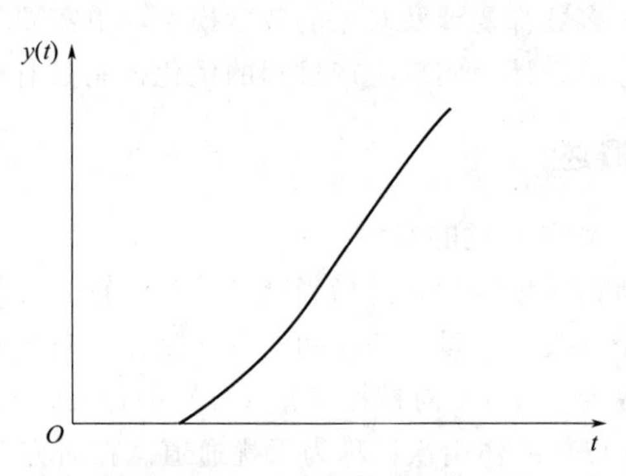

如图 3-1-4 无自衡的非振荡过程

（3）有自衡的振荡被控对象

在阶跃信号作用下，$y(t)$ 会上下振荡，多数是衰减振荡，最后趋于新的稳态值，称为有自衡的振荡特性。其响应曲线如图 3-1-5 所示。

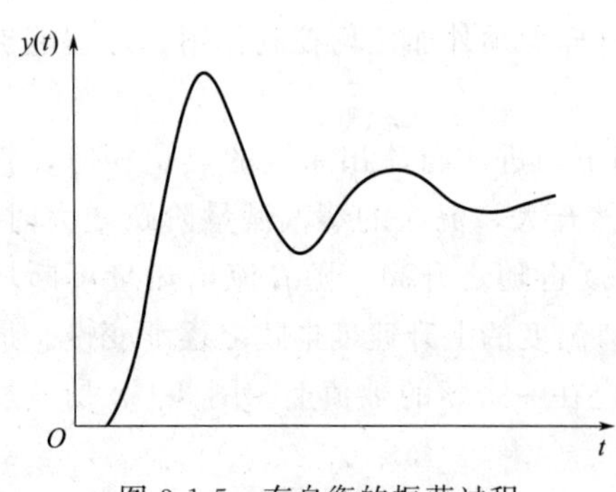

图 3-1-5 有自衡的振荡过程

在过程控制中，无自衡的振荡被控对象很少见，它们的控制比有自衡的振荡被控对象要困难一些。

（4）具有反向特性的被控对象

在阶跃信号作用下，$y(t)$ 先降后升，或先升后降，过程响应曲线在开始的一段时间内的变化方向与以后的变化方向相反。

图 3-1-6 所示为锅炉汽包对象。如果供给的冷水成阶跃增加，汽包内水的沸腾突然减弱，水中气泡迅速减少，由此导致的液位响应为图 3-1-7 曲线 1，在燃料供热恒定的情况下，假定蒸汽量也基本恒定，由液位随进水量的增加而增加导致的液位响应为图 3-1-7 曲线 2，两种相反作用的总特性 $y(t)$ 为反向特性。

被控对象除按上述类型分类外，还有些被控对象具有严重的非线性特性，如中和反应器和生化反应器；在化学反应器中还可能有不稳定过程，它们的存在给控制带来了严重的问题。要控制好这些过程，必须掌握对象动态特性。

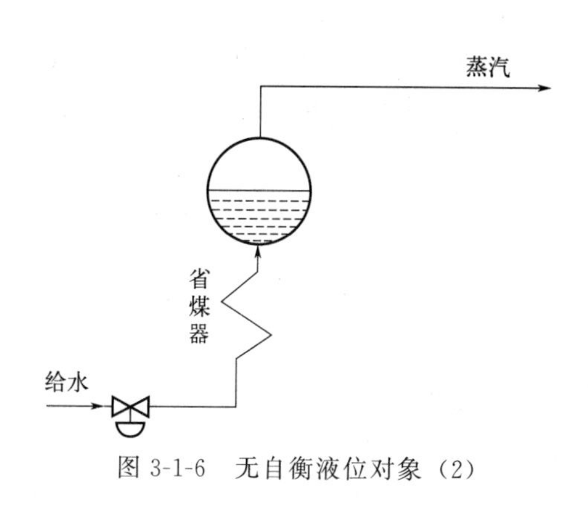

图 3-1-6 无自衡液位对象（2）

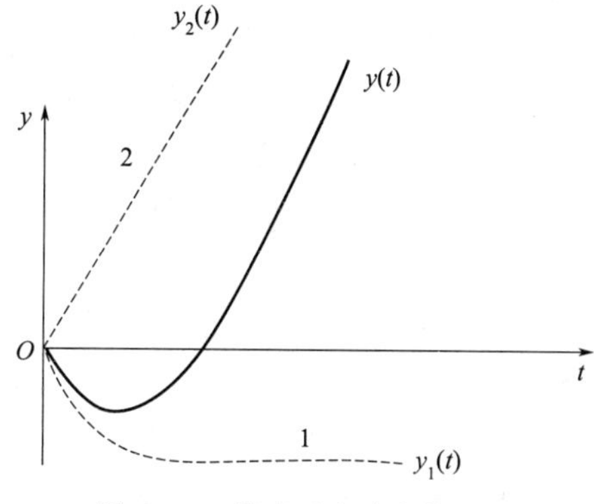

图 3-1-7 具有反向响应的过程

2. 对象特性的获取方法

被控对象的数学模型分为动态数学模型和静态（稳态）数学模型。动态数学模型是表示输出变量与输入变量之间随时间而变化的动态关系的数学描述。从控制的角度看，输入变量就是操纵变量和干扰变量，输出变量是被控变量。静态数学模型是输入变量和输出变量之间不随时间变化情况下的数学关系。被控对象的静态数学模型用于工艺设计和最优化等，同时也是考虑控制方案的基础。

被控对象建模的方法，根据数学模型建立的途径不同，可分为机理建模方法、实测建模方法和机理建模与实测建模相结合的方法，下面分别加以简要说明。

（1）用机理建模方法建立对象的数学模型

根据对象内在的物理和化学规律，运用已知的静态和动态物料平衡、能量平衡等关系，用数学推理的方法求取对象的数学模型。

机理建模可以在设备投产之前，充分利用已知的生产过程知识，从本质上了解对象的特性。但是由于化工对象较为复杂，某些物理、化学变化的机理人们还不完全了解，而且线性的对象并不多，因此复杂对象的机理建模尚存在一定的困难。而且建得的模型，如不经过输入输出数据的验证，很难判断其精确性。

机理建模的一般步骤如下。

① 根据建模对象和模型使用目的做出合理假设。在满足模型应用要求的前提下，结合对建模对象的了解，忽略次要因素。

② 根据过程内在机理建立数学模型的主要依据是物料、能量和动量平衡关系式及化学反应动力学。一般形式是：系统内物料（或能量）蓄存量的变化率＝单位时间内进入系统的物料量（或能量）－单位时间内系统流出的物料量（或能量）＋单位时间内系统产生的物料量（或能量）。

③ 简化。从应用上讲，动态模型在满足控制工程要求、充分反映被控对象动态特性的情况下，尽可能地简单是十分必要的。

（2）用实测建模方法求取对象的数学模型

对已投产的生产过程，可以通过实验测试或根据积累的操作数据，用数学回归法进行处理以得到模型。

在工业生产中广泛应用阶跃响应法得到记录曲线，但这种方法会遇到许多实际问题，如不能因测试使正常生产受到严重干扰，还要尽量设法减少其他随机干扰的影响，以及对系统中非线性因素的考虑等。为了得到可靠的测试结果，应注意以下事项。

① 合理选择阶跃干扰信号的幅度。过小的阶跃干扰信号不能保证测试结果的可靠性，而过大的阶跃干扰信号则会严重影响生产的正常进行甚至关系到安全问题，一般取正常输入值的5%～15%。

② 实验开始前确保被控对象处于某一选定的稳定工况。实验期间应设法避免发生偶然性的其他干扰。

③ 考虑到实际被控对象的非线性，应进行多次测试，要在正向和反向干扰下重复测试，以求全面掌握对象的动态特性。

④ 实验结束，获得测试数据后，应进行数据处理，剔除明显不合理的部分。

（3）用机理建模与实测建模相结合的方法求取对象的数学模型

这种方法是上述两种方法的结合，通常有两种方式：一是部分采用机理建模方法推导出相应的数学模型，该部分往往是人们已经熟知且经过实践检验的，是比较成熟的，对于那些人们尚不熟知或不很肯定的部分则采用实测建模方法得出其相应数学描述，这样可以大大减少全部采用机理建模或实测建模的工作难度；另一方式是先通过机理分析确定模型的结构形式，再通过实验数据来确定模型中各参数的大小。

二、典型环节的数学模型

在研究对象特性时通常必须将具体过程的输入、输出关系用数学方程式表达出来，这种数学方程式又称为参量模型。数学方程式有微分方程、偏微分方程、状态方程等形式。

1. 一阶对象数学模型

当对象的动态特性用一阶线性微分方程描述时，该对象一般称为一阶对象。下面以单容对象为例，推导出一阶对象的数学模型。

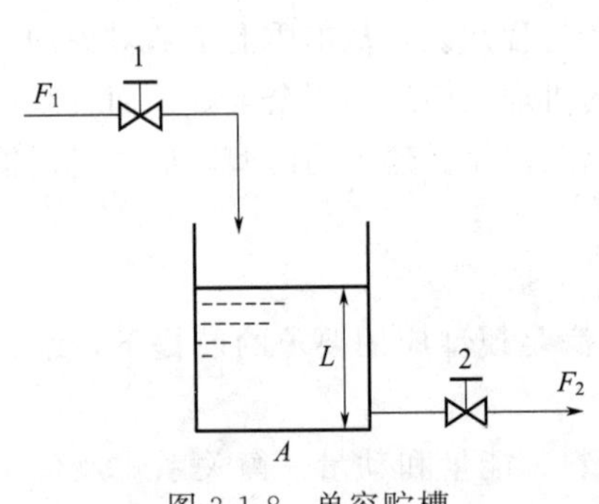

图 3-1-8　单容贮槽

图 3-1-8 是一个贮槽，介质经过阀门 1 不断流入贮槽，贮槽内的介质通过阀门 2 不断流出，贮槽的截面积为 A。工艺上要求贮槽内的液位 L 保持一定数值。如果阀门 2 的开度不变，阀门 1 的开度变化，就会引起液位的波动。这时，我们研究的对象特性就是当阀门 1 的开度变化，流入对象的介质流量 F_1 变化以后，液位 L 是如何变化的。对象的输入变量是 F_1，输出变量是液位 L。

在生产过程中，被控对象最基本的内在机理是遵守物料平衡和能量平衡。贮槽是物料传递的一个中间环节，它遵守物料平衡。因此，列出动态微分方程式的依据可表示为

对象物料储存量的变化率＝单位时间流入对象的物料变化量－单位时间流出对象的物料变化量

$$\frac{\mathrm{d}\Delta LA}{\mathrm{d}t}=\Delta F_1-\Delta F_2 \tag{3-1-1}$$

因为贮槽出口阀门 2 的开度不变，对象的流出物料变化量 ΔF_2 随液位变化量 ΔL 而变化。由于 ΔF_2 与 ΔL 的关系是非线性的，为了简便起见，必须做线性化处理。考虑到 ΔF_2 和 ΔL 变化量都很微小（在自动控制系统中，各个变量都是在它们的额定值附近做微小的波

动，因此这样处理是允许的），可以近似认为 ΔF_2 与 ΔL 成正比，与出口阀的阻力系数 R 成反比（在出口阀的开度不变时，R 可视为常数），表示为

$$\Delta F_2=\frac{\Delta L}{R} \tag{3-1-2}$$

将式(3-1-2) 式代入式(3-1-1) 得到

$$\frac{\mathrm{d}\Delta LA}{\mathrm{d}t}=\Delta F_1-\frac{\Delta L}{R} \tag{3-1-3}$$

移项整理可得

$$AR\frac{\mathrm{d}\Delta L}{\mathrm{d}t}+\Delta L=R\Delta F_1 \tag{3-1-4}$$

令 $T=AR$，$K=R$，代入式(3-1-4) 得到

$$T\frac{\mathrm{d}\Delta L}{\mathrm{d}t}+\Delta L=K\Delta F_1 \tag{3-1-5}$$

这就是用来描述贮槽对象特性的微分方程式。它是一阶常系数微分方程式，因此对象可称为一阶贮槽对象，式中 T 为时间常数，K 为放大倍数。

2. 二阶对象数学模型

在工业过程中，有一些对象的特性可用二阶微分方程来近似地描述，这类对象称为二阶对象或双容对象。

两个串联的贮槽如图 3-1-9 所示。为了分析方便，设贮槽 1 和贮槽 2 近似为线性对象。输出变量为 L_2、输入变量为 F_i 的对象数学模型推导过程如下。

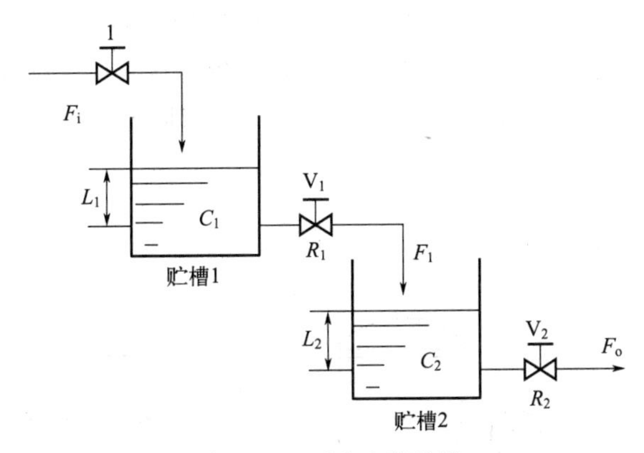

图 3-1-9　两个串联贮槽

F_i,F_1—贮槽 1 流入量、流出量；F_o—贮槽 2 流出量；L_1,L_2—贮槽 1、贮槽 2 液位；C_1,C_2—贮槽 1、贮槽 2 的截面积；R_1,R_2—V_1 阀、V_2 阀的阻力系数

列写原始动态增量方程。

贮槽 1：

$$C_1\frac{\mathrm{d}L_1}{\mathrm{d}t}=F_i-F_1$$

$$F_1=\frac{1}{R_1}L_1$$

贮槽 2：

$$C_2\frac{\mathrm{d}L_2}{\mathrm{d}t}=F_1-F_o$$

$$F_o=\frac{1}{R_2}L_2$$

消去中间变量得

$$R_1C_1R_2C_2\frac{\mathrm{d}^2L_2}{\mathrm{d}t^2}+(R_1C_1+R_2C_2)\frac{\mathrm{d}L_2}{\mathrm{d}t}+L_2=R_2F_i$$

或

$$T_1T_2\frac{\mathrm{d}^2L_2}{\mathrm{d}t^2}+(T_1+T_2)\frac{\mathrm{d}L_2}{\mathrm{d}t}+L_2=R_2F_i \tag{3-1-6}$$

式中，$T_1=R_1C_1$、$T_2=R_2C_2$，分别是贮槽 1、贮槽 2 的时间常数。

式(3-1-6) 就是两个贮槽串联输出变量为 L_2、输入变量为 F_i 的对象数学模型。可以看出贮槽串联对象是二阶环节。

三、描述对象特性的参数

对象特性可以通过数学模型来描述，为了研究问题方便，在实际工作中常用下面三个物理量来表示对象特性。这些物理量，称为对象特性参数，它们是放大系数 K、时间常数 T 和滞后时间 τ。下面结合一些实例分别介绍 K、T、τ 的意义。

1. 放大系数 K

以直接蒸汽加热器为例，冷物料从加热器底部流入，经蒸汽直接加热至一定温度后，由加热器上部流出送到下道工序。这里，热物料出口温度即为被控变量 $y(t)$ [或被控变量的测量值 $z(t)$]，加热蒸汽流量即为操纵变量 $q(t)$，而冷物料入口温度或冷物料流量的变化量即为干扰 $f(t)$，见图 3-1-10 [考虑控制作用时，$x(t)$ 即为 $q(t)$，而考虑干扰作用时，$x(t)$ 为 $f(t)$]。

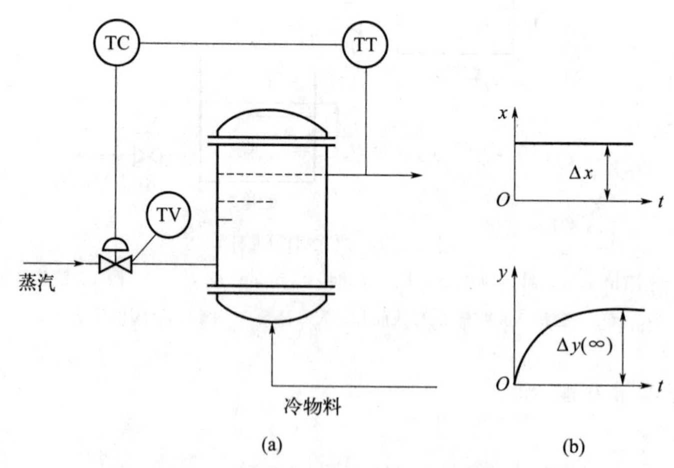

图 3-1-10　直接蒸汽加热器及其阶跃响应曲线

由于被控变量 $y(t)$ 受到控制作用（控制通道）和干扰作用（干扰通道）的影响，因而对象的放大系数乃至其他特性参数也将从这两个方面来分析。

(1) 控制通道放大系数 K_o

假设对象处于原有稳定状态时，被控变量为 $y(0)$，操纵变量为 $q(0)$。当操纵变量（本例中的蒸汽流量）做幅度为 Δq 的阶跃变化时，必将导致被控变量的变化［如图 3-1-10(b) 所示］，且有 $y(t)=y(0)+\Delta y(t)$［其中 $\Delta y(t)$ 为被控变量的变化量］，则对象控制通道的放大系数 K_o 即为被控变量的变化量 $\Delta y(t)$ 与操纵变量的变化量 $\Delta q(t)$ 在时间趋于无穷大时之比，即

$$K_o=\frac{\Delta y(\infty)}{\Delta q}=\frac{y(\infty)-y(0)}{\Delta q} \tag{3-1-7}$$

式中，$\Delta y(\infty)$ 为对象达到新的稳定状态时被控变量的变化量。

式(3-1-7) 表明，对象控制通道的放大系数 K_o 反映了对象以初始工作点为基准的被控变量与操纵变量在对象达到新的稳定状态时变化量之间的关系，是一个稳态特性参数。所谓初始工作点，即对象原有的稳定状态。若把对象的生产能力或处理量称为负荷，则初始工作点将取决于对象的负荷以及操纵变量的大小。例如对蒸汽加热器而言，在某一处理量下，蒸汽量不同，达到平衡的出口温度也不同。反之，在蒸汽量相同，处理量不同的情况下，出口温度也不一样，其间的关系见图 3-1-11。实际生产中线性过程并不多见，如不同的负荷或工作点下，对象控制通道的放大系数 K_o 并不相同。由图 3-1-11 可见，在相同的负荷下，K_o 将随工作点的增大而减少，例如 A、B、C 三点（对随动控制系统而言）；在相同的工作点下，K_o 也将随负荷的增大而增加，例如 D、A、E 三点（对定值控制系统而言）。

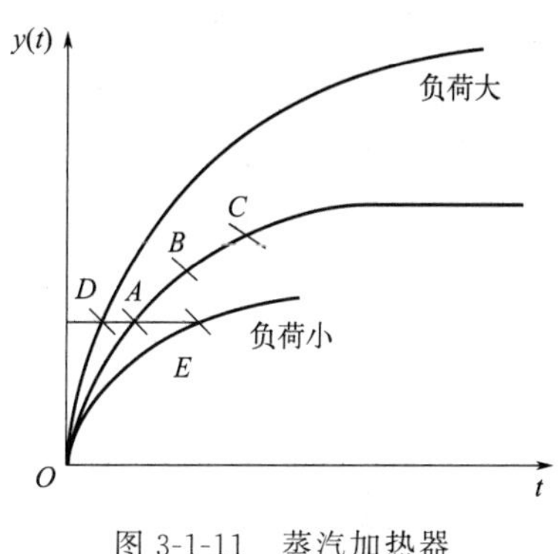

图 3-1-11　蒸汽加热器的稳态特性

从自动控制系统的角度看，必须着重了解 K_o 的数值和变化情况。操纵变量 $q(t)$ 对应的放大系数 K_o 的数值大，说明控制作用显著，因而，假定工艺上允许有几种控制手段可供选择，应该选择 K_o 适当大一些的，并以有效的介质流量作为操纵变量。当然，比较不同的放大系数时应该有一个相同的基准，就是在相同的工作点下操纵变量都改变相同的百分数。

由于控制系统总的放大系数 K 是对象控制通道放大系数 K_o 和控制器放大系数 K_c 的乘积，在系统运行过程中要求 K 恒定才能获得满意的控制过程。一般来说 K_o 较大时，取 K_c 小一些；而 K_o 较小时，取 K_c 大一些。

（2）干扰通道放大系数 K_f

在操纵变量 $q(t)$ 不变的情况下，对象受到幅度为 Δf 的阶跃干扰作用，对象从原有稳定状态达到新的稳定状态时被控变量的变化量 $\Delta y(\infty)$ 与干扰幅度 Δf 之比称为干扰通道放大系数 K_f，即

$$K_f=\frac{\Delta y(\infty)}{\Delta f}=\frac{y(\infty)-y(0)}{\Delta f} \tag{3-1-8}$$

K_f 大小对控制过程所产生的影响比较容易理解。设想如果没有控制作用，对象在受到干扰 Δf 作用后，被控变量的最大偏差值就是 $K_f\Delta f$。因此在相同的 $K_f\Delta f$ 作用下，K_f 越大，被控变量偏离设定值的程度也越大；在组成控制系统后，情况仍然如此，$K_f\Delta f$ 大时，定值控制系统的最大偏差亦大。

一个控制系统可能存在着多种干扰，从静态角度看，应该着重注意的是出现次数频繁而

$K_f \Delta f$ 又较大的干扰，这是分析主要干扰的重要依据。如果 K_f 较小，即使干扰量很大，对被控变量仍然不会产生很大的影响；倘若 K_f 很大，干扰量很小，效应也不强烈。在工艺生产对系统控制指标的要求比较苛刻时，如果有可能排除一些 $K_f \Delta f$ 较大的严重干扰，可很大程度上提高系统的控制质量。例如，对图 3-1-10 所示的直接蒸汽加热器而言，加热蒸汽压力的波动对被控变量的影响极为严重，这时若在蒸汽管道上设置蒸汽压力定值控制系统，将使这一干扰对被控变量的影响下降到不明显的程度。

2. 时间常数 T

控制过程是一个动态过程，用放大系数只能分析稳态特性，即分析变化的最终结果。只有在同时了解动态特性参数之后，才能知道具体的变化过程。

有的对象在受到输入作用后，被控变量要经过很长时间才能达到新的稳态值，这说明不同对象惯性是不相同的。图 3-1-12 中两个水槽除截面积不同外其他相同，截面积大的水槽与截面积小的水槽相比，当进口流量 F_i 改变同样一个数值时，截面积小的水槽液位变化很快，即时间常数小，并迅速趋向新的稳态值，而截面积大的水槽惯性大，即时间常数大，液位变化慢，需经过很长时间才能稳定。

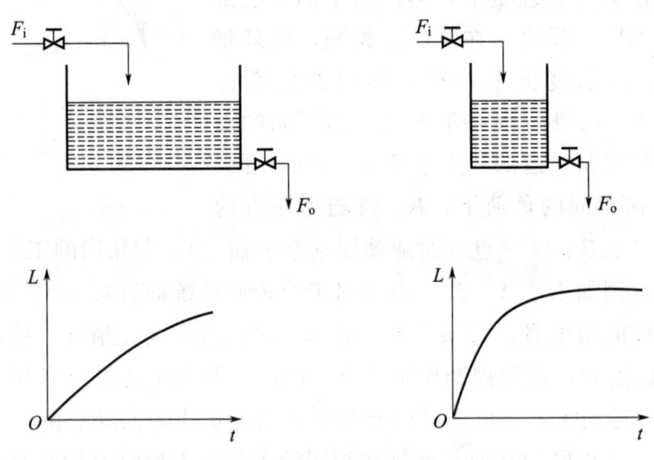

图 3-1-12 液位对象的反应曲线

时间常数 T 是表征被控变量变化快慢的动态参数。下面结合图 3-1-12 所示的单容贮槽为例来说明时间常数 T 的意义。该对象特性用一阶微分方程表示为

$$T\frac{dL}{dt}+\Delta L=KF_i \tag{3-1-9}$$

若 ΔF_i 为阶跃作用，为了求得 ΔL 的变化规律，对式(3-1-9) 求解得

$$\Delta L(t)=K\Delta F_i(1-e^{-\frac{t}{T}}) \tag{3-1-10}$$

ΔL 的阶跃响应曲线如图 3-1-13 所示。

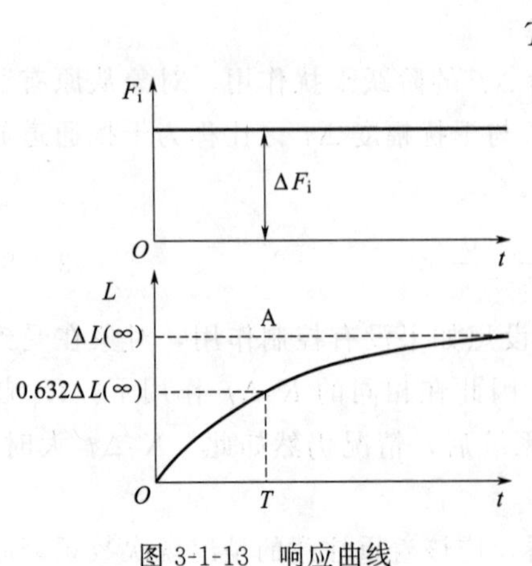

图 3-1-13 响应曲线

从该曲线可看出，对象在受到阶跃作用 ΔF_i 后，被控变量 ΔL 也随之变化。当 $t\to\infty$ 时，被控变量达到新的稳态 $\Delta L(\infty)$，则可得

$$\Delta L(\infty)=K\Delta F_i \tag{3-1-11}$$

将 $t=T$ 代入式(3-1-10) 求得

$$\Delta L(T)=K\Delta F_i(1-e^{-1})=0.632K\Delta F_i \quad (3\text{-}1\text{-}12)$$

将式(3-3-11) 代入上式得

$$\Delta L(T)=0.632\Delta L(\infty) \quad (3\text{-}1\text{-}13)$$

所以，在阶跃输入作用下，被控变量达到新的稳态值的 63.2%所需要的时间，就是时间常数 T。时间常数越大，被控变量的变化越慢，达到新的稳态时间也越长。在图 3-1-14 中，三条曲线分别表示对象的时间常数为 T_1、T_2、T_3 时，在相同的阶跃输入作用下被控变量的响应曲线。

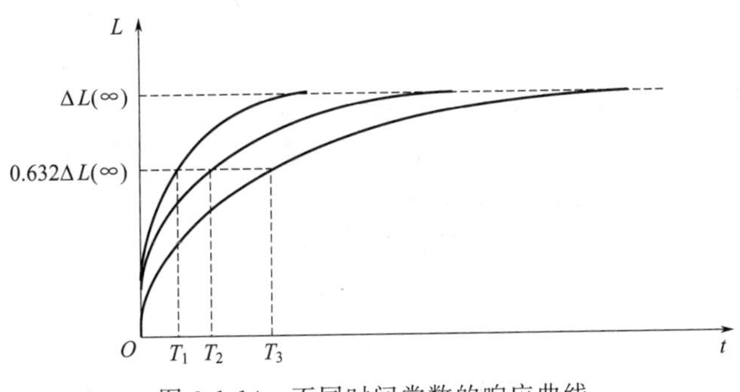

图 3-1-14　不同时间常数的响应曲线

由图中可看出 $T_1<T_2<T_3$，时间常数越大，对输入作用的反应越慢，一般可认为它的惯性要大一些。

时间常数对控制系统的影响可分两种情况。

(1) 控制通道时间常数 T 对控制系统的影响

由时间常数 T 的物理意义可知，在相同的控制作用下，对象的时间常数 T 大，则被控变量的变化比较和缓，一般而言，这种过程比较稳定，容易控制，但控制过程过于缓慢；对象的时间常数 T 小，则情况相反。过程的时间常数 T 太大或太小，在控制上都将存在一定的困难，因此需根据实际情况适当考虑。

(2) 干扰通道时间常数 T 对控制系统的影响

就干扰通道而言，时间常数 T 大些有一定的好处，相当于将干扰信号进行滤波，这时阶跃干扰对系统的作用显得比较缓和，因而这种对象比较容易控制。

3. 纯滞后时间 τ

不少对象在输入变化后，输出不是随之立即变化，而是需要间隔一段时间才发生变化，这种现象称为纯滞后（时滞）现象。

图 3-1-15 所示是一个用蒸汽来控制水温的系统。蒸汽量的变化一定要经过长度为 l 的路程以后才反映出来，这是由于控制作用点与被控变量测量点相隔一定距离所致。如果水的流速为 v，则由控制引起的测量点温度的变化需经历一段时间$\left(\tau=\frac{l}{v}\right)$，这就是纯滞后时间。$l$ 越长，则纯滞后时间 τ 越大。

可见，纯滞后时间 τ 是由于传输需要时间而引起的。图 3-1-16 中，坐标原点至点 D 所对应的时间即为纯滞后时间 τ。

对象的另一种滞后现象是容量滞后，它是多容量过程的固有属性，一般是因为物料或能量的传递受到一定的阻力而引起的。

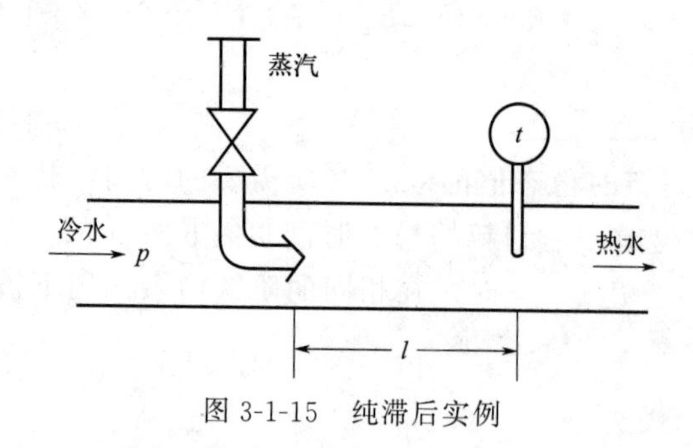

图 3-1-15　纯滞后实例

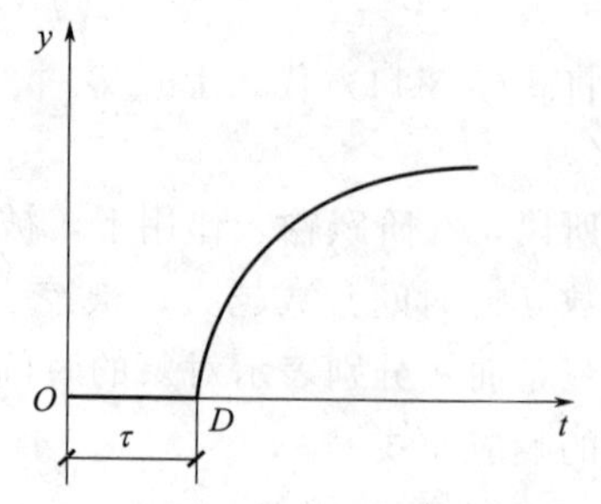

图 3-1-16　具有纯滞后时间的阶跃响应曲线

多数过程都具有容量滞后。例如在列管式换热器中，管外、管内及管子本身就是三个容量；在精馏塔中，每一块塔板就是一个容量。容量数目越多，容量滞后越显著。

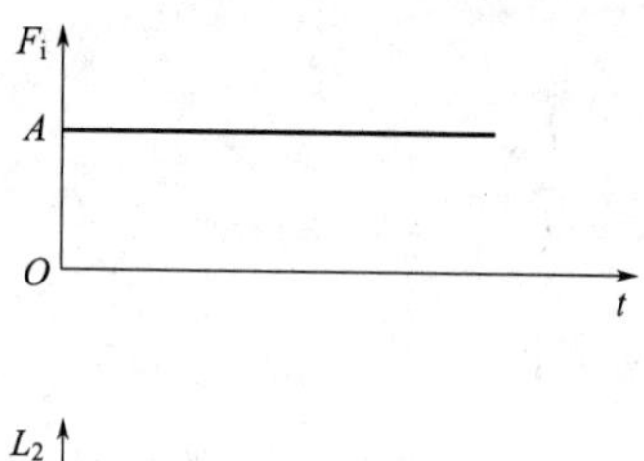

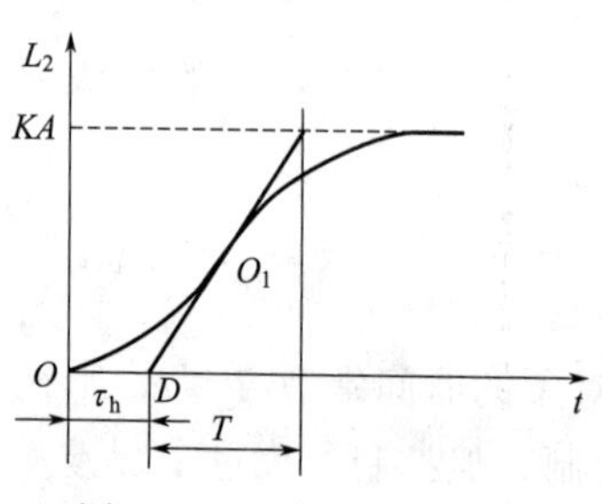

图 3-1-17　高阶对象阶跃响应曲线的处理

对于这种对象，可做近似处理。方法如下：在高阶对象阶跃反应曲线上，过反应曲线的拐点 O_1 做切线，与时间轴相交，交点与被控变量开始变化的起点之间的时间间隔 τ_h 就为容量滞后时间。由切线与时间轴的交点到切线与稳定值 KA 线的交点之间的时间间隔为 T，如图 3-1-17 所示。这样，高阶对象就被近似为是有滞后时间（容量滞后）$\tau=\tau_h$、时间常数为 T 的一阶对象。

实际工业过程中，纯滞后时间往往是纯滞后时间与容量滞后时间之和。

（1）纯滞后时间对控制通道的影响

纯滞后时间 τ 对系统控制过程的影响，需按其与对象的时间常数 T 的相对值 τ/T 来考虑。不论纯滞后存在于操纵变量方面或是被控变量方面，都将使控制作用落后于被控变量的变化。例如直接蒸汽加热器的温度检测点离物料出口有一段距离，因此容易使最大偏差或超调量增大、振荡加剧，对过渡过程是不利的。在 τ/T 较大时，为了确保系统的稳定性，需要一定程度上降低控制系统的控制指标。一般认为 $\tau/T\leqslant 0.3$ 的对象较易控制，而 $\tau/T>(0.5\sim0.6)$ 的对象往往需用特殊控制规律。

（2）纯滞后时间对干扰通道的影响

对于干扰通道来说，如果存在纯滞后，相当于将干扰作用推延一段纯滞后时间后才进入系统，而干扰在什么时间出现，本来就是不能预知的，因此并不影响控制系统的质量，即对过渡过程曲线的形状没有影响。例如输送物料的皮带运输机，当加料量发生变化时，并不立刻影响被控变量，要间隔一段时间后才会影响被控变量。如果干扰通道存在容量滞后，则将使阶跃干扰的影响趋于缓和，被控变量的变化也缓和些，因而对系统是有利的。

目前常见的化工对象的纯滞后时间 τ 和时间常数 T 的大致情况如下：

被控变量为压力的对象——τ 不大，T 属中等；

被控变量为液位的对象——τ 很小，T 稍大；

被控变量为流量的对象——τ 和 T 都较小，数量级往往在几秒至几十秒；

被控变量为温度的对象——τ 和 T 都较大，数量级约几分至几十分。

习题与思考

一、判断题

1. 时间常数指当对象受到阶跃输入作用后，被控变量达到新稳态值的63.2%所需要的时间。(　　)

2. 对于干扰通道，纯滞后时间越长，干扰的影响越和缓，控制质量越好。(　　)

3. 对于干扰通道，时间常数越大，干扰的影响越和缓，控制就越容易。(　　)

二、选择题

1. 被控对象的三大参数是指（　　）。

A. K、T、τ　　B. K、I、R　　C. K、C、τ　　D. δ、T_I、T_D

2. （　　）存在纯滞后时间，但不会影响调节质量。

A. 调节通道　　B. 测量元件　　C. 变送器　　D. 干扰通道

3. 被控对象控制通道的特性选择应该是（　　）为好。

A. K 适当大、T 适当大、τ 适当小　　B. K 适当大、T 适当小、τ 适当小

C. K 适当大、T 适当小、τ 越小越好　　D. K 适当小、T 适当大、τ 适当小

三、问答题

1. 已知两个水箱串联工作，如图 3-1-18 所示。其输入量为 F_1，流出量为 F_2，L_1、L_2 分别为两个水箱的水位，L_2 为被控变量，C_1、C_2 为其容量系数，假设 R_1、R_2、R_{12} 为线性液阻。要求：列写被控对象的微分方程（输入变量为 F_1，输出变量为 L_2）。

2. 有一水槽，其截面积为 $0.5m^2$。流出侧阀门阻力实验结果为：当水位变化 15cm 时，流出量变化为 $800m^3/s$。试求流出侧阀门阻力，并计算该水槽的时间常数。

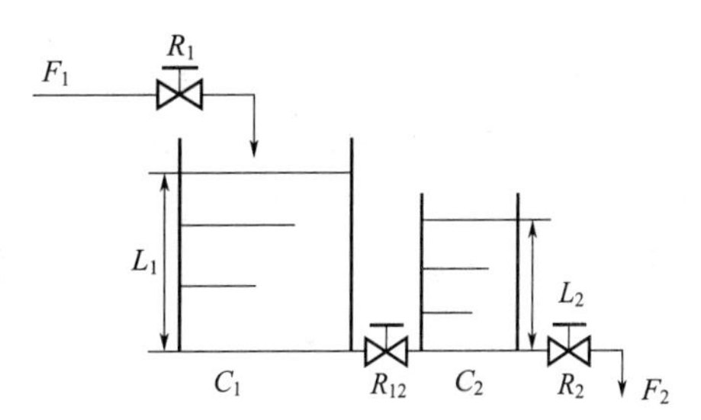

图 3-1-18　两个水箱串联工作图

3. 为了测定重油预热炉的对象特性，在某瞬间（假定为 $t_0=0$）突然将燃料气量从 2.5t/h 增加到 3.0t/h，重油出口温度记录得到的阶跃反应曲线如图 3-1-19 所示。试写出描述该重油预热炉特性的微分方程式（分别以温度变化量与燃料量变化量作为输出量与输入量），并解出燃料量变化量为阶跃函数时的温度变化量的函数表达式。

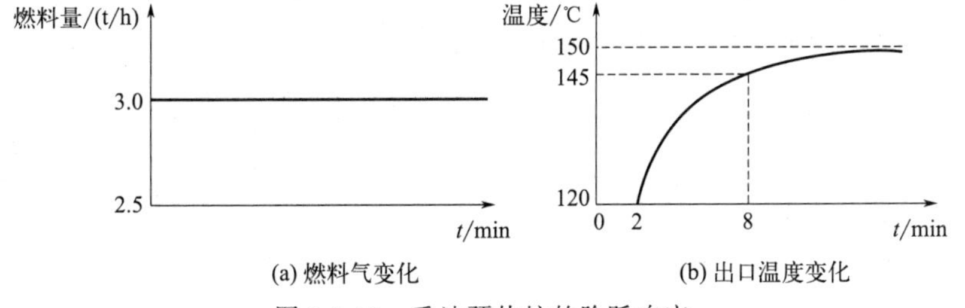

图 3-1-19　重油预热炉的阶跃响应

项目二　控制规律

控制器接收变送器送来的信号并与给（设）定值相比较，得出偏差，将偏差按一定规律运算，运算结果以一定信号形式送往执行器，实现对被控变量的自动控制。

控制器的控制规律是指控制器接收输入的偏差信号后，其输出随输入的变化规律，即输入与输出之间的关系，用数学式子来表示，即为

$$u=f(e) \tag{3-2-1}$$

式中　e——变送器输出信号 $z(t)$ 与给（设）定值 $x(t)$ 之差，即偏差；

u——控制器的输出。

不同的控制规律适应不同的生产要求，必须根据生产的要求选用合适的控制规律。如选用不当，不但不能起到控制作用，反而会造成控制过程稳定性下降，甚至造成事故。

要选用合适的控制规律，首先必须了解几种常用的控制规律的特点、适用条件，然后根据工艺对控制系统过渡过程的质量指标要求，结合具体的生产要求和对象的特性，才能做出正确的选择。

在工业自动控制系统中最基本的控制规律有：位式控制、比例控制、积分控制和微分控制四种，下面将分别介绍这几种基本控制规律。

一、位式控制

1. 双位控制

双位控制是位式控制的最简单形式。双位控制的动作规律是当测量值大于给（设）定值时，控制器的输出为最大（或最小），而当测量值小于给（设）定值时，则输出为最小（或最大），控制器只有两个输出值——最大和最小，对应的执行机构只有两个工作位置——全开和全关。理想的双位控制特性如图 3-2-1 所示，其输出 u 与输入偏差 e 之间的关系为

$$u=\begin{cases}u_{\max},e>0(\text{或 } e<0)\text{时}\\u_{\min},e<0(\text{或 } e>0)\text{时}\end{cases}$$

图 3-2-2 是一个典型的双位控制系统，此系统中液体和容器必须导电。其工作过程为：当液位低于给定值 H_o 时，液体未接触电极，继电器断路，此时电磁阀全开，流体通过电磁阀流入贮槽，使液位上升。当液位略大于给定值 H_o 时，液体与电极接触，继电器接通，使电磁阀全关，$F_i=0$。但此时贮槽排出量 $F_o\neq0$，所以液位下降，待液位略小于给定值时，液体脱离电极，继电器断路，此时电磁阀又全开，如此反复循环，使液位在给定值上下范围内波动。

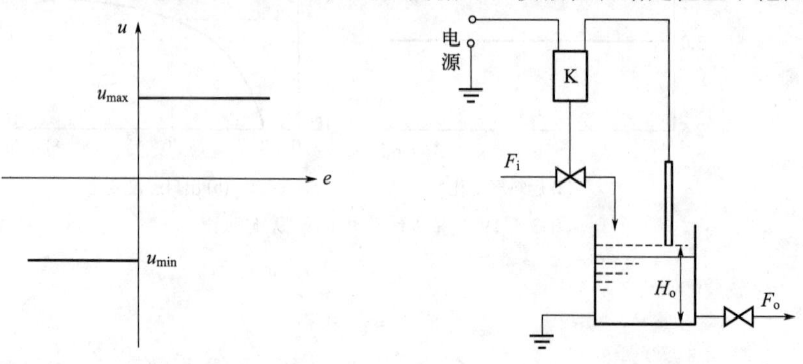

图 3-2-1　理想的双位控制特性　　图 3-2-2　双位控制系统

2. 具有中间区的双位控制

从理想的双位控制过程可以看出，控制器的输出变化频繁，这样会使系统中的运动部件因动作频率太快而损坏，很难保证双位控制系统安全、可靠地工作。在实际中应用的双位控制器都有一个中间区，带中间区的双位控制就是当被控变量上升到高于给定值某一数值后，阀门才开（或关），当被控变量下降到低于给定值某一数值后，阀门才关（或开），在中间区内，阀门不动作。这样，就可以大大降低执行机构（或运动部件）的动作频率。带中间区的双位控制规律如图 3-2-3 所示。

将上例中的测量装置及继电器线路稍加改动，则可成为一个带中间区的双位控制系统，其控制过程为：当液位低于下限值 h_L 时，电磁阀全开，流体通过电磁阀流入贮槽，因 $F_i > F_o$ 使液位上升；当液位升至上限值 h_H 时，阀门关闭，液位下降，直到下降到下限值 h_L 时，电磁阀又全开，液位又开始上升，如图 3-2-4 所示，上面曲线是控制机构（或阀位）的输出与时间的关系，下面曲线是被控变量与时间的关系，被控变量在上限值与下限值之间等幅振荡。

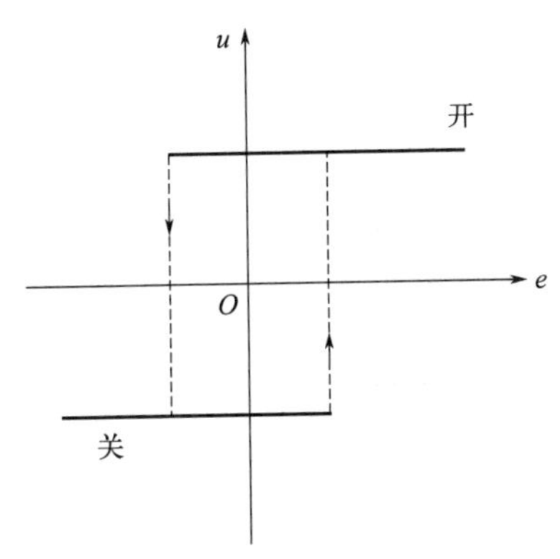

图 3-2-3　实际的双位控制规律

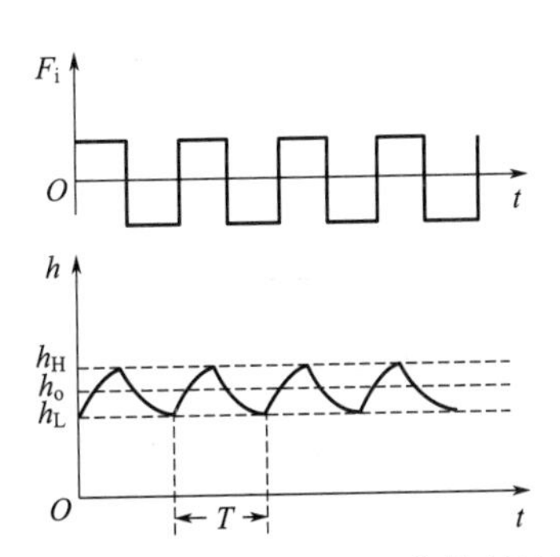

图 3-2-4　具有中间区的双位控制过程

衡量双位控制过程的质量，不能采用衡量衰减振荡过程的质量指标，一般采用振幅与周期（或频率）。如图 3-2-4 中，$h_H - h_L$ 为振幅，T 为周期。对于双位控制系统，过渡过程的振幅与周期是矛盾的，若要振幅小，则周期必然短，若要振幅大，则周期必然长。必须通过合理选择中间区，使两者兼顾。所以在设计双位控制系统时，要使振幅在允许的范围内尽可能地延长周期。

双位控制器结构简单、成本较低、易于实现，因此应用很普遍。

3. 多位控制

在双位控制系统中，执行机构只有开和关两个极限位置，对象中物料量或能量总是处于严重不平衡状态，被控变量振荡剧烈。为了改善系统的控制质量，控制器的输出值可以增加一个中间值，即当被控变量在某一个范围内时，执行机构可以处于某一中间位置，使系统物料量或能量的不平衡状态得到改善，这样就构成三位式控制规律。图 3-2-5 所示是三位式控制规律特性示意图。位数越多，系统控制质量越好，控制装置越复杂。

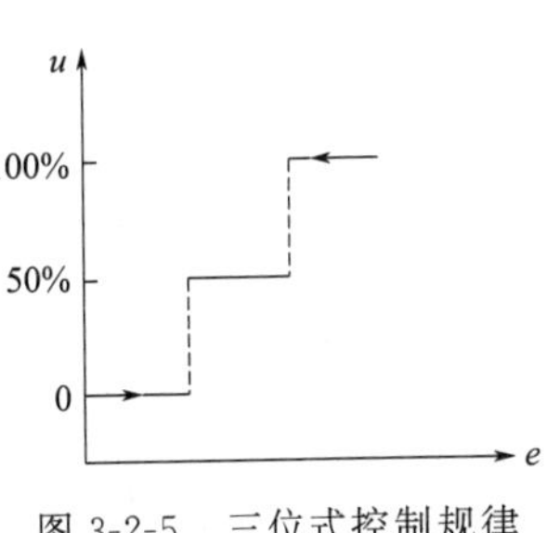

图 3-2-5　三位式控制规律

二、比例控制

1. 比例控制的规律及其特点

控制器输出的变化量（即执行机构的开度变化量）与被控变量的偏差成比例的控制规律，称为比例控制规律，其输入与输出关系可表示为

$$\Delta u(t)=K_c e(t) \tag{3-2-2}$$

式中 $\Delta u(t)$——控制器的输出变化量；

$e(t)$——控制器的输入，即偏差；

K_c——控制器的放大倍数。

放大倍数 K_c 是可调的，所以比例控制器实际上相当于放大倍数可调的放大器。从式(3-2-2) 中可以看出，在偏差 $e(t)$ 一定时，放大倍数 K_c 越大，控制器输出的变化量 $\Delta u(t)$ 就越大，说明比例作用就越强，即 K_c 是衡量比例控制作用强弱的参数。式(3-2-2) 中控制器输出变化量与偏差的关系可用图 3-2-6 表示。

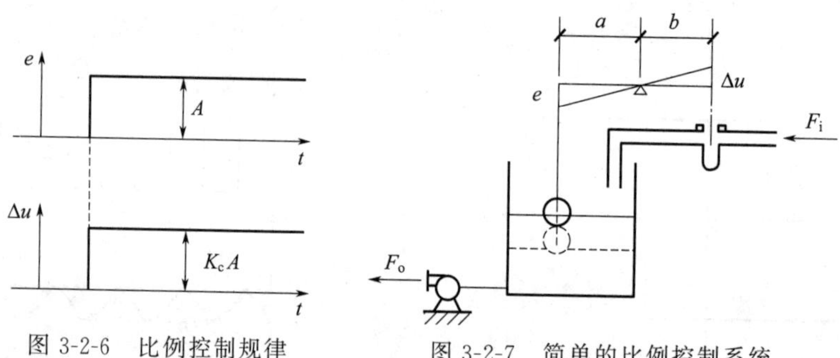

图 3-2-6 比例控制规律

图 3-2-7 简单的比例控制系统

图 3-2-7 是一个简单的比例控制系统。被控变量是水槽的液位，浮球是液位检测装置，杠杆是控制器。如果原来稳定在图 3-2-6 虚线位置（可认为给定值）上，即 $F_i=F_o$。当某一时刻由于干扰的作用使输出量突然减小（$F_o-\Delta F_o$）一个数值后，液位上升，浮球也随之上升，通过杠杆将进水阀门关小，使进水量减小，当 $F_o-\Delta F_o=F_i-\Delta F_i$ 时，系统达到新的平衡。在新的平衡状态时，浮球回不到原来的位置，这说明比例控制存在余差。比例控制比较及时，一旦偏差出现，马上就有控制作用。

2. 比例度及其对控制过程的影响

（1）比例度

在工业中使用的控制器，习惯用比例度 δ（也称比例带）来描述比例控制作用的强弱。比例度的定义为控制器输入的相对变化量与相应的输出的相对变化量之比的百分数。用公式可表示为

$$\delta=\frac{\dfrac{e}{X_{max}-X_{min}}}{\dfrac{\Delta u}{u_{max}-u_{min}}}\times 100\% \tag{3-2-3}$$

式中 e——控制器输入变化量（即偏差）；

Δu——相对于偏差为 e 时的控制器输出变化量；

$X_{max}-X_{min}$——仪表的量程；

$u_{max}-u_{min}$——控制器的输出范围。

比例度可以理解为：要使输出信号做全范围的变化，输入信号必须改变全量程的百分之几。图 3-2-8 直观地显示了比例度与输入、输出的关系。

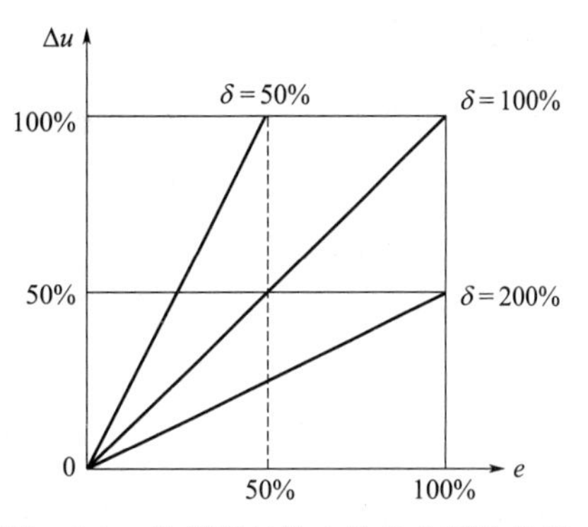

图 3-2-8 比例度与输入输出之间的关系

那么比例度 δ 和放大倍数 K_c 是什么关系呢？在单元组合仪表中，控制器的输入是变送器的输出，控制器和变送器的输出信号都是统一的标准信号，因此控制器输入与输出的范围相同，即 $X_{max}-X_{min}=u_{max}-u_{min}$，所以比例度 δ 和放大倍数 K_c 互为倒数关系，即

$$\delta=\frac{1}{K_c}\times 100\% \tag{3-2-4}$$

（2）比例度 δ 对过渡过程的影响

比例度对系统控制（过渡）过程的影响如图 3-2-9 所示。当比例度 δ 过大时，控制作用弱，在干扰产生后，控制器的输出变化较小，控制阀开度改变较小，被控变量的变化就很缓慢（曲线 6）。当比例度减小时，在同样的偏差下，控制器输出较大，控制阀开度改变较大，被控变量变化也比较迅速，开始有些振荡，余差不大（曲线 5）。比例度再减小，控制阀开度改变更大，大到有点过量时，被控变量也就跟着大幅度地变化，结果会出现激烈的振荡（曲线 3）。当比例度继续减小到某一数值时系统出现等幅振荡，这时的比例度称为临界比例度 δ_k（曲线 2）。当比例度小于 δ_k 时，在干扰产生后将出现发散振荡（曲线 1）。只有充分了解比例度对系统过渡过程的影响，才能正确地选用比例度，最大限度地发挥控制器的作用。工艺生产通常要求比较平稳而余差又不太大的控制过程，例如曲线 4。一般地说，若对象的纯滞后较小、时间常数较大以及放大倍数较小时，控制器的比例度可以选得小些，以提高系统的灵敏度，使反应快些，从而过渡过程曲线的形状较好。反之，比例度就要选大些以保证稳定。

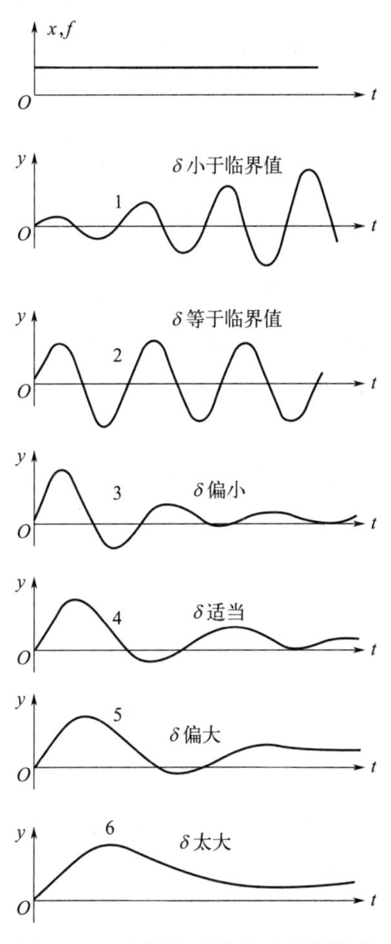

图 3-2-9 比例度对过渡过程的影响

比例度越大，过渡过程曲线越平稳。在系统稳定的前提下，余差越大，比例度越小，过渡过程曲线越振荡。比例度过小时，可能出现发散振荡。在系统为衰减振荡时，比例度越大，最大偏差越大，周期越长；比例度越小，最大偏差越小，周期越短。

总之，比例控制规律比较简单，控制作用比较及时，是最基本的控制规律。适合于干扰较小，对象的纯滞后时间较短而容量滞后并不太小，控制精度要求不高的场合。

三、比例积分控制

比例控制存在余差，这是比例控制的缺点。当工艺对控制质量有更高要求时，就需要在比例控制的基础上，再加上积分控制作用。

1. 积分控制规律

积分控制规律的输出变化量 $\Delta u(t)$ 与输入偏差 $e(t)$ 的积分成正比，即

$$\Delta u(t)=K_{\mathrm{I}}\int e(t)\mathrm{d}t \tag{3-2-5}$$

式中　K_{I}——积分比例系数，称为积分速度。

积分控制规律一般用字母“I”表示。由式(3-2-5) 可以看出，积分控制规律的输出信号的大小不仅与偏差信号的大小有关，而且与偏差信号存在的时间长短有关。当输入偏差是常数 A 时，式(3-2-5) 变为

$$\Delta u(t)=K_{\mathrm{I}}\int A\,\mathrm{d}t=K_{\mathrm{I}}At \tag{3-2-6}$$

式(3-2-6) 中控制器输出与偏差关系可用图 3-2-10 表示。由图 3-2-10 看出输出是一直线，只要偏差存在，输出信号将随时间增长（或减小）。只有当偏差为零时，输出才停止变化而稳定在某一值上，系统才能达到新的平衡，因而积分控制规律可以消除余差。

输出信号的变化速度与偏差 $e(t)$ 及 K_{I} 成正比，而其控制作用是随着时间积累才逐渐增强的，所以控制动作缓慢，会出现控制不及时。因此积分控制规律一般不单独应用。

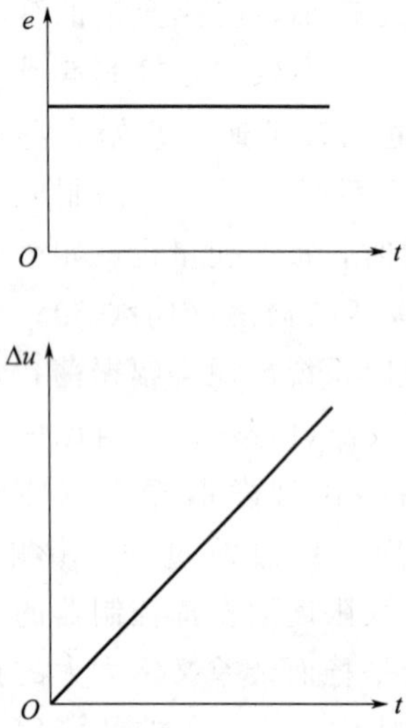

图 3-2-10　积分控制规律

2. 比例积分控制规律

比例控制作用比较及时，但存在余差。而积分控制规律可以消除余差，但作用较慢。因此，常常把比例与积分组合起来，构成比例积分控制规律，这样控制既及时，又能消除余差。比例积分控制规律可用式(3-2-7) 表示

$$\Delta u(t)=K_{\mathrm{c}}\left[e(t)+K_{\mathrm{I}}\int e(t)\mathrm{d}t\right] \tag{3-2-7}$$

在比例积分控制器中，经常采用积分时间 T_{I} 来表示积分速度 K_{I} 的大小，$T_{\mathrm{I}}=1/K_{\mathrm{I}}$，所以式(3-2-7) 改写为

$$\Delta u(t)=K_{\mathrm{c}}\left[e(t)+\frac{1}{T_{\mathrm{I}}}\int e(t)\mathrm{d}t\right] \tag{3-2-8}$$

若偏差是幅值为 A 的阶跃干扰，代入式(3-2-8) 可得

$$\Delta u(t)=K_{\mathrm{c}}A+\frac{K_{\mathrm{c}}}{T_{\mathrm{I}}}At \tag{3-2-9}$$

式(3-2-9) 中控制器输出与偏差关系可用图 3-2-11 表示，输出中垂直上升部分 $K_{\mathrm{c}}A$ 是比例作用产生的，上升部分$\frac{K_{\mathrm{c}}}{T_{\mathrm{I}}}At$ 是积分作用造成的，当 $t=T_{\mathrm{I}}$ 时，输出为 $2K_{\mathrm{c}}A$。

从图 3-2-11 中可看出积分时间 T_{I} 越小，表示积分速度 K_{I} 越大，积分特性曲线的斜率

越大，即积分作用越强。反之，积分时间 T_I 越大，表示积分速度 K_I 越小，即积分作用越弱。若积分时间为无穷大，则表示没有积分作用，控制器就成为纯比例控制器了。

3. 积分时间及其对控制过程的影响

采用比例积分控制作用时，积分时间对过渡过程的影响具有两重性。在比例度一定时，缩短积分时间 T_I，将使积分调节作用加强，容易消除余差，这是有利的一面。但缩短积分时间，加强积分调节作用后，会使系统振荡加剧，有不易稳定的倾向。积分时间越短，振荡倾向越强烈，甚至会成为不稳定的发散振荡，这是不利的一面。

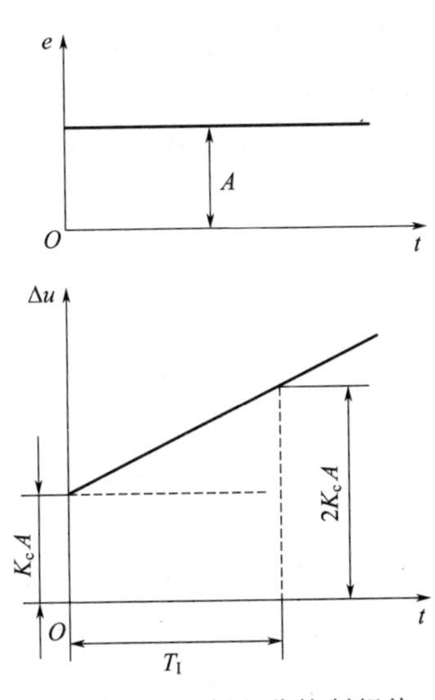

图 3-2-11　比例积分控制规律

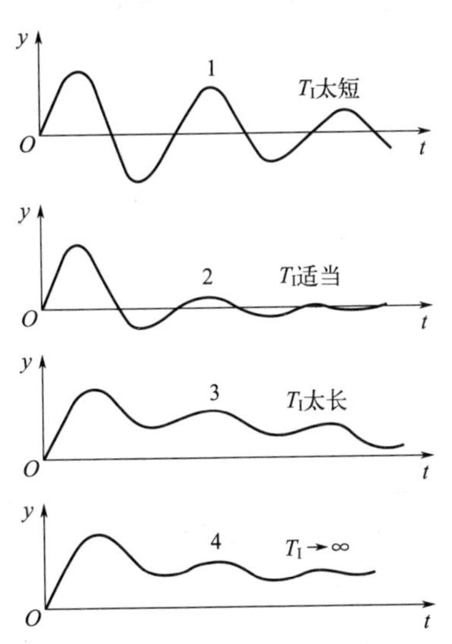

图 3-2-12　积分时间对过渡过程的影响

图 3-2-12 表示在同样比例度下积分时间 T_I 对过渡过程的影响。T_I 过长，积分作用不明显，余差消除很慢（曲线 3）；T_I 短，易于消除余差，但系统振荡加剧，曲线 2 适宜，曲线 1 则振荡太剧烈，稳定性下降。适当的 T_I，能使系统快速衰减，且没有余差。

积分时间对控制过程的影响：积分时间 T_I 越小，积分作用越强，克服余差的能力越强，控制过程振荡加剧，系统的稳定性降低，甚至会出现发散振荡。

由于积分作用会加剧振荡，这种振荡对于滞后时间长的对象更为明显。所以，控制器的积分时间应根据被控对象的特性来选择，对于管道压力、流量等滞后时间不长的对象，积分时间可选得大一些；温度对象一般滞后时间较长，积分时间可选得小一些。

四、比例微分控制

比例控制规律和积分控制规律，都是根据被控变量与给定值的偏差大小而进行控制。对于容量滞后较大的对象，如果控制时间较长，最大偏差较大；当对象负荷变化特别剧烈时，由于积分作用得不及时，系统的稳定性较差，常常希望再增加微分控制规律，以提高系统控制质量。

1. 微分控制规律

在人工控制时，有经验的操作人员不仅能根据偏差的大小来改变控制阀的开度，而且可以同时考虑偏差的变化速度来进行控制。根据被控变量变化的快慢来确定控制作用的大小，就是微分控制规律。一般用字母“D”表示。在自动控制时，控制器具有微分控制规律，就

是控制器的输出信号与偏差信号的变化速度成正比

$$\Delta u(t)=T_{\mathrm{D}}\frac{\mathrm{d}e(t)}{\mathrm{d}t} \tag{3-2-10}$$

式中 T_{D}——微分时间；

$\frac{\mathrm{d}e(t)}{\mathrm{d}t}$——偏差信号变化速度。

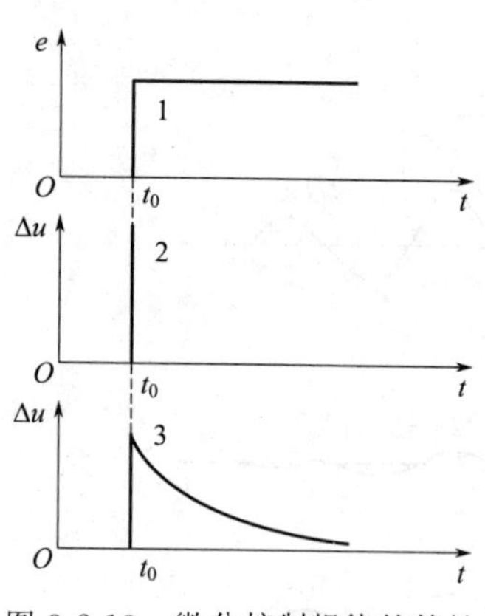

图 3-2-13 微分控制规律的特性

由式(3-2-10)可知，偏差的变化速度越大，则控制器的输出变化越大，控制作用越强。若在 $t=t_0$ 时输入一个阶跃信号，如图 3-2-13 中 1 所示，则在 $t=t_0$ 时刻控制器输出由零跳至无穷大，然后由无穷大跳至零；其余时间输出为零，如图 3-2-13 中 2 所示。这种控制规律称为理想的微分控制规律。在实际工作中，实现式(3-2-10)的控制规律是很难或不可能的，也没有实际意义。图 3-2-13 中 3 表示实际微分控制规律，在阶跃输入发生时刻，输出突然上升到一个较大的有限数值，然后按指数规律衰减，其衰减的快慢与微分时间的长短有关，微分时间越长，衰减越慢，控制作用越强，微分时间越短，衰减越快，控制作用越弱，控制器的作用强弱可通过改变微分时间来调整。

实际微分控制规律由两部分组成：比例作用与近似微分作用。比例作用是固定不变的。这种控制器用在系统中，即使偏差很小，只要出现变化趋势，马上就进行控制，故有超前控制之称，这是它的优点。但对于固定不变的偏差则没有克服能力，所以不能单独使用微分控制器，它常与比例或比例积分组合构成比例微分或三作用控制器。

2. 比例微分控制规律

理想比例微分控制规律表达式

$$\Delta u(t)=K_{\mathrm{c}}\left[e(t)+T_{\mathrm{D}}\frac{\mathrm{d}e(t)}{\mathrm{d}t}\right] \tag{3-2-11}$$

实际比例微分控制规律的特性曲线如图 3-2-14 所示，微分作用按偏差的变化速度进行控制，其作用比比例作用快，因而对惯性大的对象用比例微分可以改善控制质量，减小最大偏差，节省控制时间。

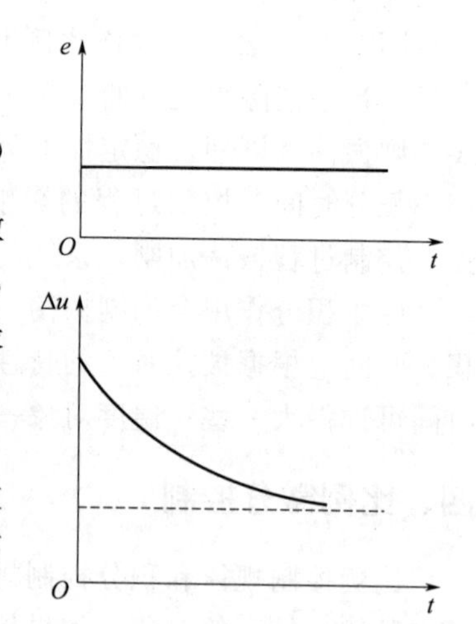

图 3-2-14 比例微分控制器特性

3. 微分时间及其对控制过程的影响

微分作用力图阻止被控变量的变化，有抑制振荡的效果，但如果过大，控制作用过强，反而会引起被控变量大幅度的振荡。微分时间对过渡过程的影响如图 3-2-15 所示。

微分作用的强弱用微分时间来衡量。T_{D} 太长，微分作用太强，效果是动态偏差减小，余差减小，但使系统的稳定性变差。T_{D} 太短，则微分作用弱，动态偏差大，波动周期长，余差大，但稳定性好。

五、比例积分微分控制

理想比例积分微分（PID）控制规律表达式为

$$\Delta u(t)=K_{c}\left[e(t)+\frac{1}{T_{I}}\int e(t)\mathrm{d}t+T_{D}\frac{\mathrm{d}e(t)}{\mathrm{d}t}\right] \qquad (3\text{-}2\text{-}12)$$

当输入为阶跃信号时，实际比例积分微分控制输出为比例、积分和微分三部分输出之和，如图 3-2-16 所示。这种三作用控制器既能快速进行控制，又能消除余差，具有较好的控制性能。在 PID 控制中，适当选择 δ、T_I、T_D 这三个参数，可以获得良好的控制质量。

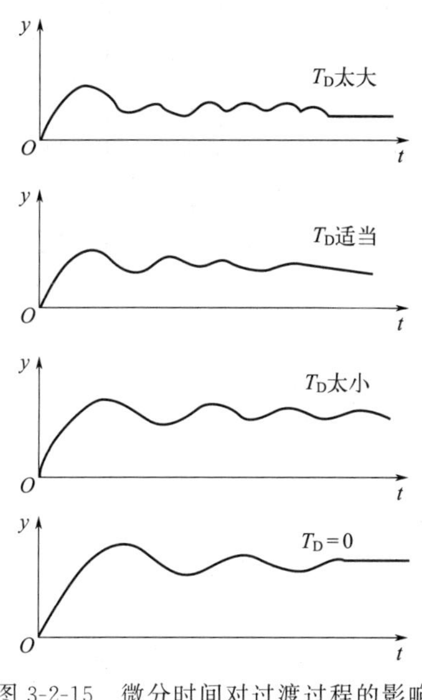

图 3-2-15　微分时间对过渡过程的影响

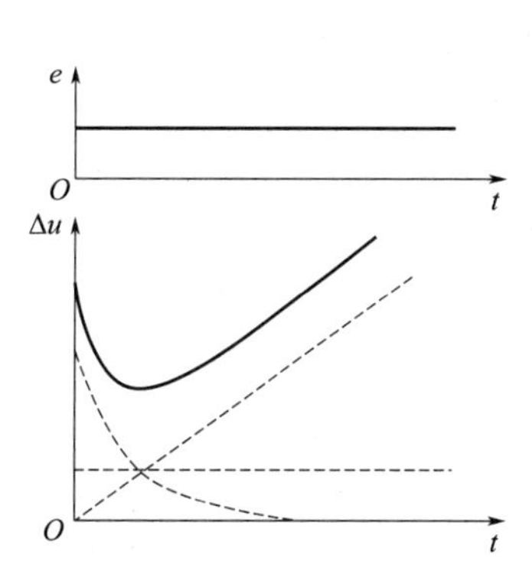

图 3-2-16　三作用控制器特性

由于三作用控制规律综合了三种控制规律的优点，因此具有较好的控制性能。但这并不意味着在任何条件下，采用这种控制规律都是最合适的。一般来说，当对象滞后较大、负荷变化较快、不允许有余差的情况下，可以采用三作用控制规律。如果采用比较简单的控制规律已能满足生产要求，那就不要采用三作用控制规律了。

最后，对比例、积分、微分三种控制规律做简单小结，列于表 3-2-1 中。

表 3-2-1　P、I、D 三种作用特点

类别	静态性能	动态性能
比例(P)	有余差	控制作用及时
积分(I)	无余差	控制作用迟缓
微分(D)	不能消除静态偏差	控制作用提前

（1）比例控制　它依据“偏差的大小”来进行控制。它的输出变化与输入偏差的大小成比例，控制及时，但是有余差。

（2）积分控制　它依据“偏差是否存在”来进行控制。它的输出变化与偏差对时间的积分成比例，只有当余差完全消失，积分作用才停止，所以积分控制能消除余差，但积分控制缓慢，动态偏差大，控制时间长。

（3）微分控制　它依据“偏差变化速度”来进行控制。它的输出变化与输入偏差变化的速度成比例，其实质和效果是阻止被控变量的一切变化，有超前控制的作用，对滞后大的对象有很好的效果。

习题与思考

一、选择题

1. 根据对象特性来选择控制规律时，对于控制通道滞后小，负荷变化不大，工艺要求不太高，被控变量可以有余差的对象，可以选用的控制规律是（　　）。

A. 比例微分　　B. 比例积分　　C. 比例　　D. 比例积分微分

2. 在 PID 调节中，比例作用在系统中起着（　　）的作用。

A. 消除余差　　B. 超前调节　　C. 滞后调节　　D. 快速减小偏差

3. 在 PID 调节中，积分作用在系统中起着（　　）的作用。

A. 消除余差　　B. 超前调节　　C. 滞后调节　　D. 快速减小偏差

4. PID 调节器变为 PI 调节，则（　　）。

A. 积分时间置∞　　B. 积分时间置 0　　C. 微分时间置 0　　D. 微分时间置∞

5. 在 PID 调节中，微分作用在系统中起着（　　）的作用。

A. 消除余差　　B. 超前调节　　C. 滞后调节　　D. 快速减小偏差

二、问答题

1. 什么是控制器的控制规律？控制器有哪些基本控制规律？

2. 什么是位式控制？位式控制的特点有哪些？主要应该在哪些场合？

3. 什么是比例控制规律？具有什么特点？比例作用为什么存在余差？

4. 什么是积分控制规律？具有什么特点？积分作用为什么能消除余差？

5. 什么是微分控制规律？具有什么特点？能否克服对象纯滞后？为什么？

项目三　控制器简介

一、概述

控制器的种类繁多，分类方法也各不相同。下面根据控制器的能源形式、结构形式、信号形式进行分类。

1. 按控制器的能源形式分类

控制器根据其使用的能源不同，主要有电动控制器、气动控制器等。在目前的化工生产过程中，主要应用的是电动控制器。气动控制器和电动控制器各有特点：气动控制器结构较简单、价格较便宜，但输出信号传递慢；电动控制器的输出信号传送距离较远，响应速度较快，与计算机连接方便，所以发展迅速、应用广泛。

2. 按控制器的结构形式分类

控制器根据结构形式不同，主要可以分为基地式控制器与单元组合式控制器等。

基地式控制器是将测量、变送、指示及控制等功能集于一身的仪表。它的结构比较简单，常用于单机控制系统。

单元组合式控制器是将整套仪表按照功能划分成若干个独立的单元，各单元之间用统一的标准信号连接。在使用时，针对不同的要求，将各单元以不同的形式组合，就可以组成各种各样的自动检测和自动控制系统。

根据使用能源不同，单元组合式控制器主要分为气动单元组合式控制器和电动单元组合式控制器两大类。气动单元组合式控制器以“气”“单”“组”三个字的汉语拼音第一个大写字母为代号，简称为 QDZ 仪表。同样，电动单元组合式控制器以“电”“单”“组”三个字的汉语拼音第一个大写字母为代号，简称为 DDZ 仪表。

3. 按控制器的信号形式分类

控制器根据其信号形式可以分为模拟式控制器和数字式控制器两类。

模拟式控制器的输出信号一般是连续变化的模拟量，例如电动单元组合式控制器。数字式控制器的输出信号一般是断续变化的数字量，与模拟式控制器相比，其工作原理和构成有很大差别，它以微处理器为核心，具有丰富的运算功能和通信功能，操作方便，采用数字或图形显示，具有高度的安全性和可靠性。

二、电动模拟式控制器简介

在模拟式控制器中，所传送的信号为连续的模拟信号。目前应用的模拟式控制器主要是电动模拟式控制器。

1. 基本构成原理及部件

电动模拟式控制器产品很多，尽管它们的构成元件与工作方式有很大的差别，但基本上都是由三大部分组成，如图 3-3-1 所示。

（1）比较环节

比较环节的作用是将测量信号与给定值进行比较，产生一个与它们的偏差成比例的偏差信号。

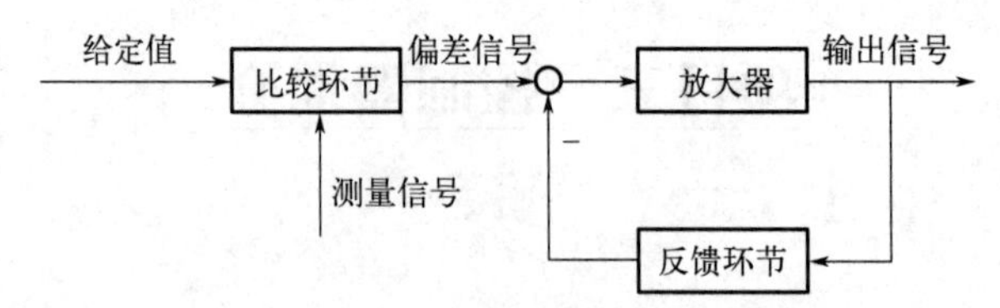

图 3-3-1 电动模拟式控制器的基本结构

（2）放大器

放大器实质上是一个比例环节。电动模拟式控制器中采用高增益的运算放大器。

（3）反馈环节

反馈环节的作用通过正、负反馈来实现比例、积分、微分等控制规律。在电动模拟式控制器中，输出的电信号通过由电阻和电容构成的无源网络反馈到输入端。

2. DDZ-Ⅲ型控制器

目前常见的是DDZ-Ⅲ型控制器，下面以它为例，简单介绍电动模拟式控制器特点及基本工作原理。

（1）DDZ-Ⅲ型控制器的特点

DDZ-Ⅲ型控制器采用了集成电路和安全火花型防爆结构，提高了防爆等级、稳定性和可靠性，适应于大型化工厂、炼油厂的生产要求。它具有以下特点。

① 采用国际电工委员会（IEC）推荐的统一标准信号，控制室与现场传输信号为4～20mA DC，控制室内联络信号为1～5V DC，信号电流与电压的转换电阻为250Ω。这种信号制和传输方式的优点如下。

a. 电气零点不是从零开始，且不与机械零点重合，这样有利识别仪表断电、断线等故障。

b. 控制室与现场传输信号为4～20mA DC的电流，信号大小不受线路和负载电阻变化的影响，远距离信号的传输精度比较高。因此，改变转换电阻阻值，控制室仪表便可接收其他范围为1∶5的电信号，例如将4～20mA或10～50mA等直流电流信号转换为1～5V DC电压信号。

c. 因为最小信号电流不为零，为现场变送器实现二线制创造了条件。现场变送器与控制室仪表仅用两根导线联系，既节省了电缆线和安装费用，还有利于安全防爆。

② 广泛采用线性集成电路，可靠性提高，维修工作量减少，为仪表带来了如下优点。

a. 由于线性集成运算放大器均为差动输入多级放大器，且输入对称性好，漂移小，仪表的稳定性得到提高。

b. 由于线性集成运算放大器有高增益，因而开环放大倍数很高，这使仪表的精度得到提高。

c. 由于采用了线性集成电路，强度高，焊点少，从而提高了仪表的可靠性。

③ 结构合理，主要表现在以下几方面。

a. 基型控制器有全刻度指示控制器和偏差指示控制器两种，指示表头为100mm刻度纵形大表头，指示醒目，便于监视操作。

b. 自动、手动的切换以无平衡、无扰动的方式进行，并有硬手动和软手动两种手动方式。面板上设有手动操作插孔，可与便携式手动操作器配合使用。

c. 结构形式有单独安装和高密度安装两种。

d. 给定方式有内给定和外给定两种，并设有外给定指示灯，能与计算机配套使用，可组成 SPC 系统实现计算机监督控制，也可组成 DDC 控制的备用系统。

④ 整套仪表可构成安全火花型防爆系统。Ⅲ型仪表是按国家防爆规程进行设计的，而且增加了安全单元——安全栅，实现了控制室与危险场所之间的能量限制与隔离，使仪表不会引爆，使电动仪表在石油化工企业中应用的安全性、可靠性有了显著提高。

（2）DDZ-Ⅲ型控制器的操作

DDZ-Ⅲ型控制器有全刻度指示和偏差指示两个基型品种。为满足各种复杂控制系统的要求，还有各种特殊控制器。下面以全刻度指示的基型控制器为例，来说明 DDZ-Ⅲ型控制器的操作。

控制器的给定值可由“内给定”或“外给定”两种方式取得，用切换开关进行选择。当控制器工作于“内给定”方式时，给定电压由控制器内部的高精度稳压电源取得。当控制器需要由计算机或另外的控制器供给给定信号时，开关切换到“外给定”位置上，由外来的 4～20mA 电流流过 250Ω 精密电阻产生 1～5V 的给定电压。

图 3-3-2 是一种全刻度指示控制器（DTL-3110 型）的面板图。它的正面表盘上装有两个指示表头。其中，双针垂直指示器 2 有两个指针，红针为测量信号指针，黑针为给定信号指针，它们可分别指示测量信号和给定信号。偏差的大小可以根据两个指示值之差读出。当仪表处于“内给定”状态时，给定值是由拨动内给定设定轮 3 给出的，其值由黑针显示出来。

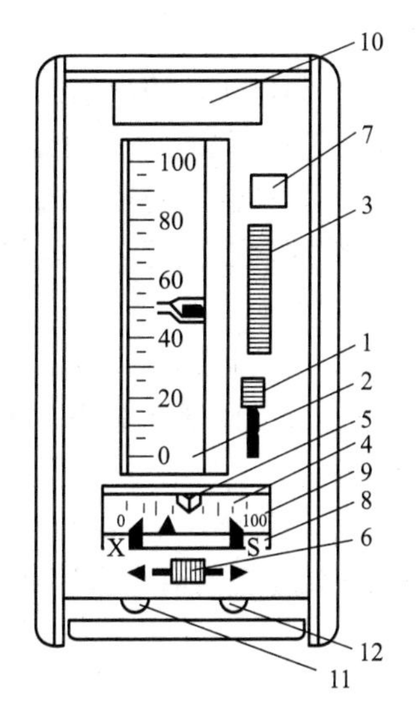

图 3-3-2　DTL-3110 型控制器的正面图

1—自动-软手动-硬手动切换开关；2—双针垂直指示器；3—内给定设定轮；4—输出指示器；
5—硬手动操作杆；6—软手动操作键；7—外给定指示灯；8—阀位指示器；
9—输出记录指示；10—位号牌；11—输入检测插孔；12—手动输出插孔

当使用“外给定”时，仪表右上方的外给定指示灯 7 会亮，提醒操作人员控制器在外给定方式下工作。

输出指示器 4 可以显示控制器输出信号的大小。输出指示器下面有表示阀门安全开度的输出记录指示 9，X 表示关闭，S 表示打开。11 为输入检测插孔。当控制器发生故障需要把控制器从壳体中卸下时，可把便携式操作器的输出插头插入控制器下部的输出插孔 12 内，用以代替控制器进行手动操作。

控制器面板右侧设有自动-软手动-硬手动切换开关，以实现无平衡、无扰动切换。

在控制器中还设有正、反作用切换开关，位于控制器的右侧面，把控制器从壳体中拉出时即可看到。

三、数字式控制器简介

数字式控制器与模拟式控制器在构成原理和所用器件上有很大的差别。模拟式控制器采用模拟技术，以运算放大器等模拟电子器件为基本部件；而数字式控制器采用数字技术，以微处理器为核心部件。尽管两者具有根本的差别，但从仪表总的功能和输入输出关系来看，由于数字式控制器备有模数转换器和数模转换器（A/D和D/A），因此两者并无外在的明显差异。数字式控制器在外观、体积、信号制上都与DDZ-Ⅲ型控制器相似或一致，也可装在仪表盘上使用，且数字式控制器经常只用来控制一个回路（包括复杂控制回路），所以数字式控制器常被称为单回路数字控制器。

1. 数字式控制器的主要特点

（1）具有与模拟式控制器相同的外观和面板操作方式

将微处理器引入控制器，充分发挥了计算机的优越性，使控制器电路简化，功能增强。同时考虑到人们长期以来习惯使用模拟式控制器的情况，数字式控制器的外形结构、面板布置保留了模拟式控制器的特征，操作方式也与模拟式控制器相似。

（2）具有丰富的运算控制功能

数字式控制器有许多运算模块和控制模块。用户根据需要选用部分模块进行组态，可以实现各种运算处理和复杂控制。它除了具有模拟式控制器PID运算等一切控制功能外，还可以实现复杂控制，例如串级控制、比值控制、前馈控制、选择性控制、自适应控制、非线性控制等。因此，数字式控制器的运算控制功能远多于常规的模拟式控制器。

（3）具有一定的自诊断功能

在软件方面，数字式控制器具有一定的自诊断功能，能及时发现故障，采取保护措施。另外，复杂回路采用模块软件组态来实现，使硬件电路简化。

（4）使用灵活方便，通用性强

数字式控制器模拟量输入输出均采用国际统一标准信号4～20mA直流电流、1～5V直流电压，可以方便地与DDZ-Ⅲ型仪表相连。同时，数字式控制器还有数字量输入输出，可以进行开关量控制。

（5）具有通信功能

数字式控制器通过标准的通信接口可以与其他计算机、操作站等进行通信，也可以作为集散控制系统的过程控制单元。

（6）可靠性高，维护方便

在硬件方面，一台数字式控制器可以替代数台模拟式控制器，减少了硬件连接；同时，控制器所用元件高度集成化，可靠性高。

2. 数字式控制器的基本构成

数字式控制器由硬件电路和软件两大部分组成，其控制功能主要由软件决定。

（1）数字式控制器的硬件电路

数字式控制器的硬件电路由主机电路、过程输入通道、过程输出通道、人机联系部件以及通信接口电路等部分组成，其构成框图如图 3-3-3 所示。

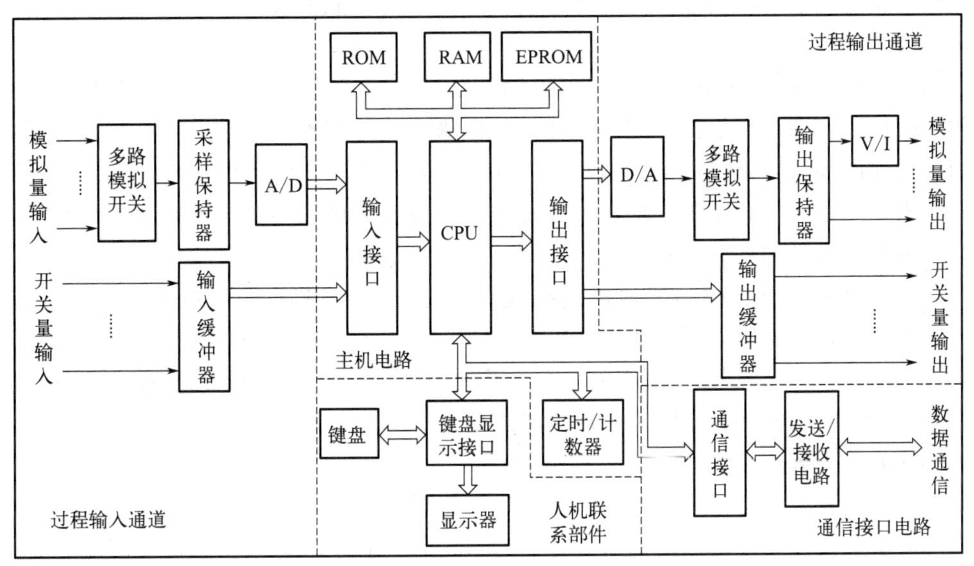

图 3-3-3　数字式控制器的硬件电路

① 主机电路　主机电路是数字式控制器的核心，用于实现仪表数据运算处理及各组成部分之间的管理。主机电路由微处理器（CPU）、只读存储器（ROM、EPROM）、随机存储器（RAM）、定时/计数器（CTC）以及输入/输出接口（I/O 接口）等组成。

② 过程输入通道和过程输出通道　过程输入通道包括模拟量输入通道和开关量输入通道。模拟量输入通道用于连接模拟量输入信号，开关量输入通道用于连接开关量输入信号。通常，数字式控制器都可以接收几个模拟量输入信号和几个开关量输入信号。

a. 模拟量输入通道将多个模拟量输入信号分别转换为 CPU 所接收的数字量。

b. 开关量输入通道传输控制系统中电接点的通与断，或者逻辑电平为“1”与“0”这类两种状态的信号。例如各种按钮开关、液（料）位开关、继电器的接通与断开，以及逻辑部件输出的高电平与低电平等。开关量输入通道将多个开关量输入信号转换成能被计算机识别的数字信号。

③ 人机联系部件　一般置于控制器的正面和侧面。正面板的布置类似于模拟式控制器，有测量值和给定值显示、输出电流显示、运行状态（自动—手动—串级）切换按钮、给定值增/减按钮和手动操作按钮等，还有一些状态指示灯。侧面板有设置和指示各种参数的键盘、显示器。在有些控制器中附带后备手操器。当控制器发生故障时，可用手操器来改变输出电流，进行遥控操作。

④ 通信接口电路　控制器的通信部件包括通信接口芯片和发送/接收电路等。通信接口将欲发送的数据转换成标准通信格式的数字信号，经发送电路送至通信线路（数据通道）上；同时，通过接收电路接收来自通信线路的数字信号，将其转换成能被计算机接收的数据。数字式控制器大多采用串行传送方式。

（2）数字式控制器的软件

数字式控制器的软件包括系统程序和用户程序两大部分。

① 系统程序　系统程序是控制器软件的主体部分，通常由监控程序和功能模块组成。

监控程序包括系统初始化、键盘和显示管理、中断管理、自诊断处理以及运行状态控制等，使控制器各硬件电路能正常工作并实现所规定的功能，同时完成各组成部分间的管理。

功能模块提供了各种功能，用户可以选择所需要的功能模块以构成用户程序，使控制器实现用户所需的功能。

② 用户程序　用户程序是用户根据控制系统的要求进行组态，即在系统程序中选择所需要的功能模块，并将它们按一定的规则连接起来，使控制器完成预定的控制与运算功能。

用户程序的编写通常采用面向过程的 POL 语言，这是一种为了定义和解决某些问题而设计的专用程序语言，程序设计简单，操作方便，容易掌握和调试。控制器的编程工作是通过专用的编程器进行的，有“在线”和“离线”两种编程方法。

在线编程是编程器与控制器通过总线连接共用一个 CPU，编程器插入一个 EPROM，供用户写入程序，调试完毕后，将 EPROM 取出，插在控制器相应的 EPROM 插座上。

离线编程是编程器自带一个 CPU，独立完成编程。用户程序调试完毕后，将程序写入 EPROM，然后将 EPROM 取出，插在控制器相应的 EPROM 插座上。

3. KMM 型可编程控制器

KMM 型可编程控制器是一种单回路的数字控制器。它是 DK 系列仪表中的一个重要类型，而 DK 系列仪表又是集散控制系统 TDC-3000 的一部分，是为了把集散系统中的控制回路彻底分散到每一个回路而研制的，KMM 型具有数字式控制器的一般特点。KMM 型可编程控制器不仅用于简单控制系统，而且可用于串级控制系统；它除具有常规控制器的功能外，还能进行加、减、乘、除、开方等运算，并能进行高、低值选择和逻辑运算等。它可以接收五个模拟信号、四个数字信号，输出三个模拟信号和三个数字信号。KMM 型可编程控制器的面板如图 3-3-4 所示。

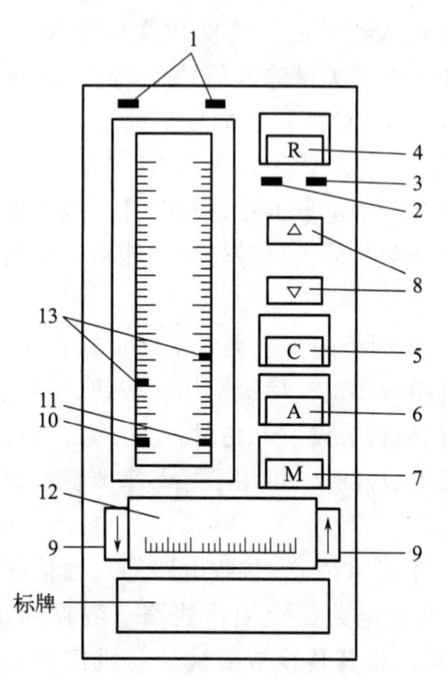

图 3-3-4　KMM 型可编程控制器的正面图

1～7—指示灯；8，9—按钮；10～13—指针

当输入外部的联锁信号后，指示灯 4 闪亮，此时控制器功能与手动方式相同。但每次切换到此方式后，联锁信号中断，如不按复位按钮 R，就不能切换到其他运行方式。一按复位按钮 R，就返回到“手动”方式。

按钮 M、A、C 及指示灯 7、6、5 分别代表手动、自动与串级运行方式。

当按下按钮 M 时，指示灯亮（红色）。这时控制器为“手动”运行方式，通过输出操作按钮 9 可进行输出的手动操作。按下右边的↑按钮时，输出增加；按下左边的↓按钮时，输出减小。输出值由指针 12 进行显示。

当按下按钮 A 时，指示灯亮（绿色）。这时控制器为“自动”运行方式，通过给定值（SP）设定按钮 8 可以进行内给定值的增减。△按钮为增加给定值，▽按钮为减小给定值。当进行 PID 定值控制时，PID 参数可以通过仪表侧面的数据设定器来改变。数据设定器除可以进行 PID 参数设定外，还可以对给定值、测量值进行数字式显示。

当按下按钮 C 时，指示灯亮（橙色）。这时控制器为“串级”运行方式，控制器的给定值可以来自另一个运算单元或是从控制器外部来的信号。

指示灯1为左右两个，分别为测量值上下限报警；指示灯2亮，表示控制器内部检查异常。在此状态时，各指针的指示值均为无效。以后的操作可由装在仪表内部的“后备操作单元”进行。只要异常原因不解除，控制器就不会自行切换到其他运行方式。

KMM型可编程控制器通过附加通信接口，可与上位计算机通信，在通信过程中，通信指示灯3亮。

仪表上的测量值（PV）指针10和给定值（SP）指针11分别指示输入到PID运算单元的测量值信号与给定值信号。

仪表上还设有备忘指针13，用来给正常运行时的测量值、给定值、输出值做记号。

KMM型可编程控制器具有自动平衡功能，所以手动、自动、串级运行方式之间的切换都是无扰动的，不需要任何手动调整操作。

四、可编程控制器简介

可编程控制器（Programmable Logic Controller，PLC）是一种专门为在工业环境下应用而设计的进行数字运算操作的电子装置。它采用可以编制程序的存储器，在其内部存储着执行逻辑运算、顺序运算、定时、计数和算术运算等操作的指令，并能通过数字式或模拟式的输入和输出，控制各种类型的机械或生产过程。

1. 可编程控制器的分类

（1）按硬件的结构类型分类

为了便于PLC在工业现场安装、扩展和方便接线，其结构与普通计算机有很大区别。通常从组成结构形式上将PLC分为两类：一类是一体化整体式PLC，另一类是结构化模块式PLC。

① 整体式结构　整体式结构如图3-3-5所示。从结构上看，早期的PLC是把CPU、RAM、ROM、I/O接口及与编程器或EPROM写入器相连的接口、I/O端子、电源、指示灯等都装配在一起的整体装置。它的特点是结构紧凑，体积小，成本低，安装方便，缺点是I/O点数是固定的，不一定能满足控制现场需要。

② 模块式结构　模块式结构的PLC将PLC的每个工作单元都制成独立的模块，如CPU模块、I/O模块、电源模块以及各种功能模块。模块式结构的PLC由框架或基板和各种模块组成，模块装在框架或基板的插座上，如图3-3-6所示。这种结构的PLC的特点是系统构成非常灵活，安装、扩展、维修都很方便，缺点是体积比较大。

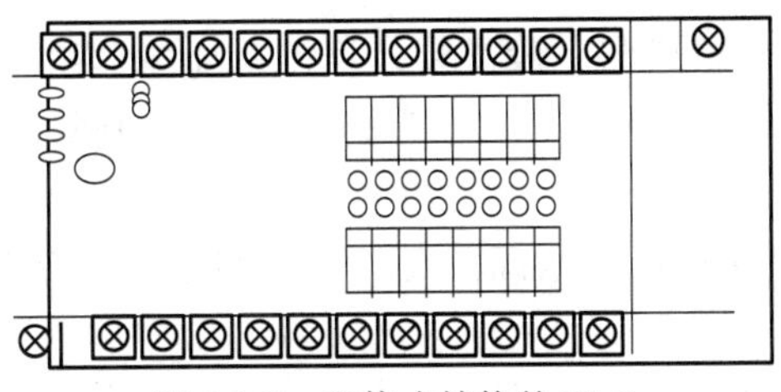

图3-3-5　整体式结构的PLC

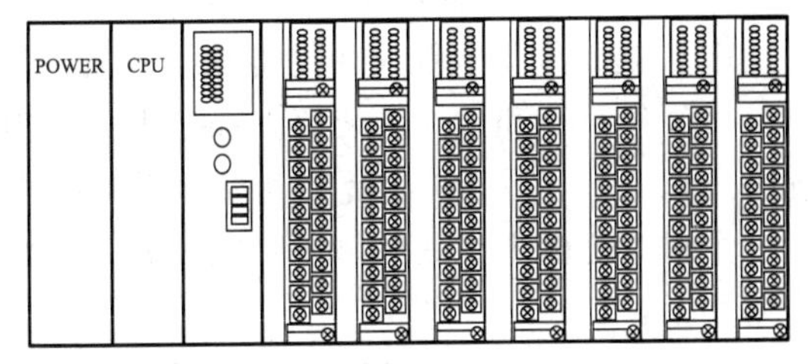

图3-3-6　模块式结构的PLC

（2）按应用规模及功能分类

为了适应不同生产过程的要求，PLC能够处理的输入/输出信号数量是不一样的。按照点数的多少，可将 PLC 分为超小（微）、小、中、大、超大等五种类型。

PLC 还可以按功能分为低档机、中档机和高档机。低档机以逻辑运算为主，具有定时、计数、移位等功能。中档机一般有整数及浮点运算、数制转换、PID 控制、中断控制及联网等功能，可用于复杂的逻辑运算及闭环控制场合。高档机具有更强的数字处理能力，可进行矩阵运算、函数运算，完成数据管理工作，有更强的通信能力，也可以和其他计算机构成分布式生产过程综合控制管理系统。

2. 可编程控制器的特点

PLC 能如此迅速发展的原因，除了工业自动化的客观需要外，还因其有许多独特的优点。它较好地解决了工业控制领域中普遍关心的可靠、安全、灵活、方便、经济等问题。其主要特点如下：编程方法简单易学；功能强，性价比高；硬件配套齐全，用户使用方便，适应性强；可靠性高，抗干扰能力强；系统的设计、安装、调试工作量少；维修工作量小，维修方便；体积小，能耗低。

3. 可编程控制器的功能和应用

（1）开关逻辑和顺序控制

这是 PLC 最广泛、最基本的应用场合。PLC 的主要功能是完成开关逻辑运算和进行顺序控制，从而实现各种简单或十分复杂的控制要求。

（2）模拟控制

为了实现工业领域对模拟量控制的广泛需求，目前大部分 PLC 产品都具备处理模拟量的功能。另外，某些 PLC 产品还提供了典型控制策略模块，如 PID 模块，可实现对系统的反馈或对其他模拟量的控制运算。

（3）定时和技术控制

PLC 具有很强的定时、计数功能。对于定时器，其定时间隔可以由用户加以设定。对于计数器，如果需要对频率较高的信号进行计数，则可选择高速计数器。

（4）数据处理

新型 PLC 都具有数据处理的能力，不仅能进行算术运算、数据传送，而且还能进行数据比较、数据转换、数据显示打印等，有些 PLC 还可以进行浮点运算和函数运算。

（5）通信联网

现代 PLC 大多都采用了通信、网络技术，可进行远程 I/O 控制。多台 PLC 彼此间可以联网、通信，外部器件与 PLC 信号处理单元之间可以实现程序和数据交换，如程序转移、数据文档转移、监视和诊断。

4. 可编程控制器的组成与基本结构

PLC 是一种工业控制用的专用计算机，它的实际组成与一般微型计算机系统基本相同，也是由硬件系统和软件系统两大部分组成。PLC 结构示意图如图 3-3-7 所示。PLC 的硬件系统由主机系统、I/O 扩展环节及外部设备组成。

主机系统由中央处理单元（CPU）、存储器、I/O 接口、电源单元等部分组成。各部分作用如下：

① 中央处理单元（CPU）　从程序存储器读取程序指令，编译、执行指令；将各种输入信号取出；把运算结果送到输出端；响应各种外部设备的请求。

② 存储器　RAM 用于存储各种暂存数据、中间结果、用户正调试的程序。ROM、EPROM 用于存放监控程序和用户已调试好的程序。

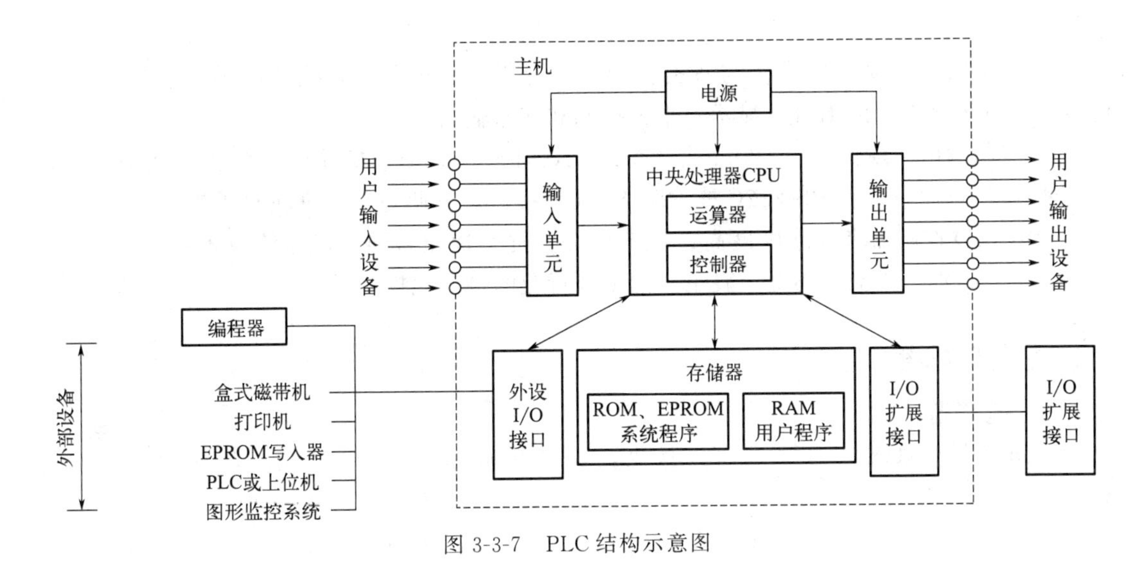

图 3-3-7　PLC 结构示意图

③ I/O 接口　采用光电隔离，实现了 PLC 的内部电路与外部电路的电气隔离，减小了电磁干扰。

④ 电源单元　把外部供应的电源变换成系统内部各单元所需的电源。有的电源单元还向外提供 24V 隔离直流电源，可供开关量输入单元连接的现场无源开关等使用。可编程控制器的电源一般采用开关式电源，其特点是输入电压范围宽、体积小、重量轻、效率高、抗干扰性能好。

编程设备可以是专用的手持式的编程器，也可以是安装了专门的编程通信软件的个人计算机。用户可以通过键盘输入和调试程序。另外，在运行时，还可以通过编程设备对整个控制过程进行监控。

五、智能 PID 控制器简介

智能 PID 控制器将智能控制与常规的 PID 控制相结合，具备高精度的自整定功能，使控制过程具有响应快、超调小、稳态精度高的优点，对常规 PID 难以控制的纯滞后长的对象有明显的控制效果。

智能 PID 控制器的设计思想是利用专家系统或模糊控制或神经网络技术，将人工智能以非线性控制方式引入到控制器中，使系统在任何运行状态下均能得到比传统 PID 控制更好的控制性能，具有不依赖系统精确数学模型、控制器参数在线自动调整等特点，对系统参数变化具有较好的适应性。模糊 PID 控制是利用当前的控制偏差，结合被控过程动态特性的变化，以及针对具体过程的实际经验，根据一定的控制要求或目标函数，通过模糊规则推理，对 PID 控制器的三个参数进行在线调整。

智能 PID 控制器的主要特点有：

① 可实现多功能的 PID 控制　可实现多路 PID 控制，可控制开关量或模拟量输出，支持正、反作用控制及手动/自动切换。可实现内给定、曲线设定、外给定等目标值给定方式。带自整定功能。每个控制回路提供多段控制曲线设置，以拟合曲线平滑设置的折线，能获得无超调及欠调的优良控制特性。每个控制回路带报警开关，可控制某些设备联锁动作，完成定时器及可编程控制器的部分功能。控制中可随意对曲线程序进行修改，执行暂停及运行

操作。

② 可接收多种输入信号　与各类传感器、变送器配合使用，实现压力、液位、温度、湿度、流量等物理量的测量、显示、报警控制和变送输出。

③ 控制输出　模拟量4～20mA、0～10mA、1～5V、0～5V输出，继电器触点输出等。

④ 通信方面　带有RS-232C或RS-485通信接口，方便与上位机联网通信。

智能PID控制器有着准确度高、稳定性好、抗干扰能力强、操作简单等特点，已广泛用于化工、石油、机械、陶瓷、轻工、冶金等行业的自动化控制系统。

习题与思考

一、选择题

1. DDZ-Ⅲ型仪表采用（　　）供电，现场传输信号为（　　），控制室传输信号为（　　）。

A. 24V DC 0～20mA DC 1～5V DC　　B. 24V DC 4～20mA DC 0～5V DC

C. 24V DC 4～20mA DC 1～5V DC　　D. 24V DC 0～20mA DC 0～5V DC

2. 无扰动切换是指在手动/自动切换时要保证（　　）。

A. 测量值不突变　B. 偏差不突变　C. 给定值不突变　D. 控制阀开度不突变

二、问答题

1. 控制器有哪些类型？

2. 控制器的工作方式有哪些？

3. 简述可编程控制器的作用。

模块四

执行器

执行器（控制阀）是自动控制系统中一个重要的组成部分，其作用是根据控制器输出的信号，直接控制能量或物料等的输送量，达到控制温度、压力、流量、液位等工艺变量的目的。

由于执行器安装在生产现场，长年与生产介质直接接触，且往往工作在高温、高压、深冷、强腐蚀、易堵塞等恶劣条件下，因此，如果对执行器选择不当或维护不善，就会使整个控制系统不能可靠工作，或严重影响系统的控制质量。

根据使用的能源种类，执行器可分为气动、电动和液动三种。其中气动执行器以压缩空气为能源，具有结构简单、工作可靠、价格便宜、防火防爆等优点，在自动控制中应用得较多。

项目一　气动薄膜控制阀

一、控制阀的结构

执行器由执行机构和调节机构两部分组成。执行机构将控制器（或转换器或阀门定位器）的输出信号（0.02～0.10MPa）转换成直线位移或角位移，两者之间为比例关系；调节机构则将执行机构输出的直线位移或角位移转换为流通截面积的变化，从而改变操纵变量的大小。

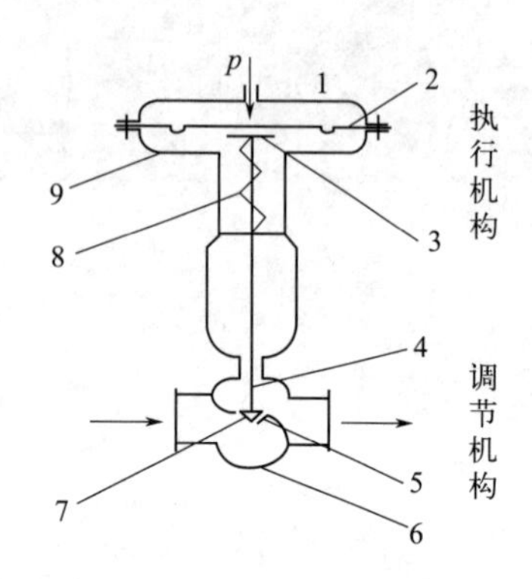

图 4-1-1　气动薄膜控制阀

1—上膜盖；2—波纹膜片；3—托板；4—阀杆；5—阀座；6—阀体；7—阀芯；8—平衡弹簧；9—下膜盖

执行机构有薄膜式（有弹簧和无弹簧）、活塞式和长行程式三种类型。其中薄膜式和活塞式输出直线位移，长行程式输出角位移（0°～90°）。活塞式输出推力大，常用于高静压、高压差和需较大推力的场合；长行程式输出的行程长、力矩大，适用于转角的蝶阀、风门等；薄膜式具有结构简单、动作可靠、维修方便、价格便宜等特点，所以使用最为广泛。

薄膜式执行器也称为气动薄膜控制阀，其结构示意图如图 4-1-1 所示（有弹簧）。当压力信号引入薄膜气室后，在波纹膜片 2 上产生推动力，使阀杆 4 产生位移，直至平衡弹簧 8 被压缩产生的反作用力与压力信号在膜片上产生的推力相平衡为止。阀杆的位移就是气动薄膜执行机构的行程。

气动执行机构按作用方式可分为正作用式和反作用式。当压力信号增加时，阀杆向下移动称为正作用执行机构，正作用执行机构的压力信号是通入波纹膜片上方气室，图 4-1-1 是正作用执行机构；当压力信号增加时，阀杆向上移动称为反作用执行机构，反作用执行机构的压力信号是通入波纹膜片下方气室，即在下膜盖上输入信号。

二、控制阀的主要类型及选择

1. 控制阀结构形式的选择

控制阀按调节机构的类型分为直通阀［单座式（图 4-1-2）和双座式（图 4-1-3）］、角阀（图 4-1-4）、三通阀（图 4-1-5）、球形阀、阀体分离阀、隔膜阀（图 4-1-6）、蝶阀（图 4-1-7）、高压阀、偏心旋转阀和套筒阀等。直通阀和角阀供一般情况下使用，其中直通单座阀适用于要求泄漏量小的场合；直通双座阀适用于压差大、口径大的场合，但其泄漏量要比单座阀大；角阀适用于高压差、高黏度、含悬浮物或颗粒状物质的场合。三通阀适用于需要分流或合流控制的场合，其效果比两个直通阀要好。蝶阀适用于大流量、低压差的气体介质。隔膜阀适用于有腐蚀性的介质。总之，调节机构的选择应根据不同的使用要求而定。

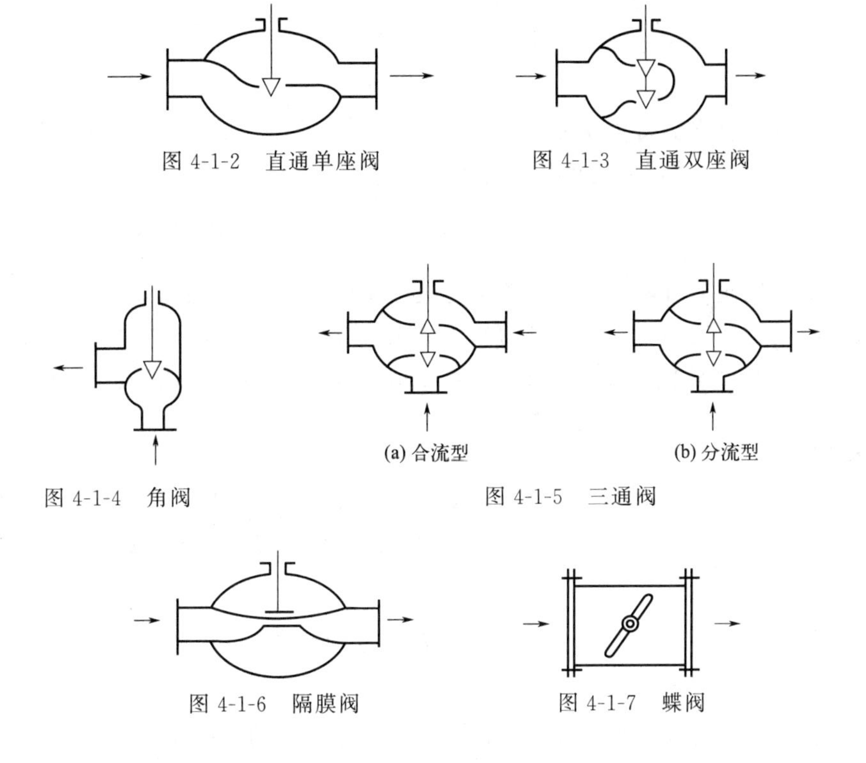

图 4-1-2　直通单座阀　　图 4-1-3　直通双座阀

图 4-1-4　角阀　　图 4-1-5　三通阀

图 4-1-6　隔膜阀　　图 4-1-7　蝶阀

2. 控制阀口径大小的选择

控制阀口径的大小直接决定着其流过介质的能力。从控制的角度来看，如果控制阀口径选得过大，控制阀将经常工作在小开度的情况下，使控制阀的可调比减小，控制性能变差。当然，如果把控制阀口径选得过小也是不合适的，不仅使控制阀的特性不好，而且也不适应生产发展的需要。因此，通常选择的阀门口径应满足在最大流量时，阀门开度为85%左右；在最小流量时，阀门开度为15%左右。

三、控制阀的流量特性

控制阀的流量特性指的是介质流过阀门的相对流量与阀杆相对行程之间的关系，即

$$\frac{Q}{Q_{\max}}=f\left(\frac{l}{L}\right) \tag{4-1-1}$$

式中　$\frac{Q}{Q_{\max}}$——相对流量，即控制阀某一开度流量与阀门全开时的流量之比；

$\frac{l}{L}$——相对开度，即控制阀某一开度行程与阀门全开时的行程之比。

流过阀门的流量不仅与阀杆行程有关，也与阀门前后的压差有关。制造商提供的是具有理想流量特性的控制阀，即阀门前后压差固定条件下的流量特性。

常用的理想流量特性有直线型、对数型和快开型三种。

1. 直线型

直线型流量特性是指控制阀的相对流量与阀杆的相对行程呈线性关系，即单位行程变化引起的流量变化是常数。其数学表达式为

$$\frac{\mathrm{d}\left(\frac{Q}{Q_{\max}}\right)}{\mathrm{d}\left(\frac{l}{L}\right)}=K \tag{4-1-2}$$

式中　K——常数，即控制阀的放大倍数。

将式(4-1-2）积分，并代入边界条件可得到

$$\frac{Q}{Q_{\max}}=\frac{1}{R}+\left(1-\frac{1}{R}\right)\frac{l}{L} \tag{4-1-3}$$

式中，R 为控制阀的可调比（最大流量与最小流量之比），一般为 30。

具有这种流量特性的控制阀，流量的相对变化量与阀门开度变化时的阀杆位置有关。在小开度时流量相对变化值大，灵敏度高，不易控制；而在大开度时流量相对变化值较小，控制不够及时。

2. 对数型（等百分比型）

对数型流量特性是指单位相对行程变化引起的相对流量变化与此点的相对流量成正比关系，即控制阀的放大系数是变化的，随流量的增加而增大。其数学表达式为

$$\frac{\mathrm{d}\left(\frac{Q}{Q_{\max}}\right)}{\mathrm{d}\left(\frac{l}{L}\right)}=K\left(\frac{Q}{Q_{\max}}\right) \tag{4-1-4}$$

具有这种流量特性的控制阀，流量的相对变化量是相等的，即流量变化是等百分比的。因此，在小开度时，控制阀的放大系数较小，可以平稳缓和地进行调节；而在大开度时，控制阀的放大系数也较大，调节灵敏有效。

3. 快开型

具有这种流量特性的控制阀，在阀门开度较小时就有较大的流量，随着阀门开度的增加，流量很快就接近最大值；此后再增加阀门开度，流量的变化甚小，故称为快开型。快开型流量特性控制阀适用于要求迅速开闭的切断阀或双位控制系统。

图 4-1-8 中给出以上三种流量特性的曲线。

当控制阀安装在管路中时，由于控制阀的开度变化引起管路阻力变化，从而控制阀上的压降也发生相应的变化，工作状态下的控制阀流量特性称为工作流量特性。

如图 4-1-9 所示，控制阀与管路串联，控制阀开度增加后，管路中的流量增加，从而引起管路压降 Δp_{F} 增加，控制阀上的压降 Δp_{V} 下降，使流量特性偏离理想的流量特性，畸变程度与压降比 S 有关。S 的定义为

$$S=\frac{(\Delta p_{\mathrm{V}})_n}{\Delta p}=\frac{(\Delta p_{\mathrm{V}})_n}{(\Delta p_{\mathrm{V}})_n+(\Delta p_{\mathrm{F}})_m} \tag{4-1-5}$$

式中　$(\Delta p_{\mathrm{V}})_n$——控制阀全开时阀上的压力损失（压降）；

$(\Delta p_{\mathrm{F}})_m$——控制阀全开时管路上的总压力损失（控制阀除外）。

工作流量特性畸变趋势如图 4-1-10 所示。从图 4-1-10 可以看出，在 $S=1$ 时，管道阻力损失为零，系统的总压差全部落在控制阀上，实际工作流量特性与理想流量特性是一致的。随着 S 的减小，管道阻力损失增加，不仅控制阀全开时的流量减小，而且流量特性也发生很大畸变，S 越小，流量特性畸变得越厉害。直线型流量特性趋近于快开型流量特性，对数型流量特性趋近于直线型流量特性。

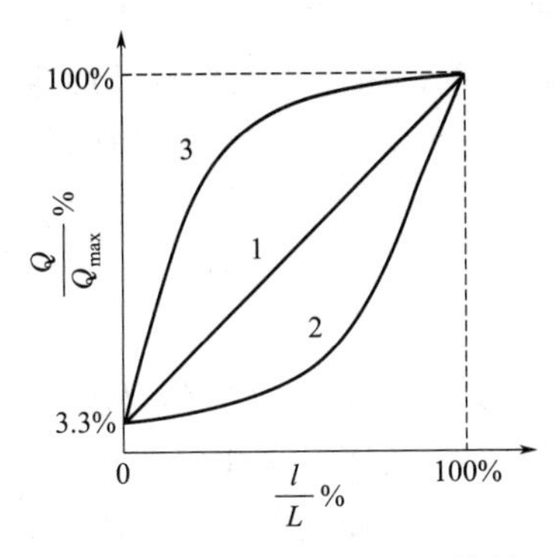

图 4-1-8　控制阀理想流量特性

1—直线型；2—对数型；3—快开型

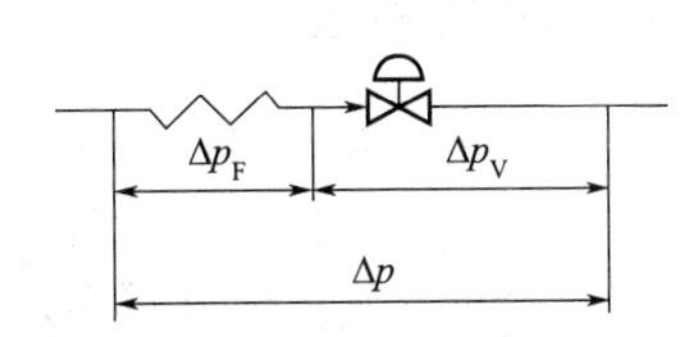

图 4-1-9　控制阀与管路串联连接示意图

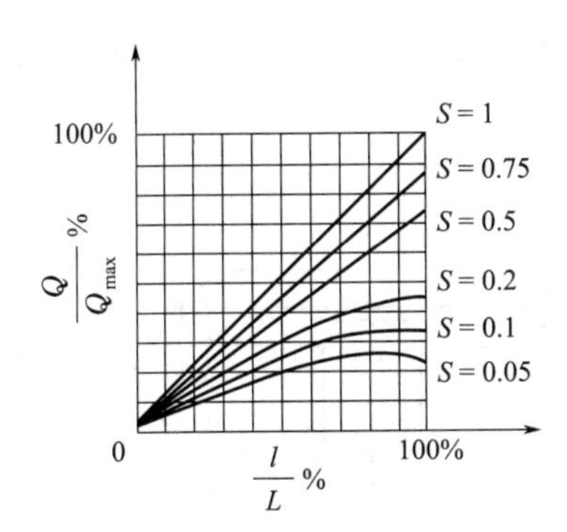

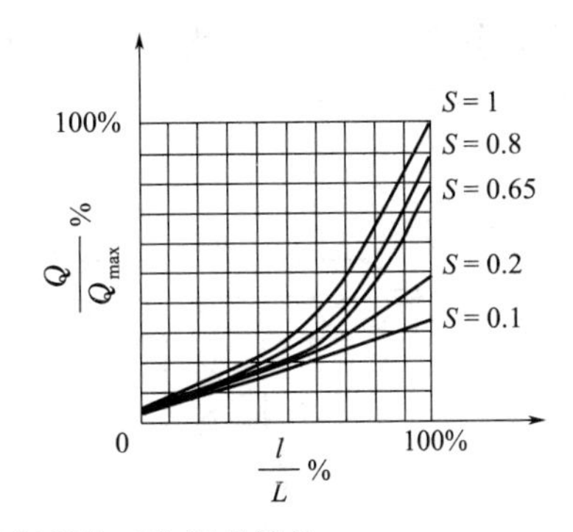

图 4-1-10　串联管道时控制阀的工作流量特性

目前应用最多的流量特性是直线型流量特性和对数型流量特性，因此控制阀的流量特性就在这两种之间进行选择。主要从以下两个方面考虑：

① 从静态考虑选择控制阀的理想流量特性的原则是希望控制系统的广义对象是线性的，即当工况发生变化，如负荷变动、阀前压力变化或设定值变动时，广义对象的特性基本不变，这样才能使整定后的控制器参数在经常遇到的工作区域内都适应，以保证控制质量。如果工况发生变化后，广义对象的特性有变化，由于不可能随时修改控制器的参数，控制质量将会下降。

在生产过程中，有些被控对象和测量变送环节的特性可能发生变化。由于控制阀也是广义对象中的一部分，其又有不同的流量特性可供选择，因此，可以根据不同的对象特性选择不同的流量特性，使控制阀在被控对象或测量变送环节的特性发生变化时，起到校正环节的作用。

② 从配管角度（S 值的大小）选择理想流量特性。实际生产过程中，控制阀大部分与管路串联连接，因此，可采用系统的压降比 S 确定理想流量特性。经验选择法见表 4-1-1。

表 4-1-1　根据压降比 S 确定控制阀的理想流量特性

压降比 S	$S>0.6$			$0.6>S>0.3$		
工作流量特性	直线	等百分比	快开	直线	等百分比	快开
理想流量特性	直线	等百分比	快开	等百分比	等百分比	直线

从表 4-1-1 可见，压降比 $S>0.6$ 时，选择的理想流量特性与工作流量特性相同；压降比在 0.3～0.6 范围内时，由于工作流量特性畸变较严重，因此，工作流量特性是直线型时，应选择理想流量特性是等百分比型流量特性。当压降比 $S<0.3$ 时，由于畸变特别严重，不宜采用普通控制阀。

四、控制阀开关形式的选择

控制阀有气开式和气关式两种形式。采用气开形式时，输入气压信号增加，阀门开大；气压信号减小，阀门关小；如果气压信号中断，阀门完全关闭。采用气关形式时，输入的气压信号增加，阀门关小；气压信号减小，阀门开大；如果气压信号中断，阀门完全打开。

由于控制阀的执行机构有正、反两种作用方式（如图 4-1-11），而调节机构也有正、反两种安装方式（如图 4-1-12），因此，控制阀的气开或气关形式可以通过执行机构和调节机构不同方式的组合来实现。例如，执行机构选正作用，调节机构选反作用时，控制阀为气开形式；如果将调节机构改为正作用，控制阀就为气关形式。其组合方式和控制阀气开、气关形式见图 4-1-13 和表 4-1-2。

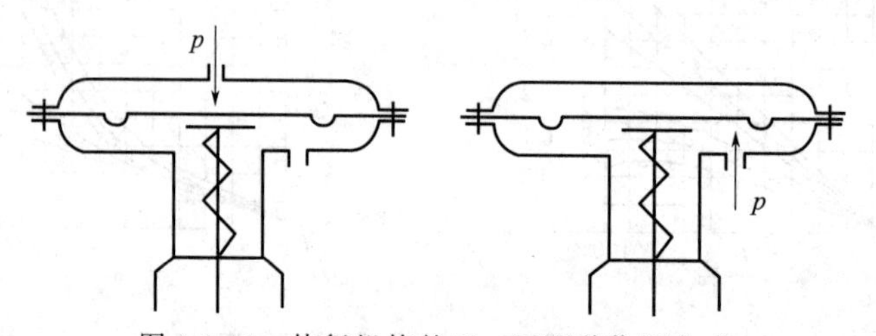

图 4-1-11　执行机构的正、反两种作用方式

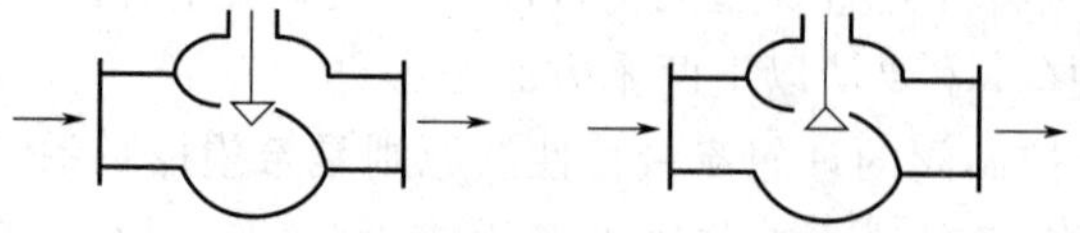

图 4-1-12　调节机构的正、反两种安装方式

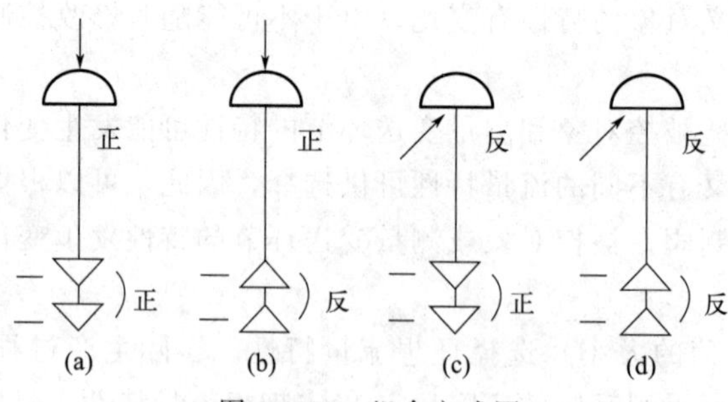

图 4-1-13　组合方式图

表 4-1-2　组合方式表

序号	执行机构	调节机构	气动执行器	序号	执行机构	调节机构	气动执行器
(a)	正	正	气关	(c)	反	正	气开
(b)	正	反	气开	(d)	反	反	气关

气开形式或气关形式的选择首先要从工艺生产上的安全要求出发，考虑的原则是：信号压力中断时，应保证操作人员和设备的安全。如果控制阀处于打开位置时危害性小，则应选用气关阀，以使气源系统发生故障中断时，阀门自动打开，保证安全。反之，控制阀处于关闭位置时危害性小，则应选用气开阀。例如，装在燃料油或燃料气喷嘴前的控制阀往往采用气开形式，这样一旦信号中断便切断燃料。又如锅炉供水的控制阀通常采用气关形式，以保证在信号中断后不致将锅炉汽包烧坏。

其次，要从保证产品的质量出发，在信号压力中断时，不能降低产品的质量。例如，精馏塔回流量的控制阀常采用气关形式，这样一旦发生事故，控制阀完全打开，使生产处于全回流状态，从而防止了不合格产品输出。

另外，还可以从原料消耗、动力损耗、介质特点等方面来考虑。

五、控制阀的安装与维护

控制阀能否发挥作用，一方面取决于阀结构、流量特性选择是否合适，另一方面取决于安装使用情况。安装时一般应注意以下几点：

① 安装前应检查控制阀是否完好，阀体内部是否有异物，管道是否清洁等。

② 控制阀应垂直、正立安装在水平管道上。特殊情况需要水平或倾斜安装时，需要加支撑。

③ 安装位置应方便操作和维修。控制阀的上下方应留有足够的空间，以便维修时取下各元件。

④ 控制阀前后一般要各装一只切断阀，以便修理时拆下控制阀。考虑到控制阀发生故障或维修时，不影响工艺生产的继续进行，一般应装旁路阀，如图 4-1-14 所示。

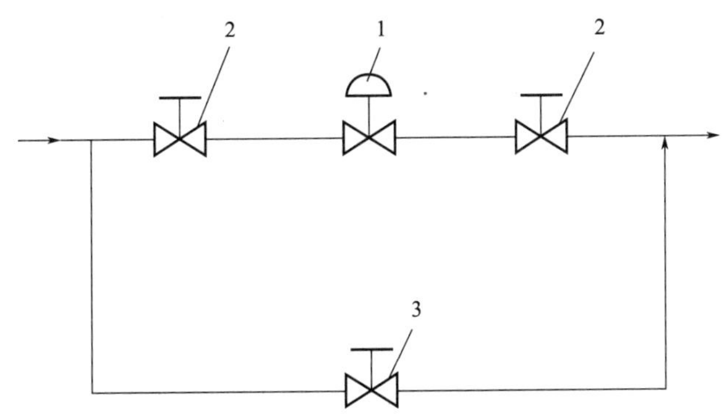

图 4-1-14　控制阀在管道中的安装

1—控制阀；2—切断阀；3—旁路阀

⑤ 环境温度一般不高于＋60℃，不低于－40℃。用于高黏度、易结晶、易汽化及低温流体时应采取保暖和防冻等措施。

⑥ 应远离连续振动的设备。但安装在有振动的场合时，宜采取防振措施。

控制阀的工作环境复杂，一旦出现问题，会影响到很多方面，例如系统投运、系统安全、控制质量、环境污染等。因此要正确使用控制阀，尽量避免让控制阀工作在小开度状况下。在小开度下，流体流速最大，对阀芯的冲蚀最严重，严重影响阀的使用寿命；在一些特殊环境中，如对腐蚀性介质的控制，节流元件可用特殊材料制造，以延长使用寿命。

习题与思考

1. 气动执行器主要由哪两部分组成？各起什么作用？

2. 气动薄膜控制阀的调节机构有哪些主要类型？各使用在什么场合？

3. 为什么说双座阀产生的不平衡力比单座阀的小？

4. 试分别说明什么叫控制阀的工作流量特性和理想流量特性？常用的控制阀理想流量特性有哪些？

5. 为什么说等百分比型流量特性又叫对数型流量特性？与直线型流量特性比较起来，它有什么优点？

6. 什么叫控制阀的可调比？

7. 什么是串联管道中的压降比 S？S 值的变化为什么会使理想流量特性发生畸变？

8. 什么叫气动执行器的气开式与气关式？其选择原则是什么？

项目二　电动执行器与阀门定位器

一、电动执行器

电动执行器接收控制器的 4～20mA 电流信号，将其转换成相应的输出力和直线位移或输出力矩和角位移，以推动执行机构动作。

电动执行机构主要分为两类：直行程式与角行程式。电动执行机构的动力部件有伺服电动机和滚切电动机两种，后者输出力小、价格便宜，工业上主要使用伺服电动机式的电动执行机构。下面以这种执行机构为例来介绍角行程式电动执行器。

电动执行器由伺服放大器、伺服电动机、减速器、位置发信器和电动机操作器组成，原理如图 4-2-1 所示。

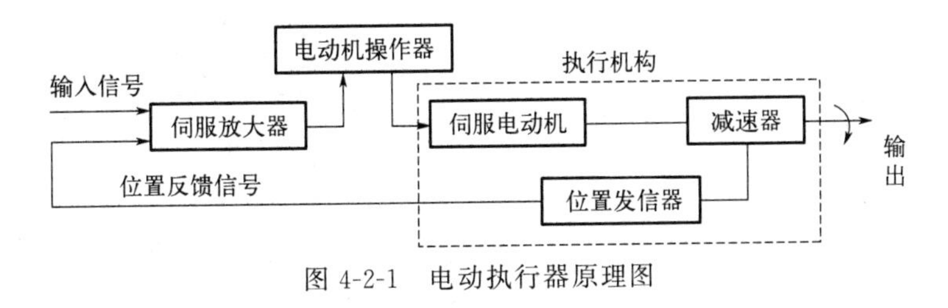

图 4-2-1　电动执行器原理图

控制器的输入信号在伺服放大器内与位置反馈信号相比较，其偏差经伺服放大器放大后，去驱动伺服电动机旋转，然后经减速器输出角位移。执行机构的旋转方向取决于偏差信号的极性，而又总是朝着减小偏差的方向转动，只有当偏差信号小于伺服放大器的不灵敏区的信号时，执行机构才停转，因此执行机构的输出角位移与输入信号成正比关系。配用电动机操作器可实现自动控制系统的自/手动无扰动切换。手动操作时，由操作开关直接控制电动机电源，使执行机构在全行程转角范围内操作；自动控制时，伺服电动机由伺服放大器供电，输出轴转角随输入信号而变化。

位置发信器由位移检测元件和转换电路组成，它将执行机构输出轴角位移转换成与输入信号相对应的直流信号（4～20mA），并作为位置反馈信号送出。

减速器一般由机械齿轮或齿轮与带轮构成。它将伺服电动机高转速、低力矩的输出功率转换成执行机构输出轴的低转速、大力矩的输出功率，推动调节机构。对于直行程的电动执行机构，减速器还起到将伺服电动机转子旋转运动转换成执行机构输出轴直线运动的作用。

二、阀门定位器

阀门定位器是气动执行器的主要附件，与气动执行器配套使用，接收控制器的输出信号，产生与之成比例关系的输出信号控制气动执行器，从而实现控制阀的准确定位。

阀门定位器按结构形式可分为电-气阀门定位器、气动阀门定位器和智能阀门定位器等。阀门定位器可以改善控制阀的静态特性，提高阀门位置的线性度；改善控制阀的动态特性，减少控制信号的传递滞后；改善控制阀的流量特性，改变控制阀对信号的响应范围，实现分程控制；也可以使阀门动作反向。

在以下情况下需要采用阀门定位器。

① 对阀门调整要求精确的场合。

② 不平衡力较大的场合，例如管道口径较大或阀门前后压差较大。

③ 为防止泄漏而需要将填料压得很紧，如高压、高温或低温的场合。

④ 操纵介质黏度较大的场合。

三、阀门定位器的使用

阀门定位器是气动控制阀的辅助装置，与气动执行机构配套使用，如图 4-2-2、图 4-2-3 所示。

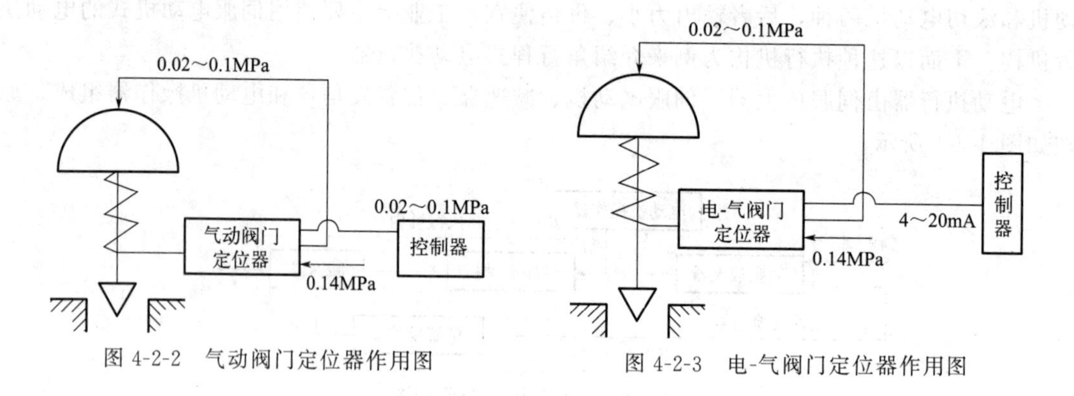

图 4-2-2　气动阀门定位器作用图　　图 4-2-3　电-气阀门定位器作用图

阀门定位器可以用于多种场合，详见表 4-2-1。

表 4-2-1　定位器的应用场合

<table>
<tr><th>序号</th><th>应选择的场合</th><th colspan="2">选择原因</th></tr>
<tr><td>1</td><td>阀的工作压差较大时，或采用刚度大的弹簧时</td><td colspan="2">增加阀的需用压差和阀的刚度，以增加稳定性</td></tr>
<tr><td>2</td><td>为防止阀杆处外泄须将填料压紧时</td><td rowspan="3">因填料处增加了阀杆的摩擦力</td><td rowspan="6">因定位器直接与阀位比较而不是直接与力比较，故为克服各种力对阀工作性能的影响而选择定位器</td></tr>
<tr><td>3</td><td>高温阀、低温阀、波纹管密封阀</td></tr>
<tr><td>4</td><td>使用柔性石墨填料的场合</td></tr>
<tr><td>5</td><td>易浮液、高黏度、胶状、含固体颗粒、含纤维、易结焦介质的场合</td><td>因增加了阀杆运动的摩擦力</td></tr>
<tr><td>6</td><td>用于阀大口径的场合，一般阀大于等于 DN100，蝶阀大于等于 DN250</td><td>因阀芯、阀板的重量影响阀动作</td></tr>
<tr><td>7</td><td>高压控制阀</td><td>压差大，使阀芯的不平衡力较大</td></tr>
<tr><td>8</td><td>气动信号管线长度≥150m</td><td colspan="2">加快阀的动作</td></tr>
<tr><td>9</td><td>用于分程控制</td><td colspan="2">—</td></tr>
<tr><td>10</td><td>控制阀由电动控制器控制的场合</td><td colspan="2">电/气转换</td></tr>
</table>

四、智能阀门定位器

智能阀门定位器由微处理器、信号调理部分、电/气转换控制部分和阀位检测反馈装置等部分组成，如图 4-2-4 所示。输入信号为 4～20mA DC 电流信号或数字信号。

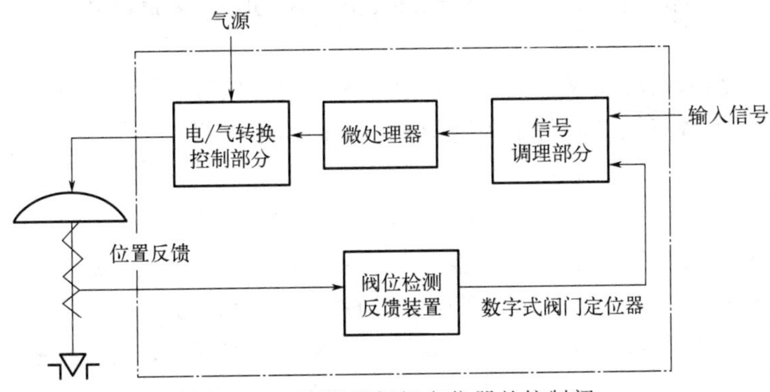

图 4-2-4　配智能阀门定位器的控制阀

信号调理部分将输入信号和阀位检测信号转换成微处理器输入信号。微处理器将这两路数字信号进行处理、比较后，输出控制电信号给电/气转换控制部分，转换为气压信号送至气动执行器，推动控制阀动作。阀位检测反馈装置检测执行器的阀杆位移并将其转换为电信号反馈至信号调理部分。

智能阀门定位器通常都有液晶显示器和手动操作按钮。显示器用于显示阀门定位器的各种状态信息，手动操作按钮用于输入组态数据和进行手动操作。

智能阀门定位器具有以下特点：

① 实时信息控制。可以使用手操器选取信息，还可以从现场接线盒、端子板选取信息，也可以从控制室的 PC 或系统工作站这样的安全区域选取信息。

② 全密封结构阻止了振动、温度和腐蚀性环境对它的影响。独立的防风雨现场接线盒把现场导线接点和仪表其他部分隔离开，结构经久耐用。

③ 具有双向通信能力。可以通过远程通信识别仪表，检验它的校准情况，查阅对比以前存储的维修记录及其他信息，实现尽快启动回路的目的。

④ 具有自诊断功能，例如阀门使用跟踪参数、仪表健康状态参数等。

习题与思考

1. 阀门定位器的作用是什么？
2. 阀门定位器在什么场合使用？

项目三　数字控制阀和智能控制阀

随着计算机控制系统的发展，为了能够直接接收数字信号，执行器出现了与之适应的新品种，数字控制阀和智能控制阀就是其中两种，下面简单介绍一下它们的功能与特点。

一、数字控制阀

数字控制阀是一种位式的数字执行器，由一系列并联安装且按二进制排列的阀门组成。

图 4-3-1 所示为一个 8 位二进制数字控制阀的控制原理。数字控制阀阀体内有一系列开闭式的流孔，它们按照二进制顺序排列。例如对这个数字控制阀，每个流孔的流通截面积比按 $2^0:2^1:2^2:2^3:2^4:2^5:2^6:2^7$ 来设计，每个孔都对应信号“1”或“0”，即每个孔有开和关，如果所有流孔关闭，则流量为 0，如果流孔全部开启，则流量为 255（流量单位），分辨率为 1（流量单位）。因此，数字控制阀能在很大的范围内（如 8 位数字阀调节范围 1～255）精密控制流量。数字控制阀的开度按步进式变化，每步大小随位数的增加而减小。这样，数字控制阀就具有了将数字信号转换为模拟量截面积的功能。

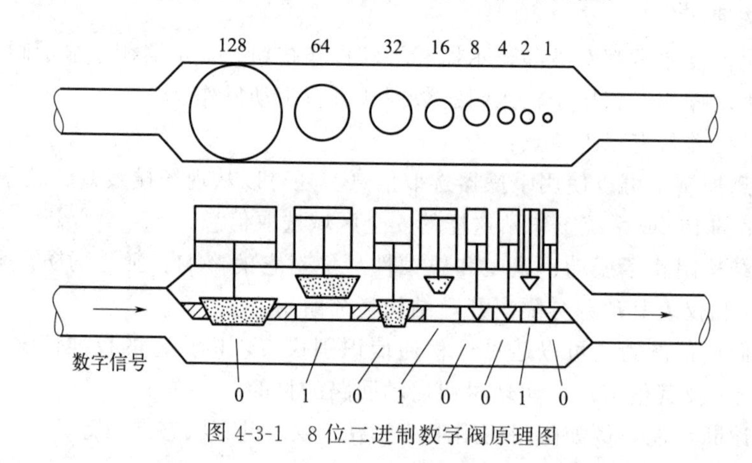

图 4-3-1　8 位二进制数字阀原理图

数字控制阀主要由流孔、阀体和执行机构三部分组成。每一个流孔都有自己的阀芯和阀座。执行机构可以用电磁线圈，也可以用装有弹簧的活塞执行机构。

数字控制阀有以下特点：

① 高分辨率。数字控制阀位数越高，分辨率越高。8 位、10 位的分辨率比模拟式控制阀高得多。

② 高精度。每个流孔都装有预先校正了流量特性的孔状喷管或文丘里状喷管，精度很高，尤其适合小流量控制。

③ 量程变化范围可以很大，从微小流量到大流量均可以进行流量控制。

④ 反应速度快，关闭特性好；没有滞后、线性好、噪声小；可以作为安全机构。

⑤ 数字控制阀能直接接收计算机的信号，可直接将数字信号转换成阀开度，因此在计算机控制的系统中可直接使用数字控制阀。

但是数字控制阀结构复杂、部件多、价格高；由于过于敏感，如果输送至数字控制阀的控制信号稍有变化，就会造成控制错误，使被控流量大大高于或低于所要求的量。

二、智能控制阀

智能控制阀是近年来迅速发展的执行器，集常规仪表的检测、控制、执行等作用于一身，具有智能化的控制、显示、诊断、保护和通信功能。智能控制阀可以对控制阀在工作过程中的流量变化、压差、开度变化以及流量特性等及时加以调整以获得良好的控制性能。它采用以控制阀为主体，将许多部件组装在一起的一体化结构。智能控制阀的智能主要体现在以下几个方面。

1. 控制方面

除了一般的执行器控制功能外，智能控制阀可以根据给定值自动进行 PID 调节，控制流量、压力、压差、温度等多种过程变量。

2. 通信方面

与上位控制器、DCS、主计算机系统等进行通信。与 PC 连接，进行组态、校准、数据检索与故障诊断等，重要通信采用数字通信方式。智能控制阀还允许远程检测、整定、修改参数或算法等。

3. 诊断方面

智能控制阀安装在现场，都有自诊断功能，能根据配合使用的各种传感器通过微机分析判断故障情况，及时采取措施并报警，即具有事故预测、监视、报警和事故切断等功能。

目前，智能控制阀已经用于现场总线控制系统中。

习题与思考

1. 数字控制阀具有什么特点?
2. 智能控制阀具有什么特点?

项目四　变频器

一、变频器的外形

变频器的外形大致可分为挂式、柜式和柜挂式三种，功率小的一般采用挂式，功率大的一般采用柜式，柜挂式是变频器制造企业为方便用户安装推出的一种外形。图 4-4-1 所示为通用变频器的外形。

(a) 挂式

(b) 柜式

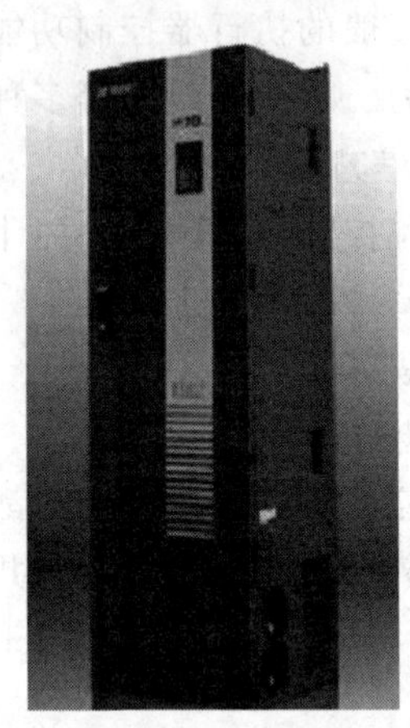

(c) 柜挂式

图 4-4-1　通用变频器的外形

二、变频器的基本原理结构

变频器的实际电路相当复杂，图 4-4-2 所示为变频器的基本原理结构框图。图 4-4-2 的上半部分是由电力电子器件构成的主电路（整流器、中间环节、逆变器），R、S、T 是三相交流电源输入端，U、V、W 是变频器三相交流电输出端。图 4-4-2 的下半部分是以 16 位单片机为核心的控制电路。

控制电路的基本结构如图 4-4-3 所示，它主要由主控板、键盘与显示屏、电源板、外接控制电路等构成。

1. 主控板

主控板是变频器运行的控制中心，其主要功能有：

① 接收从键盘输入的各种信号。

② 接收从外部控制电路输入的各种信号。

③ 接收内部的采样信号，如主电路中电压与电流的采样信号、各部分温度的采样信号、各逆变管工作状态的采样信号等。

④ 完成 SPWM 调制，将接收的各种信号进行判断和综合计算，产生相应的 SPWM 调制指令，并分配给各逆变管的驱动电路。

⑤ 产生显示信号，向显示屏发出各种显示信号。

⑥ 发出保护指令。变频器必须根据各种采样信号随时判断其工作是否正常，一旦发现异常工况，立即发出保护指令进行保护。

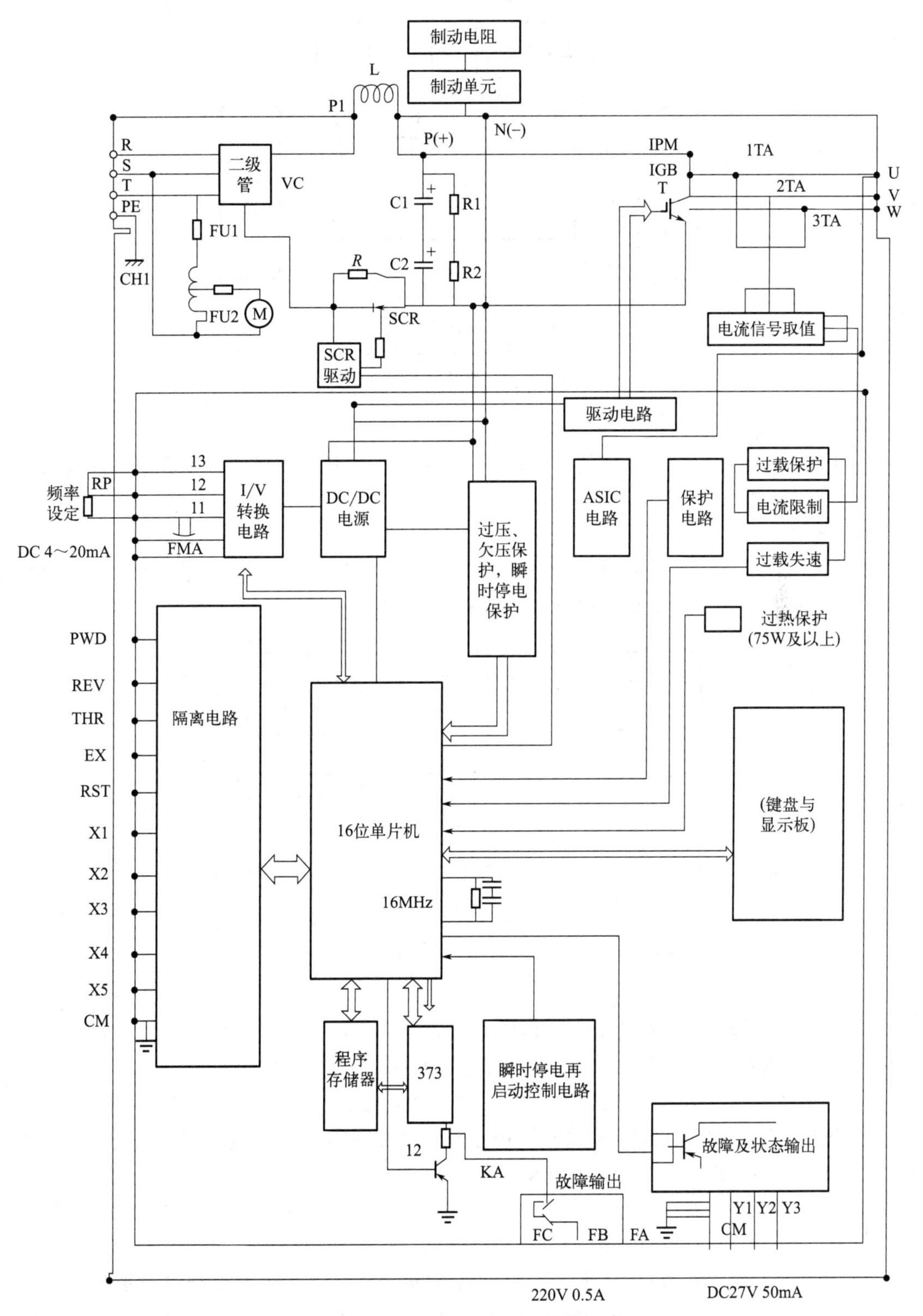

图 4-4-2 变频器的基本原理结构框图

⑦ 向外电路发出控制信号，如正常运行信号、频率达到信号、故障信号等。

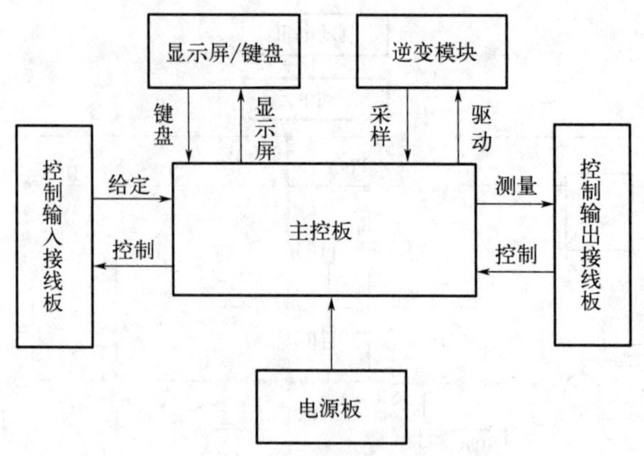

图 4-4-3　控制电路的基本结构

2. 键盘与显示屏

键盘用于向主控板发出各种信号或指令，显示屏将主控板提供的各种数据进行显示，两者总是组合在一起。

（1）键盘

不同类型的变频器配置的键盘型号是不一样的，尽管形式不一样，但基本的原理和构成都差不多。通用变频器的键盘配置示意图如图 4-4-4 所示。

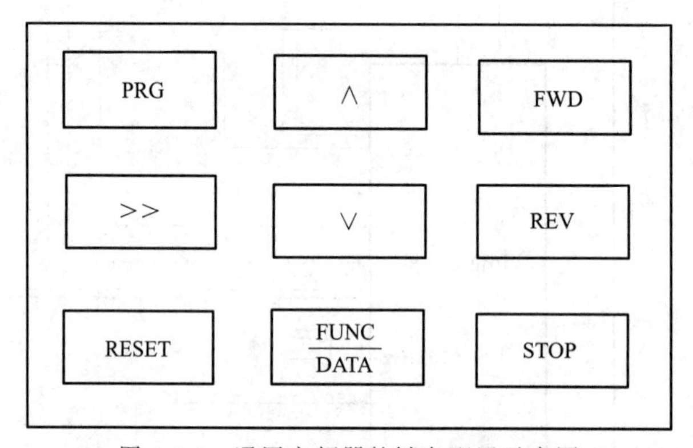

图 4-4-4　通用变频器的键盘配置示意图

① 模式转换键。变频器的基本工作模式有运行和显示模式、编程模式等。模式转换键是用来切换变频器的工作模式的。常见的符号有 PRG、MOD、FUNC 等。

② 数据增减键。用于改变数据的大小。常见的符号有∧、△、↑、∨、▽和↓等。

③ 读出、写入键。在编程模式下，用于读出原有数据和写入新数据。常见的符号有 SET、READ、WRITE、DATA 和 ENTER 等。

④ 运行键。变频器在运行模式下，用来进行各种运行操作。常见的符号有 RUN（运行）、FWD（正转）、REV（反转）、STOP（停止）和 JOG（点动）等。

⑤ 复位键。变频器因故障而跳闸后，为了避免误动作，其内部控制电路被封锁。当故障修复后，必须先按复位键，使之恢复为正常状态。复位键的符号是 RESET（或简写为 RST）。

⑥ 数字键。有的变频器配置了“0～9”和小数点“.”等键，可直接输入所需数据。

（2）显示屏

大部分变频器配置了液晶显示屏，它可以完成各种显示功能。通用变频器的显示屏示意图如图 4-4-5 所示。

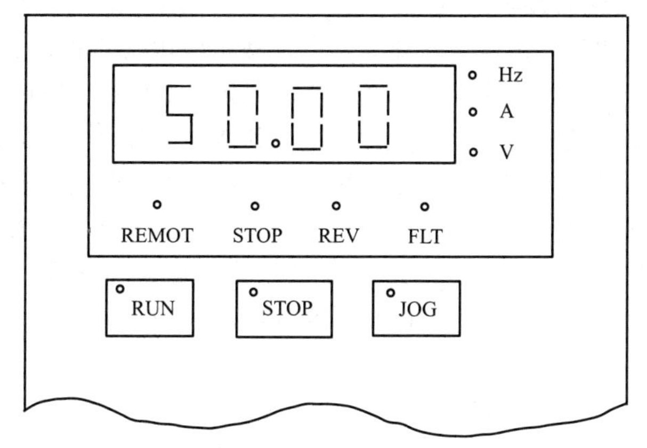

图 4-4-5　通用变频器的显示屏示意图

数据显示主要内容有：

① 在监视模式下，显示各种运行数据，如频率、电流、电压等。

② 在运行模式下，显示功能码和数据码。

③ 在故障状态下，显示故障原因的代码。

指示灯主要作用：

① 状态指示。如 RUN（运行）、STOP（停止）、FWD（正转）、FLT（故障）等。

② 单位指示。显示屏上数据的单位，如 Hz、A、V 等。

3. 电源板

变频器的电源板主要提供以下电源：

① 主控板电源　它要求有极好的稳定性和抗干扰能力。

② 驱动电源　因逆变管处于直流高压电路中，又分属于三相输出电路中不同的相，所以驱动电源和主控板电源之间必须可靠隔离，各驱动电源之间也必须可靠绝缘（和直流高压电源的负极相接的三个驱动电路可以共“地”）。

③ 外控电源　为外接控制电路提供稳定的直流电源。例如，当对外接电位器供电时，其电源就是由变频器内部的电源板提供的。

三、变频器的应用

变频器具有节能、易操作、便于维护、控制精度高等优点，在多个领域得到广泛的应用。本节举几个例子。

1. 变频调速技术在风机上的应用

在工矿企业，风机设备应用广泛，诸如锅炉燃烧系统、通风系统和烘干系统等。传统的风机工作时全速运转，即不论生产工艺的需求如何，风机都提供固定数值的风量，而生产工艺往往需要对炉膛压力、风速、风量及温度等指标进行控制。最常用的控制方法是调节风门或挡板开度的大小来控制被控对象，这样，就使得能量以风门、挡板的节流损失消耗掉了。统计资料显示，在工业生产中，风机风门、挡板相关设备的节流损失以及维护、维修费也受到限制，直接影响了产品质量和生产效率。

风机设备可以用变频器驱动的方案取代风门、挡板控制方案，从而降低电动机功率损耗，达到系统高效运行的目的。

2. 变频器在供水系统节能中的应用

城市自来水管网的水压一般规定保证 6 层以下楼房的用水，其余上部各层均须“提升”水压才能满足用水要求。以前大多采用水塔、高位水箱或气压罐增压设备，但它们都必须由水泵以高出实际用水高度的压力来“提升”水量，其结果是增大了水泵的轴功率和能耗。

恒压供水控制系统的基本控制策略是：采用变频器对水泵电动机进行变频调速，组成供水压力的闭环控制系统，系统的控制目标是泵站总管的出水压力，系统设定的给水压力值与反馈的总管压力实际值进行比较，其差值输入 CPU 进行运算处理后，发出控制指令，改变水泵电动机的转速和控制水泵电动机的投运台数，从而使给水总管压力稳定在设定的压力值。

3. 中央空调系统的变频技术及应用

中央空调系统是楼宇里最大的耗电设备，每年的电费中空调耗电占 60%左右，故对其进行节能改造具有重要意义。由于中央空调系统必须按天气最热、负荷最大的情况进行设计，并且要留 10%～20%的设计裕量，然而实际上绝大部分时间空调不会运行在满负荷状态下，故存在较大的富余，所以节能的潜力就较大。其中，冷冻主机可以根据负载变化而加载或减载，冷冻水泵和冷却水泵却不能随负载变化做出相应调节，故存在很大浪费。水泵系统的流量与压差是靠控制阀和旁通阀调节的，因此不可避免地存在较大截流损失和大流量、高压力、低温差的现象，不仅浪费大量电能，而且还造成中央空调末端达不到合理效果的情况。为了解决这些问题，需使水泵随着负载的变化调节水流量、开关旁通阀。

一般水泵采用的是 Y-△启动方式，电动机的启动电流均为其额定电流的 3～4 倍，一台 110kW 的电动机其启动电流将达到 600A，在如此大的电流冲击下，接触器、电动机的使用寿命大大下降，同时，启动时机械冲击和停泵时的水锤现象，容易对机械零件、轴承、阀门、管道等造成破坏，从而增加维修工作量和备品、备件费用。

对水泵系统进行变频调速改造，使之根据冷冻水泵和冷却水泵负载的变化而调整电动机的转速，以达到节能的目的。

习题与思考

1. 变频器的基本原理结构是什么？
2. 变频器有哪些应用？

项目五　控制阀及阀门定位器的校验

一、学习目标

1. 知识目标

① 掌握变差和精度的计算方法。

② 熟悉控制阀及阀门定位器的结构原理。

③ 了解控制阀及阀门定位器的调校方法。

④ 了解气动薄膜控制阀的动作过程。

2. 能力目标

① 初步具备调校控制阀及阀门定位器的能力。

② 初步具备计算变差和精度的能力。

二、实训设备材料及工具

1. 实训设备

① 气动薄膜控制阀（ZMAP-16K/B）	1 台
② 电-气阀门定位器（DZF-Ⅲ）	1 台
③ 标准压力表（不低于 0.4 级）0～160kPa	1 只
④ QGD-100 型气动定值器	1 台
⑤ 百分表	1 只
⑥ 可调电流源（电流发生器）	1 台
⑦ 标准电流表	1 只

2. 实训工具

① 300mm 扳手	1 把
② 200mm 扳手	1 把
③ 平口螺丝刀	1 把

3. 实训材料

① 导线少量。

② 生料带少量。

三、系统调校图

系统调校图如图 4-5-1 所示。

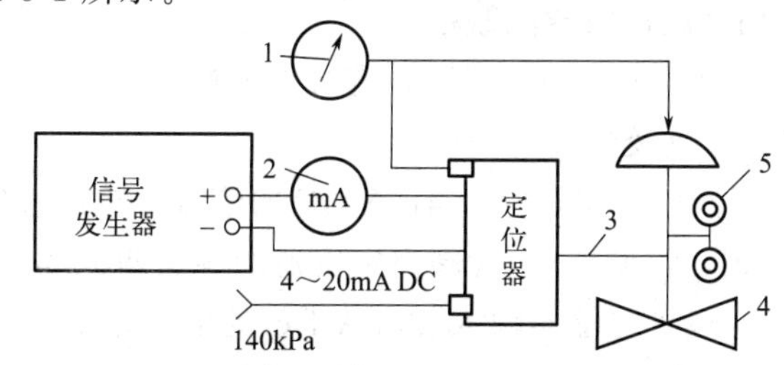

图 4-5-1　执行器与阀门定位器调校连接图

1—精密压力表；2—直流毫安表；3—反馈杆；4—执行器；5—百分表

四、实训任务

实训任务见表 4-5-1。

表 4-5-1　实训任务

任务一	控制阀及定位器的结构、原理
任务二	百分表的使用
任务三	控制阀及阀门定位器零点的调校方法
任务四	控制阀及阀门定位器量程的调校方法
任务五	控制阀及阀门定位器的上下行程校验
任务六	误差计算和精度计算

五、实训步骤

1. 执行机构的拆卸（演示）

对照结构图，卸下上阀盖，并拧动下阀杆使之与阀杆连接螺母脱开。依次取下执行机构内各部件，记住拆卸顺序及各部件的安装位置以便于重新安装。

在执行机构的拆装过程中可观察到执行机构的作用形式，通过薄膜与上阀杆顶端圆盘的相对位置即可分辨之。若气压信号从膜片上方引入，为正作用执行机构；反之若气压信号是从膜片下方引入，为反作用执行机构。

2. 阀的拆卸（演示）

卸去阀体下方各螺母，依次卸下阀体外壳，慢慢转动并抽出下阀杆（因填料函对阀杆有摩擦作用，观察各部件的结构。在阀的拆卸过程中可观察如下几点。

① 阀芯及阀座的结构形式　拆开后可辨别阀门是单座阀还是双座阀。

② 阀芯的正、反装形式　观察阀芯的正反装形式后可结合执行机构的正反作用来判断执行器的气开气关形式。

③ 阀的流量特性　根据阀芯的形状可判断阀的流量特性。

3. 执行器的安装（演示）

将所拆卸的各部件复位并安装，在安装过程中要遵从装配规程，注意膜片及阀体部分要上紧，以防介质和压缩空气泄漏。安装后的执行器要进行膜片部分的气密性实验，即通入0.25MPa 的压缩空气后，观察在 5min 内的薄膜气室压力降低值，看其是否符合技术指标要求。也可以用肥皂水检查各接头处，看是否有漏气现象。

4. 电/气阀门定位器与气动执行器的联校

按图 4-5-1 连线，经指导教师检查无误后，进行下列操作。

（1）电/气阀门定位器零点及量程的调整

① 零点调整。给电/气阀门定位器输入 4mA DC 的信号，输出气压信号应为 20kPa，执行器阀杆应刚好启动。否则，可调整电/气阀门定位器的零点调节螺钉来满足要求。

② 量程调整。给电/气阀门定位器输入 20mA DC 的信号，输出气压信号应为 100kPa，执行器阀杆应走完全行程。否则，调整量程调节螺钉来满足要求。

零点和量程应反复调整，直到符合要求为止。

(2) 非线性误差及变差的校验

输入信号由电流发生器提供，做正、反行程校验，结果填入表 4-5-2 中。

表 4-5-2　联校时非线性偏差、变差校验记录表

校验点		阀杆位置		阀杆位移量	
百分比/%	信号值/kPa	正行程/%	反行程/%	正行程/%	反行程/%
0					
25					
50					
75					
100					
非线性/%					
变差/%					

六、实训结果分析

要求学生分析实训数据，得出实训结果。

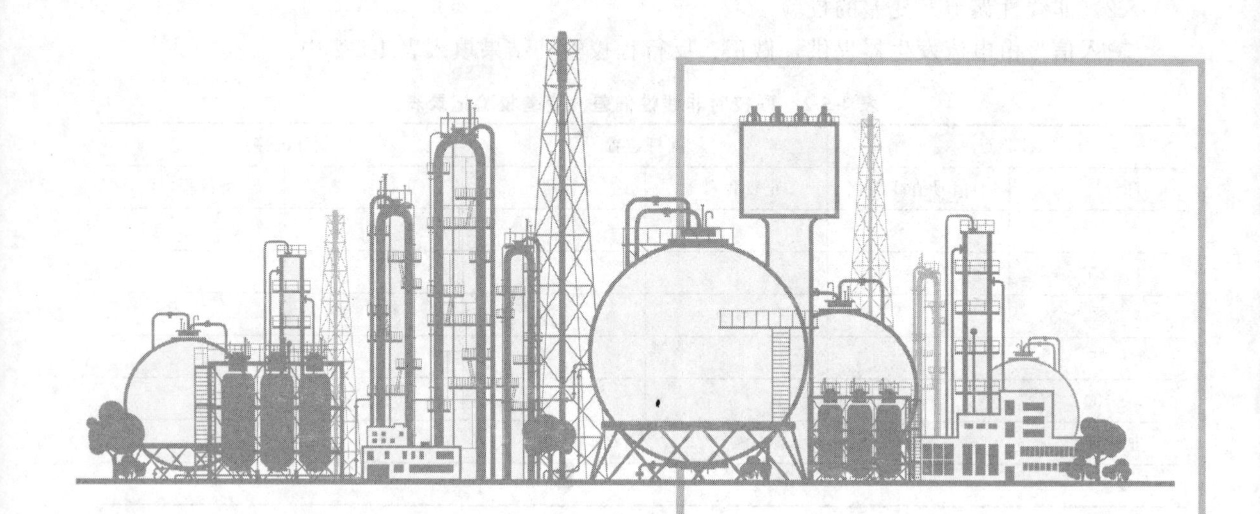

模块五

简单控制系统及复杂控制系统

项目一　简单控制系统

一、概述

随着生产过程自动化水平的日益提高，控制系统的类型越来越多，复杂程度的差异也越来越大。本项目所研究的简单控制系统是使用最普遍、结构最简单的一种控制系统。所谓简单控制系统，通常指由一个测量元件及变送器、一个控制器、一个执行器和一个被控对象所构成的一个回路闭环负反馈定值系统，因此也称为单回路控制系统。

图 5-1-1 的液位控制系统与图 5-1-2 的温度控制系统都是简单控制系统的例子。

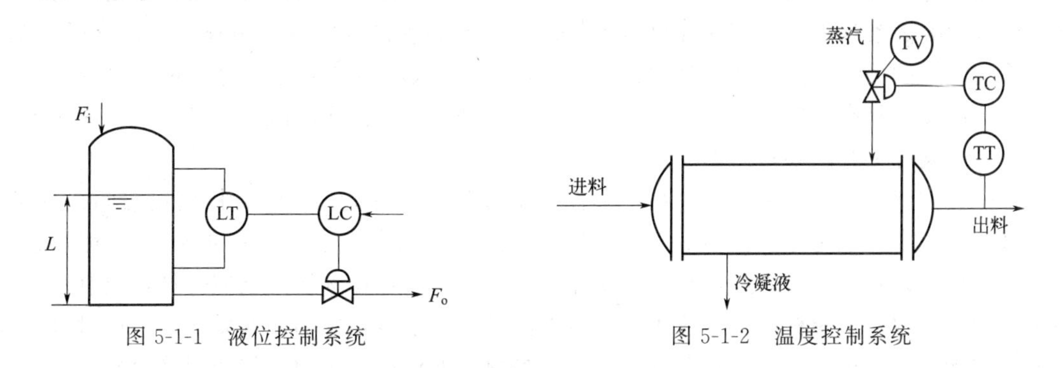

图 5-1-1　液位控制系统　　　　图 5-1-2　温度控制系统

图 5-1-1 的液位控制系统中，贮槽是被控对象，液位是被控变量，变送器是将反映液位高低的信号送往液位控制器 LC。控制器的输出信号送往控制阀，控制阀开度的变化使贮槽输出流量发生变化以维持液位稳定。

图 5-1-2 的温度控制系统，是通过改变进入换热器的载热体流量，以维持换热器出口物料的温度在工艺规定的数值上。

简单控制系统的典型方框图如图 5-1-3 所示。由图可知，简单控制系统由四个基本环节组成，即被控对象（简称对象）、测量变送装置、控制器和执行器。对于不同对象的简单控制系统，都可以用相同的方框图来表示，以便于对它们的共性进行研究。

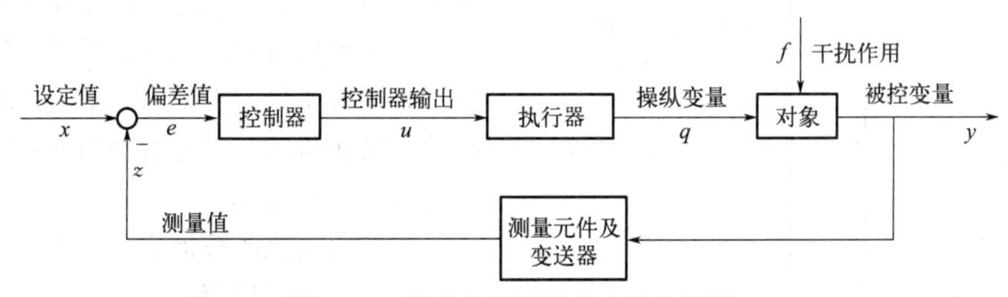

图 5-1-3　简单控制系统的典型方框图

简单控制系统的结构比较简单，所需自动化装置数量少，投资少，操作维护也比较方便，因此在工业生产过程中得到了广泛的应用。由于简单控制系统应用广泛，因此，学习和研究简单控制系统的结构、原理及使用是十分必要的。同时，学会了简单控制系统的分析，将会给复杂控制系统的分析和研究提供很大的方便。

本项目将介绍简单控制系统设计的基本原则，简单控制系统的分析方法，控制器控制规律的选择及控制器参数的整定，控制系统的投用及运行中的问题分析等。

二、简单控制系统的设计

（一）被控变量的选择

在构成一个自动控制系统时，被控变量的选择十分重要，它关系到系统能否达到稳定操作、增加产量、提高质量、改善劳动条件等目的，关系到控制方案的成败。如果被控变量选择不当，不管组成什么形式的控制系统，也不管配上多么精确的工业自动化仪表，都不能达到预期的控制效果。

被控变量的选择是与生产工艺密切相关的。影响生产过程正常进行的因素是很多的，但并非所有影响因素都需要且可能加以自动控制。因此必须深入实际，调查研究，分析工艺，找出影响生产的关键变量将其作为被控变量。所谓“关键”，是指这些变量对产品产量、质量以及生产安全具有决定性的作用，且对这些变量进行人工操作时既紧张又频繁，或人工操作根本无法满足工艺的要求。

根据被控变量与生产过程的关系，被控变量可分为两种类型——直接变量与间接变量。如果被控变量本身就是需要控制的工艺指标（如温度、压力、流量、液位等），则称为直接变量。如果工艺是要求按质量指标进行操作的，如果以质量指标作为被控变量，但有时缺乏各种合适的获取质量指标的信号仪表，或虽能测量但是信号很微弱或滞后很大，这时可选取与直接质量指标有单位对应关系且反应又快的参数，如温度、压力等作为间接变量。

被控变量的选择，有时是一件十分复杂的工作，除了前面所说的要找出关键变量外，还要考虑许多其他因素。下面先举一个例子略加说明，然后再归纳出被控变量选择的一般原则。

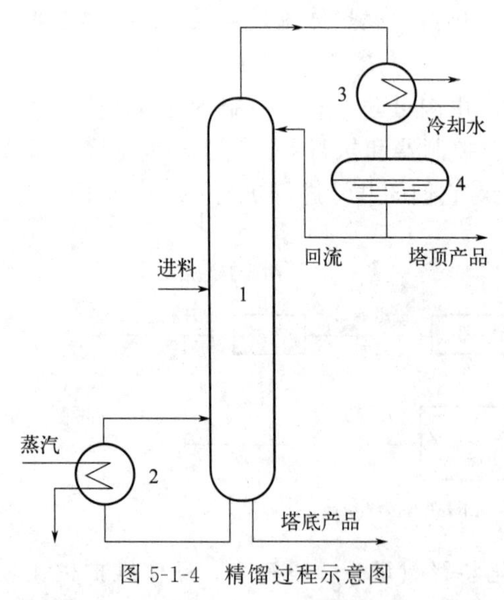

图 5-1-4 精馏过程示意图

1—精馏塔；2—蒸汽加热釜；3—冷凝器；4—回流罐

图 5-1-4 是精馏过程的示意图。它的工作原理是利用被分离物各组分的挥发度不同，把混合物的各组分进行分离。假定该精馏塔的操作是要使塔顶产品达到规定的纯度，那么塔顶馏出物的浓度 X_D 应作为被控变量，因为它就是工艺上的质量指标。

如果测量塔顶馏出物的浓度 X_D 尚有困难，那么就不能直接以 X_D 作为被控变量。这时可以在与 X_D 有关的变量中找到合适的变量作为被控变量。

在二元系统的精馏中，当在气液两相并存的情况下，塔顶馏出物的浓度 X_D 与塔温 T_D 和塔压 p 三者之间的关系为

$$X_D=f(T_D,p) \tag{5-1-1}$$

可见这是一个二元函数关系，X_D 与 T_D 和 p 都有关，不能直接使用 T_D 或 p 作为控制 X_D 的间接变量。但是当 T_D 一定或 p 一定时，上式可以简化成一元函数关系，即当

塔压 p 一定时，有

$$X_D = f(T_D) \tag{5-1-2}$$

当塔温 T_D 一定时，有

$$X_D = f(p) \tag{5-1-3}$$

当压力 p 恒定时，浓度 X_D 和温度 T_D 间存在着单值对应关系。如图 5-1-5 所示为苯、甲苯二元系统中易挥发组分浓度与温度间的关系。易挥发组分的浓度越高，对应的温度越低；相反，易挥发组分的浓度越低，对应的温度越高。

当温度 T_D 恒定时，浓度 X_D 和压力 p 之间存在着单值对应关系，如图 5-1-6 所示。易挥发组分浓度越高，对应的压力越高；反之，易挥发组分的浓度越低，与之对应的压力也越低。由此可见，在浓度、温度、压力三个变量中，只要固定温度或压力中的一个，另一个就可以代替浓度 X_D 作为被控变量。在温度和压力中究竟选择哪一个变量作为被控变量好呢？

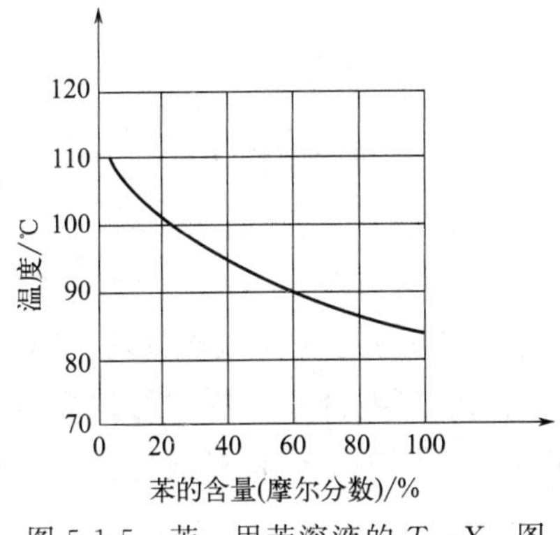

图 5-1-5　苯、甲苯溶液的 T_D-X_D 图

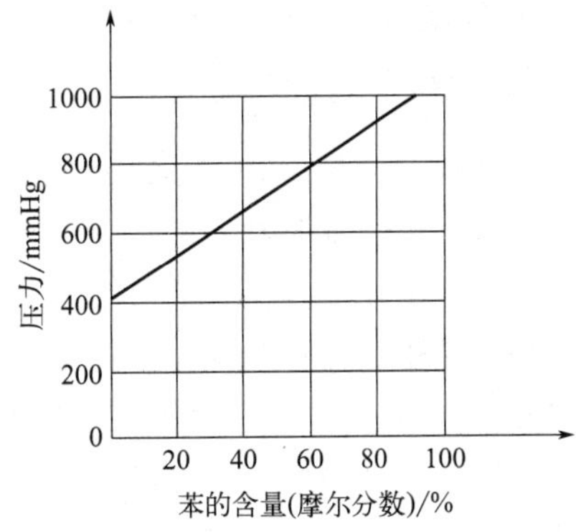

图 5-1-6　苯、甲苯溶液的 p-X_D 图

从工艺合理性考虑，常常选择温度作为被控变量。这是因为：第一，在精馏塔操作中，压力往往需要固定，只有将塔操作在规定的压力下，才易于保证塔的分离纯度，保证塔的效率和经济性，如果塔压波动，就会破坏原来的气液平衡，影响相对挥发度，使塔处于不良工况，同时，随着塔压的变化，往往还会引起与之相关的其他物料量（例如进、出量，回流量等）的变化；第二，在塔压固定的情况下，精馏塔各层塔板上的压力是基本一致的，这样各层塔板上的温度与组分之间就有一定的单值对应关系。由此可见，固定压力，选择温度作为被控变量对精馏塔的出料组分进行间接指标控制是可能的，也是合理的。

在选择被控变量时，还必须使所选变量有足够的灵敏度。在本例中，当浓度 X_D 变化时，温度 T_D 的变化必须灵敏，要有足够大的变化，容易被测量元件感受。

此外，还要考虑简单控制系统被控变量间的独立性。假如在精馏操作中，塔顶和塔底的产品纯度都需要控制在规定的数值，据上分析，可在固定塔压的情况下，在塔顶与塔底分别设置温度控制系统。但这样一来，由于精馏塔各塔板上的物料温度相互之间有一定影响，塔底温度升高，塔顶温度相应也会升高；同样，塔顶温度升高，亦会使塔底温度相应升高。也就是说塔顶的温度与塔底的温度之间存在关联问题。因此，以两个简单控制系统分别控制塔顶温度与塔底温度，势必造成相互干扰，使两个系统都不能正常工作。所以采用简单控制系统时，通常只能保证塔顶或塔底一端的产品质量。若工艺要求保证塔顶产品质量，则选塔顶温度为被控变量；若工艺要求保证塔底产品质量，则选塔底温度为被控变量。如果工艺要求塔顶和塔底产品纯度都要严格保证，则通常需要组成复杂控制系统，增加解耦装置，解决相互关联问题。

从上述实例中可以看出，若要正确地选择被控变量，就必须了解工艺过程和工艺特点对控制的要求，仔细分析各变量之间的相互关系。选择被控变量时，一般要遵循下列原则：

① 被控变量应能代表一定的工艺操作指标或能反映工艺的操作状态，一般都是工艺过程中比较重要的变量。

② 被控变量在工艺操作过程中常常会因受到一些干扰影响而变化，为维持被控变量的恒定，需要较频繁地控制。

③ 尽量采用直接指标作为被控变量。当无法获得直接指标信号，或其测量信号滞后很大时，可选择与直接指标有单值对应关系的间接指标作为被控变量。

④ 被控变量应比较容易测量并具有小的滞后和足够大的灵敏度。

⑤ 选择被控变量时，必须考虑工艺合理性和国内仪表产品现状。

⑥ 被控变量应是独立可控的。

（二）操纵变量的选择

在自动控制领域中，把用来克服干扰对被控变量的影响、实现控制作用的变量称为操纵变量。具体来说，就是执行器的输出变量。最常见的操纵变量是某种介质的流量。此外，也可以以转速、电压等作为操纵变量。在本章项目一举的例子中，图 5-1-1 的液位控制系统，其操纵变量是出口流体的流量；图 5-1-2 的温度控制系统，其操纵变量是载热体的流量。

当被控变量选定以后，接下来应对工艺进行分析，找出有哪些因素会影响被控变量发生变化，并确定这些影响因素哪些是可控的，哪些是不可控的。原则上应将对被控变量影响较显著的可控因素作为操纵变量。下面举一实例加以说明。

图 5-1-7 是炼油和化工厂中常见的精馏设备，如果根据工艺要求，已选定提馏段某块塔板（一般为温度变化最灵敏的板——灵敏板）上的温度作为被控变量，那么，自动控制系统的任务就是通过维持灵敏板温度恒定来保证塔底产品的成分满足要求。

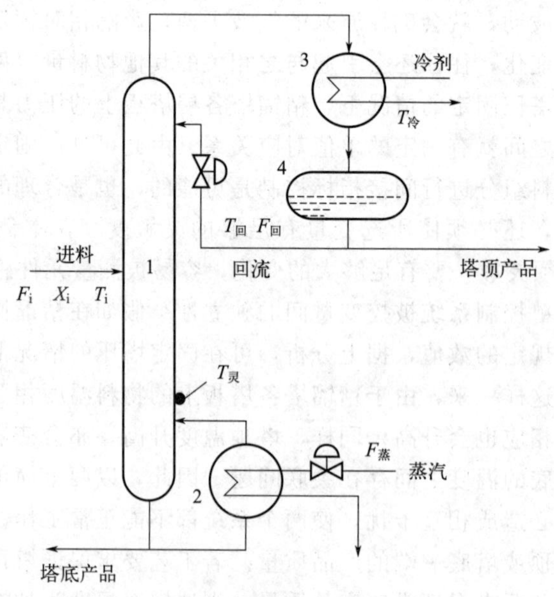

图 5-1-7　精馏塔流程图

1—精馏塔；2—蒸汽加热釜；3—冷凝器；4—回流罐

从工艺分析可知，影响提馏段灵敏板温度 $T_{灵}$ 的因素主要有：进入流量（F_i）、进入成分（X_i）、进入温度（T_i）、回流流量（$F_{回}$）、回流温度（$T_{回}$）加热蒸汽流量（$F_{蒸}$）、冷凝器冷却温度（$T_{冷}$）及塔压（p）等。这些因素都会影响被控变量 $T_{灵}$ 的变化，如图 5-1-8 所示。现在的问题是选择哪一个变量作为操纵变量。为此，我们可将这些影响因素分为两大类，即可控的和不可控的。

从工艺角度来看，本例中只有回流流量 $F_{回}$ 和加热蒸汽流量 $F_{蒸}$ 为可控因素，其他均为不可控因素。当然，在不可控因素中，有些也是可以控制的，例如 F_i、塔压 p 等，只是工艺上不允许用这些变量去控制塔内的温度（因为 F_i 的波动意味着生产负荷的波动，塔压的波动意味着塔的工况不稳定，这些都是不允许的）。在两个可控因素中，加热蒸汽流量的变化对提馏段温度的影响更迅速、更显著。同时，从经济角度来看，控制加热蒸汽流量比控制回流流量所消耗的能量要小，所以选择加热蒸汽流量作为操纵变量。

操纵变量和干扰变量作用在对象上，都会引起被控变量的变化。图 5-1-9 是其示意图。干扰变量由干扰通道施加在对象上，起着破坏作用，使被控变量偏离给定值；操纵变量由控制通道加到对象上，使被控变量恢复到给定值，起校正作用。这是一对相互矛盾的变量，它们对被控变量的影响都与对象特性有密切关系。因此，在选择操纵变量时，要认真分析对象特性，以提高控制系统的控制品质。

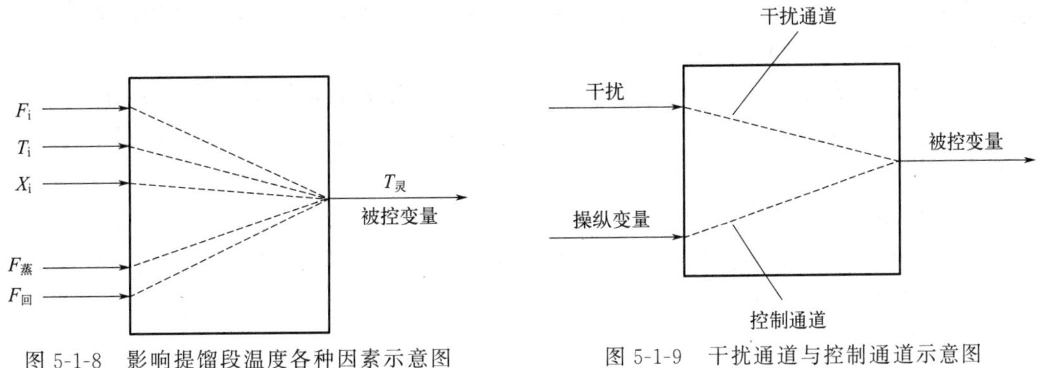

图 5-1-8　影响提馏段温度各种因素示意图

图 5-1-9　干扰通道与控制通道示意图

概括起来，选择操纵变量的原则有如下三个。

① 操纵变量应是可控的，即工艺上允许控制的变量。

② 操纵变量一般应比其他干扰对被控变量的影响更灵敏。为此，应通过合理选择操纵变量，使控制通道的放大倍数适当大、时间常数适当小、滞后时间尽量短。为使其他干扰对被控变量的影响减小，应使干扰通道的放大倍数尽可能小，时间常数尽可能大。注意，在影响被控变量的诸多因素中，确定了其中一个因素作为操纵变量后，其余的因素都自然成了影响被控变量变化的干扰因素。在精馏塔提馏段温度控制中，由于回流流量对提馏段温度影响的通道长，时间常数大，而加热蒸汽流量对提馏段影响的通道短，时间常数小，因此选择加热蒸汽流量作为操纵变量是合理的。

③ 在选择操纵变量时，除了从自动化角度考虑外，还要考虑工艺的合理性与生产的经济性，尽可能地减少物料和能量的消耗。一般来说，不宜选择生产负荷作为操纵变量，因为生产负荷直接关系到产品的产量，是不宜经常波动的。

（三）控制器控制规律和正、反作用方向的选择

1. 控制规律的选择

选择哪种控制规律主要是根据广义对象的特性和工艺的要求来确定的。

（1）位式控制

常见的位式控制有双位和三位两种，一般适用于滞后较小，负荷变化不大也不剧烈，控制质量要求不高，允许被控变量在一定范围内波动的场合，如恒温箱、电阻炉的温度控制。

（2）比例控制

它是最基本的控制规律，控制器的输出与偏差成比例，即控制阀门位置与偏差之间具有一一对应关系。比例控制器克服干扰能力强、控制及时、过渡时间短，但是纯比例控制系统在过渡过程终了时存在余差，负荷变化越大，余差就越大。

比例控制器适用于控制通道滞后较小、负荷变化不大、工艺上允许余差存在的系统，例如中间贮槽的液位、精馏塔塔釜液位以及不太重要的蒸汽压力控制系统等。

（3）比例积分控制

由于在比例作用的基础上加入了积分作用，而积分作用的输出与偏差的积分成比例，只要偏差存在，控制器的输出就会不断变化，直至消除偏差为止。所以采用比例积分控制器，能消除系统的余差，这是它的显著优点。但是，加入积分作用会使稳定性降低，虽然在加入积分作用的同时，可以通过加大比例度使稳定性基本保持不变，但超调量和振荡周期都会相应增大，过渡过程的时间也会加长。

比例积分控制器是使用最普遍的控制器。它适用于控制通道滞后较小、负荷变化不大、工艺参数不允许有余差的系统。例如流量、压力控制系统和要求严格的液位控制系统，常采用比例积分控制器。

（4）比例积分微分控制

引入微分作用，会有超前作用，使系统的稳定性增加，再加入积分作用可以消除余差。所以，适当调整 δ、T_I、T_D 三个参数，可以使控制系统获得较高的控制质量。

比例积分微分控制器适用于容量滞后较大、负荷变化大、控制质量要求较高的系统，应用最普遍的是温度控制系统与成分控制系统，如反应器、聚合釜的温度控制。对于滞后很小或噪声严重的系统，应避免引入微分作用，否则会由于被控变量的快速变化引起控制作用的大幅度变化，严重时会导致控制系统不稳定。

2. 控制器正、反作用的选择

简单控制系统是具有被控变量负反馈的闭环系统。通过改变控制器的正、反作用，可以保证整个控制系统是一个具有负反馈的闭环系统。

控制器的作用方向是这样规定的：当给定值不变，被控变量测量值增加时，控制器的输出也增加，称为“正作用”方向；反之，如果测量值增加时，控制器的输出减小，称为“反作用”方向，由于控制器的输出决定于被控变量的测量值与给定值之差，所以被控变量的测量值与给定值之差的变化方向，对输出作用的方向的变化是相反的。

（1）逻辑分析法

在一个具体的控制系统中，对象的特性由工艺机理确定，执行器的作用方向由工艺安全条件可以选定，而控制器的作用方向要根据对象及执行器的作用方向来确定，以使整个控制系统构成负反馈的闭环系统。下面举一个加热炉例子加以说明。

图 5-1-10 是一个简单的加热炉出口温度控制系统。在这个系统中，加热炉是被控对象，燃料气流量是操纵变量，被加热的物料出口温度是被控变量。

如果出口温度受到的干扰作用增加（高于给定值），则出口温度 T↑→测量值↑，若控制器为反作用（测量值↑→控制器输出减小↓），控制阀阀门关小↓（使温度下降，即系统为负反馈）→因是气开阀所以控制器输出减小↓→出口温度 T↓。

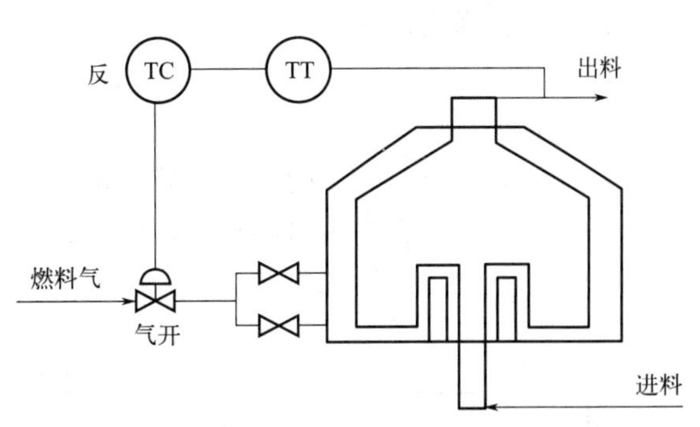

图 5-1-10 简单的加热炉出口温度控制系统

（2）符号分析法

在方框图中，系统为负反馈的条件是闭环内各环节符号乘积为“－”号。所谓符号，就是指环节输入变化后，环节输出的变化方向。当某个环节的输入增加时，其输出也增加，可用“＋”表示；反之，当环节的输入增加时，输出减少，可用“－”表示。

（四）检测元件和变送器的选择

测量变送环节包括检测元件和变送器。在自动控制系统中，被控变量的信号先要经过测量变送环节，转换成气信号或电信号后，才送至控制器。

1. 动态测量误差对控制质量的影响

在许多场合，测量变送环节在进行测量和传送信号的过程中存在着以下各种滞后。

（1）纯滞后

被测量信号传递到检测点需要一定的时间，因而就产生了纯滞后。纯滞后时间等于物料或能量传输的距离除以传输的速度。传输距离越长或传输的速度越慢，纯滞后时间则越长。

在生产过程中，常见的被测参数是温度、压力、流量、液位和物性等，其中最容易引入纯滞后的是温度和物性参数的测量，而且一般都比较大。图 5-1-11 所示是一个 pH 值的控制系统，由于电极不能放置在流速较大的主管道中，因此，pH 值的测量将引入两项纯滞后

$$\tau_1=\frac{l_1}{v_1},\tau_2=\frac{l_{21}}{v_2} \tag{5-1-4}$$

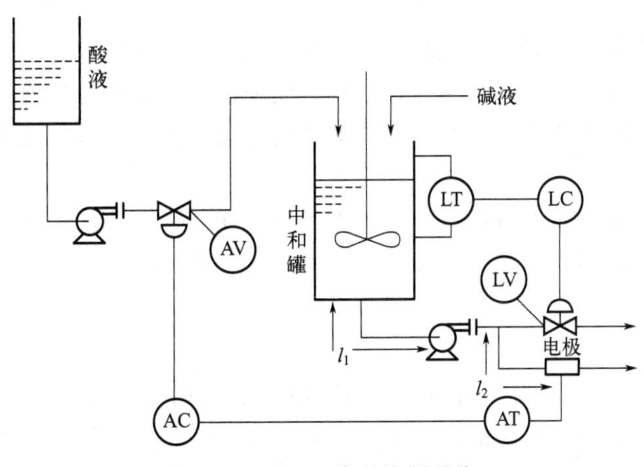

图 5-1-11 pH 值的控制系统

式中　l_1, l_2——主、支管道长度，m；

v_1，v_2——主、支管道流体流速，m/s。

总的测量纯滞后时间为

$$\tau=\tau_1+\tau_2 \tag{5-1-5}$$

(2) 测量滞后

测量滞后是指测量环节的容量滞后，是由测量元件自身的特性所决定的。例如，测温元件测量温度时，由于存在热阻和热容，使该测温元件具有一定的时间常数，其输出总是滞后于被控变量的变化。这种现象通常可以用一个一阶滞后环节来表示。

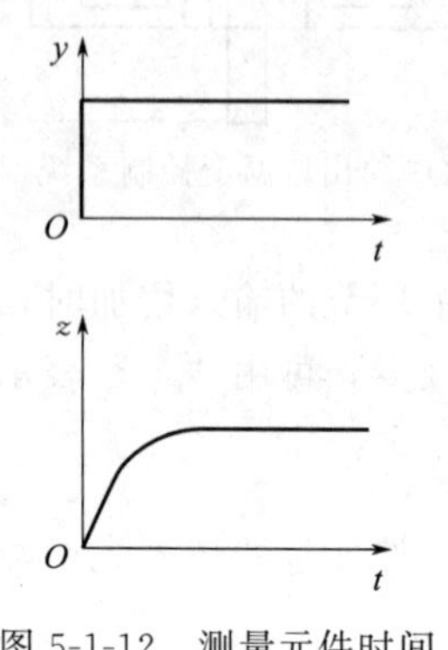

图 5-1-12　测量元件时间常数的影响

如果测量环节的输入 $y(t)$ 做单位阶跃变化，则其输出 $z(t)$ 将按图 5-1-12 所示指数曲线变化。可以看出，只有当 t 趋近于无穷大时，$z(t)=y(t)$。这就是说，由于测量滞后的存在，使得测量变送环节的输出在动态过程中不能表示出被控变量的真实值，而且总是比真实值要小。

(3) 信号传送滞后

在大型石油、化工企业中，生产现场与控制室之间往往相隔一段很长的距离。现场变送器的输出信号要通过信号传输管线送到控制室，而控制器的输出信号也需要通过信号传输管线送到位于现场的控制阀。测量和控制信号的这种往返传输就产生了信号传送滞后，即测量信号传送滞后和控制信号传送滞后两部分。

2. 克服测量变送环节滞后影响的方法

① 选择快速的测量元件，以减小其时间常数，一般以测量元件的时间常数小于对象时间常数的 1/10 为宜。

② 正确选择测量元件的安装位置，即把测量元件的安装位置尽可能选在能最灵敏地反映被测参数的地方，以减小纯滞后时间。

③ 正确使用微分单元，即在测量滞后大的系统中引入微分作用，利用微分作用的预测性来提高控制系统的控制质量。

3. 测量信号的处理

(1) 线性化

为保证控制的质量，人们希望控制系统广义对象的放大系数是一个常数。但有些测量元件的输入与输出的函数关系是非线性的，如热电偶输出的热电动势与温度的关系。因此，需要在变送器中加入线性化环节，使控制器的测量值与被测温度呈线性关系。

(2) 开方处理

在流量控制系统中，如果采用节流装置作为测量元件，则输出的压差信号与被测流量呈二次方关系。要使控制器的测量值与被测流量呈线性关系，就要在差压变送器之后加入开方环节。

(3) 补偿处理

在流量控制系统中，如果被测流量是气体或蒸汽，则节流装置输出的压差信号的大小还与流体的温度和压力有关。为保证测量准确，需要将温度和压力信号引入补偿环节，进行复合运算，从而使控制器的测量值不受到其他参数变化的影响。

（4）滤波

在测量变送环节的输出信号中会有一些随机干扰，被称为噪声。例如，有些容器的液面本身波动得很剧烈，使得变送器的输出也随着波动；用节流装置测量流量时，控制器的测量值也是波动的。这些噪声如果引入控制器，会对控制质量带来影响，特别是在用数字计算机作为控制装置时。

通常采取的措施是滤波，即增加一个滤波环节。模拟滤波器是由气阻和气容或电阻和电容组成的低通滤波器，根据对噪声衰减的要求来决定阻抗和容抗的数值；数字滤波器则可以使用不同的算法来达到不同的滤波要求，因此更加灵活一些。

三、简单控制系统的投运与参数整定

在简单控制系统设计并按设计要求进行正确安装后，即可着手进行控制系统的投运和控制器参数的整定工作。投运是一项很重要的工作，尤其是对一些重要的控制系统更应重视。

（一）简单控制系统的投运

1. 控制系统的投运

经过控制系统设计、仪表调校、安装后，接下来的工作是控制系统的投运。所谓控制系统的投运，就是将系统由手动工作状态切换到自动工作状态。这一过程是通过将控制器上的手动/自动切换开关从手动位置切换到自动位置来完成的。

控制器在手动位置时，控制阀接收的是控制器手动输出信号；当控制器从手动位置切换到自动位置时，将以自动输出信号代替手动输出信号控制控制阀，此时控制阀接收的是控制器根据偏差信号的大小和方向按一定控制规律运算所得的输出信号（称之为自动输出）。如果控制器在切换之前，自动输出与手动输出信号不相等，那么在切换过程中必然会给系统引入扰动，这将破坏系统原先的平衡状态，是不允许的。因此，要求必须保证切换过程无扰动地进行。也就是说，从手动切换到自动的过程中，不应造成系统的扰动，不应破坏系统原有的平衡状态，即切换过程中不能改变控制阀的原有开度。

由于在化工生产中普遍存在高温、高压、易燃、易爆、有毒等工艺场合，所以在这些地方投运控制系统，操作人员会承受一定的风险。

2. 投入运行前的准备工作

控制系统安装完毕或是经过停车检修之后，都要投入运行。在投运每个控制系统前必须要进行全面细致的检查和准备工作。

投运前，首先应熟悉工艺过程，了解主要工艺流程和对控制指标的要求，以及各种工艺参数之间的关系，熟悉控制方案，对测量元件、调节阀的位置，管线走向等都要做到心中有数。投运前的主要检查和准备工作如下所述。

① 对组成控制系统的各组成部件，包括检测元件、变送器、控制器、显示仪表、控制阀等，进行校验并记录，以保证精度要求，确保仪表能正常使用。

② 对各连接管线、接线进行检查，保证连接正确。例如，孔板上下游导压管与变送器高低压端的正确连接；导压管和气动管线必须畅通，不得中间堵塞；热电偶正负极与补偿导线、变送器、显示仪表的正确连接；三线制或四线制热电阻的正确接线等。

③ 如果采用隔离措施，应在清洗导压管后，灌注流量、液位和压力测量系统所需的隔离液。

④ 应设置好控制器的正反作用、内外设定开关等，并根据经验估算预置的 δ、T_I、T_D 参数，或者先将控制器设置为纯比例作用，比例度 δ 置于较大的位置。

⑤ 检查控制阀气开、气关形式的选择是否正确，关闭控制阀的旁路阀，打开上下游的截止阀，并使控制阀能灵活开闭；安装阀门定位器的控制阀应检查阀门定位器能否正确动作。

⑥ 进行联动试验，用模拟信号代替检测变送信号，检查控制阀能否正确动作，显示仪表是否正确显示等；改变比例度、积分时间和微分时间，观察控制器输出的变化是否正确。采用计算机控制时，情况与采用常规控制器时相似。

3. 控制系统运行中的常见问题

控制系统在正常投运以后，经过长期的运行，可能会出现各种问题。除了要考虑测量系统可能出现的故障以外，特别要注意被控对象特性变化以及控制阀特性变化的可能性，要从仪表和工艺两个方面去找原因，不能只从一个角度看问题。

由于控制系统内各组成环节的特性对控制质量都有一定的影响，所以当控制系统中某个组成环节的特性发生变化时，系统的控制质量也会随着发生变化。首先要考虑对象的特性在运行中有无发生变化。例如所用催化剂是否老化或中毒？换热对象的管壁有无结垢而增大热阻降低传热系数？设备内是否由于工艺波动等原因使结晶不断析出或聚合物不断产生？以上各种现象的产生都会使被控对象的特性发生变化，例如时间常数变大、容量滞后增加等。为了适应对象特性的变化，一般可以通过重新整定控制器参数的方法来获得更好的控制质量。因为控制器参数值是针对对象特性而确定的，对象特性改变，控制器参数值也必须改变。

工艺操作的不正常，生产负荷的大幅度变化，不仅会影响对象的特性，而且会使控制阀的特性发生变化。例如控制系统原来设计在中负荷条件下运行，而在大负荷或很小负荷条件下就不适用了；又如所用直线型控制阀在小负荷时特性变化，系统无法获得好的控制质量，这时可考虑采用等百分比型控制阀，情况会有所改善。

控制阀在使用时本身的特性变化也会影响控制系统的工作。如有的阀由于受介质腐蚀，使阀芯、阀座形状发生变化，阀的流通面积变大，特性变坏，也会造成系统不能稳定工作，严重时应关闭截止阀，人工操作旁路阀，更换控制阀。其他如气压信号管路漏气、阀门堵塞等也是常见故障，可按维修规程处理。

（二）控制器的参数整定

一个控制系统的过渡过程或者控制质量，与被控对象特性、干扰的形式与大小、控制方案的确定及控制器参数的整定有着密切的关系。在控制方案、广义对象的特性、干扰位置、控制规律都已确定的情况下，系统的控制质量主要取决于控制器参数的整定。所谓控制器参数的整定，就是对于一个已经设计并安装完毕的控制系统，通过对控制器参数的调整，使得系统的过渡过程达到最令人满意的质量指标要求。具体来说，就是确定控制器最合适的比例度 δ、积分时间 T_I 和微分时间 T_D。有一点须加以说明，不同的系统，整定的目的、要求可能不同，对于简单控制系统，控制器参数整定的目的是通过选择合适的控制器参数，使过渡过程为 4∶1（或 10∶1）的衰减振荡过程。

控制器参数整定的方法有很多，归类起来可分为两大类。一类是理论计算整定法，这类方法要求已知对象的数学模型。但是，无论是数学推导的方法还是试验测试的方法，在求取对象模型时均忽略了某些因素，只能近似反映对象的动态特性。所以理论计算法得到的参数整定值可靠度不高，在现场还需进一步调试，因而这种方法应用得并不广泛。另一类是工程整定法，采用这类方法可以在系统中直接进行调试。

下面介绍两种常见的工程整定法。

1. 临界比例度法

在系统闭环情况下，将控制器的积分时间 T_I 设为最大，微分时间 T_D 设为最小，比例度 δ 设于适当数值（一般为 100%），然后使 δ 由大往小逐步改变，并且每改变一次 δ 值时，通过改变给定值给系统施加一阶跃干扰，同时观察被控变量 y 的变化情况。若 y 的过渡过程呈衰减振荡，则继续减小 δ 值；若 y 的过渡过程呈发散振荡，则应增大 δ 值，直到调至某一 δ 值，过渡过程出现不衰减的等幅振荡为止，如图 5-1-13 所示。这时过渡过程称之为临界振荡过程。出现临界振荡过程的比例度 δ_k 称为临界比例度，临界振荡的周期 T_k 称临界周期。

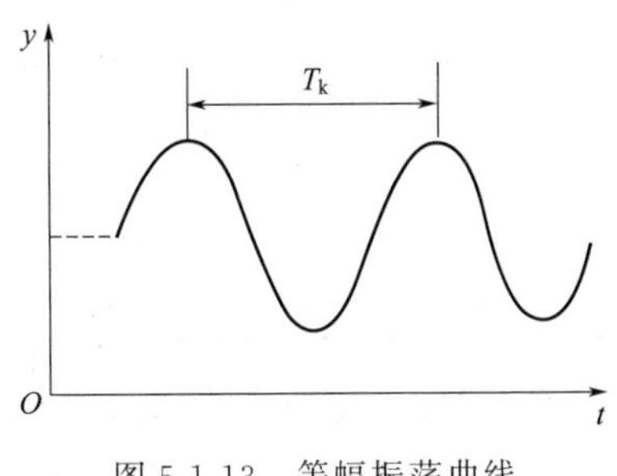

图 5-1-13　等幅振荡曲线

有了 δ_k 及 T_k 这两个试验数据，按表 5-1-1 所给出的经验公式，就可计算出采用不同类型控制器使过渡过程呈 4∶1 衰减振荡状态的控制器参数值。

表 5-1-1　临界比例度法整定控制器参数经验公式

控制器类型	控制器参数		
	δ/%	T_I/min	T_D/min
P	$2\delta_k$	—	
PI	$2.2\delta_k$	$0.85T_k$	—
PID	$1.7\delta_k$	$0.5T_k$	$0.13T_k$

按表 5-1-1 算出控制器参数后，先将 δ 设为比计算值稍大一些（一般大 20%）的数值，再依次引入积分时间 T_I 和微分时间 T_D（如果有的话），最后再将 δ 设为计算数值即可。如果这时加干扰，过渡过程与 4∶1 衰减还有一定差距，可适当对值做一点调整，直到过渡过程令人满意为止。

临界比例度法应用起来比较简便。然而，如果工艺方面不允许被控变量做长时间的等幅振荡，这种方法就不能应用。此外，这种方法只适用于二阶以上的高阶对象，或是一阶加纯滞后的对象，否则，在纯比例控制情况下，系统将不会出现等幅振荡，因此，这种方法也就无法应用了。

2. 衰减曲线法

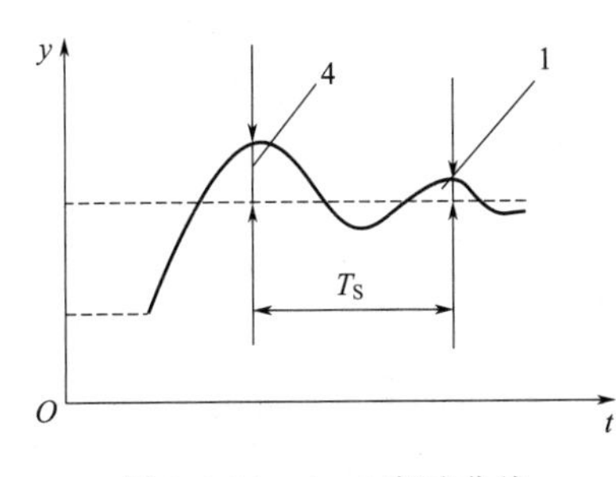

图 5-1-14　4∶1 衰减曲线

衰减曲线法是在系统闭环情况下，将控制器积分时间 T_I 设在最大，微分时间 T_D 设在最小，比例度 δ 设于适当数值（一般为 100%），然后使 δ 由大往小逐渐改变，并在每改变一次 δ 值时，通过改变给定值给系统施加一阶跃干扰，同时观察过渡过程变化情况。如果衰减比大于 4∶1，δ 应继续减小，当衰减比小于 4∶1 时，δ 应增大，直至过渡过程呈现 4∶1 衰减时为止，如图 5-1-14 所示。

通过上述实验可以找到4：1衰减振荡时的比例度δ_s及振荡周期T_s，再按表5-1-2给出的经验公式，计算出采用不同类型控制器使过渡过程出现4：1振荡的控制器参数值。

表5-1-2 衰减曲线法整定控制器参数经验公式

控制器类型	控制器参数		
	δ/%	T_I/min	T_D/min
P	δ_s	—	—
PI	$1.2\delta_s$	$0.5T_s$	—
PID	$0.8\delta_s$	$0.3T_s$	$0.1T_s$

按表5-1-2经验公式算出控制参数后按照先比例、后积分、最后微分的顺序，依次将控制器参数设置好。不过在设置积分、微分时间之前应将δ设置在比计算值稍大（约20%）的数值上，待积分、微分参数设置好后再将δ设置为计算值。设置好控制器参数后可以再加一次干扰，验证一下过渡过程是否呈4：1衰减振荡。如果不符合要求，可适当调整一下δ值，直到令人满意为止。

由于4：1衰减曲线法试验过渡过程振荡的时间较短而且又是衰减振荡，因此易为工艺人员所接受。这种整定方法应用较为广泛。

在有些对象中，由于控制过程进行得比较快，从记录曲线上读出衰减比有困难，这时有一种近似的替代方法，即观察控制器输出的变化。如果控制器输出电流来回摆动两次就达到稳定状态，则可以认为过渡过程就是4：1的，而波动一次的时间即T_s，再根据此时控制器的δ_s值，即可按表5-1-2计算控制器参数。

四、简单控制系统的认知

（一）学习目标

1. 知识目标

① 通过熟悉装置，掌握简单控制系统的组成。

② 通过熟悉装置，掌握简单控制系统各环节的作用。

③ 通过熟悉装置，掌握简单控制系统的投运方法。

2. 能力目标

① 初步具备构建简单控制系统的能力。

② 初步具备简单控制系统的投运能力。

（二）实训设备材料及工具

1. 实训设备

过程控制系统一套。

2. 实训工具

① 300mm 扳手　　一把

② 200mm 扳手　　一把

③ 平口螺丝刀　　一把

④ 管钳　　一把

3. 实训材料

① 导线少量。

② 生料带少量。

(三) 实训相关概念

1. 简单控制系统

一般情况下，一个简单控制系统由对象、测量元件及变送器、控制器和执行器这四个主要的环节组成。

2. 开环控制系统、闭环控制系统

在四个基本环节中，根据控制器的操作方式不同，可分为开环控制系统和闭环控制系统。

开环控制系统：当控制器工作在手动状态时，被控变量（指主要工艺参数）不影响控制器的输出。

闭环控制系统：当控制器工作在自动状态时，被控变量（指主要工艺参数）影响控制器的输出。

3. 各类简单控制系统的组成及信号传递关系

从控制系统的发展可将控制系统分为常规仪表控制系统和计算机控制系统。

常规仪表控制系统有：

① DDZ-Ⅲ型仪表组成的控制系统：电源为24V的直流电源，传输信号为4～20mA或1～5V的标准信号。

② 智能仪表组成的控制系统：电源为24V的直流电源，传输信号为4～20mA或1～5V的标准信号。

(四) 实训任务

实训任务见表5-1-3。

表5-1-3 实训任务

任务一	DDZ-Ⅲ型仪表控制系统的组成及信号传递
任务二	智能仪表控制系统的组成及信号传递

(五) 实训步骤

对照实训装置，熟悉控制系统的组成及信号传递关系。

五、简单控制系统中控制器的参数整定训练

(一) 学习目标

1. 知识目标

① 掌握比例度对系统过渡过程的影响。

② 掌握积分时间对系统过渡过程的影响。

③ 掌握微分时间对系统过渡过程的影响。

2. 能力目标

① 初步具备系统过渡过程中比例度的调整能力。

② 初步具备系统过渡过程中积分时间的调整能力。

③ 初步具备系统过渡过程中微分时间的调整能力。

(二) 实训设备材料及工具

1. 实训设备

过程控制系统一套。

2. 实训工具

(1) 300mm 扳手　　　　　一把

(2) 200mm 扳手　　　　　一把

(3) 平口螺丝刀　　　　　一把

(4) 管钳　　　　　　　　一把

3. 实训材料

(1) 导线少量。

(2) 生料带少量。

(三) 实训任务

实训任务见表 5-1-4。

表 5-1-4　实训任务

任务	内容
任务一	控制系统的构成
任务二	控制系统的投运
任务三	比例度对系统过渡过程的影响
任务四	积分时间对系统过渡过程的影响
任务五	微分时间对系统过渡过程的影响

(四) 实训步骤

1. 仔细观察装置，绘制控制系统组成框图

2. 参照模块五项目一的内容，完成对控制系统的投运

3. 比例度对系统过渡过程的影响

将控制器给定值置于 50%，积分时间置于∞或最大，微分时间置于关或为零，将比例度置于 500%，系统采用纯比例控制，等待系统稳定。利用改变给定值（改变 10%左右）的方法，给系统施加一个阶跃干扰，用记录装置记录被控变量的变化过程，获得系统的一条过渡过程曲线。

过程稳定后，将比例度分别置于 200%、100%、50%、20%、10%、3%等。在每次改变比例度后，采用改变给定值的方法对系统施加阶跃干扰，阶跃干扰的方向要围绕中间位置交替改变。获得系统的若干条过渡过程曲线，直到系统不稳定。

在前两步的基础上，找出近似 4∶1 或 4∶1 衰减振荡曲线。

4. 积分时间对系统过渡过程的影响

将控制器的比例度设为略大于纯比例情况下出现 4∶1 衰减振荡的比例度数值，积分时间置于∞或最大，等待系统稳定。

积分时间由大到小变化（在其刻度范围内至少选择 5 个点校验），每改变一次积分时间，

采用改变给定值的方法对系统施加阶跃干扰，阶跃干扰的方向要围绕中间交替改变。获得系统的若干条过渡过程曲线，直到系统不稳定。

记录每条过渡过程曲线所对应的积分时间，对比曲线，分析积分时间对系统过渡过程的影响，并在曲线中找出近似 4∶1 或 4∶1 衰减振荡曲线。

5. 微分时间对系统过渡过程的影响

将控制器的比例度和积分时间设为使系统出现近似 4∶1 或 4∶1 衰减振荡的数值。

加入微分作用，微分时间由小到大变化（在其刻度范围内至少选择 5 个点校验），每改变一次微分时间，采用改变给定值的方法对系统施加阶跃干扰，阶跃干扰的方向要围绕中间交替改变。获得系统的若干条过渡过程曲线，直到系统不稳定。

记录每条过渡过程曲线所对应的微分时间，对比曲线，分析微分时间对系统过渡过程的影响，并在曲线中找出近似 4∶1 或 4∶1 衰减振荡曲线。

（五）实训结论

掌握实训过程，分析实训结果。

习题与思考

1. 简单控制系统的含义是什么？

2. 被控变量的选择原则是什么？

3. 操纵变量的选择原则是什么？

4. 评价控制系统控制质量有哪些主要指标？

5. 某控制系统在受到阶跃干扰后，其过渡过程呈现衰减振荡过程，如图 5-1-15 所示。求该控制系统过渡过程的最大超调量、衰减比、振荡周期和余差（y 为数字无单位）。

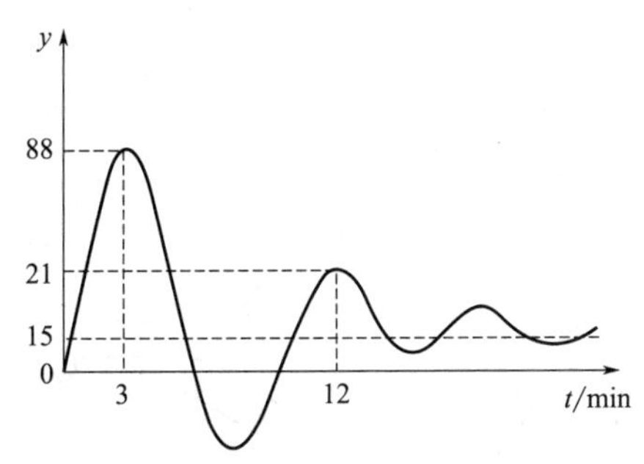

图 5-1-15　控制系统衰减振荡过程

项目二 串级控制系统

一、概述

图 5-2-1 所示的是加热炉出料温度简单控制系统。在有些场合，燃料气阀前压力会有波动，即使阀门开度不变，仍将影响流量，从而逐渐影响出口温度。因为加热炉炉管等热容较大，等温度控制器发现偏差再进行控制，显然不够及时，控制质量变差。如果改用图 5-2-2 所示的流量控制系统，对于阀前压力等干扰可以迅速克服，但对进料负荷、燃料气成分变化等干扰，则无能为力。操作人员日常操作经验是当温度偏高时，把燃料气流量控制器的给定值减少一些；当温度偏低时，把燃料气流量控制器的给定值增加一些。按照上述操作经验，把两个控制器串接起来，流量控制器的给定值由温度控制器输出决定，系统结构如图 5-2-3 所示。这样能迅速克服影响流量的干扰作用，又能使温度在其他干扰作用下也保持在给定值。这种系统就是串级控制系统，即由两个变送器、两个控制器（其中一个控制器的输出是另一个控制器的给定）、一个控制阀（执行器）组成的双闭环定值系统。

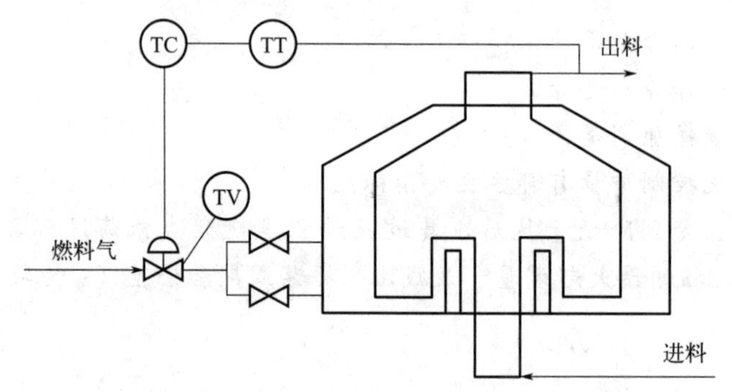

图 5-2-1 加热炉出料温度简单控制系统

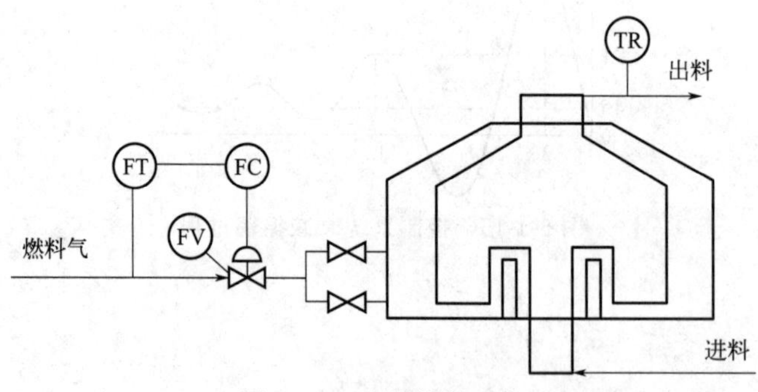

图 5-2-2 流量控制系统

为了更好地阐述和研究问题，这里介绍几个串级控制系统中常用的名词。

主被控变量（y_1）：是工艺控制指标或与工艺控制指标有直接关系，在串级控制系统中起主导作用的被控变量。如图 5-2-3 中的加热炉出料温度。

副被控变量（y_2）：大多为影响主被控变量的重要参数。通常是为稳定主被控变量而引入的中间辅助变量。

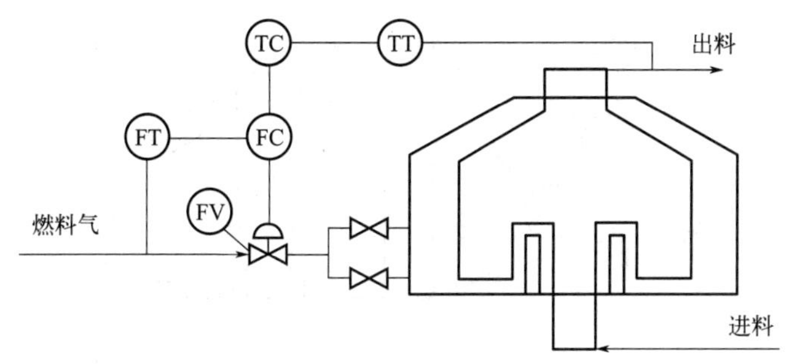

图 5-2-3 串级控制系统

主控制器：在系统中起主导作用，按主被控变量和其设定值（给定值）之差进行控制运算，并将其输出作为副控制器的给定值，简称“主控”。

副控制器：在系统中起辅助作用，按所测得的副被控变量和主控输出之差来进行控制运算，其输出直接作用于控制阀，简称“副控”。

主变送器：测量主被控变量，并将主被控变量的大小转换为标准统一信号。

副变送器：测量副被控变量，并将副被控变量的大小转换为标准统一信号。

主对象：大多为工业过程中所要控制的、由主被控变量表征其主要特性的生产设备或过程。

副对象：大多为工业过程中影响主被控变量的、由副被控变量表征其特性的辅助生产设备或辅助过程。

副回路：由副变送器、副控制器、控制阀和副对象所构成的闭环回路，又称为“副环”或“内环”。

主回路：由主变送器、主控制器、副回路等效环节、主对象所构成的闭环回路，又称为“主环”或“外环”。

根据串级控制系统的专用名词，串级控制系统的典型方框图可用图 5-2-4 表示。f_1 是作用于主回路的干扰，f_2 是作用于副回路的干扰。

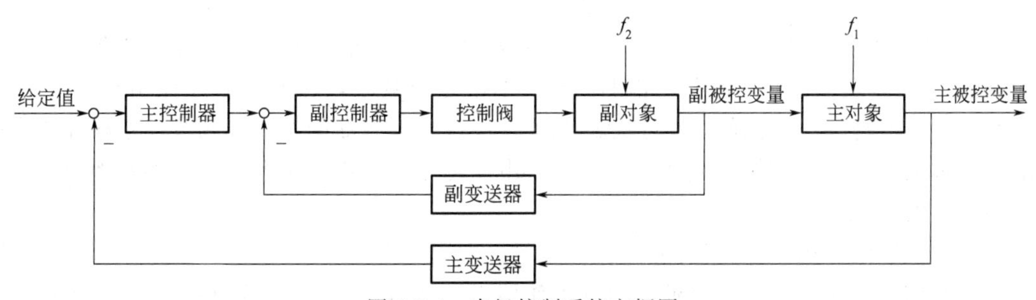

图 5-2-4 串级控制系统方框图

二、串级控制系统的工作过程

串级控制系统是如何克服干扰提高控制质量的呢？下面以加热炉出口温度-炉膛温度串级控制系统为例加以说明，如图 5-2-5 所示。假定温度控制器 T_1C 和 T_2C 均选择了反作用方式（串级控制系统的控制器正、反作用选取原则在后面介绍）。从安全角度考虑，控制阀选择气开形式。

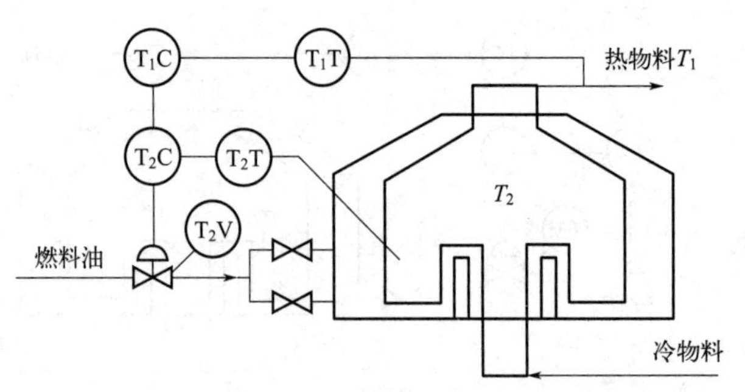

图 5-2-5 加热炉出口温度-炉膛温度串级控制系统

(1) 干扰作用在主回路

如果物料的流量减小，其作用结果是使加热炉出口温度升高。这时温度控制器 T_1C 的测量值增加，由于 T_1C 是反作用控制器，所以它的输出将减小，即温度控制器 T_2C 的给定值减小。此时，副对象没有受到干扰影响，副被控变量不变，因此温度控制器 T_2C 的输入偏差信号增加，由于温度控制器 T_2C 也是反作用，于是其输出减小，气开阀阀门开度也随之减小，使燃料油供给量减少，加热炉出口温度慢慢降低，并靠近给定值。在这个控制过程中，副回路是随动控制系统，也就是说炉膛温度为了稳定主被控变量（加热炉出口温度）是随时变化的。所以串级控制系统中，当干扰作用于主对象时，副回路的存在可以及时改变副被控变量的数值，以达到稳定主被控变量的目的。

(2) 干扰作用在副回路

假定燃料油压力增加，则使副被控变量增加，而暂时对主被控变量不产生影响，对于温度控制器 T_2C 来说，它的输入是副被控变量的测量值与温度控制器 T_1C 的输出之差，主被控变量暂不变化，所以 T_1C 的输出是不变的，此时副被控变量增加，显然温度控制器 T_2C 的输入是增加的，因温度控制器 T_2C 是反作用，故其输出减小，关小控制阀，进行调节。在此控制过程中，由于控制通道时间常数小，所以控制及时。如果燃料油压力幅值不大，它们的影响几乎波及不到主被控变量，就被副回路克服了；当燃料油压力幅值较大时，在副回路快速及时的控制下，会使其干扰影响大大削弱，即便影响到加热炉出口温度（主被控变量），偏离给定值的程度也不大。此时温度控制器 T_1C 的测量值增加，其输出就会减小（温度控制器 T_1C 是反作用），即温度控制器 T_2C 的给定值减小，从而使温度控制器 T_2C 的输出减小，再适度地关小控制阀，减小燃料流量，经过主控制器的进一步调节，燃料油压力的影响很快被消除，使主被控变量回到给定值。由此可见，串级控制系统能够很好地克服作用到副回路上的干扰。

(3) 干扰同时作用于主副回路

当干扰即物料的流量和燃料油压力分别作用于主副回路时，会有两种可能。一种可能是物料的流量和燃料油压力的影响使主副被控变量同方向变化。假设使主副被控变量都增加，这时温度控制器 T_1C 输出减小，温度控制器 T_2C 的测量值增加，因此反作用温度控制器 T_2C 的输出会大大减小，使控制阀的开度大幅度减小，大大减少了燃料油流量，以阻止加热炉炉膛温度和出口温度上升的趋势，使主被控变量出口温度渐渐恢复到给定值。如果干扰使主副被控变量都减小，情况类似，共同的作用结果是使阀门开度大幅度增加，以大大增加燃料油流量。由此可知，当两种干扰的作用方向相同时，两个控制器的共同作用比单个控制器的作用要强，阀门的开度有较大的变化，抗干扰能力更强，控制质量也更高。另一种可能是物料的流量和燃料油压力的影响使主副被控变量反方向变化，即对于主副被控变量的影响是使一个增加、一个减小。这种情况是有利于控制的，因为一定程度上部分干扰作用相互抵消了，没有被抵消的部分，可能使主被控变量增加，也可能使主被控变量减小，这取决于物料的流量和燃料油压力幅值的强弱，但比较前一种情况，对主被控变量的干扰程度已有所降低，因偏差不大，控制阀稍加动作即可使系统平稳。

串级控制系统对于作用在主回路上的干扰和作用在副回路上的干扰都能有效地克服。但主副回路各有其特点，副回路对象时间常数小，能很迅速地动作，然而控制不一定精确，所以其特点是：先调、粗调、快调。主回路对象时间常数大，动作滞后，但主控制器能进一步消除副回路没有克服掉的干扰，所以主回路的特点是：后调、细调、慢调。当对象滞后较大，干扰幅值比较大而且频繁，采用简单控制系统得不到满意的控制效果时，可采用串级控制系统。

三、串级控制系统的特点

串级控制系统从总体上看，它是一个定值控制系统，因此，主被控变量在干扰作用下的过渡过程和简单控制系统具有相同的质量指标和类似的形式。但是串级控制系统和简单定值控制系统相比，在结构上增加了一个副回路。串级控制系统具有以下特点。

① 串级控制系统对于进入副回路的干扰具有较强的抗干扰能力。

以加热炉出口温度串级控制系统为例加以说明（图 5-2-3）。当燃料气控制阀的阀前压力增加时，若没有副回路作用，燃料气流量将增加，并通过滞后较大的温度对象，使出口温度上升时控制器才动作，控制不及时，导致出口温度质量较差。而在串级控制系统中，由于副回路的存在，当燃料气阀前压力波动影响到燃料气流量时，副控制器及时控制。这样即使进入加热炉的燃料气流量比以前有所增加，也肯定比简单控制系统小得多，它所能引起的温度偏差要小得多，并且又有主控制器进一步的控制来克服这个干扰，总效果比单回路控制时要好。

② 串级控制系统由于副回路的存在，改善了对象特性，使控制过程加快，提高了控制质量。

③ 串级控制系统有一定的自适应能力。

串级控制系统主回路是一个定值控制系统，而其副回路则为一个随动控制系统。主控制器的输出能按照负荷或操作条件的变化而变化，从而不断地改变副控制器的给定值，使副控制器的给定值能随负荷及操作条件的变化而变化，这就使得串级控制系统对负荷的变化和操作条件的改变有一定的自适应能力。

四、串级控制系统中副被控变量的确定

串级控制系统特点发挥的好坏，与整个系统的设计、整定和投运有很大关系。下面对串级控制系统实施过程中涉及的环节进行阐述，即明确在串级控制系统的实施过程中要完成的任务。

在串级控制系统中，主被控变量的选择与简单控制系统的变量选择原则相同。副被控变量的选择是设计串级控制系统的关键所在。副被控变量选择的好坏直接影响到整个系统的性能。在选择副被控变量时要考虑的原则有以下几个。

① 将主要的干扰包含在副回路中。这样，副回路能更好、更快地克服干扰，能充分发

挥副回路的特点。例如在前面所讲的加热炉控制系统中，如果是燃料油压力波动使燃料流量不稳定，则选择燃料油的流量为副被控变量能较好地克服干扰，如图 5-2-3 所示。但如果是燃料油的热值变化，那么则选择炉膛温度作为副被控变量才能将其干扰包含在副回路中。如图 5-2-5 所示。

② 在可能的条件下，使副回路包含更多的干扰。实际上副被控变量越靠近主被控变量，它包含的干扰就越多，但同时控制通道也会变长；越靠近操纵变量，包含的干扰就越少，控制通道也就越短。因此在选择副被控变量时需要两者兼顾，既要尽可能多地包含干扰，又不至于使控制通道太长，使副回路的及时性变差。

③ 尽量不要把纯滞后环节包含在副回路中。这样做的原因就是尽量将纯滞后环节放到主回路中去，以提高副回路的快速抗干扰能力，及时对干扰采取控制措施，将干扰的影响抑制在最小限度，从而提高主被控变量的控制质量。

④ 主副对象的时间常数不能太接近。一般情况下，副对象的时间常数应小于主对象的时间常数，如果选择副被控变量距离主变量太近，那么主副对象的时间常数就相近，这样，当干扰影响到副被控变量时，很快就影响到了主被控变量，副回路存在的意义也就不大了。此外，当主副对象时间常数接近时，系统可能会出现“共振”现象，这会导致系统的控制质量下降，甚至变得不稳定。因此，副对象的时间常数要明显地小于主对象的时间常数。一般主副对象的时间常数之比在 3～10 之间。

应该注意，在具体问题上，要结合实际的工艺进行分析，应考虑工艺上的合理性和可能性，分清主次矛盾，合理选择副被控变量。

五、主副控制器控制规律及正反作用的选择

1. 主副控制器控制规律的选择

串级控制系统的主副控制器所发挥的控制作用是不同的，各有其作用。主控制器起定值控制作用，而副控制器起随动控制作用。这是选择主副控制器控制规律的基本出发点。

主控制器的控制目的是稳定主被控变量。主被控变量是工艺操作的主要指标，它直接关系到生产的平稳、安全，产品的质量和产量。一般情况下，对主被控变量的要求是较高的，要求没有余差（即无差控制），因此主控制器一般选择比例积分（PI）或比例积分微分（PID）控制规律。副被控变量设置的目的是稳定主被控变量的控制质量，其本身可在一定范围内波动，因此副控制器一般选择比例（P）控制规律即可，积分控制规律很少使用，它会使控制时间变长，在一定程度上减弱副回路的快速性和及时性。但在以流量为副控制变量的系统中，为了保持系统稳定，比例度选得稍大，比例作用有些弱，为了增强控制作用，可适度引入积分作用。副控制器一般不加入微分作用，若有微分作用，一旦主控制器输出稍有变化，就容易引起控制阀大幅度地变化，这对系统稳定是不利的。

2. 主副控制器的正反作用选择

串级控制系统控制器正反作用方式的选择依据是为了保证整个系统构成负反馈。要先确定控制阀的开关形式，再进一步判断控制器的正反作用方式。副控制器正反作用的确定同简单控制系统一样，只要把副回路当作一个简单控制系统即可。确定主控制器正反作用方式的方法是保证整个副回路等效对象放大系数 K'_{P2} 符号为“+”，系统主回路为负反馈的条件是 $K_{C1}K'_{P2}K_{O1}K_{M1}$ 为“−”（K_{C1} 为主控制器的放大系数，K_{O1} 为主对象的放大系数，K_{M1} 为主测量变送器的放大系数），因 K'_{P2} 符号为“+”，所以 $K_{C1}K_{O1}$ 符号为“−”，即根据主

对象的特性确定主控制器的正反作用方式。也就是说，若主对象 K_{O1} 符号为“+”，主控制器 K_{C1} 符号为“−”，则选反作用方式；若主对象 K_{O1} 符号为“−”，主控制器 K_{C1} 符号为“+”，则选正作用方式。

如图 5-2-6 所示为夹套式反应釜温度串级控制系统。根据生产设备的安全原则控制阀选择气关阀，阀门气源中断时，处于打开状态，防止釜内温度过高发生危险。副对象的输入是操纵变量（冷却水流量），输出是副被控变量（夹套内水温）。当输入变量增加时，输出变量减小，故副对象是反作用环节，K_{O2}（副对象的放大系数）符号为“−”，保证系统副回路为负反馈的条件是 $K_{C2}K_VK_{O2}$ 符号为“−”（K_{C2} 为副控制器的放大系数，K_V 为控制阀的放大系数，K_{O2} 为副对象的放大系数）。由此可判断出 K_{C2} 符号为“−”，副控制器应该是反作用。主对象的输入是夹套内水温，输出是釜内温度，经过分析，主对象的 K_{O1} 符号为“+”，保证系统主回路为负反馈的条件是 $K_{C1}K_{O1}$ 符号为“−”，K_{C1} 符号为“−”，因此主控制器应选反作用。

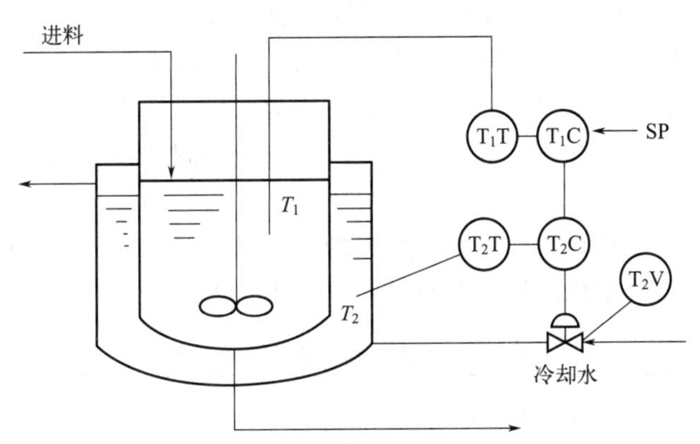

图 5-2-6　夹套式反应釜温度串级控制系统

六、串级控制系统的操作

1. 串级控制系统的投运方法

串级控制系统的投运和简单控制系统一样，要求投运过程要无扰动切换。投运的一般顺序是“先投副回路，后投主回路”。

① 主控制器置内给定值，副控制器置外给定值，主副控制器均切换到手动。

② 调副控制器手操器，使主副参数趋于稳定后，调主控制器手操器，使副控制器的给定值等于测量值，将副控制器切入自动。

③ 当副回路控制稳定并且主被控变量也稳定时，调主控制器，使主控制器的给定值等于测量值，将主控制器切入自动。

2. 控制器参数整定的方法

串级控制系统设计完成后，通常需要进行控制器的参数整定才能使系统运行在最佳状态。整定串级控制系统参数时，首先要明确主副回路的作用，以及对主副被控变量的控制要求。整体上来说，串级控制系统的主回路是个定值控制系统，要求主被控变量有较高的控制精度，其控制质量的要求与简单控制系统一样。但副回路是一个随动系统，只要求副被控变量能快速地跟随主被控变量即可，精度要求不高。在实践中，串级控制系统的参数整定方法有两种：两步整定法和一步整定法。

(1) 两步整定法

这是一种先整定副控制器，后整定主控制器的方法。当串级控制系统主副对象的时间常数相差较大，主副回路的动态联系不紧密时，采用此法。

① 先整定副控制器。主副回路均闭合，主副控制器都置于纯比例作用，将主副控制器的比例度 δ 设在100%处，用简单控制系统整定法整定副回路，得到副被控变量按4∶1衰减振荡时的比例度 δ_{2S} 和振荡周期 T_{2S}。

② 整定主回路。主副回路仍闭合，副控制器置 δ_{2S}，用同样方法整定主控制器，得到主被控变量按4∶1衰减振荡时的比例度 δ_{1S} 和 T_{1S}。

③ 依据两次整定得到的 δ_{2S} 和 T_{2S} 及 δ_{1S} 和 T_{1S}，按所选的控制器的类型利用表5-2-1计算公式算出主副控制器的比例度、积分时间和微分时间。

(2) 一步整定法

两步整定法虽然能满足整定主副被控变量的需要，但是在整定的过程中要寻求两个4∶1衰减振荡过程，比较麻烦。为了简化步骤，也可采用一步整定法进行整定。

一步整定法就是根据经验先将副控制器的参数一次性设定好，不再变动，然后按照简单控制系统的整定方法直接整定主控制器的参数。因为在串级控制系统中，主被控变量是直接关系到产品质量和产量的指标，一般要求比较严格；而对副被控变量的要求不高，允许在一定的范围内波动。

在实际工程中证明了这种方法是很有效果的，经过大量实践经验的积累，总结得出在不同的副被控变量情况下，副控制器的参数参考，见表5-2-1。

表5-2-1　副控制器的参数经验值

副被控变量类型	温度	压力	流量	液位
比例度 δ/%	20～60	30～70	40～80	20～80
放大系数 K_{C2}	5.0～1.7	3.0～1.4	2.5～1.25	5.0～1.25

习题与思考

一、选择题

1. 串级控制系统中，一般情况下，副控制器选择（　　）控制规律。

A. P或PI　　B. P或PID　　C. PI或PID　　D. PI

2. 串级控制系统中，一般情况下，主控制器选择（　　）控制规律。

A. P或PI　　B. P或PID　　C. PI或PID　　D. PID

3. 在串级控制系统中，主回路是（　　）调节系统。

A. 定值　　B. 随动　　C. 简单　　D. 复杂

4. 在串级控制系统中，副回路是（　　）调节系统。

A. 定值　　B. 随动　　C. 简单　　D. 复杂

5. 串级控制系统中，主控制器的作用方式与（　　）有关。

A. 副对象特性　　B. 主对象特性　　C. 执行器的气开气关形式　　D. 以上都是

二、问答题

1. 什么叫串级控制系统？画出一般的串级控制系统的方框图。串级控制系统有什么特点？

2. 串级控制系统中主副控制器的正反作用如何确定？

3. 串级控制系统的参数整定有哪两种方法？

4. 如图 5-2-7 所示为精馏塔提馏段温度-流量的串级控制系统。要求生产中一旦发生事故，立即关闭蒸汽供应。求：

(1) 画出该控制系统的方框图？

(2) 确定控制阀的气开、气关形式？

(3) 选择控制器的正反作用？

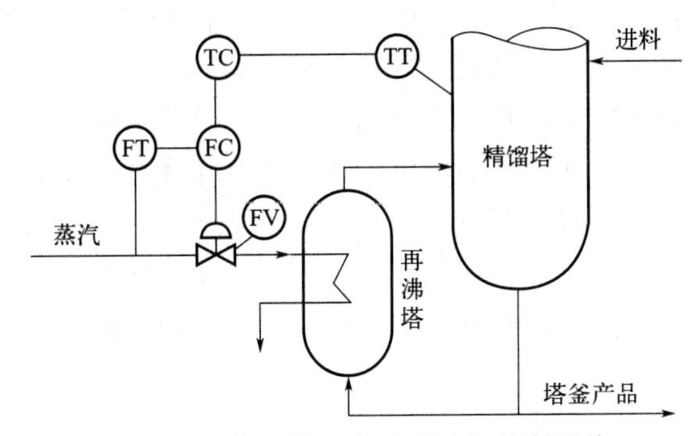

图 5-2-7 精馏塔温度-流量串级控制系统

项目三　均匀控制系统

一、均匀控制系统的目的和特点

化工生产过程绝大部分是连续生产过程，前一设备的出料往往是后一设备的进料，各设备的操作情况也是互相关联、互相影响的。均匀控制系统是在连续生产过程中，各种设备前后紧密联系的情况下提出来的。下面以一个例子来说明均匀控制的目的和特点。

如图 5-3-1 所示为连续精馏的多塔分离过程。为了保证精馏塔的稳定操作，希望进料和塔釜液位稳定。对甲塔来说，为了稳定前后精馏塔的供求关系，操作须保持塔釜液位稳定，为此必然要频繁地改变塔底的排出量。而对乙塔来说，从稳定操作要求出发，希望进料量尽量不变或少变。这样，甲、乙两塔间的供求关系就出现了矛盾。如果采用图 5-3-1 所示的控制方案，甲塔的液位上升，则液位控制器就会开大出料阀 1，而这将引起乙塔进料量增大，于是乙塔的流量控制器又要关小阀 2，其结果会使甲塔的塔釜液位升高，出料阀 1 继续开大，如此下去，顾此失彼，两个控制系统无法同时正常工作，解决不了供求之间的矛盾。

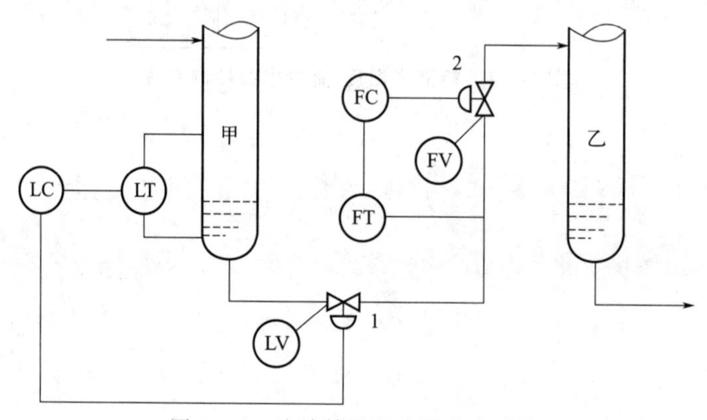

图 5-3-1　连续精馏的多塔分离过程

解决矛盾的方法是在两塔之间设置一个中间贮罐，既满足甲塔控制液位的要求，又缓冲了乙塔进料流量的波动。但是由此会增加设备，使流程复杂化，加大了投资。另外，有些生产过程连续性要求较高，不宜增设中间贮罐。

要彻底解决供求之间的矛盾，只有冲突的双方各自降低要求。从工艺和设备上进行分析，塔釜有一定的容量，其容量虽不像贮罐那么大，但是液位并不要求保持在定值上，允许在一定的范围内变化。至于乙塔的进料，虽不能做到定值控制，但能使其缓慢变化，对乙塔的操作也是很有益的，较之进料流量剧烈的波动则改善了很多。为了解决前后工序供求矛盾，实现前后兼顾的协调操作，使前后供求矛盾的两个变量在一定范围内变化，为此组成的系统称为均匀控制系统。“均匀”并不表示“平均照顾”，而是根据工艺变量各自的重要性来确定主次。

均匀控制通常是对两个矛盾变量同时兼顾，使两个互相矛盾的变量达到下列要求。

① 两个变量在控制过程中都应该是变化的，且变化是缓慢的。因为均匀控制是指前后设备的物料供求之间的均匀，那么表征前后供求矛盾的两个变量都不应该稳定在某一固定的数值。图 5-3-2(a) 中把液位控制成比较平稳的直线，因此下一设备的进料量必然波动很大，

这样的控制过程只能看作液位的定值控制，而不能看作均匀控制。反之，图 5-3-2(b) 中把后一设备的进料量控制成比较平稳的直线，那么，前一设备的液位就必然波动很厉害，所以它只能被看作是流量的定值控制。只有如图 5-3-2(c) 所示的液位和流量的控制曲线才符合均匀控制的要求，两者都有一定程度的波动，但波动都比较缓慢。

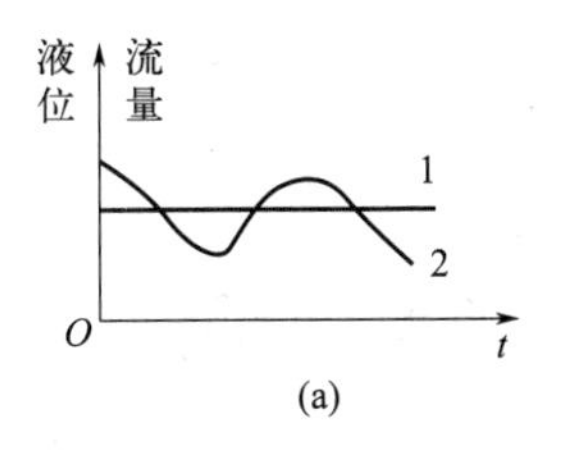

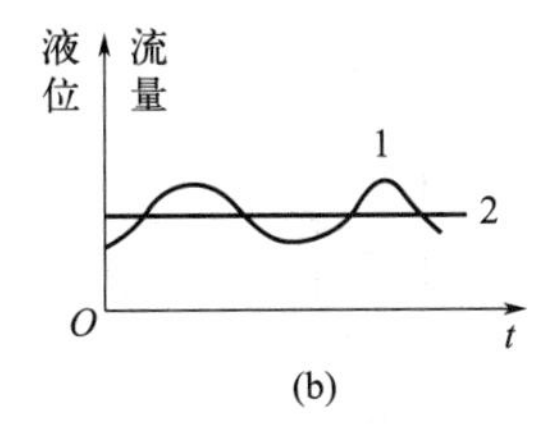

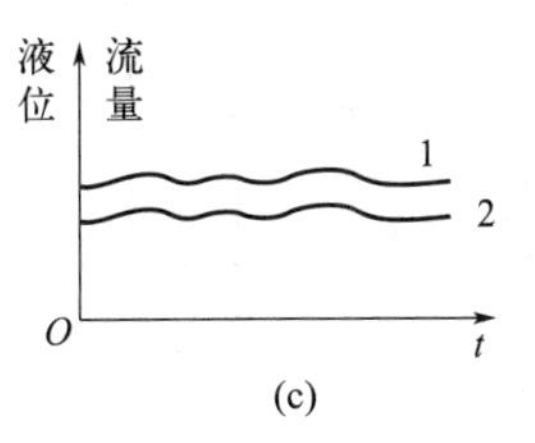

图 5-3-2　液位和进料量之关系

1—液位变化曲线；2—流量变化曲线

② 前后互相联系又互相矛盾的两个变量应保持在允许的范围内波动。甲塔塔釜液位的升降变化不能超过规定的上下限，否则就有淹过再沸器蒸汽管或被抽干的危险。同样，乙塔进料流量也不能超越它所承受的最大负荷或低于最小处理量，否则就不能保证精馏过程的正常进行。为此，均匀控制系统的设计必须满足这两个限制条件。当然，这里的允许波动范围比定值控制过程的允许偏差要大得多。

二、均匀控制系统的类型

1. 简单均匀控制系统

图 5-3-3 所示为简单均匀控制系统。它外表看起来与简单的液位定值控制系统一样，但系统设计的目的不同。定值控制系统是通过改变排出流量来保持液位为给定值，而简单均匀控制系统是为了协调液位与排出流量之间的关系，允许它们都在各自许可的范围内做缓慢的变化。

简单均匀控制系统如何满足均匀控制的要求呢？是通过控制器的参数整定来实现的。简单均匀控制系统中的控制器一般都是纯比例作用的，比例度的整定不能按 4∶1（或 10∶1）衰减振荡过程来整定，而是将比例度整定得很大，以使液位变化时，控制器的输出变化很小，排出流量只做微小缓慢的变化。有时为了克服连续发生的同一方向干扰所造成的过大偏差，防止液位超出规定范围，则引入积分作用，这时比例度一般大于 100%，积分时间也要设得长一些。至于微分作用，是和均匀控制的目的背道而驰的，故不采用。

简单均匀控制系统简单易行，所用设备少，但是流量易受控制阀前后压降变化的影响，因此简单均匀控制系统适用于干扰不大，且对流量要求不大的场合。

2. 串级均匀控制系统

简单均匀控制系统虽然结构简单，但有局限性。当塔内压力或排出端压力变化时，即使控制阀开度不变，流量也会随控制阀前后压差变化而改变。等到流量变化影响到液位变化后，液位控制器才进行控制，显然是不及时的。为了克服这一缺点，可在简单均匀控制系统的基础上增加一个流量副回路，即构成串级均匀控制系统，如图 5-3-4 所示。

从图中可以看出，它与串级控制系统在系统结构上是相同的。液位控制器的输出作为流量控制器的给定值，用流量控制器的输出来操纵控制阀，由于增加了副回路，可以及时克服由于塔内或排出端压力改变所引起的流量变化。这些是串级控制系统的特点。但是，由于设计这一系统的目的是协调液位和流量两个变量的关系，使之在规定的范围内做缓慢的变化，所以本质上是均匀控制。

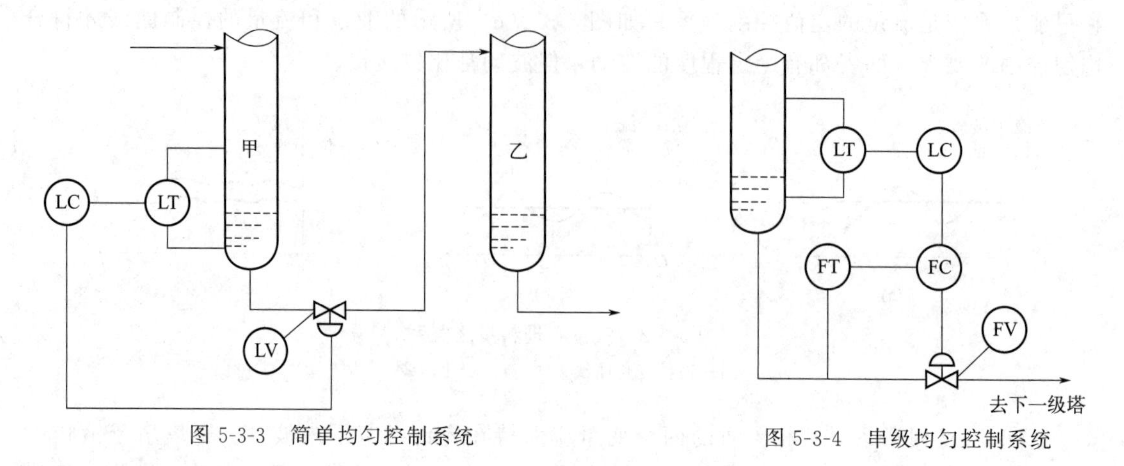

图 5-3-3　简单均匀控制系统　　图 5-3-4　串级均匀控制系统

串级均匀控制系统之所以能够使两个变量间的关系得到协调，是通过控制器参数整定来实现的。在串级均匀控制系统中，参数整定的目的不是使变量尽快地回到给定值，而是要求变量在允许的范围内做缓慢的变化。参数整定的方法也与一般的控制系统不同。一般的控制系统的比例度和积分时间是由大到小地进行调整，串级均匀控制系统却正相反，是由小到大地进行调整。串级均匀控制系统的控制器参数数值一般都很大。

串级均匀控制系统的主副控制器一般采用纯比例作用，只在要求较高时，为了防止偏差过大而超过允许范围时，才引入适当的积分作用。

习题与思考

一、判断题

1. 简单均匀控制系统在结构上与简单控制系统相同，所以对控制精度、参数整定等要求也一样。（　　）

2. 串级均匀控制系统适用于调节阀前后压力干扰和自衡作用较显著的场合，以及对流量要求比较平稳的场合。（　　）

二、选择题

1. 关于简单均匀控制系统和简单控制系统的说法正确的是（　　）。

A. 结构特征不同　B. 控制目的不同　C. 调节规律相同　D. 调节器参数整定相同

2. 均匀控制系统中的调节器一般采用（　　）控制作用。

A. 比例和积分　　B. 比例和微分　　C. 纯比例　　D. 比例积分微分

3. 关于均匀控制回路的特点叙述错误的是（　　）。

A. 可以实现两个变量的精确控制　　B. 两个变量的控制工程应该是缓慢变化的

C. 两个变量都是变化的，不是恒定不变的　D. 两个变量在一定范围内变化

三、问答题

1. 均匀控制系统的目的和特点是什么？

2. 简单均匀控制系统与简单控制系统有什么异同点？

项目四　比值控制系统

一、概述

在化工、炼油及其他工业生产过程中，工艺上常需要将两种或两种以上的物料保持一定的比例关系，比例一旦失调，就会使产品质量不合格，甚至造成事故或发生危险。

例如，在重油气化的造气生产过程中，进入气化炉的氧气和重油流量应保持一定的比例，若氧油比过高，会因炉温过高使喷嘴和耐火砖烧坏，严重时甚至会引起炉子爆炸；如果氧量过低，则生成的炭黑增多，会发生堵塞现象。所以保持合理的氧油比，不仅为了使生产能正常进行，且对安全生产具有重要意义。这样类似的例子在工业生产中是大量存在的。

实现两种或两种以上物料符合一定比例关系的控制系统，称为比值控制系统。通常为流量比值控制系统。

在需要保持比例关系的两种物料中，必有一种物料处于主导地位，这种物料称之为主物料，表征这种物料的变量称之为主动流量，用 F_1 表示。而另一种物料按主物料进行配比，在控制过程中随主物料而变化，因此称为从物料，表征其特性的变量称为从动流量或副流量，用 F_2 表示。一般情况下，总将生产中的主要物料定为主物料。如重油气化过程中，重油为主物料，而相应跟随变化的氧气则为从物料。在有些场合，以不可控物料作为主物料，通过改变可控物料即从物料的量来实现它们之间的比例关系。比值控制系统就是要实现从动流量 F_2 与主动流量 F_1 成一定比例关系，满足如下关系式：

$$k=F_2/F_1$$

式中　k——从动流量与主动流量的工艺流量比值。

二、比值控制系统的类型

比值控制系统主要有以下几种方案。

1. 开环比值控制系统

开环比值控制系统是最简单的比值控制系统方案，图 5-4-1 是其原理图。当主动流量 F_1 变化时，通过控制器及安装在从物料管道上的控制阀来控制从动流量 F_2，以满足 $k=F_2/F_1$ 的要求。该系统的测量信号取自主动流量 F_1，但控制器的输出却去控制从动流量 F_2，所以是一个开环系统。

下面举一个例子加以说明，如图 5-4-2 所示。乙炔（C_2H_2）与氯化氢（HCl）充分混合进行冷冻脱水后，在 $HgCl_2$/活性炭催化剂的作用下催化生成氯乙烯并进行缩聚，这是聚氯乙烯生产的一个重要生产工序。

若乙炔过量，易使催化剂还原，逐渐失去活性，并生成副产物，且反应产物中的乙炔含量过高，影响聚合。若 HCl 过量太多，会使生成的氯乙烯进一步与 HCl 反应生成多氯化物，降低产品的质量。综合考虑，一般情况下，要求乙炔与氯化氢按照 1∶1.05 的比例配比。该问题就是一个典型的流量比值控制系统。确定主副物料时，根据生产实际情况，乙炔流量较易控制，作为从物料，氯化氢流量作为主物料，从而构成开环比值控制系统。

这种方案的优点是结构简单，只需一个纯比例控制器，其比例度可以根据比例要求来设定。缺点是如主动流量 F_1 稳定不变，从动流量 F_2 将受控制阀前后压差变化影响而改变。

所以这种系统只适用于从动流量较平稳且比例要求不高的场合。实际生产过程中，很少采用开环比值控制方案。

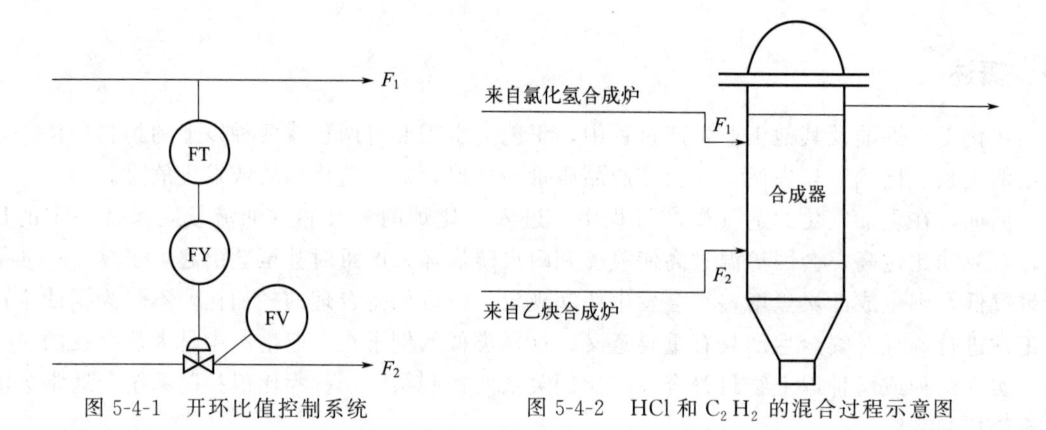

图 5-4-1　开环比值控制系统　　　图 5-4-2　HCl 和 C_2H_2 的混合过程示意图

2. 单闭环比值控制系统

单闭环比值控制系统是为了克服开环比值控制系统的不足，在开环比值控制系统的基础上通过增加一个副流量的闭环控制系统而形成的。前述例子用单闭环比值控制系统进行控制的原理图如图 5-4-3 所示。

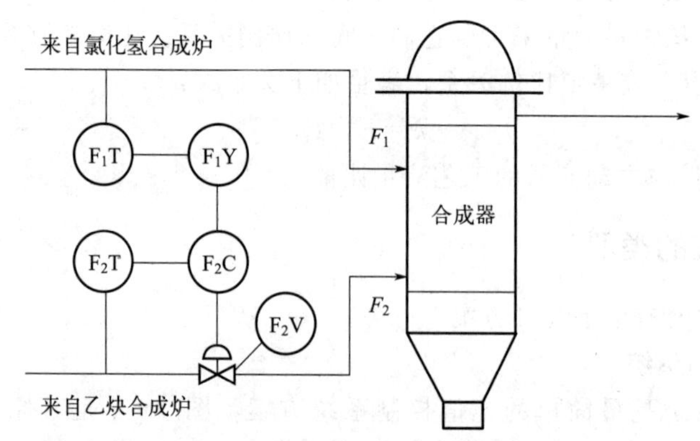

图 5-4-3　单闭环比值控制系统

从图中可以看出，单闭环比值控制系统与串级控制系统具有类似的结构形式，但两者是不同的。单闭环比值控制系统的主动流量 F_1 类似于串级控制系统中的主被控变量，但主动流量并没有构成闭环系统，F_2 的变化并不影响 F_1，尽管它有两个控制器，但只有一个闭合回路，这是两者的根本区别。

在稳定情况下，主动、从动流量满足工艺要求的比值，$F_2/F_1=k$。当主动流量 F_1 变化时，经变送器送至比值控制器 $\mathrm{F_1Y}$，$\mathrm{F_1Y}$ 按预先设置好的比值使输出成比例地变化，也就是成比例地改变从动流量控制器 $\mathrm{F_2C}$ 的给定值，此时从动流量控制系统为一个随动控制系统，从而 F_2 跟随 F_1 变化，使流量比值 k 保持不变。当主动流量没有变化而从动流量由于自身干扰发生变化时，从动流量控制系统相当于一个定值控制系统，使工艺要求的流量比值仍保持不变。

单闭环比值控制系统的优点是它不但能实现从动流量跟随主动流量的变化而变化，而且还可以克服从动流量本身干扰对比值的影响，因此主动、从动流量的比值较为精确。另外，这种方案的结构形式较简单，实施起来也比较容易，所以得到广泛的应用，尤其适用于主物料在工艺上不允许进行控制的场合。

单闭环比值控制系统虽然能保持两种物料流量比值一定，但由于主动流量是不受控制的，所以主动流量变化时，总的物料量就会跟着变化。

3. 双闭环比值控制系统

双闭环比值控制系统是为了克服单闭环比值控制系统主动流量不受控制，生产负荷（与总物料量有关）在较大范围内波动的不足而设计的。它在单闭环比值控制系统的基础上，增加了主动流量闭环控制回路。前面例子用双闭环比值控制系统进行控制的原理图如图 5-4-4 所示。从图中可以看出，当主动流量 F_1 变化时，一方面通过主动流量控制器 F_1Y 对它进行控制，另一方面变化量通过乘法器乘以适当的系数后作为从动流量控制器的给定值，使从动流量跟随主动流量的变化而变化。由图 5-4-4 可以看出，该系统具有两个闭合回路，分别对主动、从动流量进行定值控制。同时，由于乘法器的存在，使得主动流量由受到干扰作用开始到重新稳定在给定值这段时间内，从动流量能跟随主动流量的变化而变化，这样不仅实现了比较精确的流量比值，而且也确保了两种物料总量基本不变，这是它的一个主要优点。

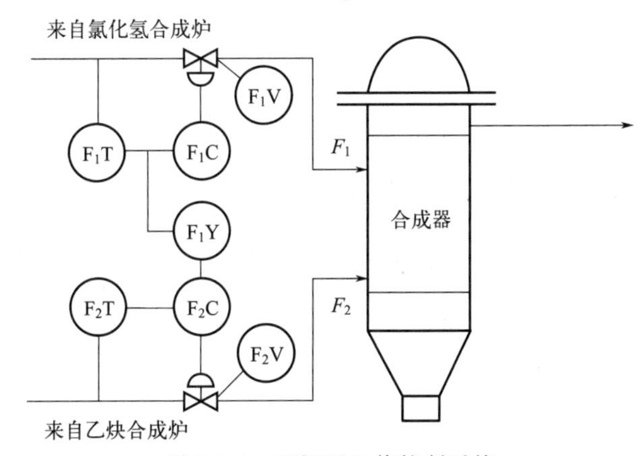

图 5-4-4　双闭环比值控制系统

双闭环比值控制系统的另一个优点是提降负荷比较方便，只要缓慢地改变主动流量控制器的给定值，就可以提降主动流量，同时从动流量也就自动跟随提降，并保持两者比值不变。

这种比值控制方案的缺点是结构比较复杂，使用的仪表较多，投资较大，系统调整比较麻烦。双闭环比值控制系统主要用于主动流量干扰频繁、经常需要提降负荷的场合。

习题与思考

一、判断题

1. 比值控制系统主控制器的控制规律和参数整定可以参照串级控制系统。（　　）

2. 比值控制系统通常是保持两种或两种以上物料的流量为一定比例关系的系统，也称为流量比值控制系统。（　　）

二、选择题

1. 对于单闭环比值控制系统，下列说法哪一个是正确的（　　）。

A. 单闭环比值控制系统也是串级控制系统　　B. 整个系统是闭环控制系统
C. 主物料是开环控制，副物料是闭环控制　　D. 可以保证主物料、副物料量一定

2. 单闭环比值控制系统中，当主动流量不变而从动流量由于受干扰发生变化时，从动流量闭环系统相当于（　　）系统。

A. 定值调节　　B. 随动调节　　C. 程序调节　　D. 分程调节

3. 单闭环比值控制系统的从动回路应选用（　　）控制规律。

A. 比例　　B. 比例积分微分　　C. 比例积分　　D. 比例微分

三、问答题

什么叫比值控制系统？常用的比值控制系统有哪些类型？各有什么特点？

项目五　其他复杂系统简介

一、前馈控制系统

在反馈控制系统中，控制器是按照被控变量与给定值的偏差进行工作的，控制作用影响被控变量，而被控变量的变化又返回来影响控制器的输入，使控制作用发生变化。不论什么干扰，只要引起被控变量变化，都可以进行控制，这是反馈控制的优点。如图 5-5-1 所示的换热器出口温度的反馈控制中，所有影响被控变量的因素，如进料流量、温度的变化，蒸汽压力的变化等，对出口物料温度的影响都可以通过反馈控制来克服。但是，在反馈系统中，控制信号总是要在干扰已造成影响，被控变量偏离设定值以后才能产生，控制作用总是不及时，特别是在干扰频繁，对象有较大滞后时，使控制质量的提高受到很大的限制。

如果已知影响换热器出口物料温度变化的主要干扰是进口物料流量的变化，为了及时克服此干扰对被控变量的影响，可以测量进料流量，根据进料流量大小的变化直接去改变加热蒸汽流量的大小，这就是所谓的“前馈”控制。图 5-5-2 是换热器的前馈控制示意图。当进料流量变化时，通过前馈控制器 FC 去开大或关小蒸汽阀，以克服进料流量变化对出口物料温度的影响。

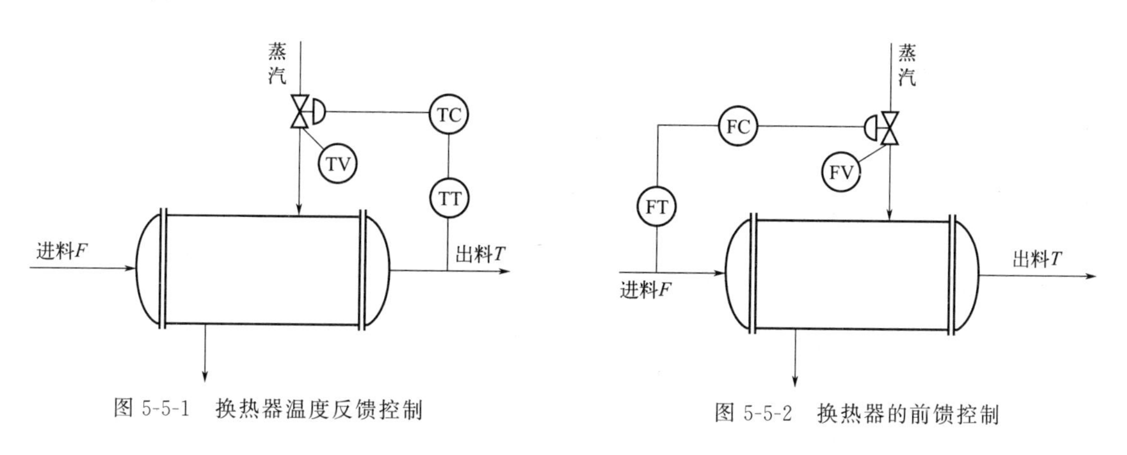

图 5-5-1　换热器温度反馈控制

图 5-5-2　换热器的前馈控制

前馈控制是根据干扰的变化产生控制作用的。如果能使干扰作用对被控变量的影响与控制作用对被控变量的影响在大小上相等、方向上相反的话，就能完全克服干扰对被控变量的影响。图 5-5-3 就可以充分说明这一点。

在图 5-5-2 所示的换热器前馈控制中，当进料流量突然阶跃增加 ΔF 后，通过干扰通道使换热器出口物料温度 T 下降，其变化曲线如图 5-5-3 中曲线 1 所示。与此同时，进料流量的变化经测量变送后，送入前馈控制器 FC，按一定的函数运算后输出去开大蒸汽阀。由于加热蒸汽流量增加，通过换热器的控制通道会使出口物料温度 T 上升，如图 5-5-3 中曲线 2 所示。由图可知，干扰作用使温度 T 下降，控制作用使温度 T 上升。如果控制规律选择合适，可以得到完全的补偿。也就是说，当进口物料流量变化时，可以通过前馈控制，使出口物料的温度完全不受进口物料流量变化的影响。显然，前馈控制对于干扰的克服要比反馈控制及时得多。干扰一旦出现，不需等到被控变量受其影响产生变化，就会立即产生控制作用，这个特点是前馈控制的主要优点之一。

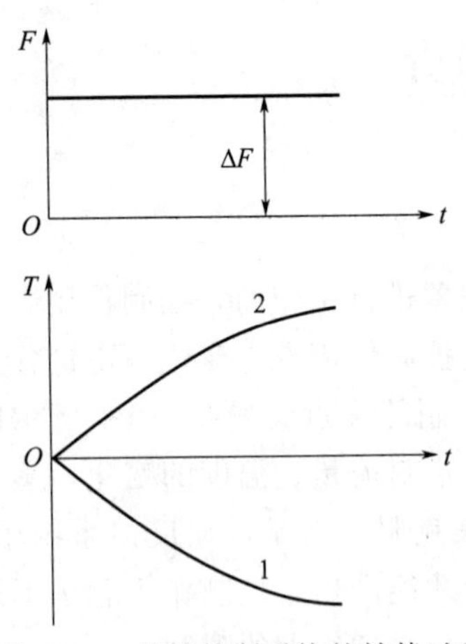

图 5-5-3　前馈控制系统的补偿过程

反馈控制系统是闭环系统，控制结果能够通过反馈获得检验。而前馈控制系统是一个开环系统，其控制效果并没有经过检验。如上例中，根据进口物料流量变化这一干扰施加前馈控制作用后，出口物料的温度（被控变量）是否达到所希望的温度是不得而知的。因此，要施加一个合适的前馈控制作用，必须要对被控对象的特性做深入的研究和彻底的了解。

由于前馈控制是根据干扰进行工作的，而且整个系统是开环的，因此根据干扰设置的前馈控制就只能克服这一干扰对被控变量的影响，而对于其他干扰，由于这个前馈控制器无法感受到，也就无能为力了。而反馈控制只用一个控制回路就可克服多个干扰。这一点是前馈控制系统的一个缺点。

前馈与反馈控制的优缺点是相对应的，若把其组合起来，取长补短，组成“复合”的前馈-反馈控制系统，使前馈控制用来克服主要干扰，反馈控制用来克服其他的多种干扰，两者协同工作，能提高控制质量。因此，实践中往往用“前馈”来克服主要干扰，再用“反馈”来克服其他干扰，组成如图 5-5-4 所示的前馈-反馈控制系统。

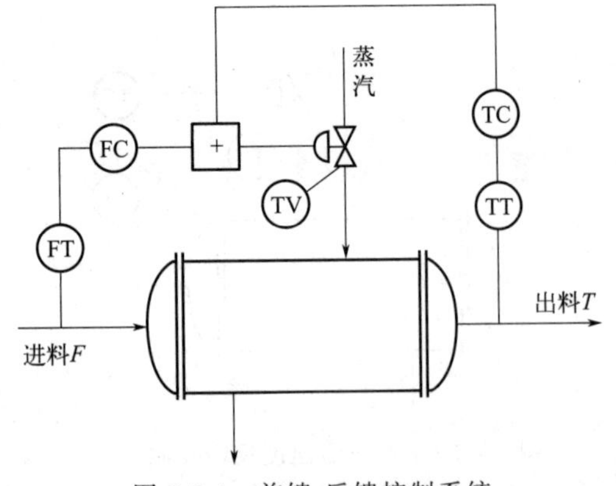

图 5-5-4　前馈-反馈控制系统

图 5-5-4 中的控制器 FC 起前馈作用，用来克服由于进料流量波动对被控变量的影响，而温度控制器 TC 起反馈作用，用来克服其他干扰对被控变量 T 的影响，前馈和反馈控制作用相加，共同改变加热蒸汽流量，以使出料温度维持在给定值上。

前馈控制系统主要的应用场合如下。

① 干扰幅值大而频繁，对被控变量影响剧烈，仅采用反馈控制系统达不到控制要求的场合。

② 主要干扰是可测而不可控的变量。所谓可测，是指干扰量可以运用检测变送装置将其在线转换为标准的电或气的信号。但目前对某些变量，特别是某些成分量，还无法实现上述转换，也就无法设计相应的前馈控制系统。所谓不可控，主要是指这些干扰难以通过设置单独的控制系统予以稳定，这类干扰在连续生产过程中是经常遇到的，其中也包括一些虽能控制但生产上不允许控制的变量，例如负荷量等。

二、分程控制系统

在反馈控制系统中，通常都是一个控制器的输出只控制一个控制阀。而在分程控制系统中，一个控制器的输出可以同时控制两个甚至两个以上的控制阀。控制器的输出信号被分割成若干个信号范围段，由每一段信号去控制一个控制阀。由于是分段控制，故取名为分程控制系统。

分程控制系统的方框图如图 5-5-5 所示。

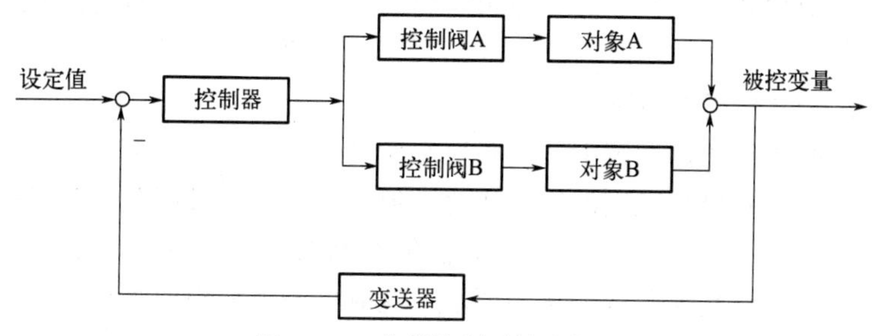

图 5-5-5　分程控制系统方框图

分程控制系统中控制器输出信号的分段一般是由附设在控制阀上的阀门定位器来实现的。以图 5-5-5 所示系统为例来说明其控制过程。控制器分别控制控制阀 A 和控制阀 B，如果阀 A 在 0～50%信号范围内做全行程动作（即由全关到全开或由全开到全关），阀 B 在 50%～100%信号范围内做全行程动作，那么就可以对附设在控制阀 A、B 上的阀门定位器进行调整，使控制阀 A 在 0～50%的输入信号下走完全行程，使控制阀 B 在 50%～100%的输入信号下走完全行程。这样一来，当控制器输出信号在小于 50%范围内变化时，就只有控制阀 A 随着信号压力的变化改变自己的开度，而控制阀 B 则处于某个极限位置（全开或全关），其开度不变。当控制器输出信号在 50%～100%范围内变化时，控制阀 A 因已移动到极限位置开度不再变化，控制阀 B 的开度则随着信号大小的变化而变化。分程控制系统属于定值控制系统，其控制过程与简单控制系统相同。

分程控制系统就控制阀的开关形式可以划分为两类：一类是两个控制阀同向动作，即随控制阀的输入信号增加或减小，阀门都开大或都关小。如图 5-5-6 所示。

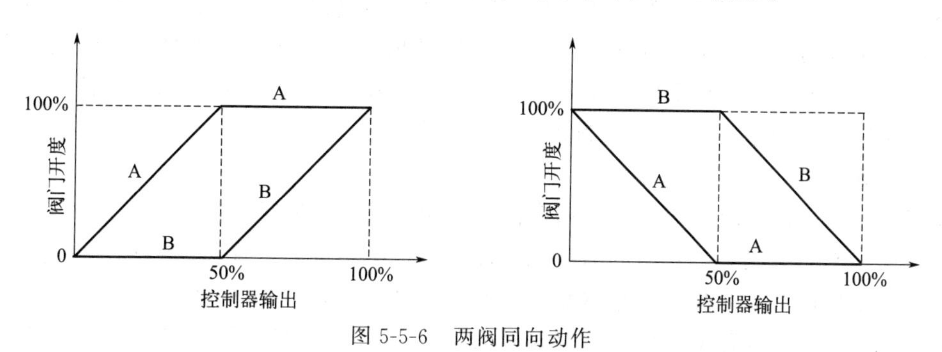

图 5-5-6　两阀同向动作

另一类是两个控制阀异向动作，即随控制阀的输入信号增加或减小，阀门一个关小另一个开大。如图 5-5-7 所示。

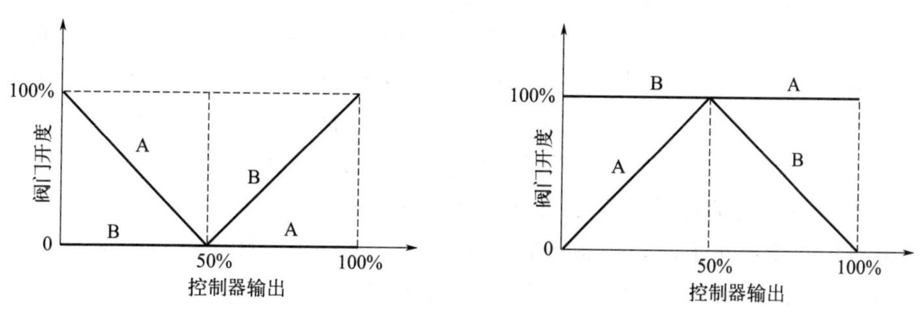

图 5-5-7　两阀异向动作

分程控制系统中控制阀的开关形式即阀同向或异向动作的选择问题，要根据生产工艺的实际需要来确定。

分程控制系统经常应用在以下场合。

（1）用于扩大控制阀的可调范围，改善控制质量

有时生产过程要求有较大范围的流量变化，但是控制阀的可调范围是有限制的（国产控制阀可调范围 $R=30$）。若采用一个控制阀，能够控制的最大流量和最小流量相差不可能太悬殊，满足不了生产上流量大范围变化的要求，这时可考虑采用两个控制阀并联的分程控制系统。

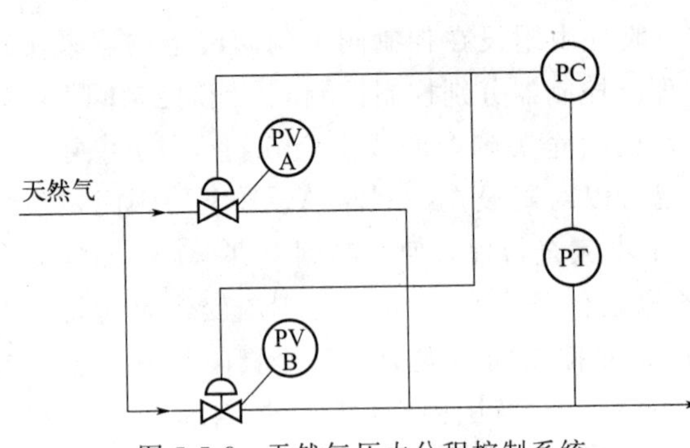

图 5-5-8　天然气压力分程控制系统

以某大型化工厂燃烧天然气压力系统为例。在正常生产时，为了适应此时负荷下天然气供应量的需要，控制阀的口径就要选择得很大。然而，在短暂的停车过程中，需要少量的天然气，需将控制阀关小。也就是说，短暂的停车情况下控制阀只在小开度下工作。而大口径阀在小开度下工作时，除了控制阀特性会发生畸变外，还容易产生噪声和振荡，这样就会使控制效果变差，控制质量降低。为解决这一矛盾，可采用两个控制阀构成分程控制系统，如图 5-5-8 所示。

该分程控制系统中采用了 A（流通能力较小即小阀）、B（流通能力较大即大阀）两个控制阀（根据工艺要求均选择为气开阀）。这样在正常情况下，即正常负荷时，阀 A 处于全开状态，只通过阀 B 开度的变化来进行控制。短暂的停车情况下，既小负荷时，阀 B 已全关，天然气的压力仍高于给定值，于是反作用式的压力控制器 PC 输出减小，使阀 A 也逐渐关小，只通过阀 A 开度的变化来控制天然气的压力。

（2）交替使用不同的控制方式

在工业生产中，有时需要交替使用不同的控制方式，以满足生产需求。例如有些存放油品或石油化工产品的贮罐，其中的油品或石油化工产品不宜与空气长期接触，因为空气中的氧气会使其氧化而变质，甚至引起爆炸。为此，常常在贮罐上方充以惰性气体 N_2，使油品或石油化工产品与空气隔绝，称之为氮封。为了保证空气不进贮罐，一般要求氮气压力应保持为微正压。

这里需要考虑的一个问题就是贮罐中物料量的增减会导致氮封压力的变化。当抽取物料时，氮封压力会下降，如不及时向贮罐中补充 N_2，贮罐就有被吸瘪的危险。而当向贮罐中加物料时，氮封压力又会上升，如不及时排出贮罐中的一部分 N_2 气体，贮罐就可能被鼓坏。为了维持氮封压力，可采用如图 5-5-9 所示的分程控制系统，该系统中从安全角度出发，阀 A 采用气开式，阀 B 采用气关式，它们的分程特性图如图 5-5-10 所示。

当贮罐压力升高时，测量值将大于给定值，压力控制器 PC 的输出将下降，这样阀 A 将逐渐关闭，而阀 B 将逐渐打开，于是通过放空的办法将贮罐内的压力降下来。当贮罐内压力降低，测量值小于给定值时，控制器输出将变大，此时阀 B 将逐渐关闭而阀 A 将逐渐打开，于是 N_2 气体被补充加入贮罐中，以提高贮罐的压力。

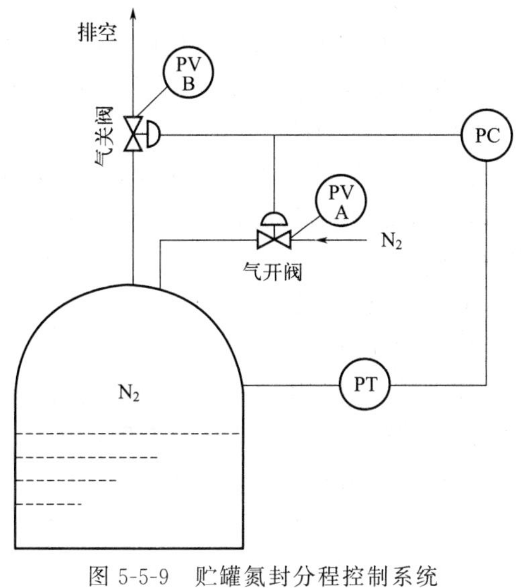

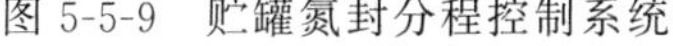
图 5-5-9　贮罐氮封分程控制系统

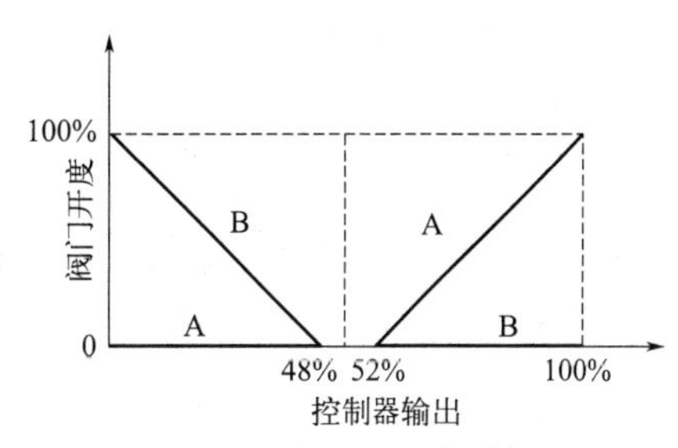

图 5-5-10　氮封分程阀特性图

为了防止贮罐中压力在给定值附近变化时 A、B 两阀的频繁动作，可在两阀信号交接处设置一个不灵敏区，如图 5-5-10 所示。方法是通过阀门定位器的调整，使阀 B 在 0～48%信号范围内从全开到全关，使 A 阀在 52%～100%信号范围内从全关到全开，而当控制器输出压力在 48%～52%范围变化时，A、B 两阀都处于全关位置不动。这样做的结果，对于贮罐这样一个由于空间较大，因而时间常数较大且控制精度不是很高的具体压力对象来说是有益的。因为留有这样一个不灵敏区之后，将会使控制过程变化趋于缓慢，系统更为稳定。

(3) 用于控制两种不同的介质，以满足工艺生产的要求

在某些间歇式生产的化学反应过程中，当反应物料投入设备后，为了使反应物料达到反应温度，往往在反应开始前，需要给反应物料提供一定的热量。一旦达到反应温度后，就会发生化学反应，随着化学反应的进行不断放出热量，这些放出的热量如不及时移走，反应就会越来越剧烈，以致反应器会有爆炸的危险。因此，对这种间歇式化学反应器，既要考虑反应前的预热问题，又需要考虑过程中移走热量的问题。为此，可设计如图 5-5-11 所示的分程控制系统。在该系统中，利用 A、B 两个控制阀分别控制冷水与蒸汽两种不同介质，以满足工艺上对冷却和加热的不同需要。

温度控制器 TC 选择为反作用，冷水控制阀 A 选为气关式，蒸汽控制阀 B 选为气开式，

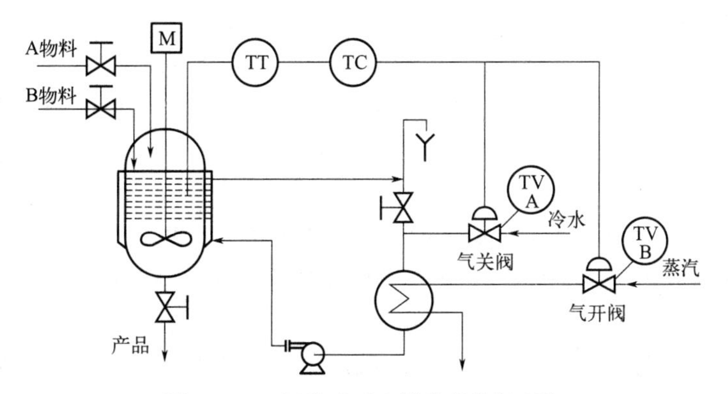

图 5-5-11　间歇式反应器分程控制系统

两阀的分程情况如图 5-5-12 所示。

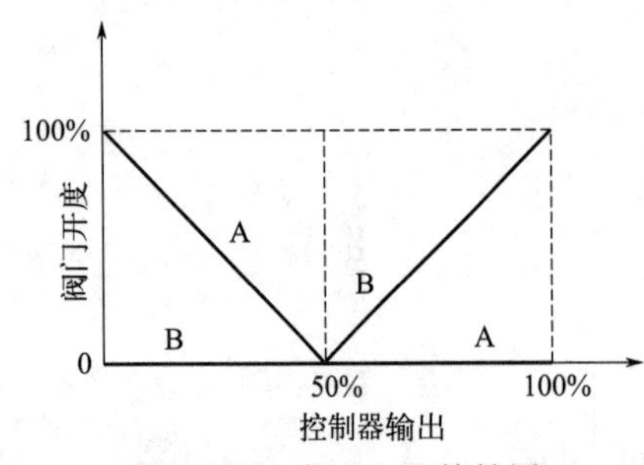

图 5-5-12　阀 A、B 特性图

该系统的工作情况如下：在进行化学反应前的升温阶段，由于温度测量值小于给定值，控制器 TC 输出较大（大于 50%），因此阀 A 将关闭，阀 B 被逐渐打开，此时蒸汽通入热交换器使循环水被加热，循环热水再通入反应器夹套为反应物料加热，以便使反应物料温度慢慢升高。

当反应物料温度达到反应温度时，化学反应开始，于是就有热量放出，反应物料的温度将逐渐升高。由于控制器 TC 是反作用的，故随着反应物料温度的升高，控制器的输出逐渐减小。与此同时，阀 B 将逐渐关闭。待控制器输出小于 50% 以后，阀 B 全关，阀 A 则逐渐打开。这时，反应器夹套中流过的将不再是热水而是冷水。这样一来，反应所产生的热量就不断被冷水移走，从而达到维持反应温度不变的目的。

本方案中选择蒸汽控制阀为气开式、冷水控制阀为气关式，是从生产安全角度考虑的。因为一旦出现供气中断情况，阀 A 将处于全开，阀 B 将处于全关。这样，就不会因为反应器温度过高而导致生产事故。

三、选择性控制系统

选择性控制系统是当生产短期内处于不正常工况时，既不使设备停车，又对生产进行自动保护的系统。在选择性控制系统中，考虑到了生产工艺过程条件的逻辑关系。当生产操作条件趋向限制条件时，一个用于控制不正常工况的控制方案将自动取代正常工况下工作的控制方案，直到生产操作重新回到安全范围时；正常工况下，工作的控制方案又自动恢复对生产过程的正常控制。因此，选择性控制系统有时被称为取代控制系统或自动保护控制系统。某些选择性控制系统甚至可以使开、停车这样的工作都能够由系统控制自动地进行而无需人参与。

要构成选择性控制，生产操作必须要具有一定的选择性逻辑关系，而选择性控制的实现，则需要靠具有选择功能的选择器。选择性控制系统的结构有多种，经常使用的是：选择器在控制器和控制阀之间的选择性控制系统和选择器在控制器和变送器之间的选择性控制系统。

1. 选择器在控制器和控制阀之间的选择性控制系统

在这一类选择性控制系统中，一般有 A、B 两个可供选择的变量。其中，变量 A 假定是工艺操作的主要技术指标，它直接关系到产品的质量或生产效率；变量 B，工艺上对它只有限值要求，只要不超出限值，生产就是安全的，一旦超出这一限值，生产过程就有发生事故的危险。因此，在正常情况下，变量 B 处于限值以内，生产过程就按照变量 A 来进行连续控制。一旦变量 B 达到限值时，为了防止事故的发生，所设计的选择性控制系统将通过选择器切断变量 A 控制器的输出，而将控制阀迅速关闭或打开，直到变量 B 回到极限值以内，系统才自动重新恢复到按变量 A 进行连续控制。这种类型的选择性控制系统一般用作系统的限值保护。

图 5-5-13 是锅炉蒸汽压力与燃料压力组成的选择性控制系统。蒸汽负荷随用户需求量的多少而波动，在正常情况下，用控制燃料量的方法维持蒸汽压力稳定。当蒸汽用量剧增

时，蒸汽总管压力显著下降，此时蒸汽压力控制器不断开大燃料阀门，增加燃料量，因而使阀后压力大增，当阀后压力超出一定范围之后，会造成喷嘴脱火事故。为此，设计了选择性控制系统。

图 5-5-13 所示选择性控制系统工作过程如下：在正常情况下，即阀后压力低于脱火压力时，燃料压力控制器的输出信号大于蒸汽压力控制器的输出信号，由于低值选择器 LS 能够自动选择两个输入信号 a、b 中的低值作为输出，因此，在正常情况下，蒸汽压力控制器输出 b 控制燃料阀门的开度。而当燃料阀门开大，使阀后压力接近脱火压力时，燃料压力控制器的输出信号 a 减小，并取代蒸汽压力控制器去操纵燃料阀门，使阀门关小，避免因阀后压力过高而造成喷嘴脱火事故。当阀后压力降低且蒸汽压力回升后，蒸汽压力控制器的输出信号再被选中恢复正常工况控制。

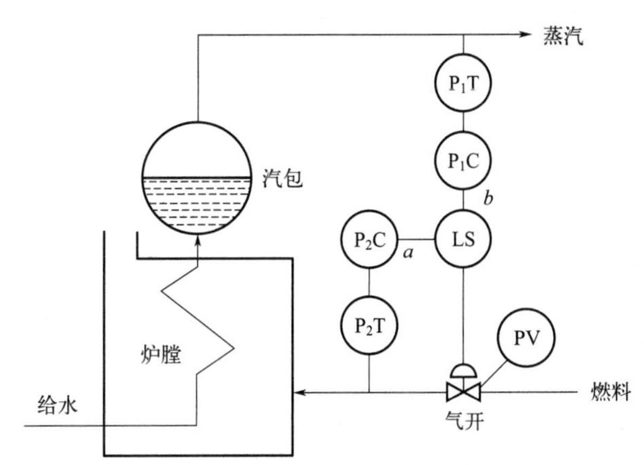

图 5-5-13　锅炉蒸汽压力控制器与燃料压力控制器组成的选择性控制系统

2. 选择器在控制器和变送器之间的选择性控制系统

此类选择性控制系统一般比较简单，是几个测量变送器共用一个控制器。图 5-5-14 所示的固定床反应器，由于内部气体流动情况的变化和催化剂活性降低，其反应的最高温度点的位置将会改变，为了防止温度过高而烧坏催化剂，因而在反应器的固定催化剂床层内的不同位置设置了温度检测点，各检测点温度测量值由高值选择器选出最高的温度信号进行控制，这样保证了催化剂的安全使用和正常生产。

四、新型控制系统

1. 自适应控制系统

自适应控制建立在系统数学模型参数未知的基础上。在控制系统运行过程中，系统本身不断测量被控对象的参数或运行指标，根据参数或运行指标的变化，改变控制参数或控制作用，以适应对象特性的变化，保证整个系统运行在最佳状态。

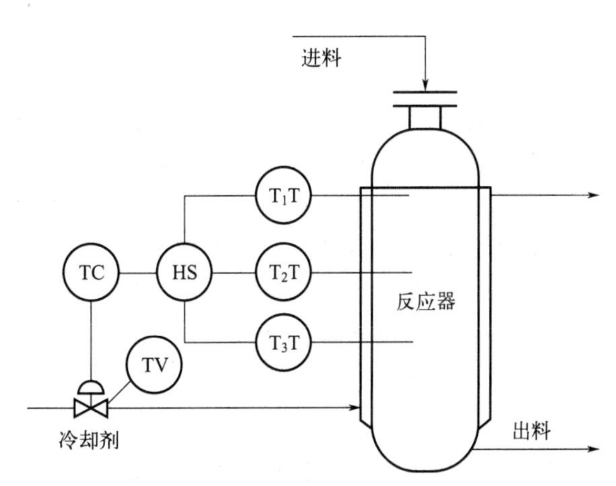

图 5-5-14　温度选择控制系统

一个自适应控制系统至少应包含以下三个部分：一是具有一个检测或估计

环节，目的是监视整个过程和环境，并能对消除噪声后的检测数据进行分类，通常是对过程的输入、输出进行测量，进而对某些参数进行实时估计；二是具有衡量系统控制性能指标优劣的环节，并能够测量或计算它们，以此来判断系统是否偏离最优状态；三是具有自动调整控制器的控制规律或参数的环节。

自适应控制系统的一般框图如图 5-5-15 所示。根据其设计原理和结构的不同，自适应控制系统主要包括增益调度自适应控制系统、模型参考自适应控制系统和自校正控制系统等。

（1）增益调度自适应控制系统

这是一种最为简单的自适应控制系统，主要通过监测过程的运行条件来改变控制器的参数，以此补偿系统受到的因环境等条件变化而造成对象参数变化而产生的影响。其原理如图 5-5-16 所示，系统根据运行条件或外部干扰信号，按照预先规定的模型或增益调度表，直接修正控制器的参数。

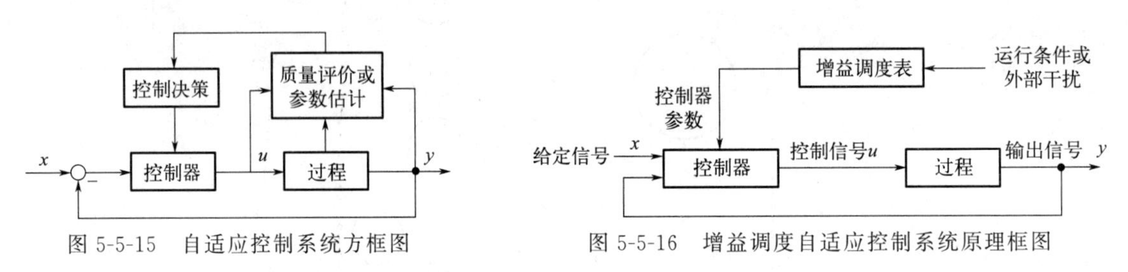

图 5-5-15　自适应控制系统方框图

图 5-5-16　增益调度自适应控制系统原理框图

增益调度自适应控制系统结构简单，具有快速的适应能力，但参数补偿是按开环工作方式进行的，没有反馈补偿功能，并且在设计时需具备较多的工艺过程原理知识。

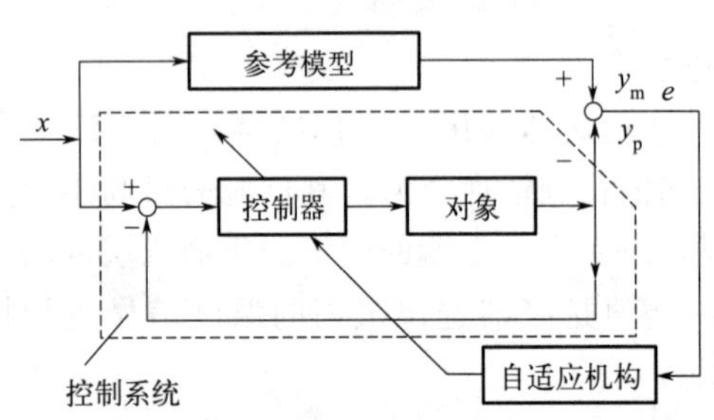

图 5-5-17　模型参考自适应控制系统结构图

（2）模型参考自适应控制系统

模型参考自适应控制系统主要用于随动控制。这类控制系统的典型特征是参考模型与被控系统并联运行，参考模型表示了控制系统的性能要求。其基本结构图如图 5-5-17 所示。

图中虚线框内的部分表示被控系统。可以看到，输入信号 x 有两个传递通道，一个通到控制器，其输出为 y_p；另一个通到参考模型，其输出为 y_m。将参考模型与被控系统并联后的输出信号，即偏差信号 $e=y_m-y_p$ 送往自适应机构，进而改变控制器的参数，直至使整个控制系统的性能接近或等于参考模型规定的性能。

在模型参考自适应控制系统中，不需要专门的在线辨识装置，主要是借助于目标函数来调整控制参数，其实质是设计一个稳定的，同时具有较高性能的自适应机构的自适应算法。这种算法的应用关键是如何将一个实际问题转化为模型参考自适应问题。

（3）自校正控制系统

自校正控制系统是自适应控制系统一个的分支。自校正控制系统的原理图如图 5-5-18 所示。

由图中可以看到，自校正控制系统是在原有控制系统的基础上，增加了一个外回路。外回路由参数估计器和参数调整机构组成，用来调整控制器的参数。内回路包括过程和普通线性反馈控制器。对象的输入信号 x 经控制器和输出信号 y 送入参数估计器，在线识别出其数学模型，参数调整机构根据辨识结果设计并计算自校正控制规律和修改控制器参数，在对象参数受到干扰而发生变化时，自校正控制系统性能仍保持或接近最优状态。这种系统应用较广泛。

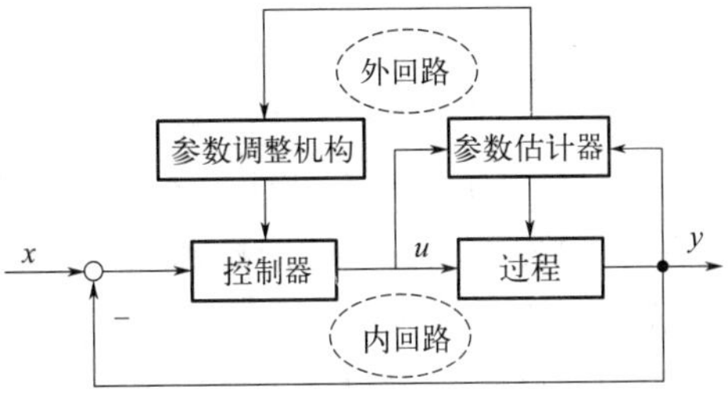

图 5-5-18 自校正控制系统原理图

2. 专家系统

专家系统是人工智能应用研究中最活跃和最广泛的领域之一。专家系统主要解决的是各种非结构化的问题，尤其是处理定性的、启发式的或不确定的知识信息，经过各种推理来达到系统的任务目标。这一特点为解决传统控制理论的局限性问题提供了重要启示。

(1) 专家系统的基本构成

专家系统是一种基于知识的系统，其内部存有大量关于某一领域的专家水平的知识和经验，具有解决专门问题的能力。专家系统的主要功能取决于大量的知识以及合理、完备的智能推理机构。归根结底，专家系统是一个包含知识库和推理机构的智能计算机程序系统，其基本结构如图 5-5-19 所示。

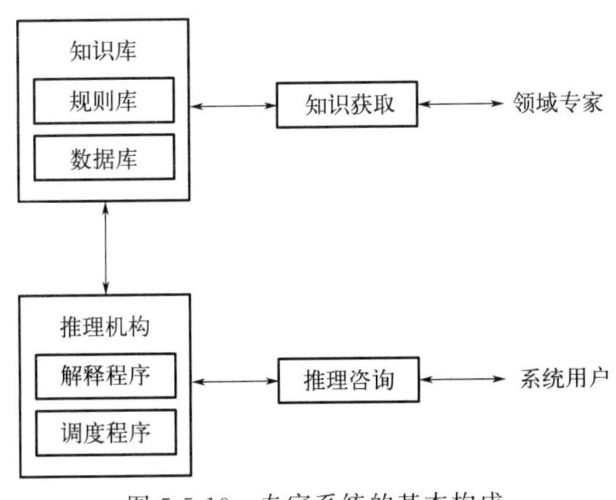

图 5-5-19 专家系统的基本构成

显而易见，知识库和推理机构是专家系统中的两个主要构成要素。

知识库可看作是一个存储器，它主要由规则库和数据库两部分构成。其中规则库存储着作为专家经验的判断性知识，用于问题的推理和求解；而数据库用于存储问题的状态、特性以及当前的条件等，供推理和解释机构使用。

知识库通过“知识获取”机构与领域专家相联系，形成了专家系统与领域专家的人机接口。知识获取的过程，即实现了知识库的修正更新，知识条目的测试、精炼等。

推理机构实际上是一个计算机软件系统，它通过运用知识库提供的知识，基于某种通用的问题求解模型，进行自动推理和求解。一般来说，它主要由解释程序和调度程序两部分构成。前者用于检测和解释知识库中的相应规则，决定如何使用判断性知识推导新知识；而后者则用于决定判断性知识的使用次序。

推理机构通过“推理咨询”机构与系统用户相联系，形成了专家系统与系统用户之间的人机接口，系统通过人机接口接收用户的提问，并向用户提供问题求解结论及推理过程。

(2) 专家系统的特点

专家系统通过移植到计算机内的相应知识，模拟人类专家的推理决策过程。这一人工智能处理方法与常规的软件程序相比，具有如下显著特征。

① 专家系统是一种知识信息处理系统。其知识库内存储的知识是领域专家的专业知识和实际操作经验的总结和概括；推理机构依据知识的表示和知识的推理，确定问题的求解途径并制订决策求解问题。专家系统在传统方法不易解决的问题的求解中能够表现出专家的技能及技巧。

② 专家系统具有高度灵活的问题求解能力。专家系统的两个重要组成部分——知识库和推理机构，是独立构造但又相互作用的组织。系统在运行时，推理机构可根据具体的问题灵活地选择相应的求解方案，具有灵活的适应性。

③ 专家系统具有启发性和透明性。它能够运用专家的经验和知识对不确定或不精确的问题进行启发性和试探性的推理，同时能够向用户显示其推理依据和过程。

3. 模糊控制系统

模糊控制在一定程度上模仿了人的控制，它不需要精确的数学模型，主要是以人的丰富实践经验为控制依据。

（1）模糊控制系统的基本结构

模糊控制的思想是将操作人员长期的实践经验加以总结和描述，得到一种定性的控制规则，基于这些规则再进行模糊推理，从而得到控制输出。模糊控制系统的基本结构如图 5-5-20 所示。

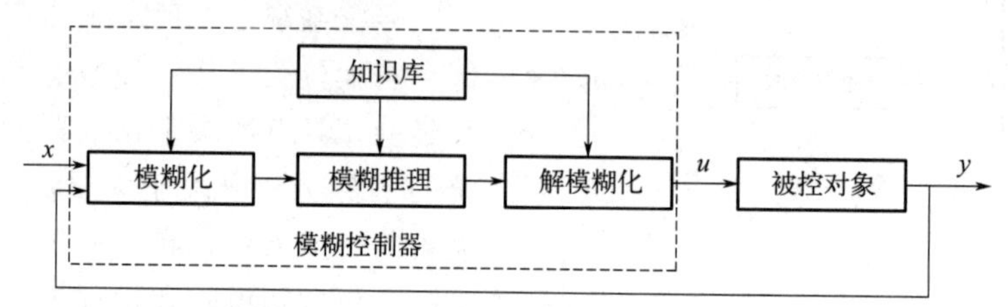

图 5-5-20 模糊控制系统的基本结构

模糊控制系统是从对象测得数据，如温度、压力等，并与给定值进行比较，将偏差和偏差的变化率输入到模糊控制器，由模糊控制器推理出控制量，用它来控制对象。

对模糊控制器来说，输入和输出都是精确的数值，而模糊控制原理是采用人的思维，也就是按语言规则进行推理，因此必须将输入数据变换成语言值，这个过程称为精确量的模糊化，然后进行推理及形成控制规则，最后将推理所得结果变换成实际的、精确的控制值，即解模糊化（清晰化）。

（2）模糊控制的几种方法

① 查表法。所谓查表法就是将输入量的隶属度函数、模糊控制规则及输出量的隶属度函数都用表格来表示，这样输入量的模糊化、模糊规则推理和输出量的清晰化都通过查表的方法来实现。输入模糊化表、模糊规则推理表和输出清晰化表的制作都是离线进行的，可以通过离线计算机将这三种表合并为一个模糊控制表。

② 专用硬件模糊控制器。专用硬件模糊控制器是用硬件直接实现模糊推理。它的优点是推理速度快，控制精度高。现在市场上已有多种模糊控制芯片可供选用。但与使用软件方法相比，专用硬件模糊控制器价格昂贵，目前主要应用于伺服系统、机器人、汽车等领域。

③ 软件模糊推理法。软件模糊推理法的特点就是模糊控制过程中输入量的模糊化、模糊规则推理、输出量的清晰化和知识库这四部分都用软件来实现。

五、安全仪表系统

1. 安全仪表系统的基本概念

安全仪表系统（Safety Instrumentation System，SIS）也称紧急停车系统（Emergency Shut Down System，ESD）、仪表保护系统（IPS）或安全联锁系统（Safety Interlocking

System)，是对石油、化工等生产装置可能发生的危险或不采取措施将继续恶化的状态进行自动响应和干预，从而保障生产安全，避免造成重大人身伤害及重大财产损失的控制系统。

在IEC（国际电工委员会）标准中，安全仪表系统被称为“Safety Related System”。影响安全的诸多因素，如由自动化仪表构成的自动保护系统、其他安全措施（工艺、设备改进、爆破膜等）、企业管理和操作人员的知识水平及规章制度等，都在安全系统的管理范畴之内。安全仪表系统可以由电动、气动或液动等元件构成，广泛应用于化工、石化、核工业、航空和流程等领域。

2. 安全仪表系统的基本组成及设计要求

装置在运行过程中，安全仪表系统时刻监视工艺过程的状态，判断危险条件，并在危险出现时适当动作，以阻止危险的扩大。工艺过程的控制系统可分为基本过程控制系统和安全仪表系统。基本过程控制系统是主动的、动态的，安全仪表系统是被动的、静态的。当危险情况出现时，安全仪表系统必须能够由静到动，正确地完成停车动作。

（1）安全仪表系统的基本组成

安全仪表系统基本组成大致可分为三部分：传感器单元、逻辑运算单元和最终执行元件。

传感器单元采用多块仪表或系统，将控制功能与安全联锁功能隔离，即传感器独立配置的原则，做到安全仪表系统与过程控制系统的实体分离。

逻辑运算单元由输入模块、控制模块、诊断回路、输出模块四部分组成。依据逻辑运算单元自动进行周期性故障诊断，基于自诊断测试的安全仪表系统具有特殊的硬件设计，借助安全性诊断测试技术，保证了安全性。逻辑运算单元可以实现在线SIS的故障。SIS故障有两种：显性故障（安全故障）和隐性故障（危险性故障）。显性故障（如系统断路等），由于故障出现使数据产生变化，通过比较可立即检测出，系统自动产生矫正作用，进入安全状态。显性故障不影响系统安全性，仅影响系统可用性，又称为无损害故障（Fail to Nuisance，FTN）。隐性故障（如I/O短路等），开始不影响数据，仅能通过自动测试程序检测出，它不会使正常得电的元件失电，又称危险故障（Fail to Danger，FTD），系统不能产生动作进入安全状态。隐性故障影响系统的安全性，其检测和处理是SIS系统的重要内容。

最终执行元件（切断阀、电磁阀）是安全仪表系统中危险性最高的设备。由于安全仪表系统在正常工况时是静态的、被动的，系统输出不变，最终执行元件一直保持原有的状态，很难确认最终执行元件是否有危险故障。因此，要选择符合安全等级要求的控制阀及配套的电磁阀作为安全仪表系统的最终执行元件。

（2）安全仪表系统的设计要求

石油、化工生产装置一般存在一定的危险，何种装置需要配置安全仪表系统呢？应当遵循《石油化工安全仪表系统设计规范》（GB/T 50770—2013）进行安全仪表系统的设计。

① 对检测元件的要求。

检测元件（传感器）分开独立设置。指采用多块检测仪表将控制功能与安全联锁功能隔离，即安全仪表系统与过程控制系统的实体分离。

传感器冗余设置。指采用多块仪表完成相同的功能，通过冗余提高系统的安全性。不宜采用信号分配器将模拟信号分别接到安全仪表系统和过程控制系统。安全仪表系统和过程控制系统共用一个传感器时，宜采用安全仪表系统供电。

② 对最终执行元件的要求。

最终执行元件（切断阀、电磁阀）是安全仪表系统中可靠性较低的设备。当符合安全等级要求时，可采用控制阀及配套的电磁阀作为安全仪表系统的最终执行元件。如安全等级为三级时，可采用一个控制阀和一个切断阀串联连接作为安全仪表系统的最终执行元件。

③ 对安全仪表系统逻辑控制器结构的选择要求。

安全仪表系统故障有两种：显性故障（安全故障）和隐性故障（危险故障）。显性故障不影响系统的安全性，但会影响系统的可用性。隐性故障影响系统的安全性，但不影响系统的可用性。通过对逻辑控制器结构的选择，可以克服隐性故障对系统安全性的影响。

安全仪表系统通常采用简单的开环控制逻辑，但必须确保其能够可靠执行。因此，在安全仪表系统的设计中，可靠性非常重要。

3. 安全仪表系统的应用

压缩机作为化工生产中的重要大型机组，在工艺流程中一般起到推动工艺气体流动、提高压力的作用。其设备的安全性尤为重要。全球许多厂家对压缩机都设有专门的动态监测系统，以保证压缩机正常工作。

不同作用的压缩机联锁条件亦不同。这里简要介绍一下压缩机一般带有的联锁条件，如图 5-5-21 所示。

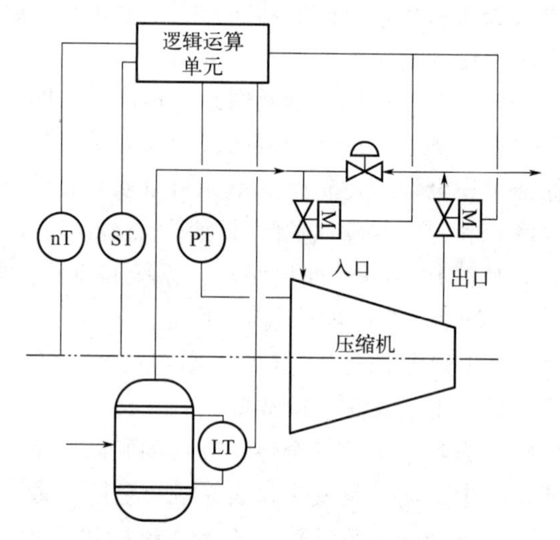

图 5-5-21 压缩机安全仪表系统

nT—压缩机的转速测量；ST—压缩机的轴位移测量；PT—压缩机的润滑油压力测量；LT—吸入罐液面测量

（1）润滑油压力（低联锁，停压缩机）

压缩机为转动设备，整套设备的润滑至关重要，一旦润滑油压力不足，很可能导致压缩机转动部件严重磨损，使压缩机损坏。

（2）轴位移（高联锁，停压缩机）

轴是压缩机的传动部件，也是压缩机动态监测的主要被监测对象，轴的状态发生变化对压缩机也是致命的影响。轴位移即为轴在轴向位置上的位移变化。如移动量过大，会造成设备的损坏。

（3）转速（高联锁，停压缩机）

压缩机的转速是压缩机主要的控制对象，转速高联锁目的是保证在控制系统出现故障，压缩机转速失控的情况下，可以将压缩机安全停车。

（4）吸入罐液面（高联锁，停压缩机）

压缩机为高速转动设备，它压缩的是工艺气体。在生产过程中，如工艺流程要求提高气体压力但要保证温度不变，这时当压缩机将气体压力提高（压缩机一般采用分段压缩方式，即从一段出来后进入下一段，逐级压缩提高气体压力），可能产生少许液态物质，所以每段压缩出口都有一缓冲罐对工艺气体进行气液分离，其液位便是吸入罐液面。当液面过高，液态物质可能进入压缩机，在高速旋转状态下，液态物质的进入可能使叶片损伤，从而导致设备损坏。

联锁动作：切断工艺气体进入压缩机的通道；切断压缩机的动力源；将压缩机内工艺气体放空。

习题与思考

一、选择题

1. 单纯的前馈控制系统是一种能对（　　）进行补偿的控制系统。

A. 测量与设定值之间的偏差　　B. 被控变量的变化

C. 特定干扰量的变化　　D. 随机干扰量的变化

2. 前馈控制系统中干扰可以是不可控制的，但必须是（　　）。

A. 固定的　　B. 变化的　　C. 唯一的　　D. 可测量的

3. 对于分程控制系统来说，以下叙述正确的是（　　）。

A. 可以扩大控制阀可调范围，改善控制品质

B. 控制器一定用于控制不同介质

C. 分程控制就是对被控变量的选择性调节

D. 可以提高系统稳定性

4. 下列控制系统中，属于开环控制的是（　　）。

A. 定值控制　　B. 前馈控制　　C. 随动控制　　D. 反馈控制

5. 分程控制回路中，控制器动作的同向或异向的选择，应由（　　）的需要来定。

A. 控制器　　B. 工艺实际　　C. 控制阀　　D. 传感器

二、问答题

1. 与单纯前馈控制系统比较，前馈-反馈控制系统有什么优点？

2. 什么是分程控制系统？它区别于一般的简单控制系统的最大特点是什么？

3. 分程控制系统应用在什么场合？试举例说明分程控制系统的应用。

4. 选择性控制系统的特点是什么？

5. 什么是安全仪表系统？

项目六　识读管道及仪表流程图

一、图例符号

1. 仪表功能标志及位号

（1）仪表功能标志

仪表功能标志是用几个大写英文字母的组合来表示对某个变量的操作要求。其中，第一位或头两位字母称为首位字母，表示被测变量，其余一位或多位字母称为后继字母，表示对该变量的操作要求。英文字母在仪表功能标志中的含义见表5-6-1。为了正确区分仪表功能，根据设计标准《过程检测与控制仪表的功能标志及图形符号》（HG/T 20505—2014），在理解功能标志时应注意如下几个方面。

① 功能标志只表示仪表的功能，不表示仪表的结构。这对于仪表的选用至关重要。例如，要实现FR（流量记录）功能，可选流量或差压变送器及记录仪。

② 功能标志的首位字母选择应与被测变量或引发变量相对应，可以不与被处理变量相符。例如，某液位控制系统中的控制阀，其功能标志应为LV，而不是FV。

③ 功能标志的首位字母后面可以附加一个修饰字母，使原来的被测变量变成一个新变量。如在首位字母P、T后面加D，变成PD、TD，分别表示压差、温差。

④ 功能标志的后继字母后面可以附加一个或两个修饰字母，以对其功能进行修饰。如功能标志PAH中，后继字母A后面加H，表示压力的报警为高限报警。

（2）仪表位号

仪表位号由仪表功能标志和仪表回路编号两部分组成，如FIC-116、TRC-158等，其中仪表回路编号的组成有工序号（例中数字编号中的第一个1）和顺序号（例中数字编号中的后两位16、58）两部分。在行业标准HG/T 20505—2014中，仪表位号的确定有如下规定。

① 仪表位号按不同的被测变量分类，同一装置（或工序）同类被测变量的仪表位号中顺序号可以是连续的，也可以不连续；不同被测变量的仪表位号不能连续编号。

② 若同一仪表回路中有两个以上功能相同的仪表，可在仪表位号后附加尾缀（大写英文字母）以示区别。例如FT-201A、FT-201B表示该仪表回路中有两台流量变送器。

③ 当不同工序的多个检测元件共用一块显示仪表时，显示仪表的位号不表示工序号，只编顺序号；对应的检测元件位号表示方法是在仪表编号后加数字后缀并用“-”隔开。例如一台多点温度记录仪TR-1，其对应的检测元件位号为TE-1-1、TE-1-2等。

对仪表位号而言，在施工图中还会大量地用到，特别是多功能仪表的位号编制，与管道及仪表流程图有紧密的对应关系。

2. 仪表功能字母代号

在自控类技术图纸中，仪表的各类功能是用其英文含义的首位字母来表达的，且同一字母在仪表位号中的表示方法具有不同的含义。各英文字母的具体含义见表5-6-1。

对于表中所涉及问题的简要说明如下。

①“首位字母”在一般情况下为单个表示被测变量或引发变量的字母，又称为变量字母，在首位字母附加修饰字母后，其意义改变。

②“后继字母”可根据需要分为一个字母（读出功能）或两个字母（读出功能＋输出功

能)，有时也用三个字母（读出功能＋输出功能＋读出功能）。

表 5-6-1　仪表功能字母代号

字母代号	首位字母		后继字母		
	被测变量或引发变量	修饰词	读出功能	输出功能	修饰词
A	分析		报警		
B	烧嘴、火焰		供选用	供选用	供选用
C	电导率			控制	关位
D	密度	差			偏差
E	电压(电动势)		检测元件、一次元件		
F	流量	比率			
G	可燃气体或有毒气体		视镜、观察		
H	手动				高
I	电流		指示		
J	功率	扫描			
K	时间、时间程序	变化速率		操作器	
L	物位		灯		低
M	水分或湿度				中、中间
N	供选用		供选用	供选用	供选用
O	供选用		孔板、限制		开位
P	压力		连接或测试点		
Q	数量	积算、累积			
R	核辐射		记录		运行
S	速度、频率	安全		开关	停止
T	温度			传送(变送)	
U	多变量		多功能	多功能	
V	振动、机械监视			阀、风门、百叶窗	
W	重量、力		套管、取样器		
X	未分类	*X* 轴	附属设备,未分类	未分类	未分类
Y	事件、状态	*Y* 轴		辅助设备	
Z	位置、尺寸	*Z* 轴		驱动器、执行元件,未分类的最终控制元件	

③“分析（A）”指分析类功能，并未表示具体分析项目。需指明具体分析项目时，则在表示仪表位号的图形符号（圆圈或正方形）旁标明。

④“供选用”指该字母在本表相应栏目中未规定具体含义，可根据使用的需要确定并在图例中加以说明。

⑤“高（H）”“中（M）”“低（L）”应与被测量值相对应，而并非与仪表输出的信号值相对应。H、M、L 分别标注在表示仪表位号的图形符号（圆圈或正方形）的右上、中、下处。

⑥“安全（S）”仅用于紧急保护的检测仪表或检测元件及最终控制元件。

⑦ 字母“U”表示“多变量”时，可代替两个以上首位字母组合的含义；表示“多功能”时，可代替两个以上后继字母组合的含义。

⑧“未分类（X）”表示作为首位字母和后继字母均未规定具体含义，在应用时，要求在表示仪表位号的图形符号（圆圈或正方形）外注明其具体含义。

⑨“辅助设备 Y”包括但不仅限于电磁阀、继动器、计算器（功能）、转换器（功能）。用于信号的计算、转换功能时，应在仪表图形符号（圆圈或正方形）外（一般在右上方）注明其具体功能。

3. 常规仪表及计算机控制系统图形符号

自控工程图纸中的各类仪表功能用字母或字母组合表达，仪表类型、安装位置、信号种类等可用相关图形符号标出。

（1）监控仪表的图形符号

监控仪表种类繁多，功能各异，既有传统的常规仪表，又有近年来被广泛使用的 DCS 类、可编程逻辑控制器类及控制计算机类等；既有现场安装仪表，又有架装仪表、盘面安装及控制台安装仪表或显示器等。自控工程图纸中的各类监控仪表均是以相应的图形符号表示的，表示监控仪表类型及安装位置的图形符号见表 5-6-2。

表 5-6-2　监控仪表类型及安装位置的图形符号

仪表类型	现场安装	控制室安装	现场盘装
单台常规仪表			
集散控制系统(DCS)类			
计算机类			
可编程逻辑控制器类			

（2）测量点的图形符号

测量点是将过程设备或管道引至检测装置或仪表的起点，一般与检测装置或仪表画在一起表示，如图 5-6-1 所示。

若测量点位于设备中，当需要标出具体位置时，可用细实线或虚线表示，如图 5-6-2 所示。

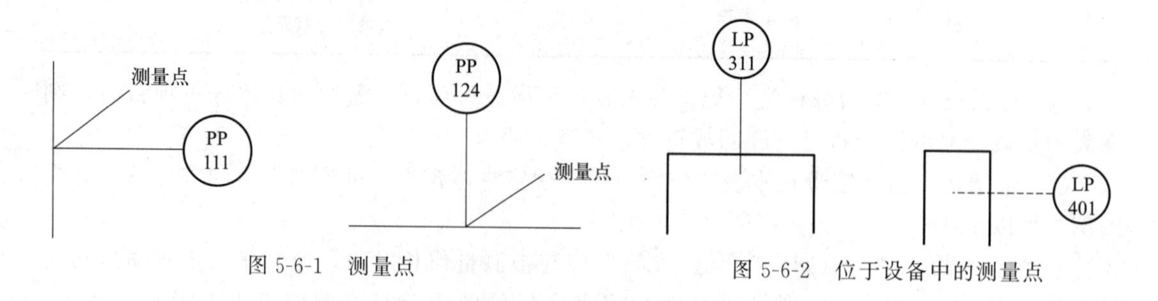

图 5-6-1　测量点　　图 5-6-2　位于设备中的测量点

（3）仪表的各种连接线

用细实线表示仪表连接线的场合包括工艺参数测量点与检测装置或仪表的连接线、仪表与仪表之间能源的连接线等。见表 5-6-3。

表 5-6-3　仪表的各种连接线

序号	信号线类型	图形符号	备注
1	电动信号	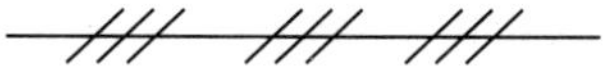	斜短划线与细实线成 45°角
2	气动信号		斜短划线与细实线成 45°角
3	导压毛细管		斜短划线与细实线成 45°角
4	液压信号线	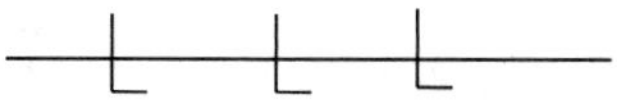	
5	二进制电信号	 或 	斜短划线与细实线成 45°角
6	二进制气信号		斜短划线与细实线成 45°角
7	电磁、辐射、热、光、声波等信号线（有导向）		
8	电磁、辐射、热、光、声波等信号线（无导向）		
9	内部系统线（软件或数据链）		
10	机械链		

（4）流量测量仪表的图形符号

流量检测仪表种类繁多，主要有差压式流量计（节流装置）和非差压式流量计两类。部分流量检测仪表的图形符号见表 5-6-4。

表 5-6-4　部分流量检测仪表的图形符号

序号	名称	图形符号	备注
1	孔板		
2	文丘里管	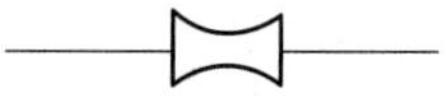	
3	流量喷嘴	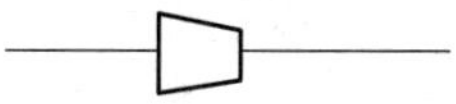	
4	无孔板取压测试接头		
5	转子流量计	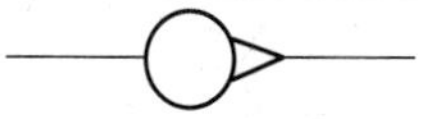	圆圈内应标注仪表位号
6	其他嵌在管道中的仪表	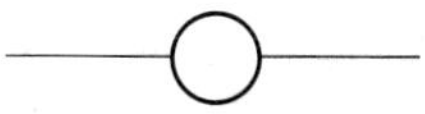	圆圈内应标注仪表位号

二、管道及仪表流程图

举例锅炉管道及仪表流程如图 5-6-3 所示。

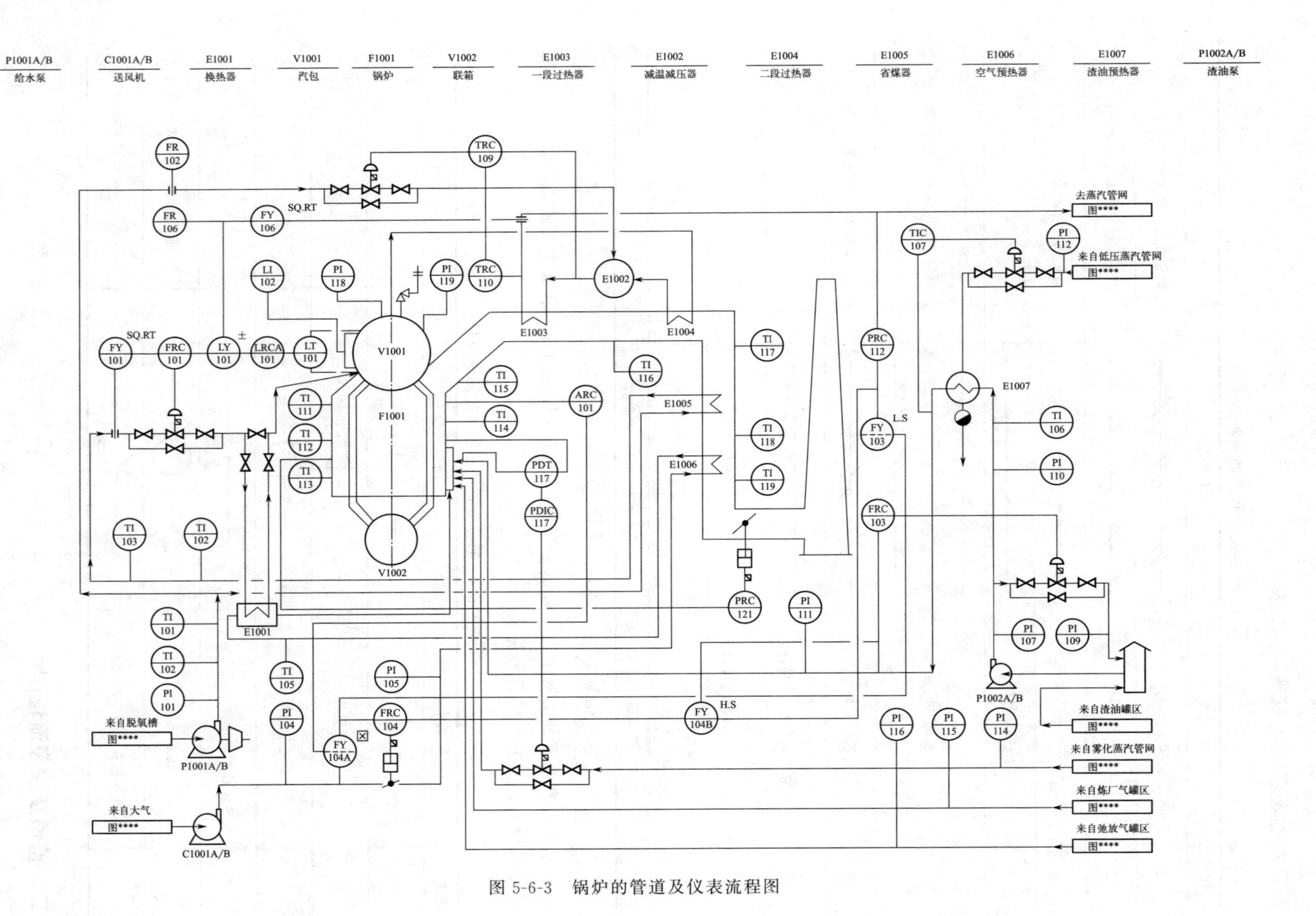

图 5-6-3 锅炉的管道及仪表流程图

位号功能说明：

① FRC-101　FRC：流量记录控制。101：工段流水号（1），流量流水号（01）。

② PDT-117　PDT：差压变送器。117：工段流水号（1），差压流水号（17）。

③ ARC-101　ARC：（氧气）成分记录控制。101：工段流水号（1），成分流水号（01）。

习题与思考

指出图 5-6-4 中仪表的功能。

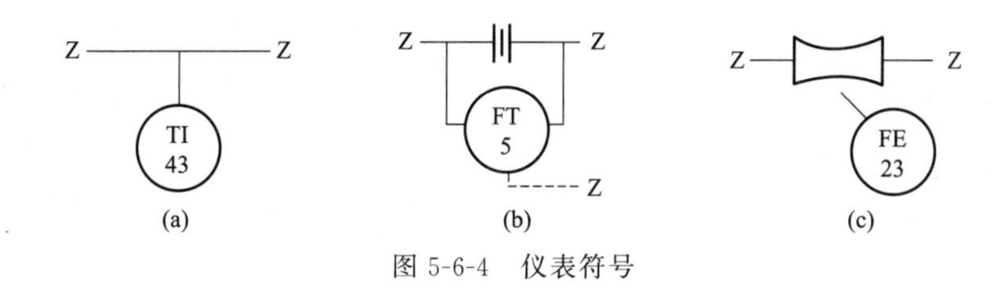

图 5-6-4　仪表符号

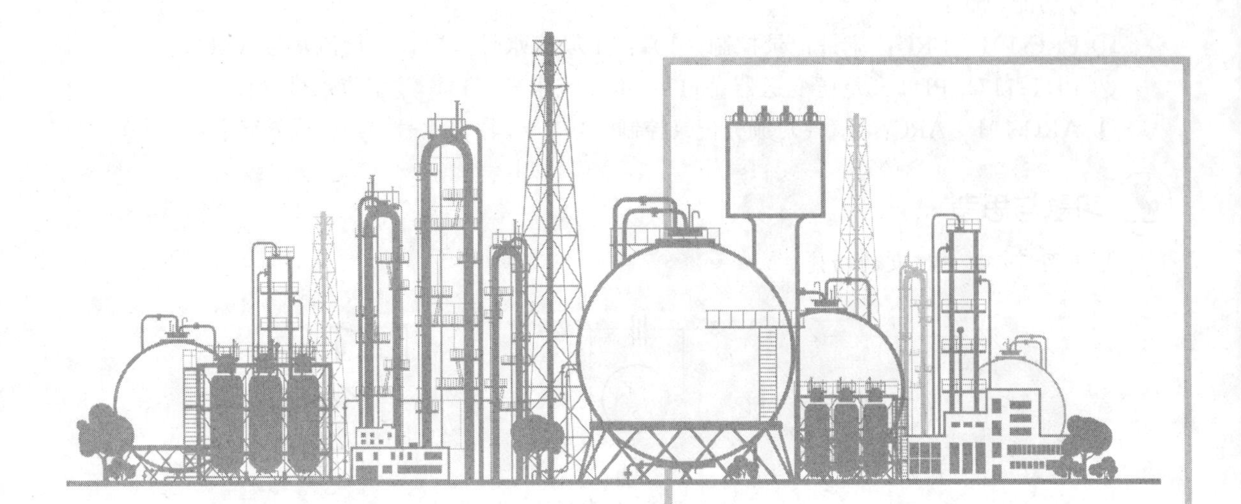

模块六

计算机控制系统

项目一　概述

计算机控制系统是以计算机为核心部件的自动控制系统。在工业控制系统中，计算机承担着数据采集与处理、顺序控制与数值控制、直接数字控制与监督控制、最优控制与自适应控制、生产管理与经营调度等任务。它已取代常规的检测、控制、显示、记录等仪器设备并实现了大部分操作管理的职能，并具有较高级的计算方法和处理方法，使生产过程按规定方式和技术要求进行，以完成各种过程控制、操作管理等任务。计算机控制系统广泛应用于生产现场，并深入到各行业。

一、计算机控制系统的基本组成

计算机控制系统就是利用计算机（通常称为工业控制计算机）来实现工业过程自动控制的系统。在计算机控制系统中，由于工业控制计算机的输入和输出是数字信号，而现场采集到的信号或送到执行机构的信号大部分是模拟信号，因此，与常规的按偏差控制的闭环负反馈系统相比，计算机控制系统需要有模/数（A/D）转换器和数/模（D/A）转换器两个环节。计算机闭环控制系统结构图如图 6-1-1 所示。

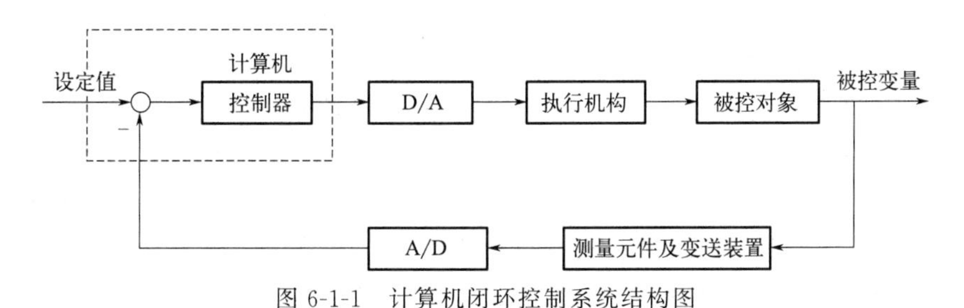

图 6-1-1　计算机闭环控制系统结构图

计算机把通过测量元件、变送单元和 A/D 转换器送来的数字信号，直接反馈到输入端与设定值进行比较，然后根据要求按偏差进行运算，所得数字量输出信号经 D/A 转换器送到执行机构，对被控对象进行控制，使被控变量稳定在设定值上。

计算机控制系统的工作原理可归纳为以下三个步骤：

① 实时数据采集　对测量变送装置输出的、经 A/D 转换后的信号进行采集。

② 实时控制决策　对被控变量的测量值进行分析和处理，并按预定的控制规律进行运算。

③ 实时控制输出　实时地输出运算后的控制信号，经 D/A 转换后驱动执行机构，完成控制任务。

不断重复上述过程，使被控变量稳定在设定值上。

在计算机控制系统中，生产过程和计算机直接连接并受计算机控制的方式称为在线方式或联机方式；生产过程不和计算机相连，且不受计算机控制，而是靠人进行联系并做相应操作的方式称为离线方式或脱机方式。

所谓实时，是指信号的输入、计算和输出都在一定的时间范围内完成，也就是说计算机对输入的信息以足够快的速度进行控制，超出了这个时间，就失去了控制的时机，控制也就失去了意义。实时的概念不能脱离具体过程，一个在线的系统不一定是一个实时控制系统，但一个实时控制系统必定是在线系统。

1. 硬件系统

计算机控制系统由工业控制计算机和生产过程两大部分组成。工业控制计算机是指按生产过程控制的特点和要求而设计的计算机（一般是微机或单片机），它包括硬件和软件两部分。生产过程包括被控对象、测量元件及变送装置、执行机构、电气开关等。计算机控制系统的组成如图 6-1-2 所示。

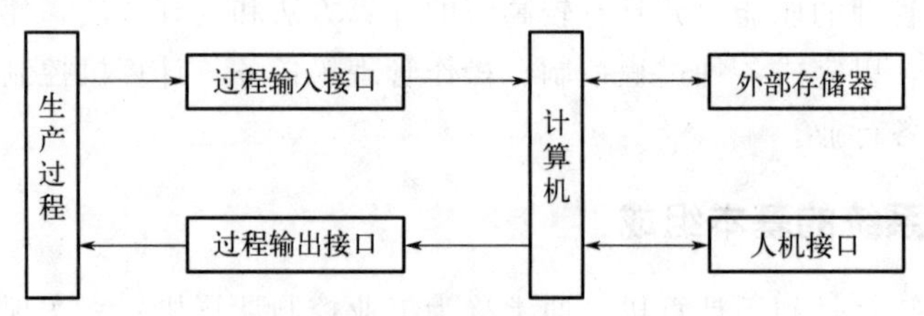

图 6-1-2 计算机控制系统的组成

工业控制计算机的硬件：硬件是指计算机本身及外围设备，包括计算机、过程输入/输出接口、人机接口、外部存储器等。

计算机是计算机控制系统的核心，其核心部件是 CPU。CPU 通过人机接口和过程输入/输出接口接收指令和对象的信息，向系统各部分发送命令和数据，完成巡回检测、数据处理、控制计算、逻辑判断等工作。

过程输入接口将从被控对象采集的模拟量或数字量信号转换为计算机能够接收的数字量，过程输出接口把计算机的处理结果转换成可以对被控对象进行控制的信号。

人机接口包括显示操作台、屏幕显示器（CRT）或数码显示器、键盘、打印机、记录仪等，它们是操作人员和计算机进行联系的工具。

外部存储器包括磁盘、光盘、磁带、移动硬盘等，主要用于存储大量的程序和数据。它是内部存储器的扩充。可根据需求选用外部存储器。

2. 软件系统

软件是指能完成各种功能的计算机程序的总和，通常包括系统软件和应用软件。

系统软件一般由计算机厂家提供，是专门用来使用和管理计算机的程序，包括操作系统、监控管理程序、语言处理程序和故障诊断程序等。

应用软件是用户根据要解决的实际问题而编写的各种程序。在计算机控制系统中，每个被控对象或控制任务都有相应的控制程序，以满足相应的控制要求。

二、计算机控制系统的应用类型

计算机控制系统种类繁多，命名方法也各有不同。根据应用特点、控制功能和系统结构，计算机控制系统主要可分为六种类型：数据采集系统、直接数字控制系统、监督计算机控制系统、分级控制系统、集散控制系统及现场总线控制系统。

1. 数据采集系统

在数据采集系统中，计算机只承担数据的采集和处理工作，而不直接参与控制。数据采集系统对生产过程中各种工艺变量进行巡回检测、处理、记录以及超限报警，同时对这些变量进行累计分析和实时分析，得出各种趋势分析，为操作人员提供参考，如图 6-1-3 所示。

2. 直接数字控制系统

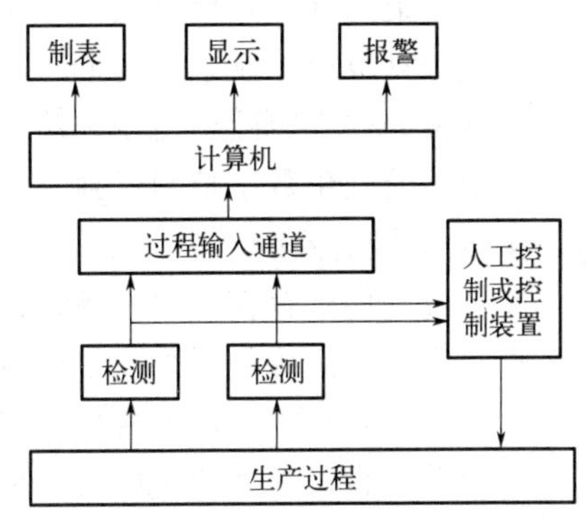

图 6-1-3　计算机数据处理系统

直接数字控制（Direct Digital Control，DDC）系统的构成如图 6-1-4 所示。计算机通过过程输入通道对被控对象的变量做巡回检测，根据测得的变量，按照一定的控制规律进行运算，计算机运算的结果经过过程输出通道作用到被控对象，使被控变量达到符合要求的性能指标。DDC 系统属于计算机闭环控制系统，是一种计算机在工业生产中最普遍的应用方式。

直接数字控制系统与模拟系统所不同的是，在模拟系统中，信号的传送不需要数字化，而数字系统中由于采用了计算机，在信号传送到计算机之前必须经模/数转换器将模拟信号转换为数字信号才能被计算机接收，计算机的控制信号必须经数/模转换器后才能驱动执行机构。另外，由于是用程序进行控制，其控制方式比常规控制系统灵活且经济。计算机代替了模拟仪表，只要改变程序就可以对被控对象进行控制，因此计算机可以控制几百个回路，并可以对上下限进行监视和报警。此外，因为计算机有较强的计算能力，所以控制方法的改变很方便，只要改变程序就可以实现。就一般的模拟控制而言，要改变控制方法，必须改变硬件，这不是轻而易举的事。

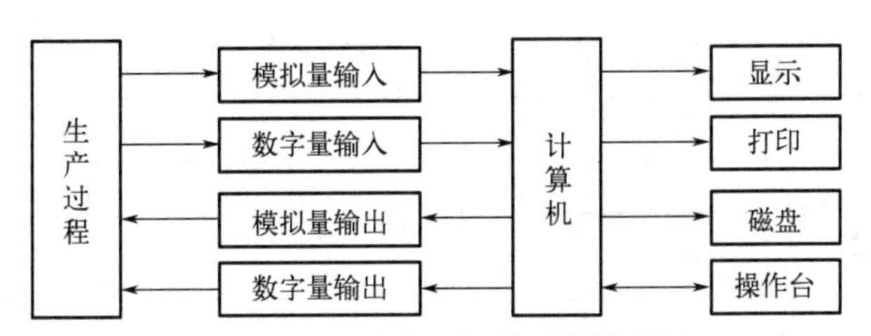

图 6-1-4　直接数字控制系统结构图

由于 DDC 系统中的计算机直接承担控制任务，所以要求实时性好、可靠性高和适应性强。为了充分发挥计算机的利用率，一台计算机通常要控制多个回路，这就要求合理地设计应用软件，使之不失时机地完成所有功能。工业生产现场环境恶劣，干扰频繁，直接威胁着计算机的可靠运行，因此必须采取抗干扰措施。

3. 监督计算机控制系统

监督计算机控制（Supervisory Computer Control，SCC）系统，简称 SCC 系统，结构如图 6-1-5 所示。SCC 系统是一种两级计算机控制系统，其中 DDC 级计算机完成生产过程的直接数字控制；SCC 级计算机则根据生产过程的工况和已定的数学模型，进行优化分析计算，产生最优化设定值送给 DDC 级执行。SCC 级计算机承担着高级控制与管理任务，要

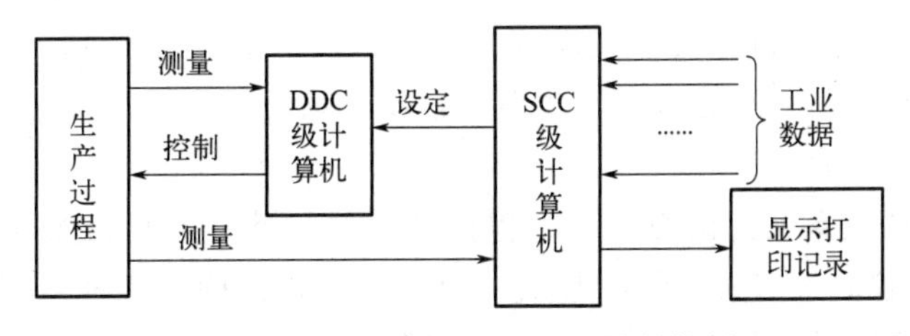

图 6-1-5　监督计算机控制系统结构图

求数据处理能力强、存储容量大等，一般采用较高档的微机。

把监督计算机控制系统的DDC级计算机用数字控制仪器代替，再配以输入采样器、A/D转换器和D/A转换器、输出扫描器，便是SCC+数字控制器的SCC系统。当SCC级计算机出现故障时，由数字控制器独立完成控制任务，比较安全可靠。

4. 分级控制系统

生产过程中既存在控制问题，也存在大量的管理问题。过去，由于计算机价格高，复杂的生产过程控制系统往往采取集中控制方式，以便充分利用计算机。这种控制方式由于任务过于集中，一旦计算机出现故障，将会造成系统崩溃。现在，由于微机价格低廉而且功能完善，可由若干台微处理器或微机分别承担部分控制任务，代替了集中控制的计算机。这种系统的特点是将控制功能分散，用多台计算机分别完成不同的控制功能，管理则采用集中方式。由于计算机控制和管理范围的缩小，使其应用灵活方便，可靠性增高。图6-1-6所示的分级控制系统是一个四级系统。

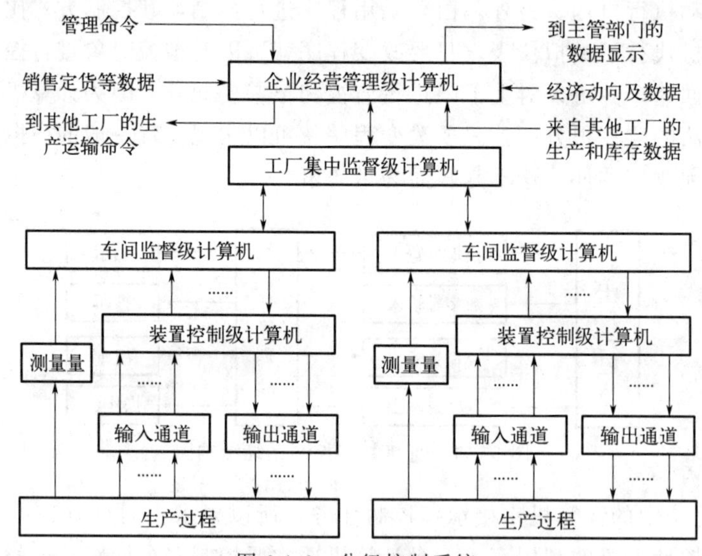

图6-1-6 分级控制系统

① 装置控制级（DDC级） 对生产过程进行直接控制，如进行PID控制或前馈控制，使所控制的生产过程在最优状况。

② 车间监督级（SCC级） 它根据厂级计算机下达的命令和通过装置控制级计算机获得的生产过程数据进行最优控制。它还担负着车间内各工段间的协调控制和对DDC级进行监督的任务。

③ 工厂集中监督级 它可根据上级下达的任务和本厂情况，制订生产计划、安排本厂工作、进行人员调配及各车间的协调，并及时将SCC级和DDC级的情况向上级报告。

④ 企业经营管理级 制订长期发展规划、生产计划、销售计划，下达命令至各工厂，并接收各工厂、各部门发回来的信息，实现全企业的总调度。

5. 集散控制系统

集散控制系统以计算机为核心，把过程控制装置、数据通信系统、显示操作装置、输入/输出通道、控制仪表等有机地结合起来，构成分布式结构。这种系统实现了地理上和功能上分散的控制，又通过通信系统把分散的信息集中起来，进行集中的监视和操作，并实现高级复杂规律的控制。其结构如图 6-1-7 所示。

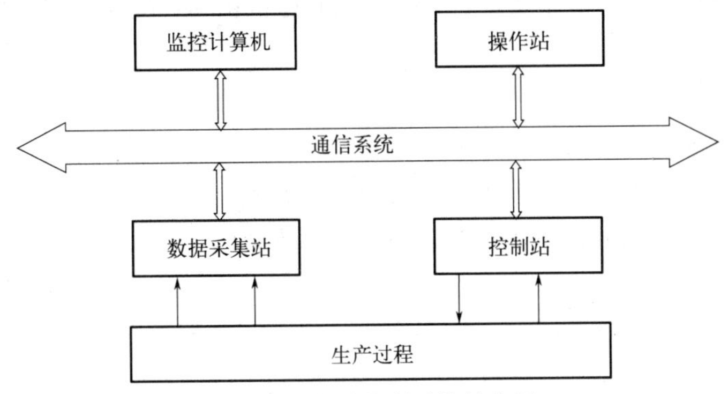

图 6-1-7 集散控制系统结构图

集散控制系统采用典型的分级分布式控制结构。监控计算机通过协调各控制站的工作，达到过程的动态最优化。控制站则完成对生产过程的现场控制任务。操作站是人机接口装置，完成操作、显示和监视任务。数据采集站用来采集非控制过程信息。集散控制系统既有计算机控制系统控制算法先进、精度高、响应速度快的优点，又有仪表控制系统安全可靠、维护方便的优点。集散控制系统容易实现复杂的控制规律，系统是积木式结构，结构灵活，可大可小，易于扩展。

6. 现场总线控制系统

现场总线控制系统（Fieldbus Control System，FCS）采用新一代分布式控制结构，如图 6-1-8 所示。该系统改进了 DCS 成本高、各厂商的产品通信标准不统一而造成的不能互联的缺点，采用工作站-现场总线智能仪表的二层结构模式，完成了 DCS 中三层结构模式的功能，降低了成本，提高了可靠性。国际标准统一后，它可实现真正的开放式互连体系结构。

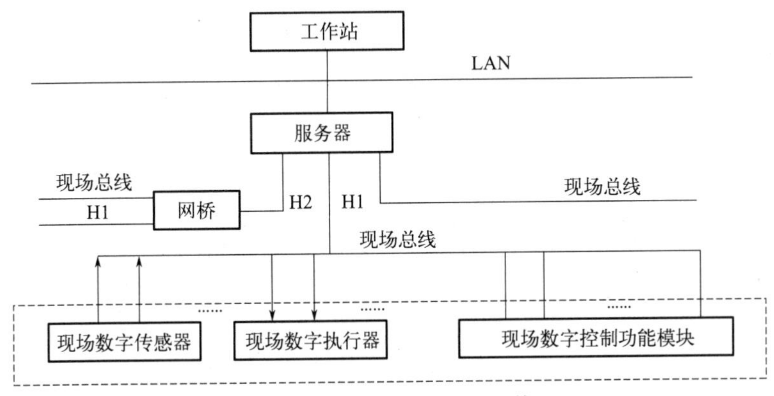

图 6-1-8 现场总线控制系统

近年来，由于现场总线的发展，智能传感器和执行器也向着数字化方向发展。用数字信号取代 4～20mA DC 模拟信号，为现场总线的应用奠定了基础。现场总线是连接工业现场仪表和控制装置的全数字化、双向、多站点的串行通信网络。现场总线被称为 21 世纪的工业控制网络标准。

由于计算机科学的飞速发展，计算机的存储能力、运算能力都得到进一步的发展，它能够解决一般模拟控制系统解决不了的难题，达到一般控制系统达不到的优异的控制质量。在计算机控制算法方面，最优控制、自适应、自学习和自组织以及智能控制等先进的控制方法，为提高复杂控制系统的控制质量，有效地克服随机扰动，提供了有力的工具。

习题与思考

1. 计算机控制系统包括哪几部分？
2. 什么是集散控制系统？其基本设计思想是什么？
3. 简述集散控制系统的体系结构及各层次的主要功能。
4. 什么是现场总线？

项目二　CENTUM CS 分散控制系统

CENTUM CS3000 系统是日本横河电机公司开发和制造的分散控制系统（DCS），是一个功能齐全的系统。

一、系统的特点

1. 系统性能更强

CENTUM CS3000 开创了大规模集散控制系统的新纪元，系统功能较前几代横河电机公司的 DCS 有了很大的提高，是安全的、可靠的、开放的 DCS。

2. 网络结构更加开放

采用 Windows XP 标准操作系统，支持 DDE/OPC，既可以直接使用 PC 通用的 Excel、Visual Basic 编制报表及开发程序，也可与在 UNIX 上运行的大型 Oracal 数据库进行数据交换。此外，横河电机公司提供了系统接口和网络接口用于与不同厂家产品管理系统、设备管理系统和安全管理系统等进行通信。

3. 可靠性进一步增强

是采用 4 CPU 冗余容错技术（pair & spare 成对热后备）的现场控制站，实现了在任何故障及随机错误产生的情况下进行纠错与连续不间断地控制；I/O 模件采用表面封装技术，具有 AC1500V/min 抗冲击性能；系统接地电阻小于 100Ω。这些技术使系统具有极高的抗干扰的特性，适于运行在条件较差的工业环境中。

4. 控制总线通信速率进一步提高

CENTUM CS3000 采用横河电机公司的 V-NET/IP 控制总线，该控制总线传输速率可达 1Gbps，满足了用户对实时性通信和大规模数据通信的需求。在保证可靠性的同时，又可以与开放的网络设备直接相连，使系统结构更简单。横河电机公司已经将该标准提交 IEC 组织，希望将该标准作为下一代控制系统的总线标准。

5. 控制站的功能更强

控制站 FCS 采用高速的 RISC 处理器 VR5432，可进行 64 位浮点运算，具有强大的运算和处理功能。此外，还可以实现诸如多变量控制、模型预测控制、模糊逻辑等多种高级控制功能，主内存达 32MB。

6. 输入/输出接口类型更加丰富

CENTUM CS3000 有丰富的过程输入/输出接口，并且所有的输入/输出接口都可以冗余。

7. 工程效率高

CENTUM CS3000 采用 Control Drawing 进行软件设计及组态，使方案设计、软件组态同步进行，最大限度地简化了软件开发流程。提供动态仿真测试软件，有效地减少了软件现场调试时间。工程人员可以在更短的时间内熟悉系统。

8. 扩展性更强

具有构造大型实时过程信息网的拓扑结构，可以构成多工段、多集控单元、全厂综合管理与控制的综合信息自动化系统。

9. 兼容性更好

CENTUM CS3000 与横河电机公司以往的系统可通过总线转换单元方便地连接在一起，实现对既有系统的监视和操作，保护用户投资利益。

二、系统配置及功能

CENTUM CS3000 系统是由现场控制站、工程师站、操作站、现场总线、通信网关（节点）等部分所组成的，如图 6-2-1 所示。

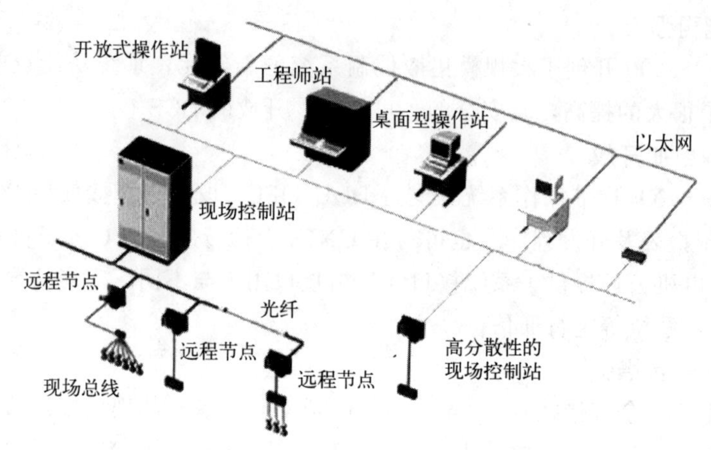

图 6-2-1　CENTUM CS3000 系统结构图

现场控制站（Field Control Station）为整个 DCS 系统的核心部分，用于过程信号的输入、输出及处理，完成模拟量控制、顺序控制、实时运算等功能。

习题与思考

1. CENTUM CS 分散控制系统的特点是什么？
2. CENTUM CS3000 系统由哪些部分组成？
3. 现场控制站的作用是什么？

项目三　CENTUM CS 在工业生产装置上的应用示例

一、工艺装置简介

水箱液位控制系统流程如图 6-3-1 所示，贮水箱里的水经手动阀 F1-1 通过磁力泵加压，经电动调节阀和手动阀 F1-7 到中水箱，中水箱里的水阀经手动阀 F1-10 流到下水箱，下水箱里的水经手动阀 F1-11 最终又回流到贮水箱。一般要求阀 F1-10 的开度稍大于阀 F1-11 的开度；启动泵时，应打开相应的水路（打开阀 F1-1、F1-2、F1-7）；当中水箱和下水箱液位超过警戒液位时，通过溢流管回流到贮水箱。控制要求：下水箱液位尽可能稳定，调节时间短。

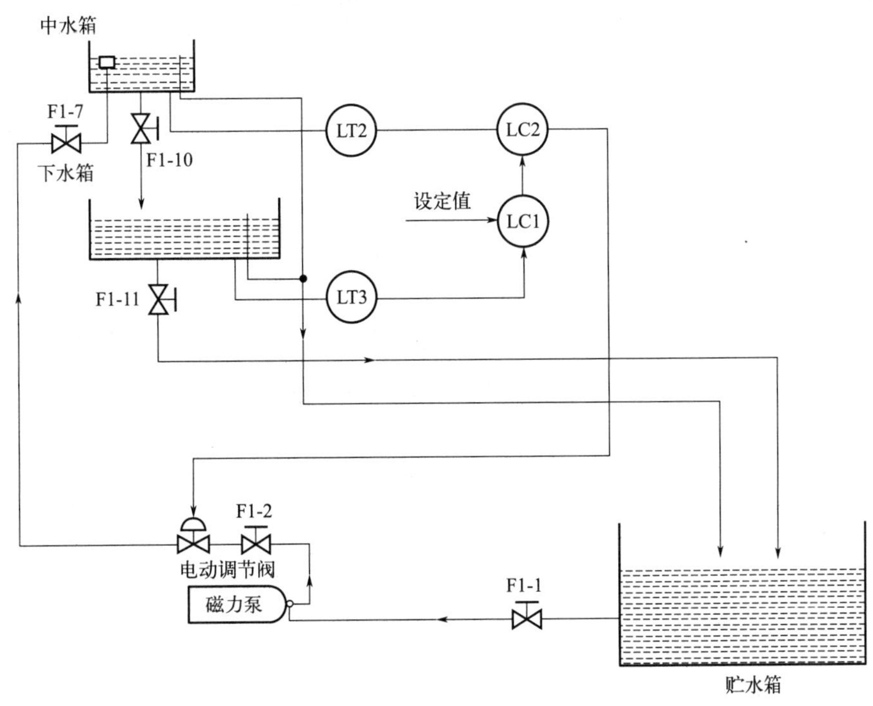

图 6-3-1　水箱液位控制系统流程

二、DCS 配置

1. 高级控制站（ACS）

ACS 用于组态全范围控制系统。

2. 现场控制站（FCS）

FCS 选用标准双重化冗余型 FCS。

3. 工作站（WS）

工作站仅用作工程作业。

4. 通信接口单元（ACG）

ACG 是用于与上位监控计算机系统通信的单元。这个单元用于上位监控计算机对 FCS

数据的采集与设定。

5. 输入输出卡件

AAI143-S：模拟量输入卡。

AAI543-H：模拟量输出卡。

ADV159-P：数字量输入卡。

ADV559-P：数字量输出卡。

ALF111：现场总线卡。

三、系统控制方案

下水箱液位受中水箱出水量的影响，而中水箱出水量又受中水箱液位的影响，当中水箱液位波动较大且频繁时，由于下水箱滞后较大，采用单回路控制既不能及早发现干扰，又不能及时反映调节效果，因此把下水箱液位控制器的输出作为中水箱液位控制器的设定值，使中水箱液位控制器随着下水箱液位控制器的需要而动作，这样就构成了如图 6-3-1 中所示的串级控制系统。串级控制系统的方框图如图 6-3-2 所示。

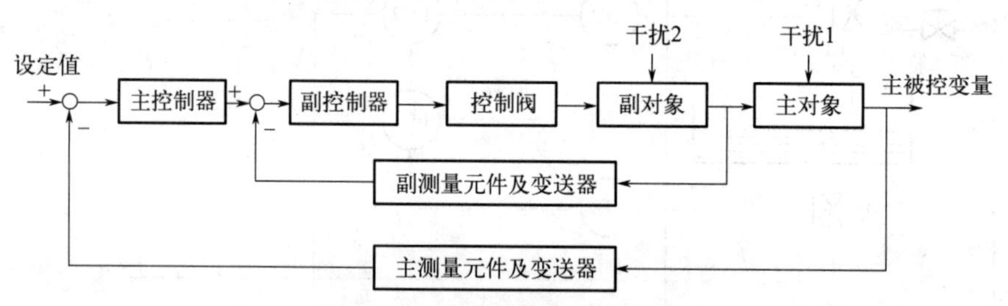

图 6-3-2　串级控制系统方框图

项目四　现场总线控制系统简介

现场总线控制系统（Fieldbus Control System，FCS）是新一代分布式控制系统，如图 6-4-1 所示。该系统改进了 DCS 成本高、各厂商的产品通信标准不统一而造成的不能互连的缺点。国际标准统一后，它可实现真正的开放式互联体系。

现场总线是连接工业过程现场仪表和控制系统的全数字化、双向、多站点的串行通信网络。现场总线控制系统（FCS）代替了分散控制系统（DCS），实现了现场总线通信网络与控制系统的集成。现场总线被称为 21 世纪的工业控制网络标准。

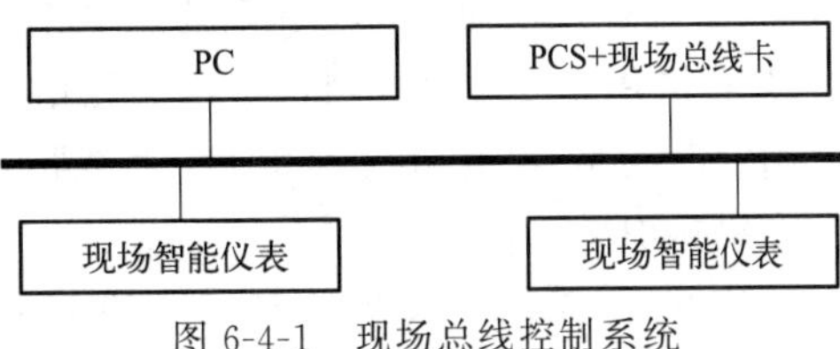

图 6-4-1　现场总线控制系统

一、现场总线控制系统的特点

1. 开放性

Profibus-PA 数据传输采用扩展的 Profibus-DP 协议，还采用了描述现场设备行为的行规。根据 IEC 1158-2 标准，这种传输技术可确保现场的安全并使现场设备通过总线供电。使用分段式耦合器，Profibus-PA 设备能很方便地集成到 Profibus-DP 网络。

2. 互操作性

互操作性是指不同厂商的控制设备不仅可以互相通信，而且可以统一组态，实现统一的控制策略，可以“即插即用”，不同厂商的性能相同的设备可以互换。

3. 灵活的网络拓扑结构

现场总线控制系统可以根据复杂的现场情况组成不同的网络拓扑结构，如树型、星型、总线型和层次化网络结构等。

4. 系统结构的高度分散性

现场设备本身属于智能化设备，具有独立自动控制的基本功能，从而从根本上改变了 DCS 的集中与分散相结合的体系结构，形成了一种全新的分布式控制系统，实现了控制功能的彻底分散，提高了控制系统的可靠性，简化了控制系统的结构。现场总线与上一级网络断开后仍可维持底层设备的独立正常运行，其智能程度大大提升。

5. 现场设备的高度智能化

传统的 DCS 使用相对集中的控制站，其控制站由 CPU 单元和输入/输出单元等组成。现场总线控制系统则将 DCS 的控制站功能彻底分散到现场控制设备，仅靠现场总线设备就可以实现自动控制的基本功能，如数据采集与补偿、PID 运算和控制、设备自校验和自诊断等功能。系统的操作员可以在控制室实现远程监控，设定或调整现场设备的运行参数，还能借助现场设备的自诊断功能对故障进行定位和诊断。

6. 对环境的高度适应性

现场总线是专为工业现场设计的，它可以使用双绞线、同轴电缆、光缆、电力线和无线的方式来传送数据，具有很强的抗干扰能力。常用的数据传输线是廉价的双绞线，并允许现场设备利用数据传输线进行供电，还能满足本质安全防爆要求。现场总线强调在恶劣环境下数据传送的完整性、可靠性。现场总线具有在粉尘、高温、潮湿、振动、腐蚀，特别是电磁干扰等工业环境下长时间、连续、可靠、完整传送数据的能力。

二、基金会现场总线

现场总线基金会（Feildbus Foundation，FF）由一百多个世界著名的工业自动化公司组成，FF 在 IEC/ISA 的 SP50 的基础上开发的现场总线称基金会现场总线（Foundation Fieldbus，FF），这是不依附于个别厂商的一种重要的现场总线。

FF 由低速现场总线 H1 和高速以太网 HSE（High Speed Ethernet）组成。

HSE 借用 100M 以太网，协议中还增加了 FF 制定的用户层，使其变为无“碰撞冲突”的“确定性网络”，并解决了和 H1 总线衔接以及可互操作的问题。因此，HSE 成为 FF 的一个专用标识。

HSE 的设备有主设备（HD）、链接设备（LD）、网关设备（GD）、现场设备（FD）四类。

三、Profibus 现场总线

Profibus 是由 PLC 发展出来的，其特点是速度快，广泛应用在加工制造、过程控制和楼宇自动化等领域，特别适合工厂自动化、装配流水线和自动化仓库等。

Profibus 是 Process Fieldbus 的缩写，它是由以西门子为首的 13 家公司和 5 家科研机构在联合开发的项目中制定的标准化规范。1989 年 12 月成立了 PNO，1996 年 Profibus 成为德国国家标准 DIN19245，同时又是欧洲标准 EN50170。Profibus 根据应用特点分为 Profibus-DP、Profibus-FMS、Profibus-PA 三个兼容的版本。

四、DeltaV 现场总线控制系统

DeltaV 系统是由 Emerson 公司于 1996 年推出的新系统，它充分利用了近年来在计算机技术、网络技术、数字通信技术领域取得的成就。DeltaV 系统基于现场总线开发，并兼容了 HART 技术和传统的 DCS 的功能，DeltaV 系统的基本结构如图 6-4-2 所示。

DeltaV 系统是 Emerson 公司在两套 DCS（RS3、PROVOX）的基础上，依据 FF 标准设计出的兼容现场总线功能的全新的控制系统。它充分发挥了众多 DCS 的优势，如系统的安全性、冗余功能、集成的用户界面、信息集成等，同时克服了传统 DCS 的不足，具有规模灵活可变、使用简单、维护方便的特点，它是代表 DCS 发展趋势的新一代控制系统。

DeltaV 系统是在传统 DCS 优势基础上结合最新的现场总线技术，并基于用户的最新需求开发的新一代控制系统。它主要具有如下技术特点：开放的网络结构与 OPC 标准；基金会现场总线（FF）标准的数据结构；模块化结构设计；即插即用、自动识别系统硬件，所有卡件均可带电插拔，操作维护可不必停车；系统可实现真正的在线扩展；常规 I/O 卡件采用 8 通道分散设计，且每一通道均与现场隔离。

DeltaV 系统由冗余的控制网络、操作站及控制部分构成。

1. 冗余的控制网络

DeltaV 系统的控制网络是以 10M/100M 以太网为基础的冗余的局域网（LAN）。系统的所有节点（操作站及控制器）均直接连接到控制网络上，不需要增加任何额外的中间接口设备。简单灵活的网络结构可支持就地和远程操作站及控制设备连接。

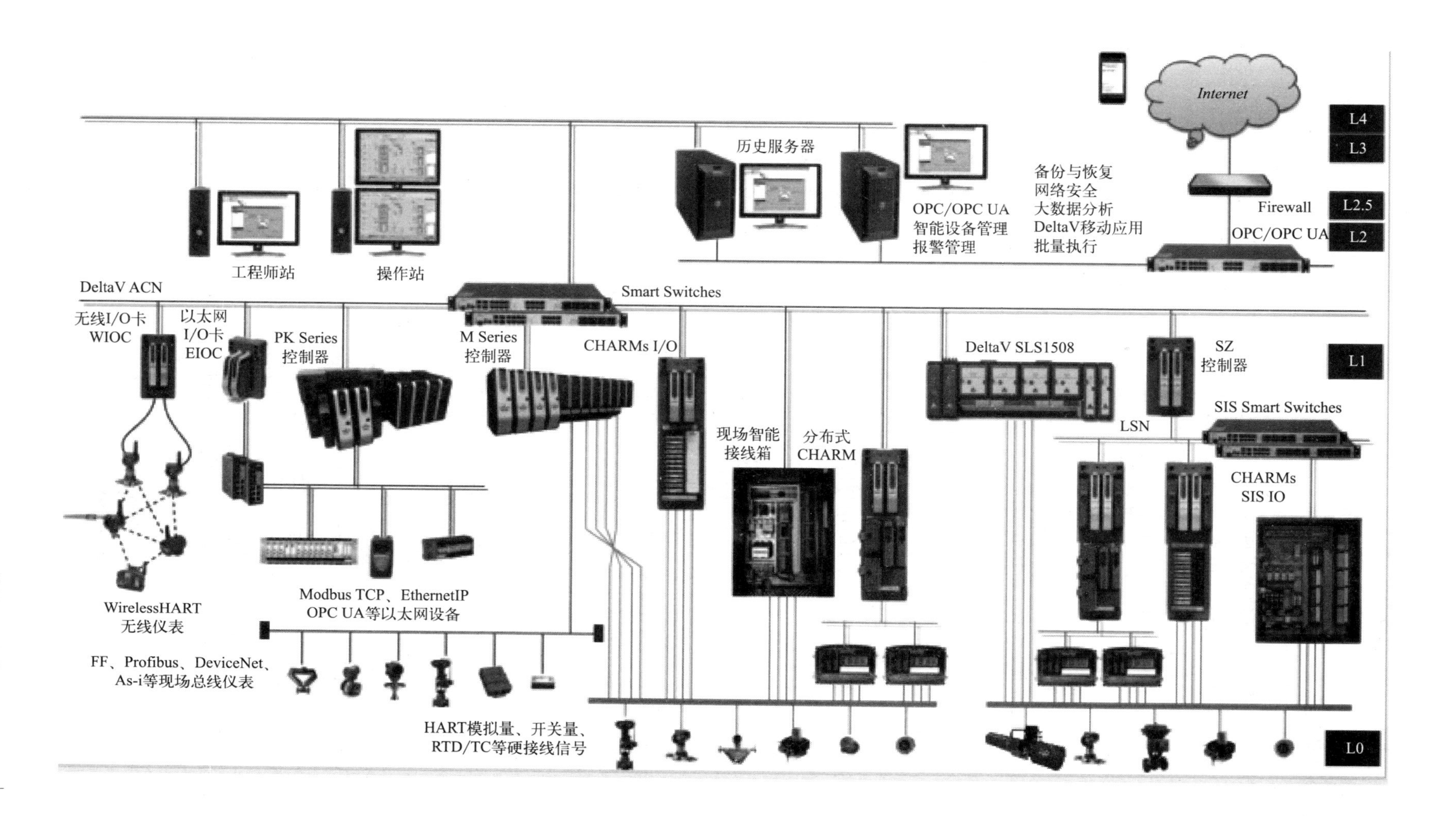

图 6-4-2 DeltaV 系统的基本结构

DeltaV 系统可支持最多 120 个节点，100 个（不冗余）或 100 对（冗余）控制器、60 个工作站，80 个远程工作站；它支持的区域也达到 100 个，使用户的安全管理更为灵活。

2. DeltaV 系统工作站

DeltaV 系统工作站是 DeltaV 系统的人机界面，通过这些系统工作站，企业的操作人员、工程管理人员及企业管理人员随时了解、管理并控制整个企业的生产及计划。

DeltaV 工作站上的 Configure Assistant 给出了用户具体的组态步骤，用户只要运行它并按照它的提示进行操作，则图文并茂的形式很快就可以使用户掌握组态方法。

DeltaV 系统工作站分为四种：Professional Plus 工作站、Professional 工程师站、操作员工作站（操作站)、应用工作站。

（1）Professional Plus 工作站

每个 DeltaV 系统都需要有一个 Professional Plus 工作站。该工作站包含 DeltaV 系统的全部数据库。系统的所有位号和控制策略被映像到 DeltaV 系统的每个节点设备。

Professional Plus 工作站配置系统组态、控制及维护的所有工具：从 IEC1131 图形标准的组态环境到 OPC、图形和历史组态工具。用户管理工作也在这里完成，在这里还可以设置系统许可和安全口令。

DeltaV 系统的 Professional Plus 工作站也可用作操作员工作站，由操作员工作站运行过程控制系统的操作管理功能。可使用标准的操作员界面，也可以根据用户的操作需求和流程特点组态系统的操作界面。通过单击操作即可调出图形、目录和其他应用界面。

（2）Professional 工程师站

Professional 工程师站集中了操作接口，动态工程能力，综合的软件、硬件和固有的自检功能。

DeltaV 系统 Professional 工程师站的主要功能包括：

① 系统组态功能。定义系统的各个组件并且组态控制策略。

② 连续历史功能。能够采集并且存储 250 个模拟、数字和文本参数，用于过程分析。

③ 在线控制环境。只需单击操作便能运行控制策略并且实现图形化地监测运行情况，可以进行排错。

④ 检测功能。先进的过程监视系统为用户提供方便及时的底层控制回路运行情况检测；强大的自检工具及时检查 DeltaV 系统的运行情况。

⑤ 事件记录。采集并存储报警和操作员行为事件。

⑥ 组态配方用以实现批量控制。

（3）操作员工作站

DeltaV 操作员工作站可提供友好的用户界面、高级图形显示、实时和历史趋势分析、由用户规定过程报警优先级和系统安全保障等功能，还可具有大范围管理和诊断功能。

DeltaV 系统操作员工作站的主要功能包括：生产过程的监视和操作控制；流程画面显示及操作；可设定不同的报警优先级进行报警及报警处理；历史趋势记录及历史趋势信息显示；可根据事件类型、时间、操作人员等不同要求进行检索和归档管理事件记录及系统状态信息；通过操作站可以了解系统诊断及故障信息，为系统的后期维护提供便利。

（4）应用工作站

DeltaV 系统应用工作站用于支持 DeltaV 系统与其他通信网络，如工厂管理网（LAN）之间的连接。应用工作站可运行第三方应用软件，并将第三方应用软件的数据链接到

DeltaV 系统中。

3. DeltaV 系统控制器与 I/O 卡件

DeltaV 系统的所有 I/O 卡件均为模块化设计，可即插即用、自动识别、带电插拔。系统可以提供两大类 I/O 卡件：一类是传统 I/O 卡件，另一类是基金会现场总线接口卡件（H1）。这两大类卡件可任意混合使用。图 6-4-3 所示为 DeltaV 系统控制器与 I/O 卡件实物图。

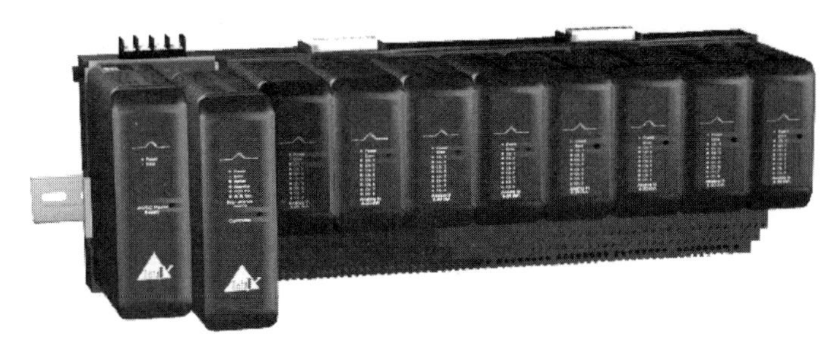

图 6-4-3　DeltaV 系统控制器与 I/O 卡件

基金会现场总线接口卡（H1）可以通过总线方式将现场总线设备信号连接到 DeltaV 系统中，一个控制器可以支持最多 40 个 H1。一个 H1 可以连接 2 段（Segment）H1 现场总线，每段 H1 现场总线最多可连接 16 个现场总线设备，所有设备可在 DeltaV 系统中自动识别其设备类型、生产厂家、信号通道号等信息。

4. DeltaV 系统软件及功能说明

DeltaV 系统软件包括组态软件、控制软件、操作软件及诊断软件。

（1）组态软件

DeltaV 组态软件可以简化系统组态过程。利用标准的预组态模块及自定义模块可方便地学习和使用 DeltaV 系统组态软件。

DeltaV 组态非常直观，Microsoft Windows XP 提供的友好界面能使用户更快地完成组态工作。组态软件还配置了图形化模块控制策略（控制模块）库、标准图形符号库和操作员界面，拖放式、图形化的组态方法简化了初始工作并使维护更为简单。

（2）控制软件

DeltaV 系统控制软件在 DeltaV 系统控制器中提供了完整的模拟、数字和顺序控制功能，可以管理从简单的监视工作到复杂的控制过程的数据。IEC1131-3 控制语言可通过标准的拖放技术修改和组态控制策略，而在线帮助功能使 DeltaV 系统的学习和使用变得更直观、更简单。

控制策略以最快 50ms 的速度连续运行。控制软件还包括数字控制功能和顺序功能图表。DeltaV 系统使用功能块图来连续执行计算、过程监视和控制策略。DeltaV 系统功能块符合基金会现场总线标准，同时又可增加和扩展一些功能块以满足控制策略设计的灵活性要求。基金会现场总线标准的功能块可以在系统控制器中执行，也可在采用基金会现场总线标准的现场设备中执行。

（3）操作软件

DeltaV 操作软件拥有一整套高性能的工具以满足操作需要。这些工具包括操作员图形、报警管理和报警简报、实时趋势和在线上下文相关帮助。用户特定的安全性确保了只有那些有许可权限的操作员才可以修改过程参数或访问特殊信息。

（4）诊断软件

用户不需要记住用哪个诊断包诊断系统及如何操作诊断软件，DeltaV 系统提供了覆盖整个系统及现场设备的诊断。不论是检查控制网络通信、验证控制器冗余，还是检查智能现场设备的状态信息，DeltaV 系统的诊断功能都能快速简便地获取信息。

习题与思考

1. DeltaV 系统 Professional 工程师站的主要功能有哪些？
2. DeltaV 系统软件包括哪些？

项目五　PKS 集散控制系统

一、PKS 的体系结构

1. PKS 系统简介

1975 年，美国霍尼韦尔（Honeywell）公司推出了世界上第一套集散控制系统 TDC-2000，经过多年不断地开发，系统有了较大的发展。1983 年 10 月推出了 TDC-3000（LCN），系统采用局部控制网络，增加了过程控制管理层，原来的 TDC-2000 改为 TDC-3000 BASIC。1988 年推出了 TDC-3000（UCN），TPS（Total Plant Solution，全厂一体化解决方案）被广泛地应用在大型的化工生产装置中，其优点是性能稳定、算法丰富、工具完善，但是因软件开发得比较早，人机界面不够友好，软件方面自成体系，开放性差。1998 年，霍尼韦尔公司与罗克韦尔公司（原 AB 公司）建立了战略联盟，合作开发新系统。霍尼韦尔公司负责上层服务器和操作站的软件开发，罗克韦尔公司负责提供下层的控制器硬件和 I/O 卡件。新 DCS 命名为 PlantScape。2002 年，霍尼韦尔公司将 PlantScape 系统重新包装，命名为 PKS（Process Knowledge System），将罗克韦尔公司的控制器命名为 C200 控制器，I/O 卡件命名为 A 系列卡件，并开发了新型的 C300 控制器和 C 系列 I/O 卡件。自此，世界上第一套过程知识系统——Experion 诞生了。

Experion PKS 是霍尼韦尔最新一代的过程自动化系统，它将人员与过程控制、经营和资产管理融合在一起。Experion PKS 为用户提供了远强于集散控制系统的能力，包括嵌入式的决策支持和诊断技术，为决策者提供所需信息；安全组件保证系统安全环境独立于主控系统，提高了系统的安全性、可靠性。

PKS 结构（图 6-5-1）具有极强的可伸缩性，系统构成根据不同的应用，可小到个人工作组，大到全厂范围的控制域，或是工作组与控制域的组合，包括与现有经营网络信息的集成。

2. PKS 网络组成

PKS 网络可由四层网络构成，如图 6-5-2 所示。

第一层为过程控制层。这一层的节点是控制系统的核心，一般包括网络交换机和控制器。

第二层为监控操作层。这一层的节点主要是控制系统的服务器和显示控制节点，一般包括网络交换机、工程师站、操作站等。

第三层为先进控制应用层。这一层的节点包括路由器/交换机、第三方应用服务器、PHD、APC、域控制器等、DSA 连接服务器、操作站（监视）等。

第四层为企业管理层。这一层是控制系统与企业网的接口。节点一般包括防火墙/路由器、eServer、服务器、ERP 等。

（1）Experion 高性能服务器

Experion 高性能服务器可选择冗余配置，从控制器读取数据后送给操作站系统组态设备，并存储于系统数据库。

（2）Experion 操作站

基于霍尼韦尔 HMIWeb 技术，进行实时过程监控。

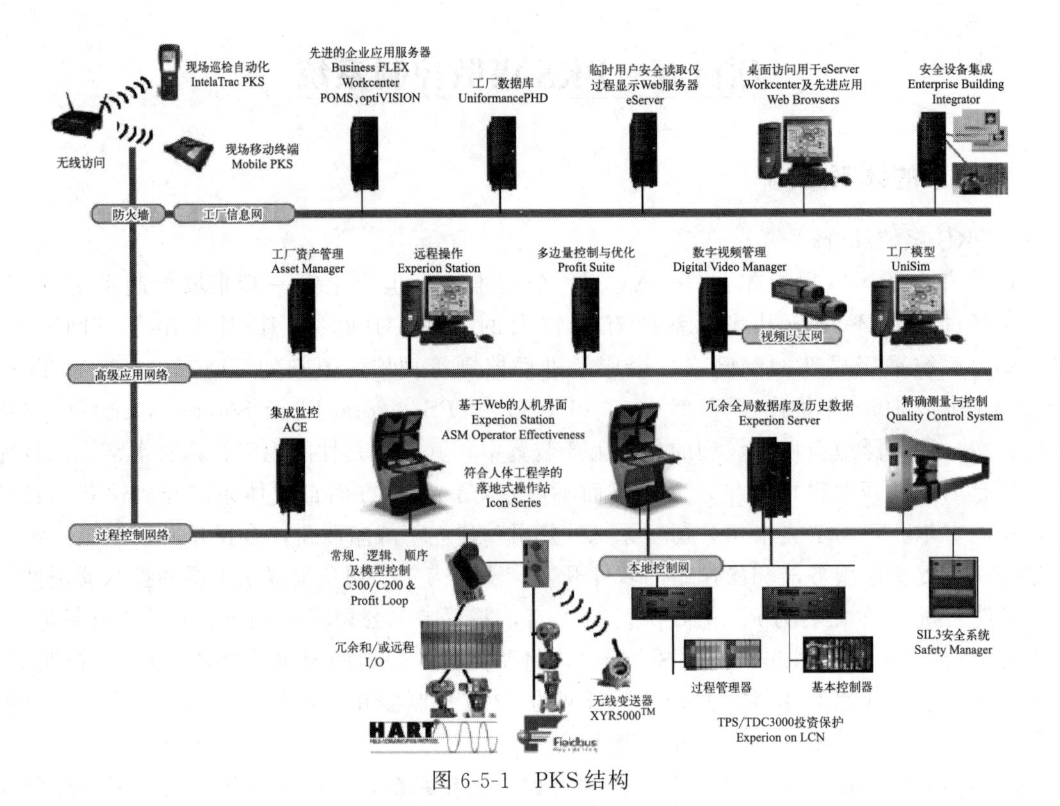

图 6-5-1　PKS 结构

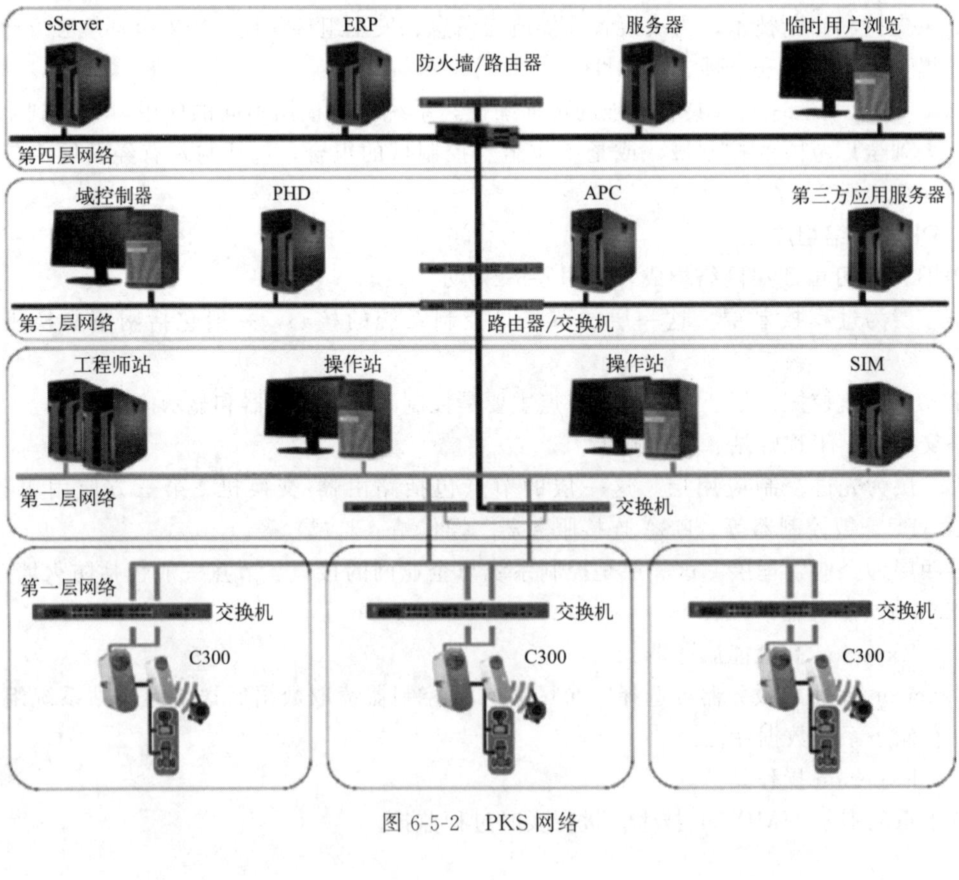

eServer　ERP　服务器　临时用户浏览

防火墙/路由器

第四层网络

域控制器　PHD　APC　第三方应用服务器

第三层网络　路由器/交换机

工程师站　操作站　操作站　SIM

第二层网络　交换机

第一层网络

交换机　C300　交换机　C300　交换机　C300

图 6-5-2　PKS 网络

（3）Experion 控制器

可选择冗余配置，50ms 或 5ms 的控制执行环境，采用设计新颖的 C 系列输入/输出子系统。

（4）Experion 应用控制器（ACE）

基于 Windows 2000/2003 Server 操作系统，500ms 的控制执行环境，有与过程控制器相同的控制算法库，并独有用户算法功能块、OPC 标准的数据访问客户端集成接口。

（5）Experion 过程控制网络

容错型以太网，采用霍尼韦尔的专利技术，是一种高性能的、先进的工业以太网解决方案。

3. PKS 软件

PKS 里的所有组态软件是基于 Windows 界面的，非常好用，易于上手。常用的组态软件如下。

Configuration Studio（组态工作室）是 PKS 内多个组态软件的展示调用窗口，连接成功后，可显示出里面包含的所有内容列表。

Control Builder 是 PKS 里用来定义控制器和 I/O 卡件、组态和调试过程控制回路的工具软件，只要是控制器层面的组态、下载和调试，包括控制器本身、I/O 卡件、各种监视和控制回路等，都是在 Control Builder 里完成的。

Quick Builder 用于组态操作站、打印机以及第三方控制器（SCADA 通信，例如西门子 PLC 等设备与 PKS 进行通信）。

Enterprise Module Builder 对 Asset（资产）和 Alarm Group（报警组）进行规划。

HMIWeb Display Builder 用于绘制工艺流程图，并可显示现场动态参数，可对现场设备和回路进行操作。

二、系统硬件

PKS 的控制站由 C300 控制器、电源、I/O 卡件等组成，用于实现现场设备的运行状况监测、数据采集及处理、自动闭环回路控制及参数调整等系统控制功能。

1. C300 控制器

如图 6-5-3 所示，为 C300 控制器构成的系统的结构图。C300 控制器由 C300 模块、对应的输入/输出接线组件（IOTA）、控制执行环境（CEE）和机柜内电源构成。C300 控制器如图 6-5-4(a) 所示，它采用了垂直安装设计及与 8 系列 I/O 模块相同的新颖封装形式。垂直安装这一创新设计，改善了机柜的走线，有效利用了机柜空间，模块 18°倾斜确保了运行期间机柜内热量均匀流过模块，保证了系统的高可用性。模块采用了高密度部件，减小了体积，同时提高了单模块的信道比。C300 控制器支持非冗余或冗余配置，冗余配置只要加选第二块 C300 控制器即可。可选模块 RAM 内存具有 ECC（Error Correction Checking）功能，Flash 内存经过校验和（check-summed）后带有启动诊断与运行诊断程序。由于采用集成度更高的集成电路，部件更少，所以具有更高的平均无故障时间（MTTF）。冗余配置的 C300 控制器的可用性＞99.999%。C300 控制器支持与其封装形式相同的 8 系列 I/O 模块（包括 HART I/O）。每个 C300 控制器最多支持 80 个冗余 I/O 模块。每个监控/对等网络段支持 16 个或 16 对冗余配置的控制器。输入/输出接线组件（IOTA）既是 C300 控制器的安装底板，又具备控制器所需要的全部接线端子，包括控制网络（FTE）接口、输入/输出链路（I/O Link）接口、冗余控制器接口、GPS接口和电源接口。C300控制器的电源系统采用商用电源加电源控制模块组合配置。可选24V DC冗余配置。电源控制模块确保供电的安全稳定。

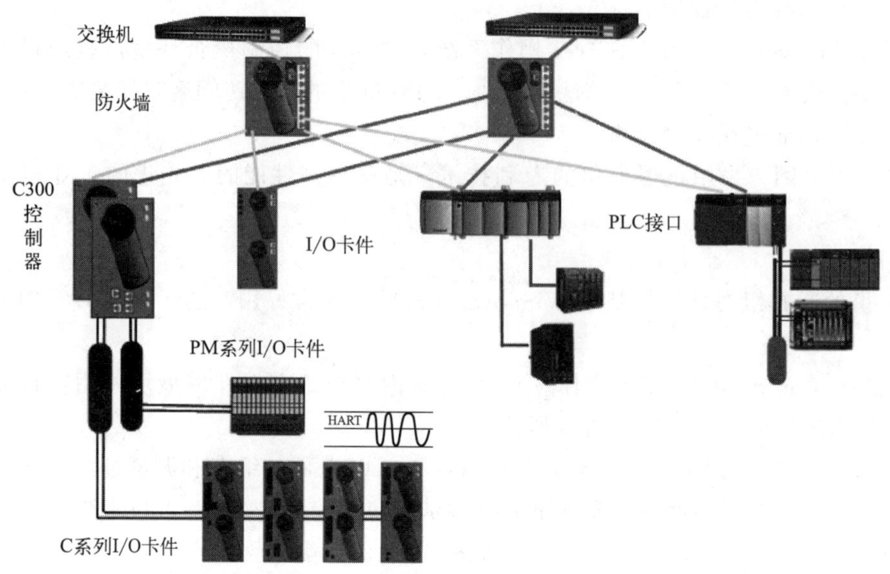

图6-5-3　C300控制器构成的系统的结构图

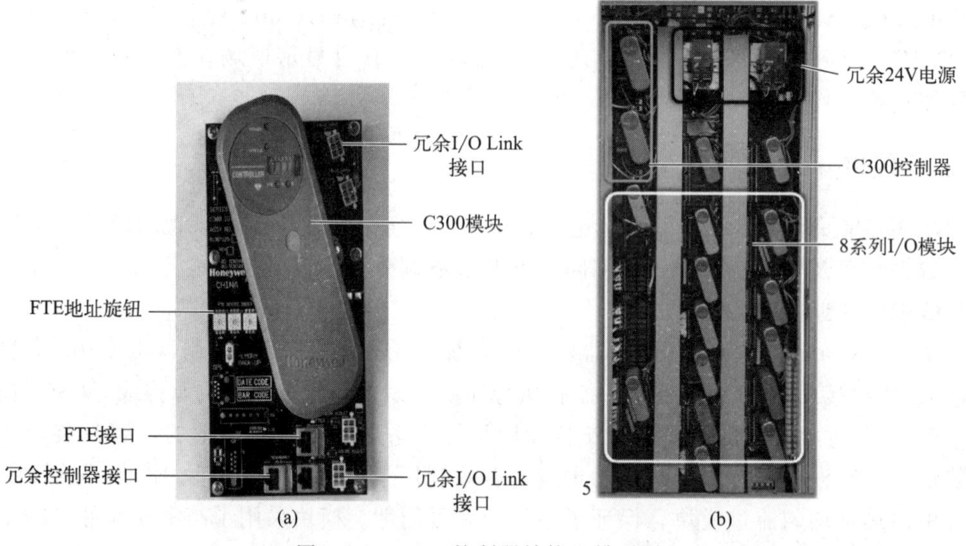

图6-5-4　C300控制器结构和排列图

C300控制器在PKS内负责完成运算和控制策略，它上端通过防火墙连接到FTE网络上，下端通过I/O Link电缆连接I/O模块，每个C300控制器有2对I/O Link接口，每对接口最多可连接40个（对）I/O模块，2对I/O Link接口最多可连接64个（对）I/O模块。

C300控制器分为2大部分，底下的安装底板叫作IOTA，上面的模块是控制器，通过螺栓固定在底板上，2个部件可分别更换和购买。

控制器上有指示灯。最上端的指示灯是电源指示灯，只要供电正常，这个灯就是绿色的。接下来是状态指示灯，绿色代表工作状态正常。然后是显示屏，正常时显示“OK”，不正常时显示故障代码。最下面两个并排的指示灯是控制器在 FTE 网络上的通信指示灯。

C300 控制器作为在 FTE 上的设备，必须设定一个唯一的 IP 地址。IP 地址共包含 4 段数字，例如 192.168.0.11，在 C300 控制器上只需要设定这 4 段数字中的最后一段，前面的 3 段数字通过软件设置。

如图 6-5-4(a) 所示，在控制器的底板上有 3 个旋钮，用来设定地址，从左边开始第一个旋钮代表百位数字，第二个旋钮代表十位数字，第三个旋钮代表个位数字，每个旋钮上有一个箭头，周围是一圈数字，将这 3 个旋钮上的箭头对准需要的数字就可以设定 IP 地址的最后一段。如果第一个旋钮对准的数字是 0，第二个旋钮对准的数字是 9，第三个旋钮对准的数字是 4，则这个控制器的地址就是 94，如在软件上设定的 IP 地址是 192.168.0.0，那么这个 C300 控制器的 IP 地址就是 192.168.0.94。设置冗余控制器地址时，主控制器应使用奇数地址，如 15、27，备用控制器的地址应等于主控制器地址加 1，非冗余控制器只使用奇数地址。

2. 电源系统

C300 控制器的整个电源系统包括以下 3 个部分。

① 电源模块（可选择冗余配置）：如图 6-5-5 所示，负责将 220V 的交流电转换为 24V 的直流电，供所有的模块使用。

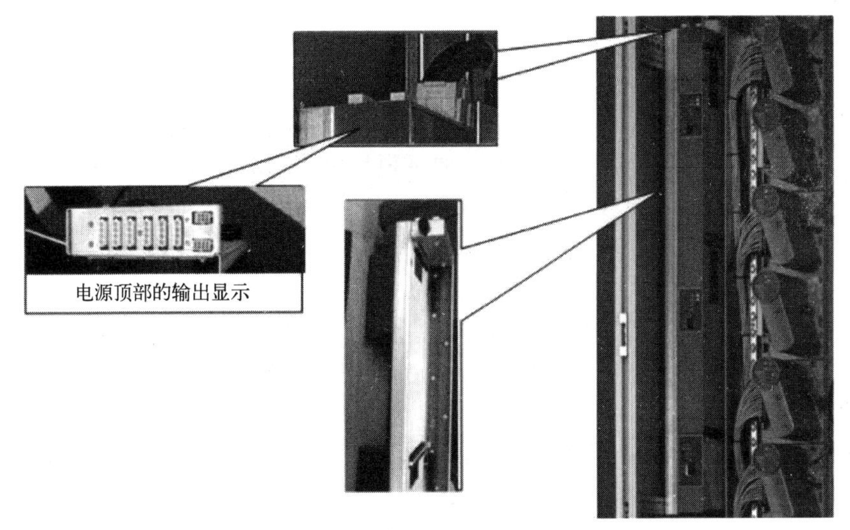

图 6-5-5　C300 控制器的电源系统示意图

② 备用蓄电池：位于电源模块的下方。当 UPS 出现故障，不能提供 220V 的交流电时，蓄电池可向电源模块供电，以保证各模块的正常工作。蓄电池的供电可支撑 30min 左右，换句话说，在 30min 内，如果 UPS 可以恢复供电，则所有模块的工作不受影响，如果 30min 后 UPS 仍然不能供电，所有模块就会失去供电，停止工作。当 220V 供电正常时，向蓄电池充电。

③ 内存备份电池：当 C300 控制器因没有供电而停止工作时，如果没有内存备份电池，控制器内存中的组态数据就会全部丢失，当控制器再次通电时，需要将数据库重新恢复到控

制器内存中，这需要耗费一段时间。如果配备了内存备份电池，当C300控制器因没有供电而停止工作时，电池会保证内存中的数据不丢失，当控制器再次通电时，可直接启动工作。内存备份电池通过电缆连接到C300控制器的IOTA底板上给内存供电。

C300控制器柜内供电突破了原来常见的机架式供电，采用了底板导轨供电方式，如图6-5-6所示。电源模块的输出送到柜内上部的供电母排上，2根母排中一根是24V正端，另一根是24V负端，然后从供电母排上分别用导线连接到3个底板的供电导轨上，供电导轨是竖直安装的，IOTA安装在底板上时有2个供电螺栓，这两个供电螺栓正好拧在供电导轨上，从而使IOTA获得供电。将I/O模块安装在IOTA上，也就获得供电。在底板上还有保险管，如果需要将模块断电，可将保险管旋转一个角度后松开，模块即失去供电。

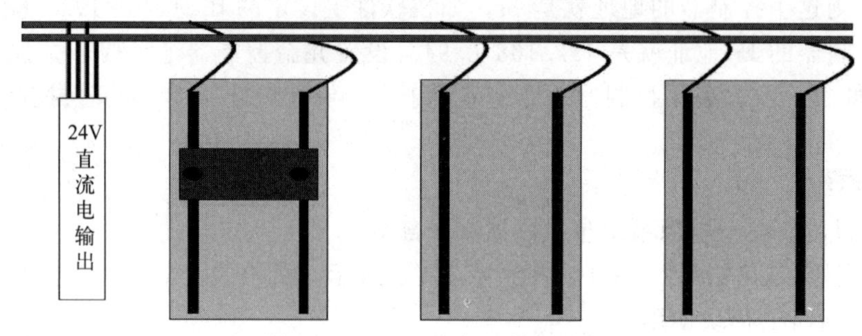

图6-5-6 PKS控制柜供电方式

3. 输入/输出模块

（1）模拟量输入卡（HART Analog Input）

模拟量输入卡接收来自现场变送器的4～20mA或者1～5V的输入信号，每块卡上支持16个通道，并且支持HART协议的功能。如果现场的变送器是HART通信协议，可支持通信信号的传送，这样操作员在操作站上就可以访问变送器的设置，比如量程的设置等，无需再到现场使用手操器对变送器进行访问。

（2）模拟量输出卡（HART Analog Output）

模拟量输出卡向现场设备（比如说调节阀）输出4～20mA的信号，用于控制调节阀的开度。它分为2种类型，普通型和支持HART协议型，每块卡上支持16个通道。

（3）数字量输入卡（Digital Input）

数字量输入卡接收来自现场的布尔类型信号，即ON/OFF 2位式信号。有3种类型的DI卡，2种为普通DI卡，分别支持24V供电和220V供电；另一种是DISOE卡，这种卡可将每个通道上的信号变化的时间精确到毫秒级，记录在SOE日志里，供用户查找。每个DI卡支持32个通道。

（4）数字量输出卡（Digital Output）

数字量输出卡向现场输出布尔类型信号，每个DO卡支持32个通道，分为有源输出（常用为24V DC）和继电器触点输出2种类型。

4. 机柜内排布和接线

（1）机柜尺寸

机柜每一侧可以放置3列C系列IOTA导轨，每一列IOTA导轨可以安装12块IOTA，机柜每面可安装36块IOTA，电源系统不占导轨位置，机柜深度可以为550mm或800mm。

（2）重要特点

① 垂直设计。垂直设计突破了传统的机架安装方式，所有卡件斜着安装在底板上，既节省了安装空间，又有利于卡件散热。

② 有效利用空间。集成接线，减少占用面积；双列接线端子，易于安装和维护，增加了系统的可用性；独特的散热管理，增加了产品的寿命。机柜内接线如图 6-5-7 所示，C300 控制器上端通过防火墙连接到 FTE 网络，下端通过 I/O Link 电缆连接 I/O 模块，每个 C300 控制器有 2 对 I/O Link 接口，每对接口最多可连接 40 个（对）IO 模块，2 对 I/O Link 接口最多可连接 64 个（对）IO 模块。

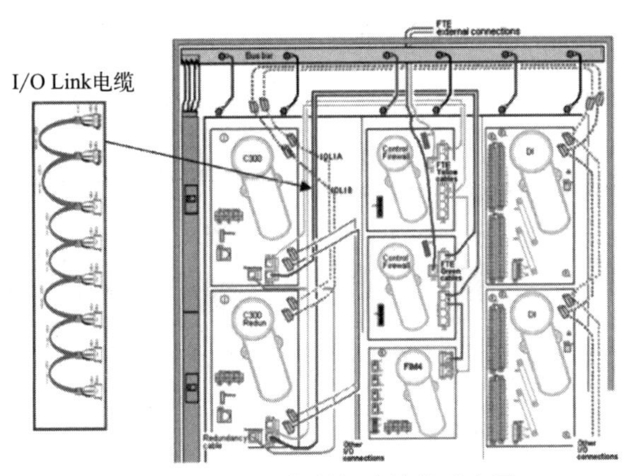

图 6-5-7　PKS 控制柜内接线示意图

I/O Link 电缆级联如图 6-5-8 所示，多条 I/O Link 电缆可串联在一起，以便连接多个 I/O 模块。

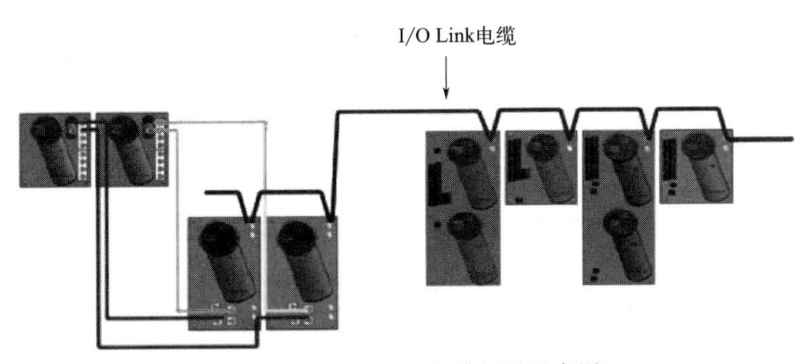

图 6-5-8　I/O Link 电缆级联示意图

三、PKS 容错以太网（FTE）结构

霍尼韦尔公司将鲁棒网络技术与以太网技术的优点结合起来，开发出了具有自主专利的容错以太网（Fault Tolerant Ethernet，FTE）解决方案。作为一种高性能的先进的网络解决方案，FTE 大大减少了用户的运行和维护成本，增强了系统的使用性和可靠性。FTE 主要用于 PKS 的第一、第二层网络，为各节点间的连接提供了可靠的 100M/1000M 高速以太网络。FTE 硬件冗余提供了多重路径功能，关键就是其独特的拓扑结构：两台并行的交换机和树状结构的网络在顶部连接，以形成一个容错网络，这样，单一网络中的交换机和电缆就完全冗余了。每个独立的树状结构网络由颜色编码、电缆标记、交换机和 FTE 节点端口

来标识。

所有连接到FTE上的计算机和设备，包括服务器和操作站，都要配备双网卡或者双口网卡，其中一个网卡或者网口连接到A树上，另一个连接到B树上，并且要在软件上安装专用的FTE驱动程序。黄颜色代表A树，绿颜色代表B树。

在FTE上，数据在两个设备之间是怎样进行传送的呢？如图6-5-9所示，一个操作站和一个控制器进行通信，数据传送可使用的通道一共有4条。

第一条通道，数据从操作站的A口入A树，在A树上直接传送到控制器的A口。

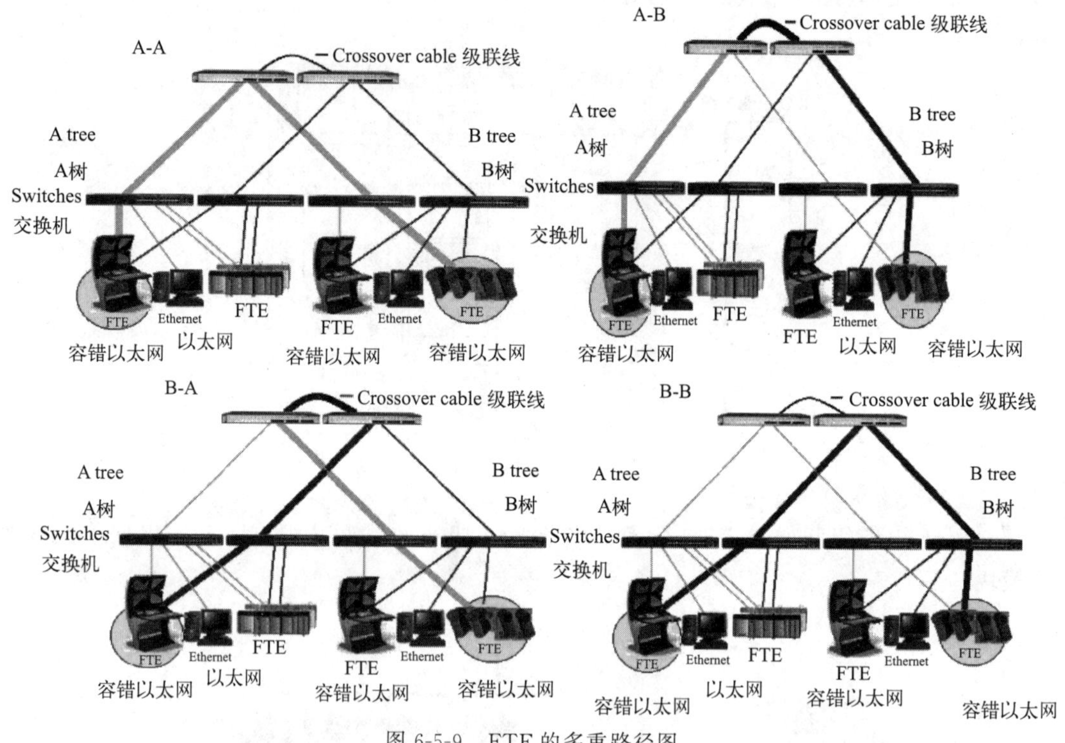

图6-5-9　FTE的多重路径图

第二条通道，数据从操作站的A口入A树，然后经级联线，数据进入B树，在B树上数据传送到控制器的B口。

第三条通道，数据从操作站的B口入B树，然后经级联线，数据进入A树，在A树上数据传送到控制器的A口。

第四条通道，数据从操作站的B口入B树，在B树上直接传送，到控制器的B口。

只要这4条通道中有一条是畅通的，数据的交换就可以正常进行，最大程度上实现了容错。如果4条通道都正常，系统会根据每条通道上目前的通信量，自动选择一条通信负荷较低的通道，这样使得整个系统的通信有序、高效。

 习题与思考

1. 简述PKS网络。
2. C300控制器地址如何设置？
3. FTE的结构是怎样的？

项目六　PKS 应用案例

一、工艺简介

某厂年产 50 万吨的苯乙烯项目，采用 Fina/Badger 工艺，苯和乙烯在催化剂存在的情况下发生烷基化反应生成乙苯，乙苯催化脱氢生产苯乙烯。苯乙烯生产过程包括乙苯单元、苯乙烯单元和废气吸收系统。除以上主反应外，还发生一系列副反应，产生副产物甲苯、甲烷、乙烷、烯烃和焦油等。苯乙烯生产工艺复杂，考虑到相关装置之间的信号传输多、通信数据量大，以及全厂控制系统一体化等因素，选用霍尼韦尔公司的 PKS。

二、系统配置

PKS 用于苯乙烯装置的过程控制、第三方设备的数据采集以及管理调度信息集成等。苯乙烯项目主体工程包括乙苯单元、苯乙烯单元和废气吸收系统，设计一个中心控制室。

苯乙烯装置 PKS 的硬件配置如图 6-6-1 所示。控制器选用 Experion PKS 的 C300 控制器；操作站选用 Dell 工作站（T5400 计算机），配置霍尼韦尔公司专用的 IKB 键盘；系统服务器选用 Dell PE2900 服务器；FTE 交换机选用 Cisco Catalyst 2960 Series 交换机；串口服务器（Terminal Server）选用 2 台 8 通道的 Easy-ServerⅡ-8 串口网络连接服务器。

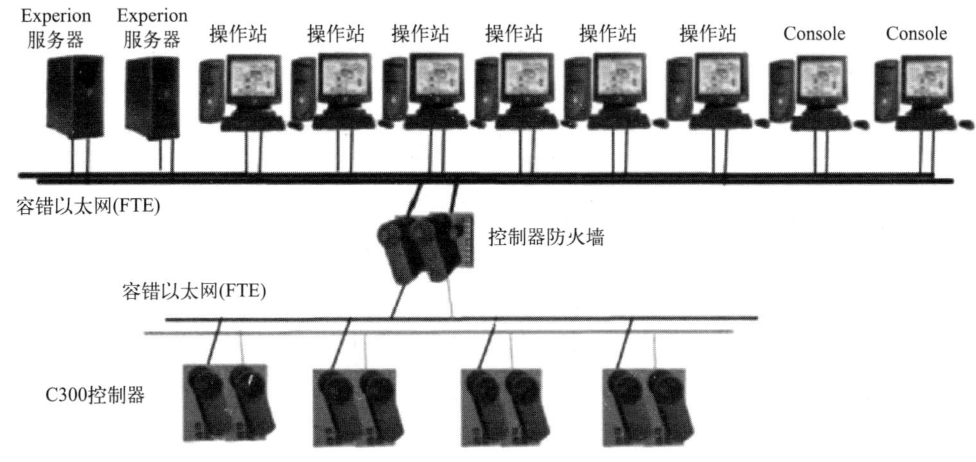

图 6-6-1　PKS 硬件配置

1. 操作站的配置

根据工艺的操作要求，共配置 6 台 Flex 操作站，2 台能与控制器直接通信的 Console 操作站。

2. 控制器的配置

按照每个生产单元的控制器尽可能独立配置的原则，根据各单元 I/O 点的多少配置控制器。乙苯单元配置 1 对控制器，苯乙烯单元配置 2 对控制器，废气吸收系统及公用工程配置 1 对控制器，共配置 4 对控制器。

3. 服务器的配置

I/O 总点数为 3264 点，而一个 FTE 可支持 2 万个过程点，可支持多对服务器，每对服务器每秒平均访问控制器的参数为4000个，可连接200个FTE节点和200个非FTE节点。因此，苯乙烯项目配置1对服务器构成1套DCS系统。

4. 交换机的配置

FTE节点和非FTE节点约40个。FTE采用1对48口的Cisco Catalyst 2960 Series交换机，将控制层和监视层合并为一层。交换机提供100Mbps传输速率。

5. 控制方案

高压蒸汽罐液位控制系统是一个串级控制系统。它的主回路是一个定值控制系统，其输出送给一个设计计算块，经过工艺要求的算法后将输出送给副回路的设定，副回路是一个随动控制系统。主控制器按照对象操作条件及负荷变化情况随时修正副回路的给定值，使副参数能随时跟踪操作状况或负荷的变化，最终使主参数维持稳定。主被控变量为高压蒸汽罐液位，副被控变量为高压锅炉给水流量，控制方案如图6-6-2所示。

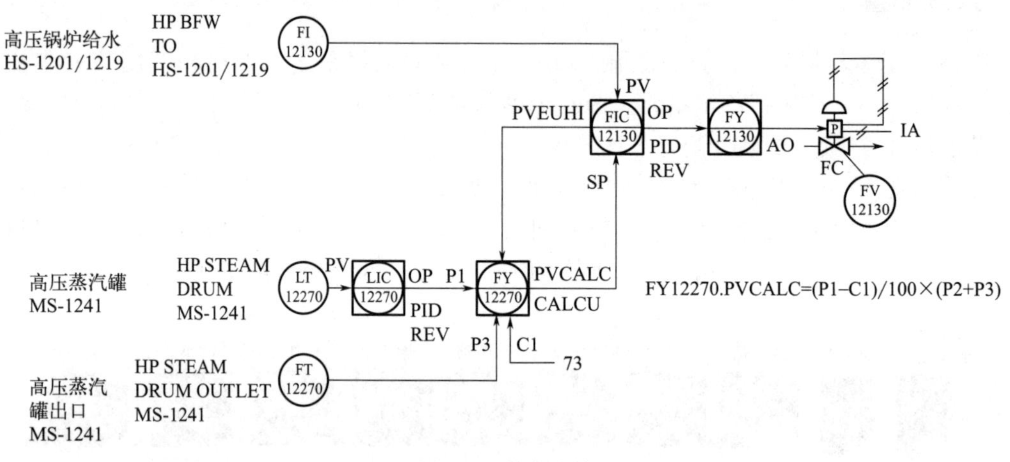

图6-6-2　控制方案

高压蒸汽罐液位控制的实现如下。

在PKS系统中，高压蒸汽罐液位控制是通过系统中固有的一些功能块实现的，其控制系统组态分为3个CM（Control Module）点。

① 主回路高压蒸汽罐液位的组态，如图6-6-3所示。此CM点命名为LIC 12270。

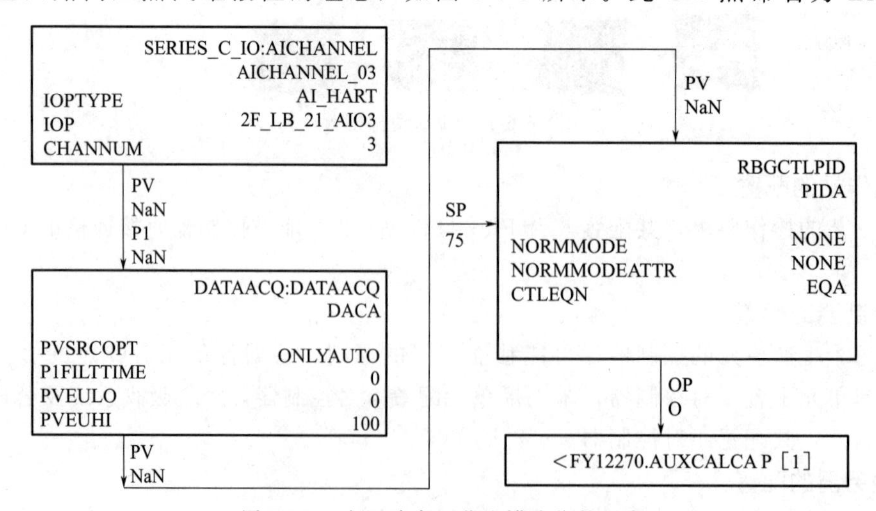

图6-6-3　主回路高压蒸汽罐液位的组态

AI CHANNEL 功能块为 C 系列 I/O 卡件中的模拟量输入卡 AI 通道，此卡负责采集高压蒸汽罐的液位信号；DACA 功能块为数据采集块，其作用是对 AI 卡采集的数据进行处理；PIDA 功能块负责 PID 调节控制。该 CM 点的作用是实现串级控制的主控。

② 工艺要求的算法的组态，如图 6-6-4 所示。此 CM 点名为 FY12270，组态图中各个引脚连接各个条件，计算块计算出结果传送给副控制器 FIC12130。

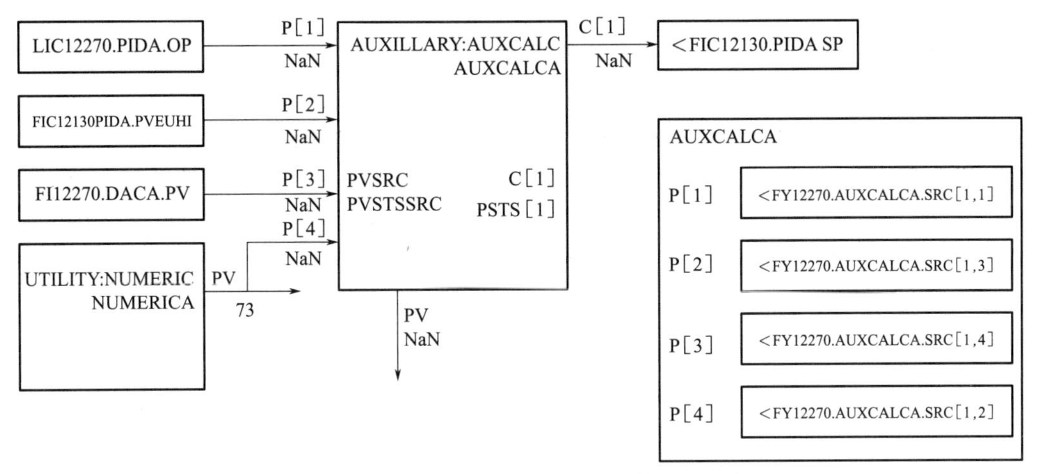

图 6-6-4　高压锅炉给水流量控制算法的组态

③ 副回路的组态，如图 6-6-5 所示。CM 点名为 FIC12130。副回路流量控制中，高压锅炉给水流量作为测量值作用于 PID 功能块。PID 功能块为常规意义下的 PID 控制，它有 2 个输入引脚——测量值 PV、给定值 SP，1 个输出引脚——OP。OP 为调节器的输出，它作用于现场的控制阀，实现对现场给水流量的控制。AOCHANNEL 功能块为 C 系列 I/O 卡件中的模拟量输出卡 AO 通道，它接收控制器的信号，对现场的执行机构进行控制。

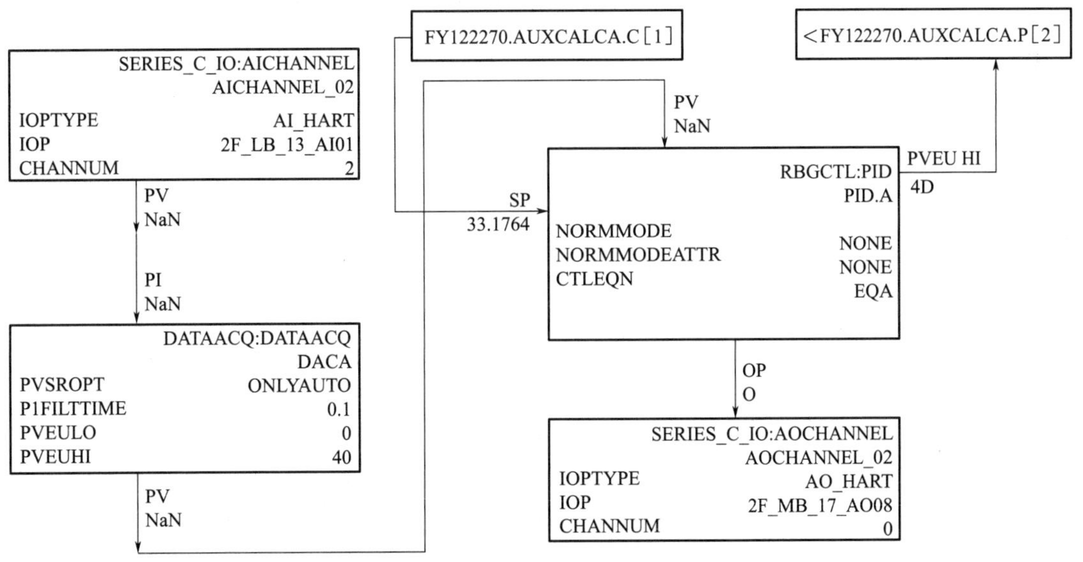

图 6-6-5　副回路的组态

项目七　CENTUM CS3000控制系统的认知和操作运行

一、学习目标

1. 知识目标

① 掌握 CENTUM CS3000 控制系统的整体结构。

② 熟悉 CENTUM CS3000 硬件主要部分的基本情况。

③ 掌握 CENTUM CS3000 控制系统反馈控制功能组态的内容。

2. 能力目标

① 初步具备分析简单工程的能力。

② 能够初步利用 CENTUM CS3000 实现对过程进行反馈控制。

二、实训设备

CENTUM CS3000 控制系统一套，如图 6-7-1 所示。

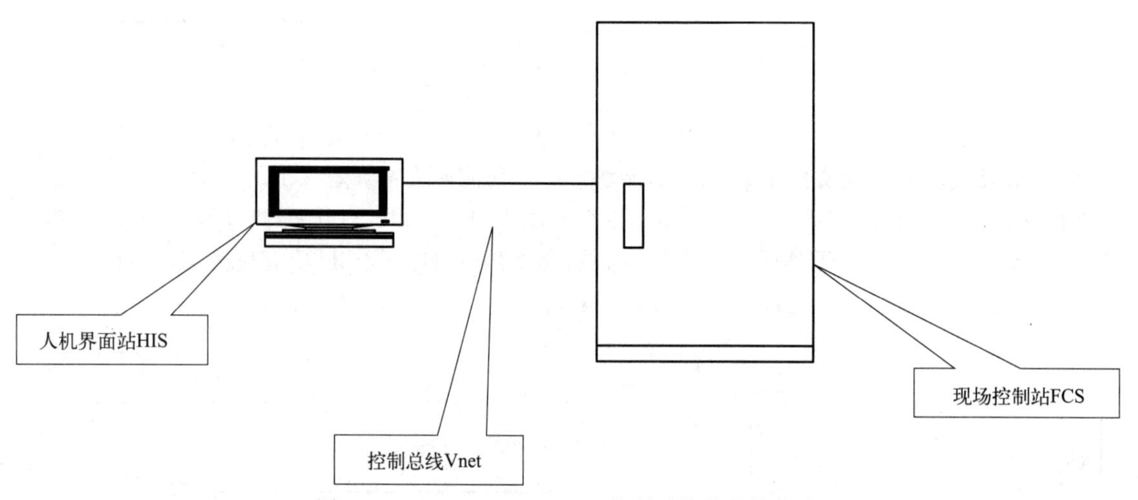

图 6-7-1　CENTUM CS3000 控制系统的整体构成

三、实训相关概念

1. 系统结构

CENTUM CS3000 系统是由操作站、现场控制站、工程师站、现场总线、通信网关（节点）等部分所组成的，如图 6-2-1 所示。

2. 现场控制站

标准型 FCS 主要由中央控制单元（FCU）、数个节点（Node）、连接总线（RIO/FIO Bus 或 ESB ER Bus）、输入/输出（I/O）卡件等组成。FCU 机箱的硬件构成如图 6-7-2 所示。

RIO 标准型 FCS 的硬件配置如图 6-7-3 所示。

现场控制站的两种卡件 RIO 和 FIO 不能相互通用。RIO 型卡件说明见表 6-7-1。

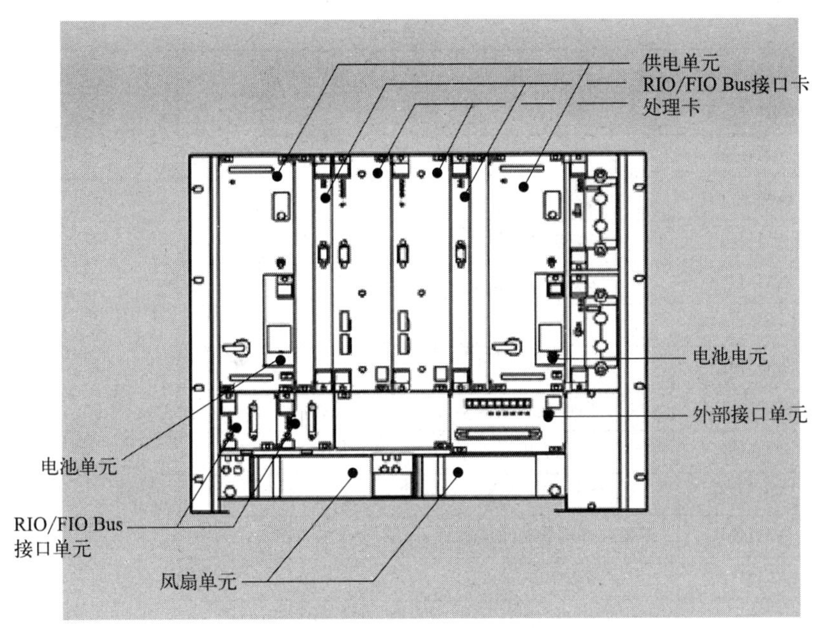

图 6-7-2　FCU 构成

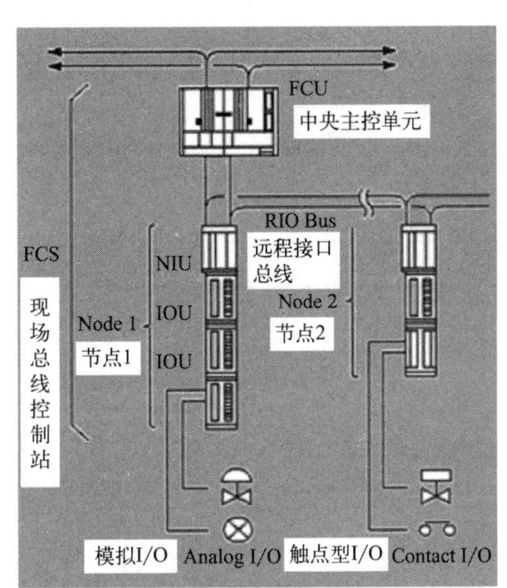

图 6-7-3　RIO 标准型 FCS 的硬件配置

表 6-7-1　RIO 型卡件

卡件名称	型号	卡件说明	插件箱/卡件个数	连接方式
模拟 I/O 卡件	AAM10	电流/电压输入卡(简捷型)	AMN11、12/16	端子
	AAM11/11B	电流/电压输入卡/BRAIN 协议	AMN11、12/16	
	AAM12	毫伏、热电偶、RTD 输入卡	AMN11、12/16	
	APM11	脉冲输入卡	AMN11、12/16	
	AAM50	电流输出卡	AMN11、12/16	
	AAM51	电流/电压输出卡	AMN11、12/16	
	ACM80	多点控制模拟量 I/O 卡(8I/8O)	AMN34/2	连接器

续表

卡件名称	型号	卡件说明	插件箱/卡件个数	连接方式
继电器 I/O 卡件	ADM15R	继电器输入卡	AMN21/1	端子
	ADM55R	继电器输出卡	AMN21/1	
多点模拟 I/O 卡件	AMM12T	多点电压输入卡	AMN31、32/2	端子
	AMM22T	多点热电偶输入卡	AMN31、32/2	
	AMM32T	多点 RTD 输入卡	AMN31/1	
	AMM42T	多点 2 线制变送器输入卡	AMN31/1	
	AMM52T	多点电流输出卡	AMN31/1	
	AMM22M	多点毫伏输入卡	AMN31、32/2	
	AMM12C	多点电压输入卡	AMN32/2	连接器
	AMM22C	多点热电偶输入卡	AMN32/2	
	AMM25C	多点热电偶带毫伏输入卡	AMN32/2	
	AMM32C	多点 RTD 输入卡	AMN32/2	
数字 I/O 卡件	ADM11T	16 点输入卡	AMN31/2	端子
	ADM12T	32 点输入卡	AMN31/2	
	ADM51T	16 点输入卡	AMN31/2	
	ADM52T	32 点输入卡	AMN31/2	
	ADM11C	16 点输入卡	AMN32/4	连接器
	ADM12C	32 点输入卡	AMN32/4	
	ADM51C	16 点输入卡	AMN32/4	
	ADM52C	32 点输入卡	AMN32/4	

四、实训任务

实训任务见表 6-7-2。

表 6-7-2　实训任务

任务一	集散控制系统的组成及信号传递
任务二	整体构成的操作练习
任务三	反馈控制功能组态的操作练习

五、实训步骤

1. 整体构成的操作练习

① 观察 CENTUM CS3000 控制系统的整体结构，及现场控制站、人机界面站和控制总线的连接方式。

② 观察现场控制单元，验证 CPU、电源、Vnet 的位置和相关接线，如图 6-7-4 所示。

③ 观察输入/输出单元，验证节点的数量、插件箱的名称、选用插件的型号及其功能。

2. 了解软件构成

① 了解 CENTUM CS3000 控制系统所使用的软件的名称及作用。

图 6-7-4　现场控制单元

② 翻阅电子操作手册，验证软件的作用和功能。

3. 反馈控制功能组态的操作练习

(1) 创建新项目

① 点击"开始/程序/YOKOGAWA CENTUM/System View"。

② 在"System View"窗口中，点击"File/Great New/Project"，弹出"Outline"窗口。

③ 在"Outline"窗口中定义"Project Information"，点击"OK"，弹出"Greate New Project"窗口，定义"Project"和"Project Comment"，点击"确定"，弹出"Great New FCS"窗口，如图 6-7-5 所示。在"Station Type"处选择"PFCD-H Duplexed Field Control

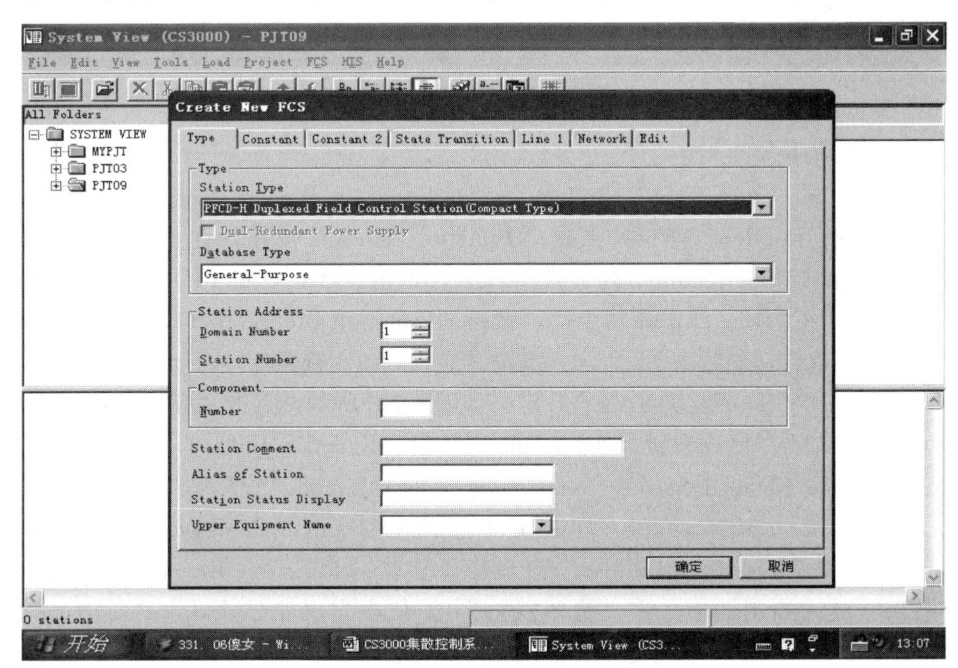

图 6-7-5　新建控制站

Station (Compact Type)”，点击“确定”，弹出“Great New HIS”窗口，在“Station Type”处选择“PC With Operation and monitoring function”，点击“确定”。

(2) 定义 IOM 模块

① 点击“FCS0101/鼠标右键/Great New/IOM”，弹出“Great New IOM”窗口。在“Category”处选择 AMN11/AMN12 (Control I/O)，在“Type”处选择 AMN11 (Control I/O)，点击“确定”。

② 双击“FCS0101”，点击“IOM”，在“Name”处双击“1-1AMN11”，弹出“IOM Builder”窗口。在“Signal”处选择“%Z011101～%Z011103”的数值分别为 3、3、12，如图 6-7-6 所示。然后点击 Save/File/Exit IOM Builder。

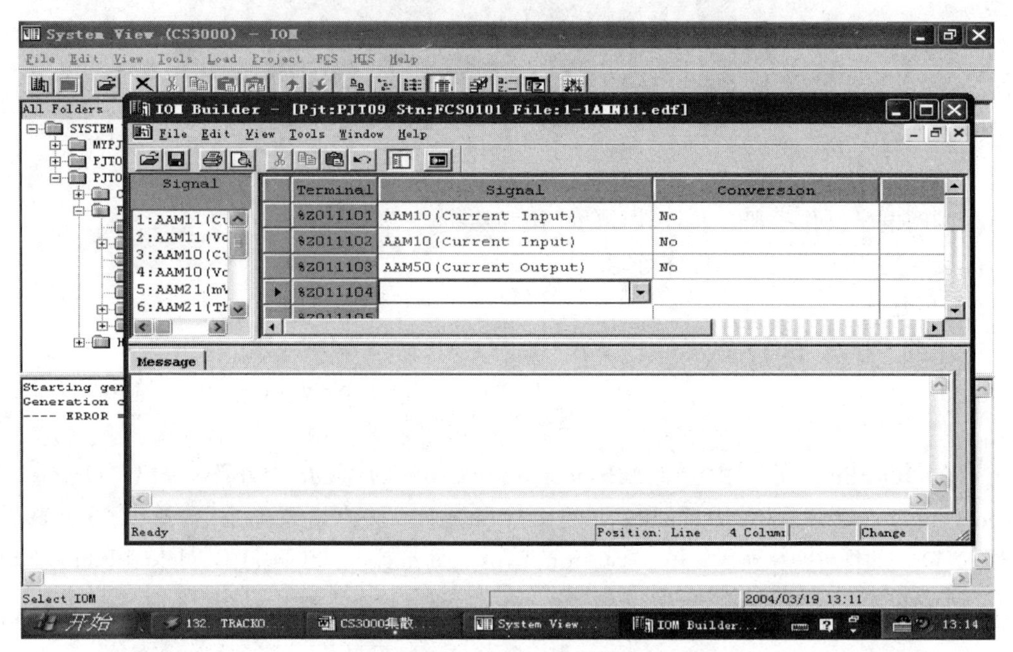

图 6-7-6 定义 IOM 模块

(3) 功能模块组态

① 在“System View IOM”窗口中，点击 Function Block，双击“DR0001”，弹出“Control Drawing Builder”窗口，点击“Function Block”按钮，弹出“Select Function Block”窗口，在“Model Name”处选择“PID”，点击“OK”，将 PID 功能块放到控制图中，工位号为“LIC001”。双击该功能块，弹出“Function Block”窗口，定义“Tag Comment”“Lvl”等内容，如图 6-7-7 所示，点击“应用”或“确定”。

② 生成另一个 PID 功能块 FIC001，定义如图 6-7-8 所示，点击“应用”或“确定”。

③ 点击“FIC001/鼠标右键/Edit detail”，弹出“Function Block Detail Builder”窗口，点击“Show/Hide Detailed Setting Items”，把“MAN mode”改为“Yes”，把“Fully-open/Tightly-shut”改为 No，点击“File/Update/Save/Exit Function Block Detail Builder”。

④ 在“Control Drawing Builder”窗口中，点击“Function Block/Link Block/PIO/OK”，把 PIO 放入控制图中，定义为%Z011101，依次定义第二个为%Z011102，第三个为%Z011103。

⑤ 点击“Wiring”按钮，点击功能块一个×号，再双击另一个功能块的×号进行连接，

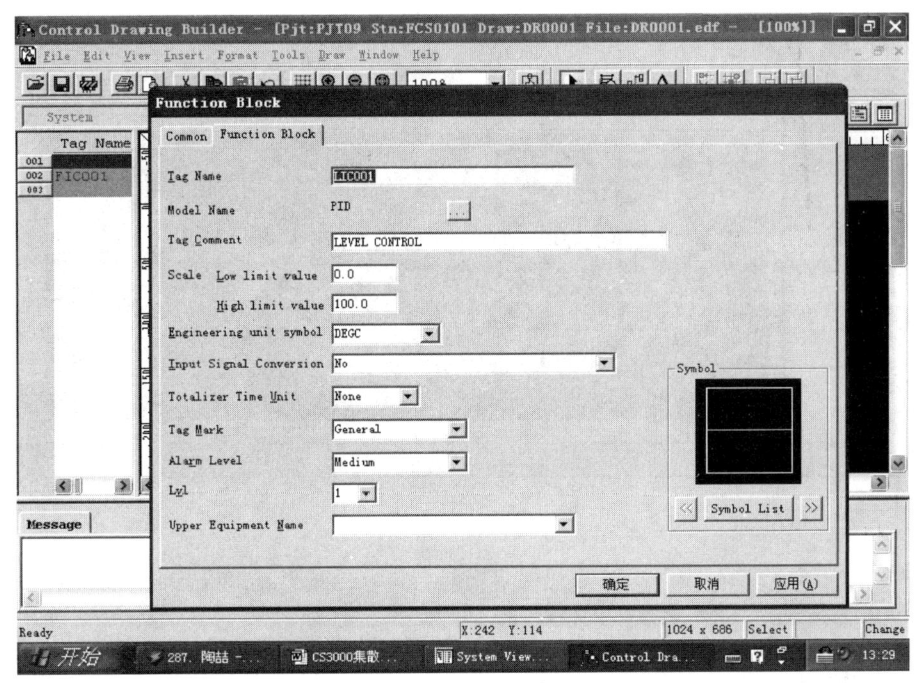

图 6-7-7　定义控制模块

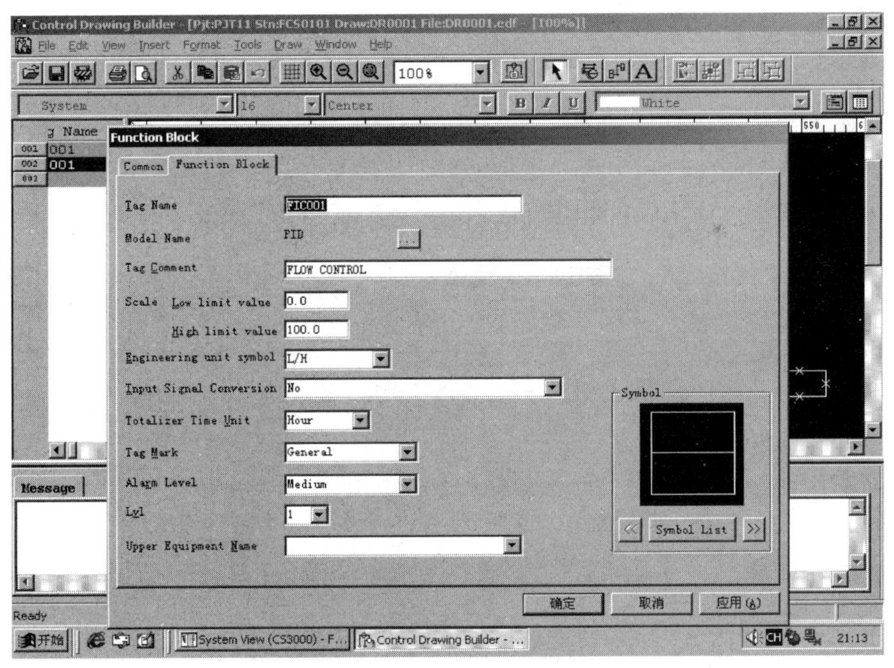

图 6-7-8　控制模块设置

如图 6-7-9 所示。

注意：将 LIC001 的 OUT 和 FIC001 的 SET 连接时，SET 设定的方法是：双击 IN，弹出下拉菜单，点击“Terminal Name/IO1/SET”。

⑥ 点击“Save/File/Exit Control Drawing Builder”

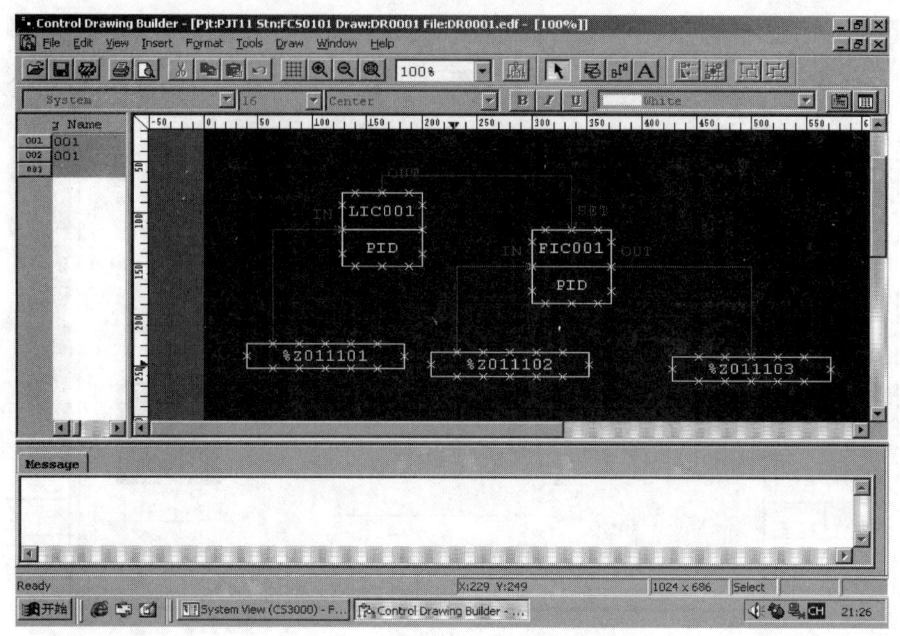

图 6-7-9　控制模块细节设置

（4）趋势窗口组态

① 双击 HIS1064，点击“Configuration/TR0001/鼠标右键/Properties”，弹出“Properties”窗口。定义“Trend Format”为 Continues and Rotary Type，定义“Sampling Period”为 1 Second，点击“确认”。

② 双击 TR0001，弹出“Trend Acquisition Pen Assignment Builder”窗口。点击“Group01”，在“Acquisition Data”处定义，如图 6-7-10 所示，点击“Save/File/Exit Trend Acquisition Pen Assignment Builder”。

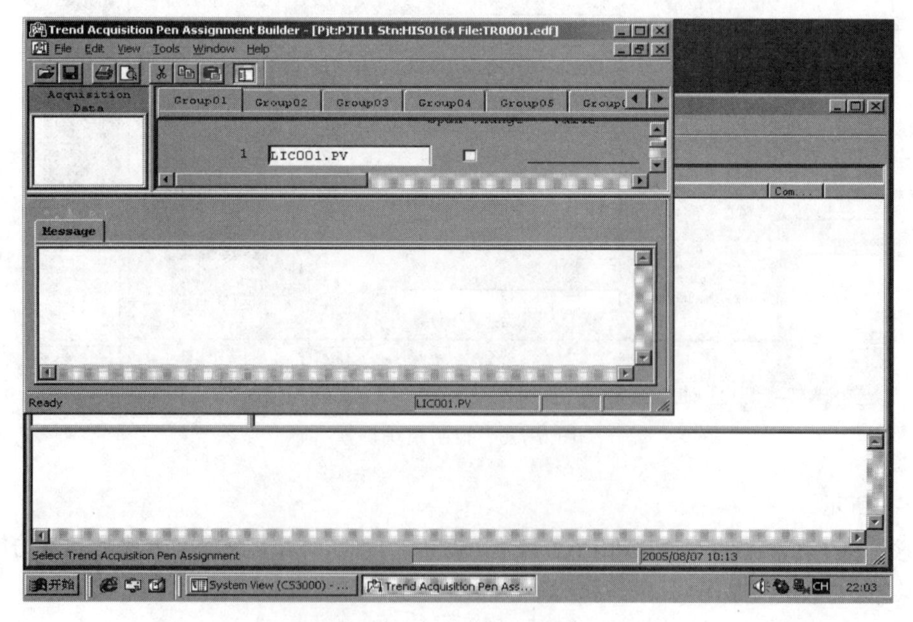

图 6-7-10　趋势窗口组态

（5）分组窗口组态

① 点击 Windows，双击“CG0001”。

② 点击鼠标左键选择第一块仪表面板，点击鼠标右键/Properties，弹出“Instrument Diagram”窗口。将“Instrument Diagram”中的工位号定义为 LIC001，点击“Apply”或“OK”。

③ 选择第二块仪表面板，将“Instrument Diagram”中的工位号定义为 FIC001，点击“Apply”或“OK”。

④ 点击“File/Save/File/Exit Graphic Builder”。

（6）组态测试

① 在“System View”窗口中，点击生成项目“FCS0101/FCS/Test Function”，进入测试状态。

② 在“Test Function”窗口中，点击“Tool/Wiring Editor”。

③ 点击“File/Open/DR0001. wrs/打开”。

④ 在“Lag”中，两个回路都输入 10。如图 6-7-11 所示。

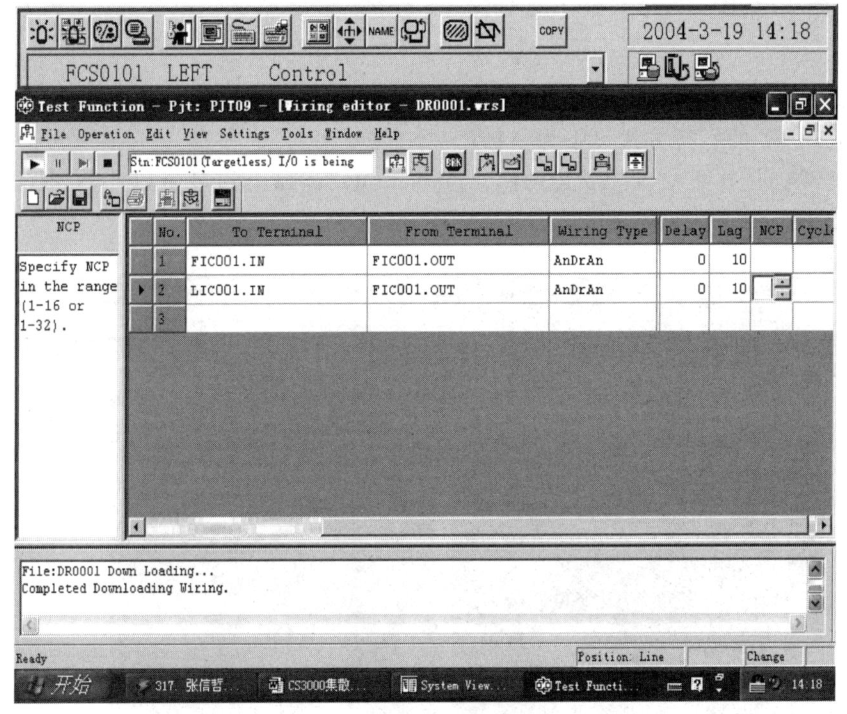

图 6-7-11 组态测试

⑤ 点击“File/Download/OK”，并将窗口最小化。

⑥ 点击系统信息区的“NAME”，输入“CG0001”，点击“OK”，弹出“CG0001”窗口，分别点击“LIC001”和“FIC001”面板，点击“Toolbox/Tuning Panel”，调出调整画面，如 6-7-12 所示。

⑦ 在“FIC001”的调整画面中，点击仪表图，设定 P=150、I=20，然后关闭窗口。对“LIC001”做相同的操作。

⑧“FIC001”的运行方式设定为“CAS”（点击“CG0001”中的“FIC001”仪表图的

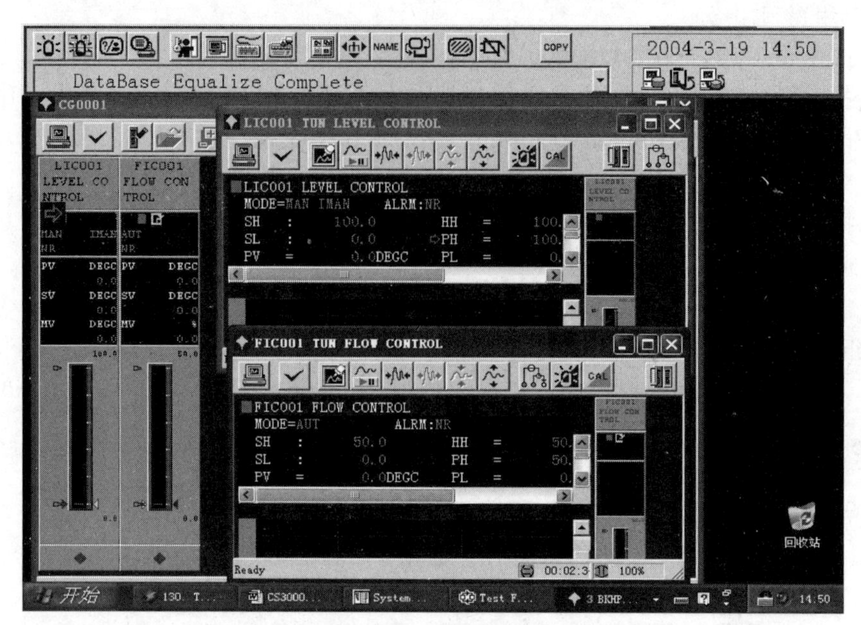

图 6-7-12 调整画面

“MAN”，选择即可)。

⑨“LIC001”的运行方式设定为 AUT，令 SV=50。

⑩ 在“NAME”中输入“TG0101”，点击“OK”，弹出趋势窗口“TG0101”，观察趋势的变化，如图 6-7-13 所示。

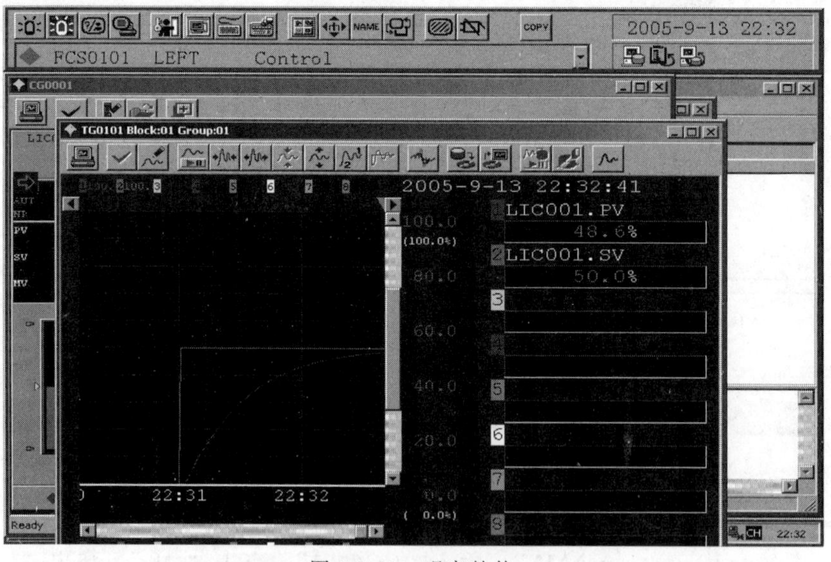

图 6-7-13 观察趋势

习题与思考

1. CENTUM CS3000 控制系统的输入/输出部分都是由哪些部件组成的？

2. 实验室配置的 CENTUM CS3000 控制系统的输入/输出插件有哪些型号？

典型生产过程按其物理和化学变化来分类，有流体力学过程、传热过程、传质过程及化学反应过程四类。本章以流体输送设备、传热设备、精馏塔及化学反应器四种设备中的有代表性的装置为例，介绍和分析常用的控制方案，以说明分析问题的方法。

模块七

典型化工单元的控制案例

项目一　流体输送设备的控制

一、泵的控制

在生产过程中，为使物料便于输送、控制，多使物料以液态或气态形式在管道内流动。泵和压缩机是在生产过程中用来输送流体或者提高流体压头的重要的机械设备。泵是液体的输送设备，压缩机是气体的输送设备。流体输送设备自动控制的主要目的：一是保证工艺流程所要求的流量和压力，二是确保机泵本身的安全运行。

1. 容积泵的自动控制

往复泵及直接旋转泵均是正位移形式的容积泵，是常见的流体输送设备，多用于流量较小、压头要求较高的场合。往复泵提供的理论流量可按下式计算

$$Q=nFS \tag{7-1-1}$$

式中　Q——理论流量，m^3/h；

n——每小时的往复次数；

F——气缸的截面积，m^2；

S——活塞冲程，m。

由式(7-1-1) 可以看出，从泵体角度来说，影响往复泵出口流量的仅有 n、F、S 三个参数，通过改变这三个参数来控制流量。泵的排出流量几乎与压头无关，因此不能在出口管线上安装控制阀控制流量，否则一旦阀门关闭，容易损坏泵。采用的流量控制方案有以下三种。

(1) 改变回流量

最常用的方法是改变旁路返回量，如图 7-1-1 所示。该方案是根据出口流量的变化，改变旁路控制阀的开度来改变回流量，达到稳定出口流量的目的。利用旁路返回量控制流量，虽然消耗功率较大，但由于控制方案简单，所以应用较广。

(2) 改变原动力机的转速

当原动力机用蒸汽机或汽轮机驱动时，只要改变蒸汽流量便可控制转速，如图 7-1-2 所示，从而控制往复泵的出口流量。如果泵是由电动机带动时，可直接对电动机进行调速，或在电动机和泵的连接变速机构上进行控制。由于调速机构比较复杂，因而很少使用。

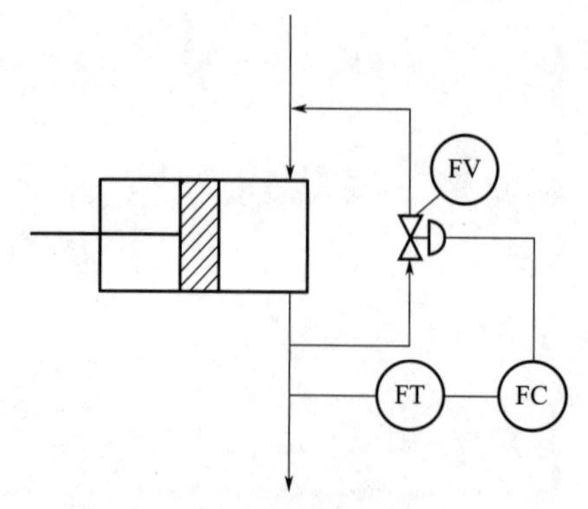

图 7-1-1　改变泵的旁路返回量控制流量

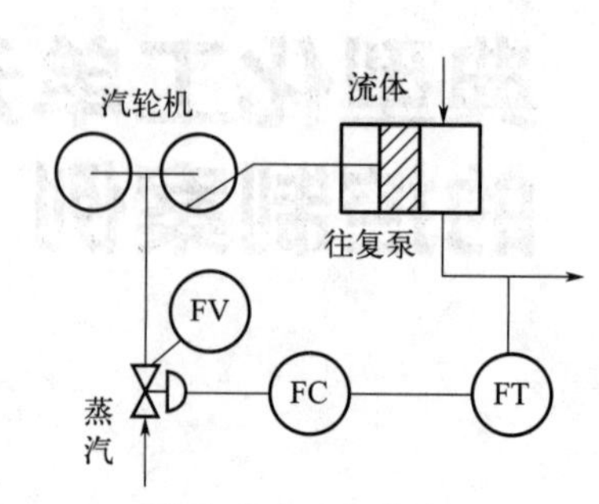

7-1-2　改变蒸汽流量控制出口流量

(3) 改变往复泵的冲程

容积泵常通过改变冲程来进行流量控制。冲程的调整一般在停泵时进行，有的泵也可在运转状态下进行调整。

2. 离心泵的自动控制

离心泵是使用最广泛的液体输送机械。离心泵的工作原理是通过泵体内做高速旋转的叶片传给液体动能，再将动能转换成静压能，然后使液体排出泵外。由于离心力的作用，叶轮通道内的液体被排出时，叶轮进口处为负压，液体被吸入。这样，液体源源不断地被吸入和排出，实现了输送液体或提高液体的压头。

(1) 工作特性

① 机械特性　离心泵的压头 H 和流量 Q 及转速 n 之间的关系，称为泵的机械特性，以经验公式表示为

$$H=K_1n^2-K_2Q^2 \tag{7-1-2}$$

式中　K_1, K_2——比例系数。

由式(7-1-2) 可见，当转速 n 一定时，其压头 H 随着流量 Q 的增加而有所下降；当流量 Q 一定，其压头 H 随转速 n 的增加而增加，机械特性曲线将会向上移动，得到一组特性曲线。如图 7-1-3 所示。

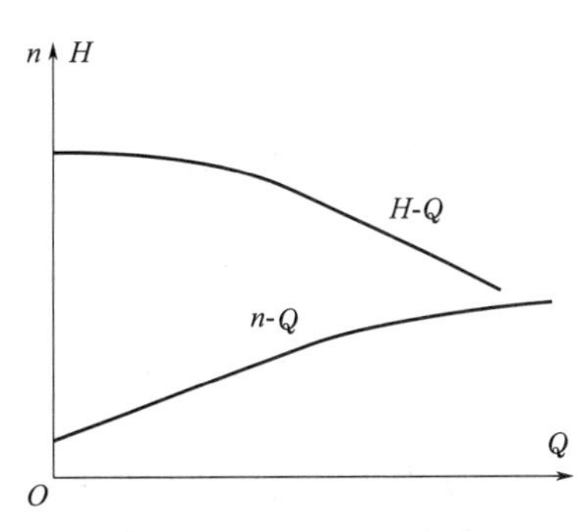

图 7-1-3　离心泵机械特性曲线

由图可见，随着离心泵出口阀的开启，排出量逐渐增大，使压头逐渐下降。如果将泵的出口阀完全关闭，由于叶轮与机壳有空隙，液体可在泵体内循环，此时流量 $Q=0$，压头 H 达某一最高值，但不等于∞。依据这一原理，可用出口阀的开度变化来控制泵的出口流量。当然，在泵运转过程中，不宜长期关闭出口阀，因为此时液体在泵内循环，流量为零，泵所做的功将转化为热能，使泵内液体发热升温。

② 管路特性　对于具有一定机械特性的泵在某一管网中运行时，实际流量与压头是多少呢？即求实际工作点。这就要考虑管网特性——管网中流体的压头和管网中阻力的关系。泵的出口压头 H 必须与以下各项压头及阻力相平衡：

a. 管路两端静压差相应的压头 h_p。

b. 将液体提升一定高度所需的压头 h_1，即升扬高度。

c. 管路摩擦损耗压头 h_f，它与流量平方值近乎成比例。

d. 控制阀两端压头 h_v。在阀门的开度一定时，它与流量的平方值成正比，同时还取决于阀门的开度。

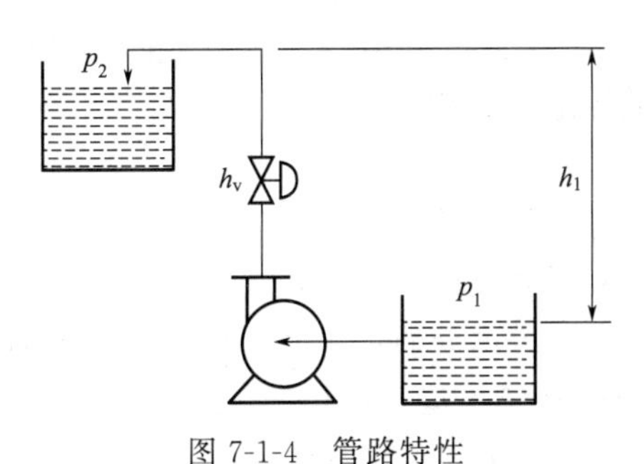

图 7-1-4　管路特性

管路特性如图 7-1-4 所示。其中

$$H=h_p+h_1+h_f+h_v \tag{7-1-3}$$

当流量系统达到稳定时，泵的机械特性曲线与管路特性曲线的交点，就是离心泵的工作点。不同的工作点表示泵具有不同的流量 Q 和压头 H，改变泵的流量，可通过改变泵的转速或管路阻力。

(2) 离心泵的控制方案

① 改变转速的控制方案　改变泵的转速可以改

变机械特性曲线的形状。离心泵的调速，要根据带动离心泵的动力机械的性能而定。如由电动机带动的离心泵，可以直接对电动机进行调速，也可以在电动机与泵轴连接的变速机构上进行调速。采用这种方案时，在液体输送管路上不需装设控制阀，因此不存在 h_v 项的压头损耗；同时，从泵的特性曲线本身来看，机械效率也较高。然而，不论是电动机或连接机构的调速，都比较复杂，因此多用于较大功率的情况。

离心泵除了用电动机作为动力外，为了节能，有用蒸汽透平来带动各类离心泵的情况，其调速较为方便，用改变进入蒸汽透平的蒸汽量来调节泵的转速。

用改变泵的转速来控制流量的方案如图 7-1-5 所示。

② 改变管路特性的控制方案　可以在泵出口管线上装一个控制阀，组成流量定值控制系统，即改变控制阀的开度，从而改变通过控制阀的压头 h_v，达到改变管路特性来控制流量的目的，方案如图 7-1-6 所示。

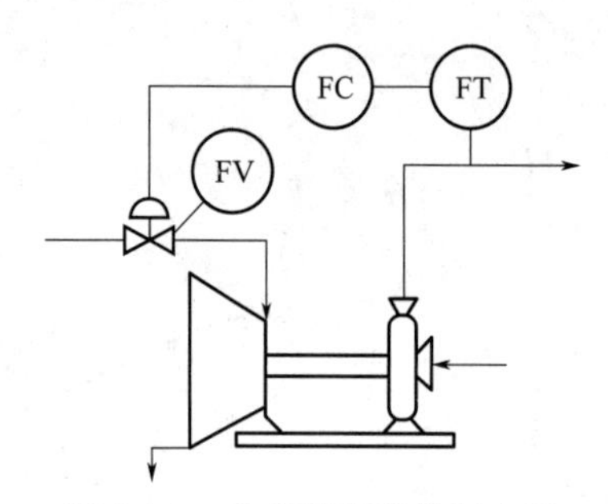

图 7-1-5　改变转速的控制方案

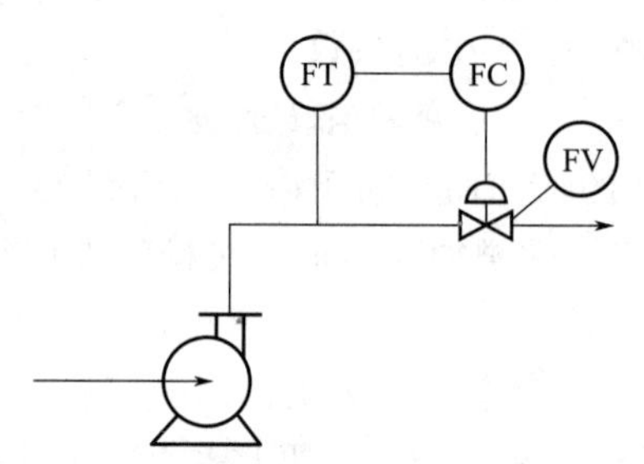

图 7-1-6　改变管路特性的控制方案

此方案中控制阀应装在泵的出口管线上，不能装在吸入管线上。因为在后一种情况下，由于 h_v 存在，可使泵入口压头更低，可能使液体部分汽化，当汽化不断发生时，就会使压头降低，流量下降，甚至使液体送不出去。同时，液体在吸入端汽化后，到排出端受到压缩而凝结并形成部分真空，这部分真空由周围液体以极高的速度来补充，产生强烈的冲击力，严重时甚至会损坏叶轮和泵壳。

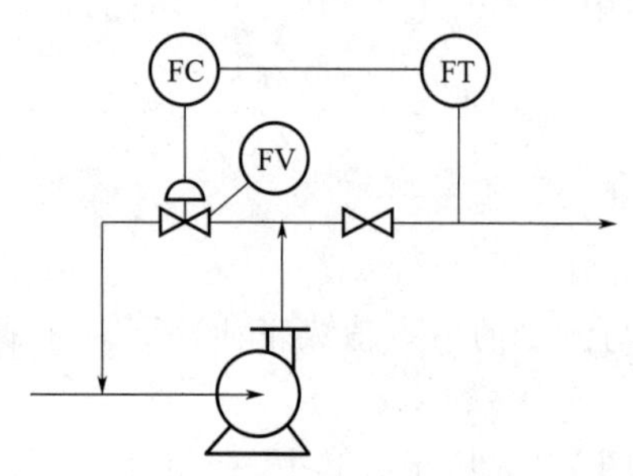

图 7-1-7　改变旁路流量的控制方案

这种方案因能量消耗于克服摩擦阻力，所以不经济，即在小流量情况下，相对总的机械效率较低。但由于简单方便，故使用广泛。

③ 改变旁路流量的控制方案　改变旁路流量即用改变旁路阀开度的方法来控制实际的排出量，如图 7-1-7 所示。这种方案很简便，而且控制阀口径要比改变管路特性的控制方案小得多。但旁路通道的那部分液体，由泵所供给的能量完全消耗于控制阀，因此总的机械效率较低。

（3）离心泵控制实用案例

如图 7-1-8 所示为某化工厂中石脑油储存和输送的流程控制图，为了避免石脑油在 V101 罐内受到空气的污染，常在贮罐顶部充以氮气（氮封），使介质与空气隔绝。采用氮封技术的工艺要求是保持贮罐内的氮气压力为微正压。当贮罐内介质增加时，应及时使罐内氮气适量排出；反之，当贮罐内介质减少时，应向贮罐充氮气。基于这样的考虑，V101 罐顶压力的控制采用了分程控制系统。离心泵 P101A（P101B 备用）将石脑油从 V101 罐抽出送到下一级设备，PI101（PI103）测量显示离心泵 P101A（P101B 备用）入口压力，PI102（PI104）测量显示离心泵 P101A（P101B 备用）出口压力，离心泵出口采用了改变管路特性的控制方案控制流量。

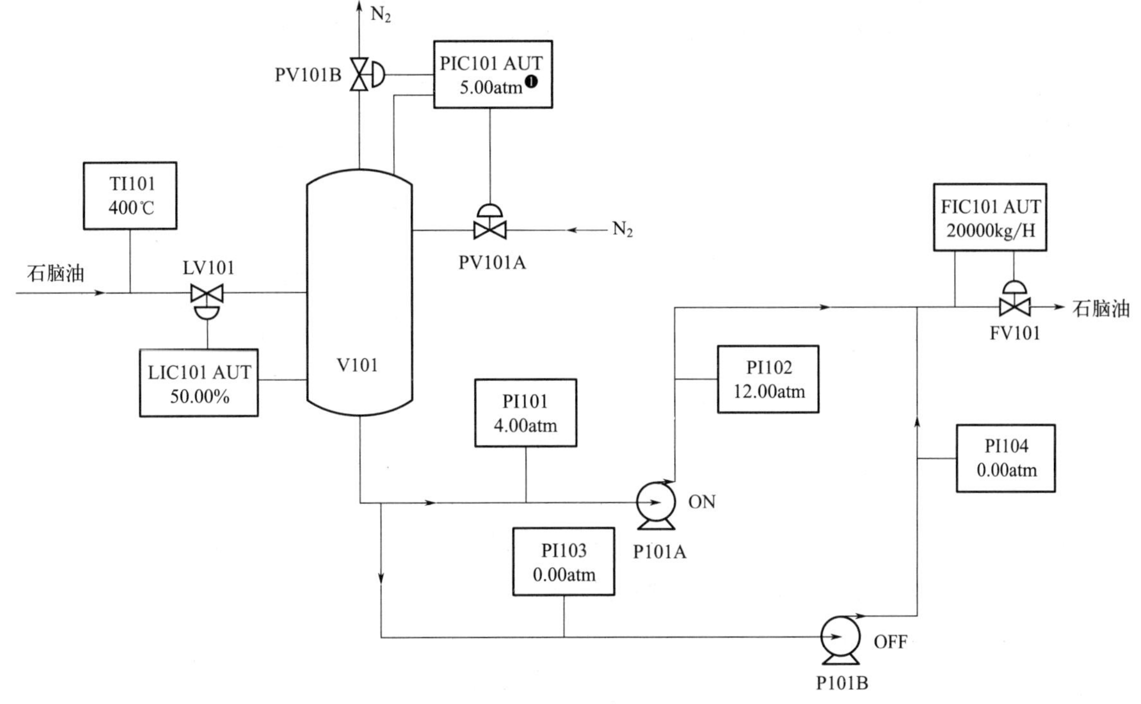

图 7-1-8　石脑油储存和输送的流程控制图

二、压缩机的控制

1. 离心式压缩机特性曲线与喘振

离心式压缩机的特性曲线是指压缩机的出口压力与入口压力之比（或称压缩比）和进口体积流量之间的关系曲线，即 p_2/p_1-Q 的关系。其中，压缩比是指绝对压力之比。

图 7-1-9 是一条在某一固定转速 n 下的特性曲线。Q_B 是对应于最大压缩比 $(p_2/p_1)_B$ 情况下的体积流量，它是压缩机能否稳定操作的分界点。当压缩机正常运行于工作点 A，由于某种原因压缩机降低负荷时，因 $Q_B<Q_A$，于是压缩机的工作点将由 A 移至 B，如果负荷继续降低，则压缩比将下降，出口压力应减小，可是与压缩机相连接的管路中气体并不同时下降，其压力在这一瞬间不变，这时管路中的压力反而大于压缩机出口处压力，气体就会从管路中倒流向压缩机，一直到管路中压力下降到低于压缩机出口压力为止，工作点由 B 移到 C。由于压缩机在继续运转，此时压缩机又开始向管路中送气，流量增加，工作点由 C 移到 D，D 点对应流量 Q_D 大于 Q_A，超过要求负荷量，系统压力被迫升高，如压缩机工作点不能在 A 点稳定下来，就会不断地重复上述循环，使工作点由 $A \rightarrow B \rightarrow C \rightarrow D \rightarrow A$ 反复迅速地突变，这种现象称作压缩机的喘振。又称为飞动。

离心式压缩机特性曲线随着转速不同而上下移动，组成一组特性曲线，如图 7-1-10 所

❶ atm 表示标准大气压，1atm＝101.325kPa。

示。每一条特性曲线都有一个最高点，如把各条曲线最高点连接起来得到一条表征产生喘振的极限曲线，如图中所示实线即喘振线（SL）。图中实线的左侧是不稳定区，称为喘振（或飞动）区，在实线的右侧则为正常运行区。在喘振线（SL）的右侧考虑有一定的裕量，再做一条抛物线，称之为防喘振控制线（SCL），又称喘振安全线，如图 7-1-10 所示虚线部分，压缩机的工作点在虚线上或虚线的右侧，即可防止喘振的产生。

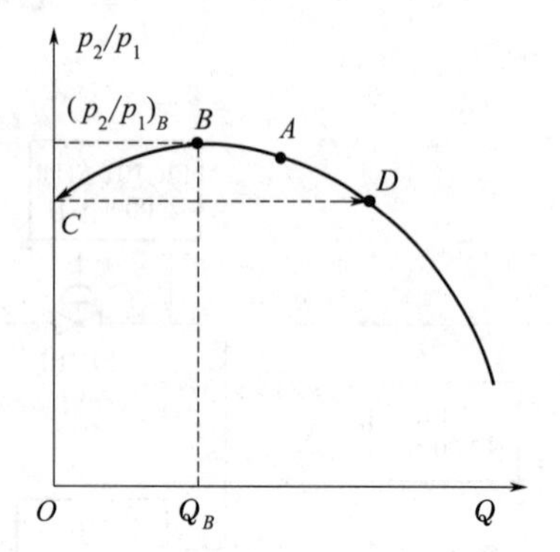

图 7-1-9　离心式压缩机固定转速下的特性

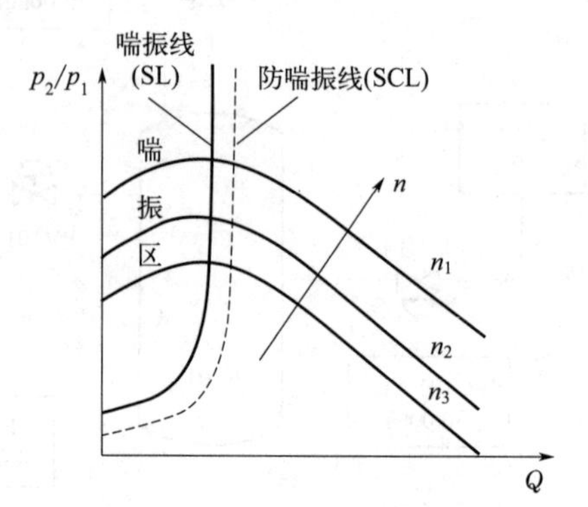

图 7-1-10　离心式压缩机特性曲线

喘振是一种危险现象。喘振是离心式压缩机的固有特性，每一台离心式压缩机都有一定的喘振区，因此只能采取相应的防喘振控制方案以防止喘振的发生。

2. 防喘振控制方案

离心式压缩机产生喘振现象的主要原因是负荷降低，排气量小于极限值而引起的，只要使压缩机的吸气量大于或等于该工况下的极限排气量即可防止喘振。工业生产中常用的控制方案有固定极限流量控制方案和可变极限流量控制方案两种。

（1）固定极限流量控制方案

在压缩机及管路一定的条件下，设法使压缩机永远高于某一固定流量运行，使压缩机避免进入喘振区运行。这种防止产生喘振的控制方法，称为固定极限流量控制方案，如图 7-1-11 所示。

在图 7-1-11 中，取最大转速下的防喘振控制线（SCL）对应值作为控制器的给定值，正常操作时，控制器的测量值大于给定值（极限流量 Q_{SCL}），旁路控制阀处于关闭的状态。当降低负荷时，控制器的测量值小于给定值，控制器输出开始反向，将旁路阀打开，使压缩机的一部分气体打循环，从而使控制器的测量值增加，直至与给定值相等。这样，压缩机就不会在低于极限流量的条件下工作，防止了喘振现象的发生。

对于这种控制方案，在高转速下运行是经济的，但在低转速时就显得 Q_{SCL} 过大而浪费能量了，但其结构比较简单，可靠性也较高。

（2）可变极限流量控制方案

不同的转速下压缩机的喘振极限流量是不同的，如果按喘振极限曲线来控制压缩机，就可以使压缩机在任何转速下都不会发生喘振，而且节约了能量。如图 7-1-12 所示。

这种控制方案是按某种计算函数来计算极限值，使压缩机在不同的转速下有不同的流量，其值均略大于对应转速下的喘振极限流量值。这种方案用于大功率压缩机，在生产负荷变化较多时，可以取得良好的经济效果。

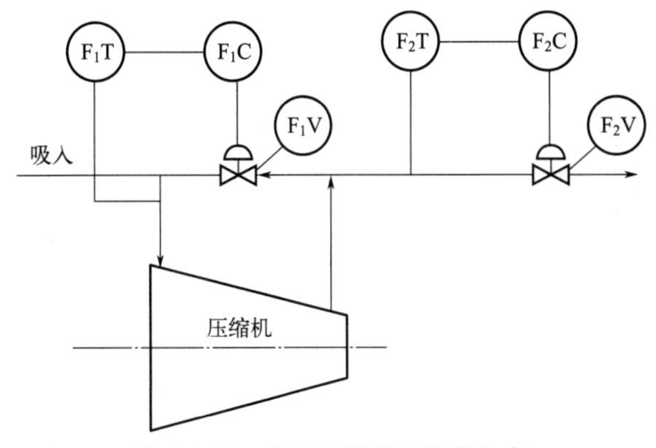

图 7-1-11　固定极限流量控制方案

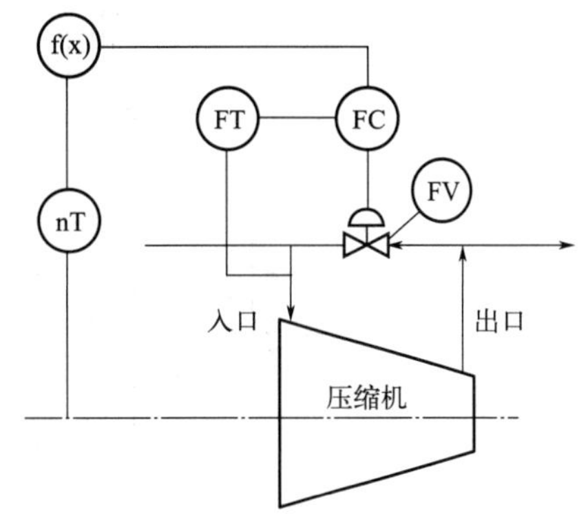

图 7-1-12　可变极限流量控制方案

3. 透平压缩机综合控制（Integrated Turbine Compressor Control Technique，ITCC）系统的防喘振控制在裂解气压缩机上的应用

乙烯裂解气压缩机设置了 4 段压缩、2 套防喘振控制回路，图 7-1-13 为裂解气压缩机第 3 段的防喘振控制工艺流程图。

裂解气压缩机的防喘振控制的设置如下：

① DCS 的流量控制：在第 3 段的出口设置了防喘振控制流量测量 130FI103A/B，130FI103 A/B 流量测量变送器分别进 DCS 和 ITCC 系统，在 DCS 内设置防喘振控制器（130FIC103A），通过 PID 运算后，输出 MV 值进入 ITCC 系统。这样在 DCS 上操作人员可以调节防喘振控制阀，但是在 DCS 上控制还是在 ITCC 系统上控制，决定于 ITCC 系统的选择开关。

② 在 ITCC 上实现防喘振控制：利用流量变送器（130FI103B）测量的流量值，在防喘振控制器（130UC103）内进行温度和压力的补偿，计算出实际的流量值，然后和防喘振控制线（SCL）的流量做比较，判断是否需要打开防喘振控制阀（130UV103A）。

三、大型压缩机组状态检测系统

大型压缩机组在工业生产过程中的作用为提高工艺介质的压力以改变物料的物理状态，是石化、电力等工业生产过程的关键动力设备，一旦机组出现故障，将导致整个工艺流程无法继续进行。大型压缩机组必须具有一套完整的实时监测与保护系统，其能及时发现并解决机组的异常情况，必要时紧急停车对设备进行保护，防止事故的进一步扩大。

1. 状态监测系统的基本概念

状态监测与故障诊断技术包括识别压缩机状态和预测发展趋势两方面的内容。具体过程分为状态监测、分析诊断和预防治理三部分，如图 7-1-14 所示。

在实际生产中，有时把压缩机状态的初步识别也包括在“状态监测”中，只将识别出异常后的精密诊断作为“分析诊断”的内容。

压缩机的故障一般反映在机械振动上，所以人们也多从机械振动方面入手研究故障原因。对振动故障原因的分析是根据测得的波形进行的。常用的监测参数有轴振信号、轴位移信号、振动加速度信号和与振动相关的工艺信号（例如转速、压力、温度、风量等）。

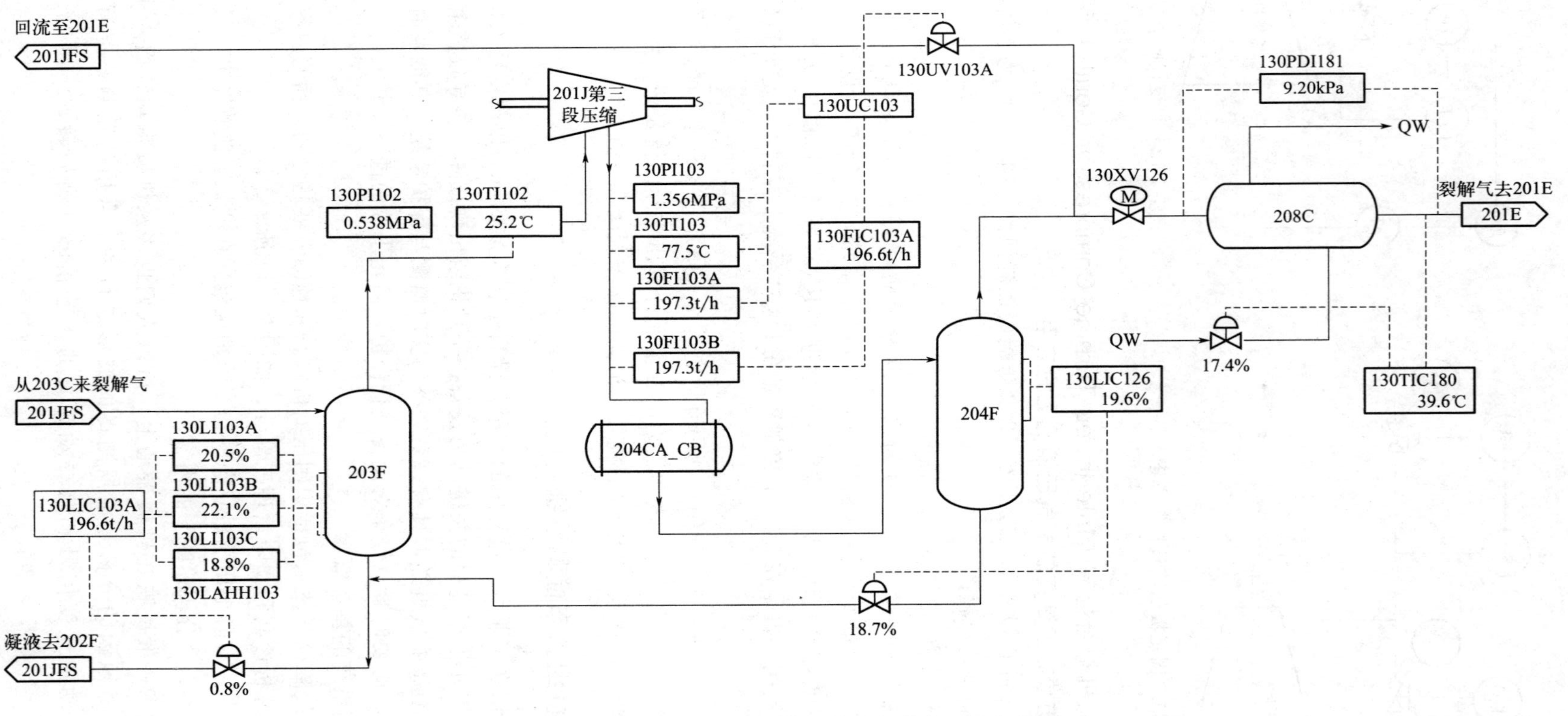

图 7-1-13 裂解气压缩机第 3 段的防喘振控制工艺流程图

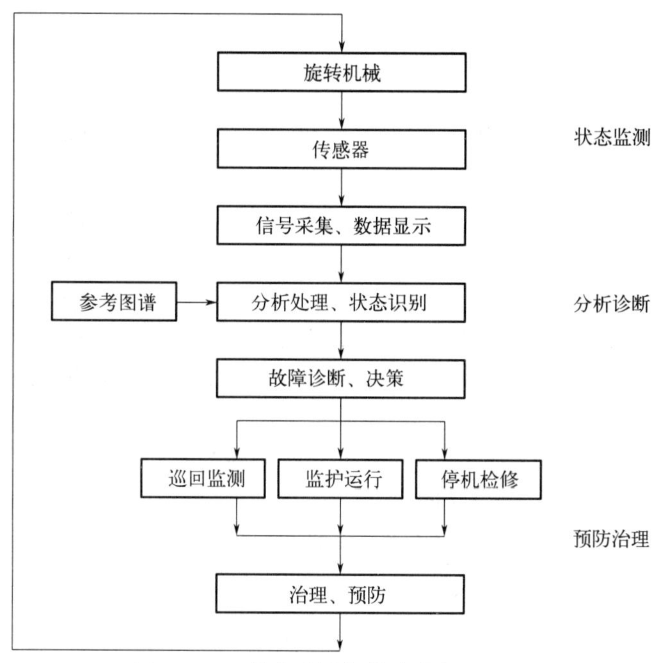

图 7-1-14　状态监测与故障诊断流程图

旋转机械常见故障很多，诸如转子不平衡、油膜波动、旋转机械摩擦、旋转机械不对中、旋转机械转子裂纹、旋转机械气体介质涡动、喘振等故障。

2. 电涡流传感器系统

旋转机械状态监测系统中采用的传感器分为接触式传感器和非接触式传感器两类。接触式传感器有速度传感器、加速度传感器等，这类传感器多用于非固定安装，只测取设备机壳的振动，其特点是传感器直接与被测物体接触。

非接触式传感器不直接和被测物体接触，因此可以固定安装，直接监测旋转部件的运行状态。非接触式传感器种类很多，最常用的是永磁式趋近传感器和电涡流传感器。

（1）电涡流传感器系统的工作原理

电涡流传感器系统应用电涡流原理测量探头顶部与被观测表面之间的距离。

电涡流传感器由平绕在固定支架上的铂金丝线圈构成，用不锈钢壳体和耐腐蚀的材料将其封装，再引出同轴电缆猪尾线和前置器的延伸同轴电缆相连接。

前置器产生一个低功率高频率（RF）信号，这一 RF 信号由延伸同轴电缆送到传感器探头端部里面的线圈上，根据麦克斯韦尔电磁场理论，趋近传感器线圈接到高频电流之后，线圈周围会产生高频磁场，该磁场穿过靠近它的导体材料的转轴金属表面时，会在其中感应一个电涡流。根据楞次定律，这个变化的电涡流又会在它周围产生一个电涡流磁场，其方向和原线圈磁场的方向刚好相反，这两个磁场相叠加，将改变原线圈的阻抗。即 RF 信号有能量损失，该损失的大小是可以测量的。导体表面距离探头顶部越近，其能量损失越大，电涡流传感器系统可以利用这一能量损失，产生一个输出电压。

线圈阻抗的变化既与电涡流效应有关，又与静磁学效应有关。如果磁导率、激励电流强度、频率等参数恒定不变，则可把阻抗看成是探头顶部到金属表面间隙的单值函数，即两者之间成比例关系。通过前置器测量变换电路，将阻抗的变化测出，并转换成电压或电流输出，再用二次表显示出来，即可反映间隙的变化。

电涡流传感器系统在监测径向振动的同时又能监测轴向位移，其监测原理基于电涡流传感器探头测出的成正比的输出信号包含有直流分量和交流分量。直流分量相当于信号的算术平均值，轴向位移监测主要是将其直流分量进行放大，输出信号反映出旋转机械轴向位置状况。交流分量是振动位移的瞬时值，径向振动监测是将其交流分量的峰值进行放大并输出信号以反映出径向振动状况。

（2）电涡流传感器系统的组成

电涡流传感器系统由探头、延伸电缆、前置器三部分组成。探头是系统的传感器部分，最靠近轴的表面，它能测出在探头顶部和轴表面之间的间隙。前置器具有一个电子电路，可以产生低功率高频率信号（RF）。电涡流传感器系统能探测到 RF 的能量损耗，并能产生一个输出电压，该电压正比于所测间隙。延伸电缆连接在探头和前置器之间。

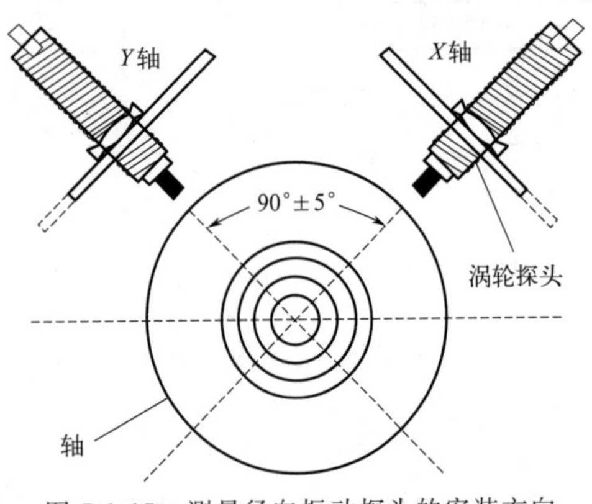

图 7-1-15　测量径向振动探头的安装方向

（3）探头的安装

① 测量振动的探头的安装。应遵循 X-Y 径向振动探头的安装方式，即对用于检测同一点振动的成对探头，安装时保持两个探头的轴线相互垂直（90°±5°），并且每个探头的轴线与水平面的夹角为 45°，如图 7-1-15 所示。

在整个机组上要求把探头安装在同一平面上，以便简化平面与平面之间对所测结果的比较。另外，必须强调，每一个探头安装时必须保证探头顶端所在的平面与被测机械轴的横截面所在的平面相垂直（机械轴的横截面指机械轴的径向横截面）。

② 测量轴向位移的探头的安装。要能直接观测到连在轴上的某一平面，这样测量的结果才是轴的真实位移，如图 7-1-16 所示。测量轴向位移的探头要安装在距离止推法兰 305mm（约 12in）范围之内，如果把测量轴向位移的探头装在机器的端部，距离止推法兰很远，则不能保护机器不受破坏，因为这样测量的结果既包括轴向位置的变化，也包括差胀在内。典型的系统都是应用两个探头同时监测轴向位移的，即使有一个传感器损坏或失效，依然可以对机械进行保护。至少有一个探头应该与轴在一个平面上，这样如果止推法兰在轴

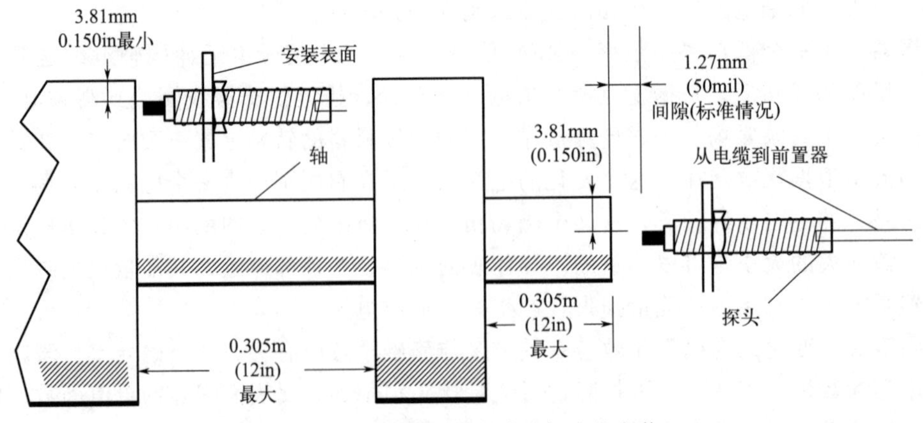

图 7-1-16　测量轴向位移的探头的安装

上松动了，也不会失掉所要测量的参量。

（4）探头安装的常见错误

① 在安装探头时，如果测量不够准确，就不能把探头装在正确位置。此种情况应重新设计，正确安装。

② 在机器壳体上钻的孔，对于轴的中心线偏出一个角度，导致探头的表面距轴的中心线一侧太远，无法校准，并在测量时有不正确的低的峰-峰值读数。此种情况应重新设计，重新开孔，正确安装。

③ 探头被用来测量镀铬的表面、联轴器凸缘上的皱缩处时，会导致探头信号的读数不稳定。

④ 测量轴向位移的探头，被装在轴的某一端的对面，而这一端是远离止推轴承的，探头无法反映止推轴承的位置变化。虽然此时探头输出的轴向位移信号会有很大变化，但它与止推轴承的状态已无联系。

⑤ 安装探头的支架刚度不够，导致在工作的频率范围内，共振使探头有很大振幅，振动信号读数没有意义。

⑥ 探头所带电缆以及延伸电缆，在有机械破坏可能的危险地区没有足够的保护，导致被破坏。

⑦ 敷设延伸电缆的导管密封不当，导致在安装前置器的箱子里充满润滑油或者油在箱子内以凝结的形式出现。

⑧ 探头互相安装得太靠近，导致读数很高或者很低，无法校准。

⑨ 要求轴上被观测部分表面应该是规则的、光滑的，并且没有剩磁。如果有，会导致测量有误差。

习题与思考

1. 离心泵的控制方案有几种？各有什么特点？控制阀能否安装在入口管线？为什么？
2. 往复泵出口流量控制方案中，控制阀能否安装在出口管线？为什么？
3. 为什么离心式压缩机会发生“喘振”？
4. 简述离心式压缩机固定极限流量控制方案。

项目二　传热设备的控制

工业上用于实现换热操作的设备（即传热设备）有很多种，在生产中主要采用的是间壁式传热设备。从加热或冷却的温度范围出发，间壁式传热设备分为换热器、蒸汽加热器、低温冷却器、加热炉、锅炉等。

换热器自动控制的目的是保证换热器出口的工艺介质温度恒定在给定值上。换热器的工艺流程如图 7-2-1 所示，若不考虑传热过程中的热损失，则热流体失去的热量应等于冷流体获得的热量，可用下列热平衡方程式表示

$$Q=F_1C_1(T_{1o}-T_{1i})=F_2C_2(T_{2i}-T_{2o}) \tag{7-2-1}$$

式中　Q——传热速率，J/s；

F_1，F_2——介质、载热体的质量流量，kg/s；

C_1，C_2——介质、载热体的平均定压比热容，J/（kg·℃）；

T_{1i}，T_{2i}——介质、载热体的入口温度，℃。

T_{1o}，T_{2o}——介质、载热体的出口温度，℃。

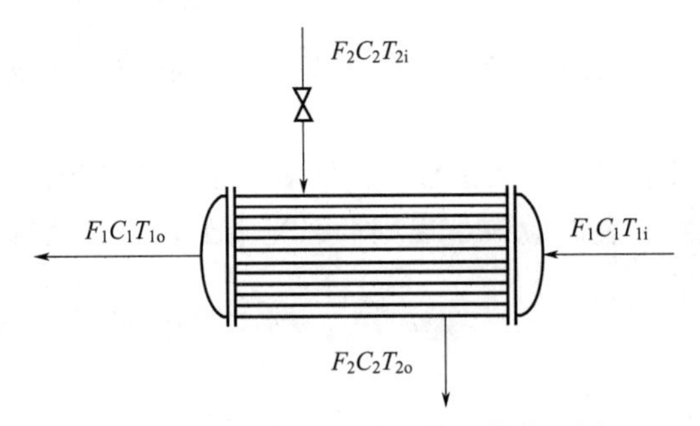

图 7-2-1　列管式换热器的工艺流程图

另外，传热过程中传热速率可按下式计算

$$Q=KA_m\Delta T_m \tag{7-2-2}$$

式中　K——传热系数，W/（m^2·℃）或 W/（m^2·K）；

A_m——传热面积，m^2；

ΔT_m——平均温差，℃或 K，与冷热流体出口、入口的温度有关。

但在载热体方面，如引起相的变化（气相变为液相），则载热体放出的热量为

$$Q=F_2\lambda \tag{7-2-3}$$

式中　λ——饱和蒸汽的比汽化焓，J/kg。

通过改变换热器的热负荷、换热面积等方法可以控制换热器介质出口温度。

一、一般传热设备的控制

1. 换热器的控制（两侧无相变）

（1）控制载热体流量

载热体流量的控制如图 7-2-2 所示。如果载热体压力不稳，可另设稳压控制系统，或者采用温度对流量的串级控制系统，如图 7-2-3 所示，在这个串级控制系统中，温度为主被控

变量、流量为副被控变量。

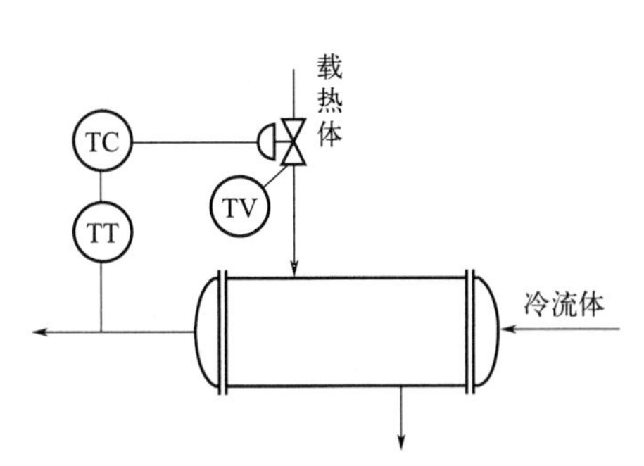

图 7-2-2　改变载热体流量的简单控制系统

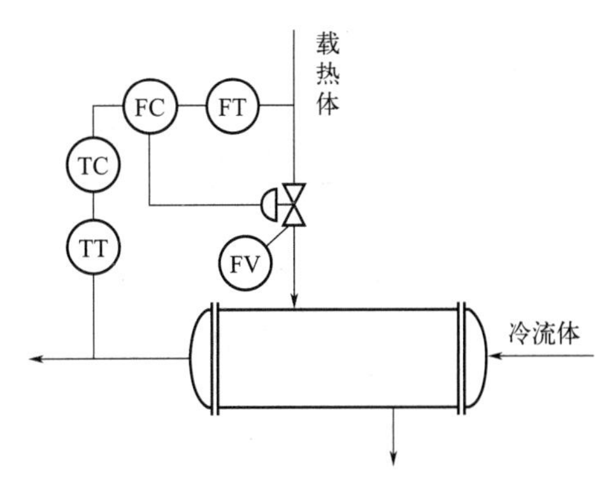

图 7-2-3　换热器的串级控制系统

（2）控制载热体旁路流量

当载热体利用工艺介质回吸热量时，可以将载热体分路，以控制冷流体的出口温度。分路一般可以采用三通阀来实现。如三通阀装在入口处则用分流阀，如图 7-2-4 所示；如三通阀装在出口处，则用合流阀如图 7-2-5 所示。

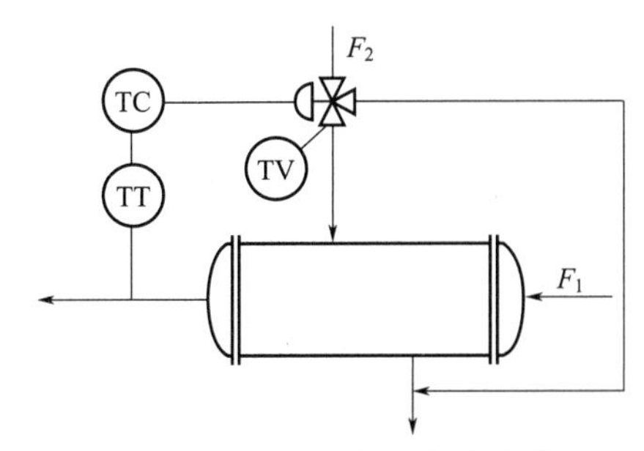

图 7-2-4　用分流阀的控制方案

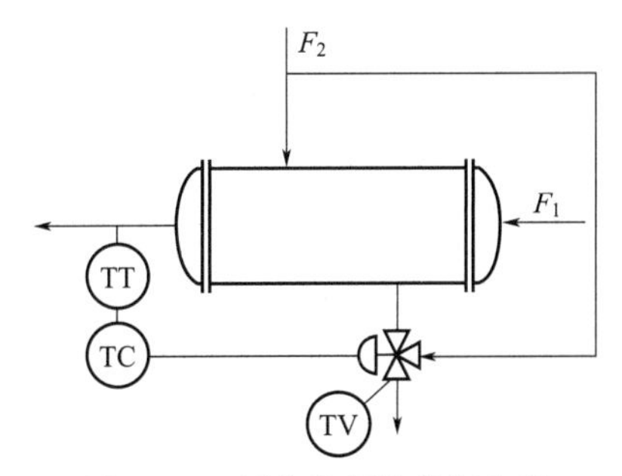

图 7-2-5　用合流阀的控制方案

（3）将工艺介质分路

如果工艺介质流量和载热体流量均不允许控制，而且换热器传热面积有较大裕量时，可将工艺介质进行分路，如图 7-2-6 所示。

2. 低温冷却器的控制

低温冷却器采用液氨、乙烯、丙烯等作为冷却剂。当冷却剂汽化时，吸收大量的热由液相变为气相，通过间壁传热，使被冷却物料降温。以液氨为例，它在常压下汽化时，可使物料冷却到 −30℃的低温。低温冷却器的操作特点是冷却剂的汽化需要有一定的蒸发空间。在这类冷却器中，氨冷器较为常见，下面以它为例介绍几种控制方案。

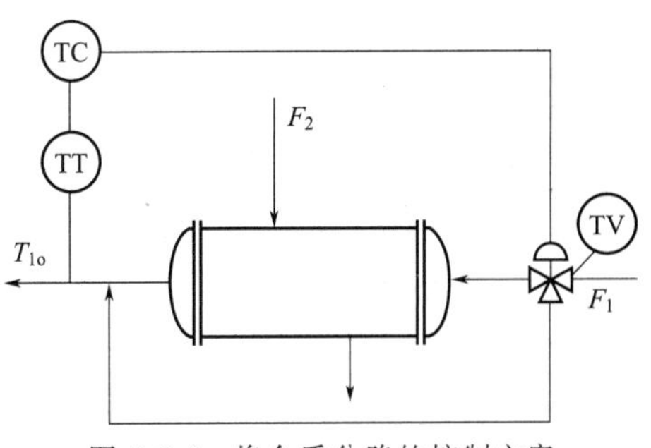

图 7-2-6　将介质分路的控制方案

（1）控制冷却剂的流量

图 7-2-7 所示的方案，根据出口温度来控制液氨的进口流量。此方案中液氨的蒸发要有

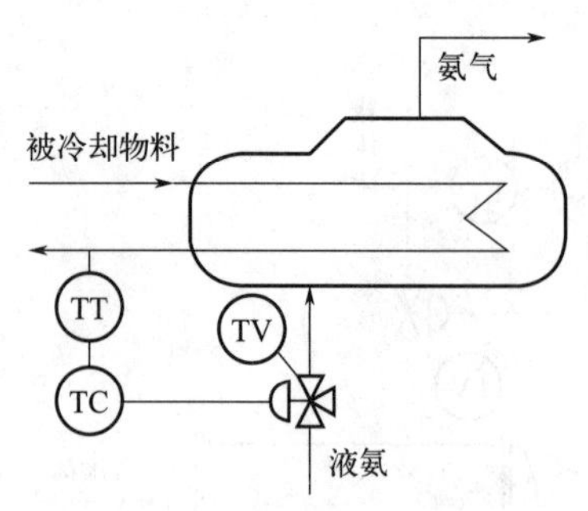

图 7-2-7　控制冷却剂的流量

一定的空间。如液氨的液位过高，蒸发空间不足，再增加液氨流量，也无法降低被冷却物料的出口温度。而且氨气中夹带大量液氨，会引起氨压缩机的操作事故。因此，这种控制方案应带有液位指示或联锁报警装置，或采用选择性控制方案。

（2）控制传热面积

图 7-2-8 所示的串级控制系统，如出口温度变化，则温度控制器的输出变化，即改变液位控制器的给定值，控制液氨的流量，从而保证出口温度的恒定。此方案的特点是可以限制液位上限，保证氨冷器有足够的蒸发空间，使得氨气中不带液氨。

（3）控制汽化压力

图 7-2-9 所示控制方案，当被冷却物料的出口温度变化时，温度控制器的输出去改变阀门的开度，使蒸发压力变化，于是相应的汽化温度改变，传热量改变，从而使出口温度回到给定值。同时，为了保证有足够的汽化空间，在此方案中设有辅助液位控制系统。

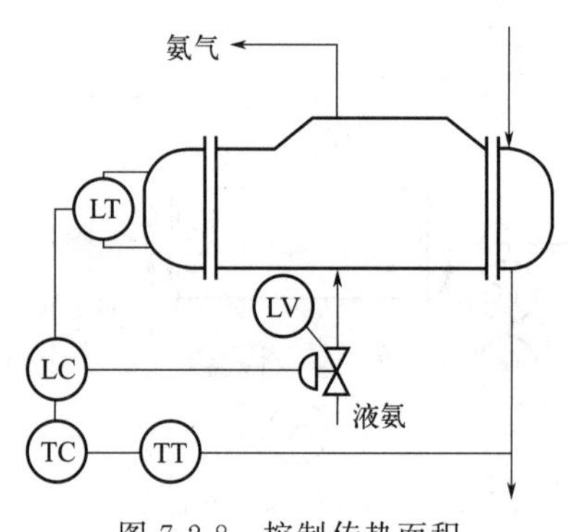

图 7-2-8　控制传热面积

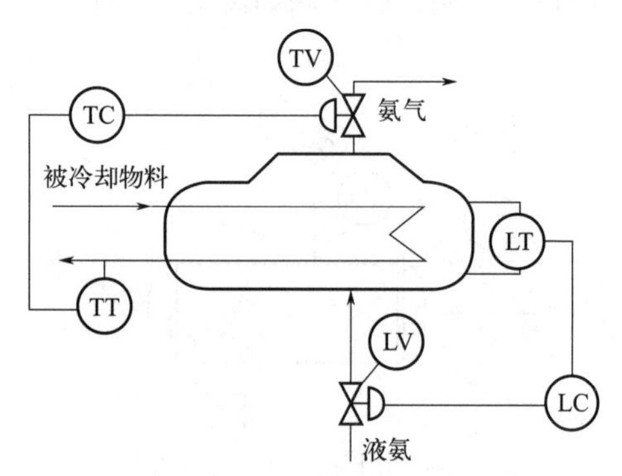

图 7-2-9　控制汽化压力

这种控制方案的最大特点是迅速、灵敏。但是由于控制阀安装在氨气出口管线上，故要求氨冷器要耐压。

二、加热炉的控制

在生产过程中有各式各样的加热炉，按工艺用途来分有加热用炉子及加热-反应用炉子两类。对于加热用炉子，工艺介质受热升温或同时进行汽化，其工艺介质温度的高低，会直接影响后一工序的工况和产品质量，同时当炉子温度过高时，会使物料在加热炉内分解，甚至造成结焦而烧坏炉管。加热炉平稳操作可以延长炉管使用寿命，因此加热炉出口温度必须严加控制。

影响加热炉出口温度的干扰因素有：工艺介质进料的流量、温度、组分；燃料方面有燃料油（或气）的流量、压力、成分，燃料油的雾化情况，空气过量情况，喷嘴的阻力，烟囱抽力等。

为了保证炉出口温度稳定，加热炉的主要控制系统以加热炉出口温度为被控变量，燃料油（或气）的流量作为操纵变量，而且对于不同的干扰因素应采取不同的措施。常用的控制方案有以下几种。

1. 简单控制方案

如图 7-2-10 所示，主要控制系统是以炉出口温度为被控变量、燃料油（或气）流量为操纵变量的温度简单控制系统。为克服工艺介质流量波动、燃料油的压力波动及雾化蒸汽压力波动对燃料油雾化程度的影响，即为了克服上述干扰对被控变量的影响，还必须同时设置三个辅助控制系统。

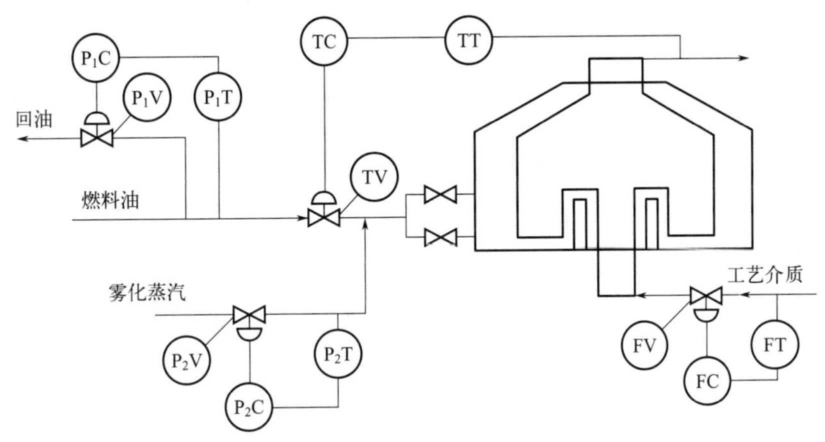

图 7-2-10　加热炉的简单控制方案

① 进入加热炉的工艺介质流量定值控制系统。

② 燃料油总压的定值控制系统。图中控制回油量的方案是为了避免在一条管道上装设温度控制阀与压力控制阀而引起的相互影响，提高控制质量。

③ 雾化蒸汽压力定值控制系统。采用燃料油时，需加入雾化蒸汽（或空气），燃料油雾化的好坏，影响着燃烧的好坏。雾化蒸汽过少、雾化不好，则燃烧不完全，易冒黑烟；雾化蒸汽过多，浪费燃料和雾化蒸汽，有时还会熄火。故一般对雾化蒸汽采用压力控制系统。

对于单回路控制系统，当工艺对炉出口温度要求严格，且干扰频繁、幅值较大或炉膛容量较大时，由于滞后大，控制不及时，就满足不了工艺要求。为了提高控制质量，可采用串级控制系统。

2. 加热炉的串级控制方案

加热炉串级控制系统，根据干扰的主要形式有以下几个控制方案。

① 炉出口温度对燃料油（或气）流量串级控制。如图 5-2-3 所示。主要用于干扰在燃料油（或气）的流动状态方面的情况，如阀前压力的变化。该种方案是很理想的，但流量测量比较困难，而压力测量较方便，故广泛采用方案②。

② 炉出口温度对燃料油（或气）阀后压力串级控制。如图 7-2-11 所示。采用该方案时，必须防止燃料喷嘴部分的堵塞，不然会使控制阀发生误动作。

③ 炉出口温度对炉膛温度的串级控制。如图 5-2-5 所示。这种方案把原来滞后较大的对象一分为二，副回路起超前作用，能使干扰反映到炉膛温度就能及时控制。当主要干扰是燃料油（或气）的组分变化时，前两种串级控制方案的副回路无法感知，此时采用本方案效果较好。

3. 加热炉的前馈-反馈控制方案

在加热炉自动控制系统中，当遇到生产负荷（进料流量）、温度变化频繁，干扰幅度又

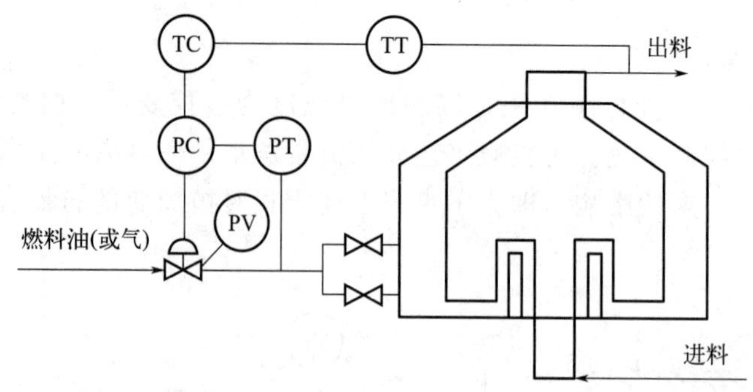

图 7-2-11　炉出口温度对燃料油（或气）阀后压力串级控制

较大，且不可控，串级控制难以满足工艺指标要求时，可采用前馈-反馈控制系统，如图 7-2-12 所示。前馈控制克服进料流量（或温度）的干扰作用，反馈控制克服其余干扰作用。

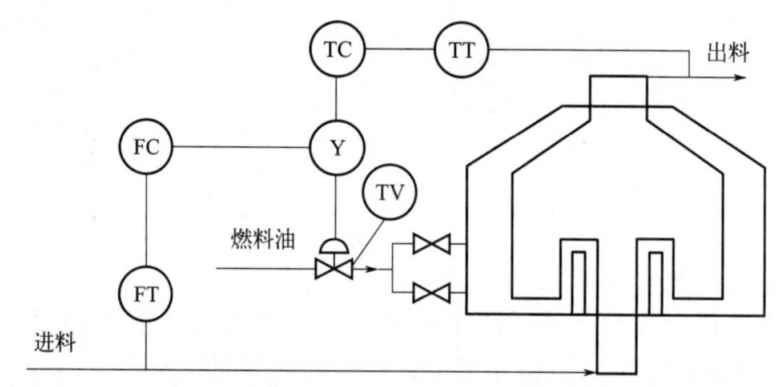

图 7-2-12　加热炉的前馈-反馈控制方案

为了安全生产，防止由于事故而带来的损失，在大型加热炉中需要配备必要的安全联锁保护系统。针对加热炉的各种具体情况可采用不同的安全联锁保护系统，本书中不再加以讨论。

三、工业锅炉的控制

锅炉是电力、石油化工生产中必不可少的重要的动力设备。在发电厂，汽轮发电机靠锅炉产生的一定温度和压力的过热蒸汽来推动；在石油化工厂，锅炉产生的蒸汽作为全厂的动力源和热源。因此，必须确保锅炉的安全生产，以保证锅炉产生的蒸汽的压力和温度稳定。

随着工业的发展，锅炉应用范围也不断扩大，为此产生出了各种大、小型式的锅炉。小的每小时产几吨蒸汽，大的每小时产 200 多吨蒸汽，产生出来的蒸汽也有高压、中压、低压之分。锅炉也可分为动力锅炉、工业锅炉，工业锅炉又有辅助锅炉、废热锅炉、快装锅炉、夹套锅炉等。锅炉的能量来源亦是多种多样，有烧油的、油气混合烧的、烧煤的，也有利用化学反应中生成的热量等。

锅炉的工艺流程如图 7-2-13 所示。由图可知，燃料和热空气按一定流量比例进入燃烧室燃烧把水加热成蒸汽，产生的饱和蒸汽经过热器，形成一定温度的过热蒸汽（D），汇集到蒸汽母管，经负荷设备控制阀供给负荷设备使用。燃料产生的热量，一部分将饱和蒸汽变成过热蒸汽，另一部分经省煤器预热锅炉给水和经空气预热器预热空气，最后经引风机送往烟囱排入大气。因此，可以说锅炉内有着保持水的物料平衡和热量平衡的关系。

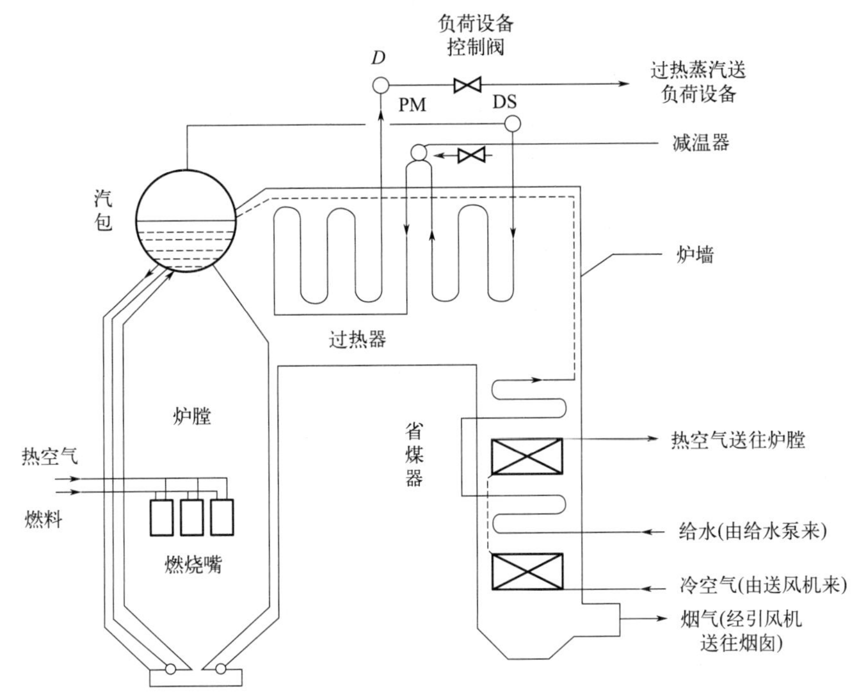

图 7-2-13　锅炉的工艺流程图

在热量平衡中，其负荷是蒸汽带走的热量。在物料平衡中，其负荷是水的蒸发量。在锅炉运行中，汽包液位是表征生产过程的主要工艺指标。液位过高时，由于汽包上部空间变小，从而影响汽水分离，使蒸汽产生带液现象；当液位过低时，则会烧坏锅炉，以致产生爆炸事故。锅炉内热量平衡和物料平衡两者又是相互影响、相互关联的。汽包液位不仅受到给水流量的影响，在热量平衡受到破坏、蒸汽压力发生变化时，也会影响水面下的蒸发管中的汽水混合物的体积，而使汽包水位发生变化。另一方面，蒸汽压力不仅受到投入燃料的影响，在增加给水量时，会使蒸发量减少，从而使蒸汽压力下降。所以，在考虑控制方案时要从全局出发。

1. 汽包水位控制系统

汽包水位控制系统用于维持汽包中水位在工艺允许范围内，以保证锅炉的安全运行。目前，锅炉汽包水位控制系统常采用单冲量、双冲量及三冲量三种控制方案，下面分别对这三种方案进行讨论。

（1）单冲量水位控制系统

单冲量水位控制系统的原理如图 7-2-14 所示。由图可知，它是一个典型的单回路控制系统，它适用于停留时间较长、负荷变化小的小型低压锅炉（一般为 10t/h 以下）。

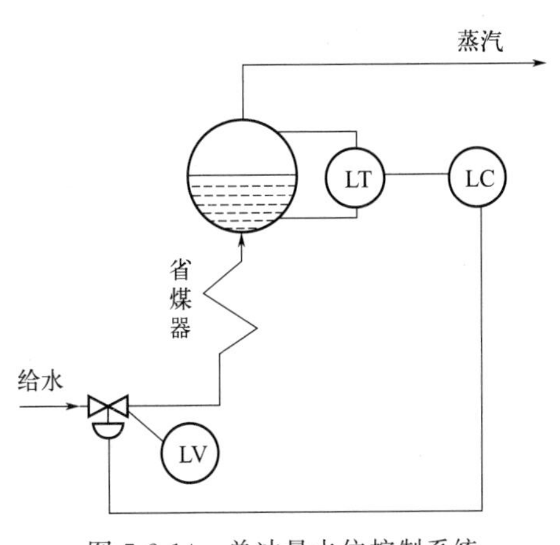

图 7-2-14　单冲量水位控制系统

但对于停留时间短、负荷变化大的系统，就

不能适应了。当蒸汽负荷突然大幅度增加时，由于汽包内蒸汽压力瞬间下降，水的沸腾加剧，气泡量迅速增加，形成汽包内液位升高的现象。因为这种升高的液位不代表汽包内贮液量的真实情况，所以称为“假液位”。这时液位控制系统测量值升高，控制器错误地关小给水控制阀，减少给水量，等到这种暂时的闪蒸现象平稳下来，由于蒸汽流量增加，送入水量反而减少，将使水位严重下降，波动很厉害，严重时会使汽包水位降到危险区内，甚至发生事故。

产生“假液位”主要是因为蒸汽负荷的波动，如果把蒸汽流量的信号引入控制系统，就可以克服这个主要干扰，这样就构成了双冲量水位控制系统。

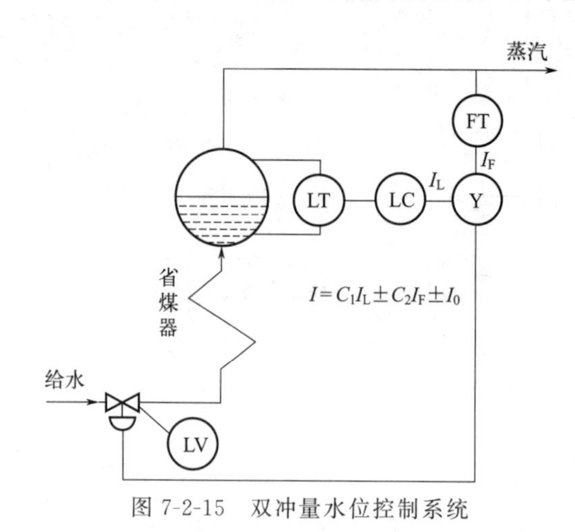

图 7-2-15　双冲量水位控制系统

(2) 双冲量水位控制系统

图 7-2-15 是双冲量水位控制系统的原理图，这是一个前馈-反馈控制系统。借助于前馈的校正作用，可避免因蒸汽流量波动所产生的“假液位”引起的控制阀误动作，从而改善控制质量，防止事故发生。

图 7-2-15 中的加法器将控制器的输出信号和蒸汽流量变送器的信号求和后，控制液位控制阀的开度，调节给水量。当蒸汽流量变化时，通过前馈补偿直接控制液位控制阀的开度，使汽包进出水量不受“假液位”现象的影响而及时达到平衡，这样就克服了由于蒸汽流量变化引起假水位变化所造成的汽包水位剧烈波动。加法器具体运算如下

$$I=C_1I_L\pm C_2I_F\pm I_0 \tag{7-2-4}$$

式中　I——控制器的输出；

I_L——液位控制器的输出；

I_F——蒸汽流量变送器（一般经开方）的输出；

C_1,C_2——加法器系数；

I_0——初始偏置值。

C_2 前面“±”的确定：假设液位控制阀采用气关形式，如果蒸汽流量增加，要保持液位不变，必须增加给水量，液位控制阀开大，因为是气关控制阀，其输入信号 I 必须减小，蒸汽量增加，其测量值 I_F 增加，所以 C_2 前面符号为“－”。

双冲量水位控制系统的弱点是不能克服给水压力的干扰，所以一些大型锅炉把给水量的信号引入控制系统，以保持汽包液位稳定。这样，控制系统共有三个变量的信号，故称为三冲量水位控制系统。双冲量水位控制系统适用于给水压力变化不大的中型锅炉。

(3) 三冲量水位控制系统

图 7-2-16 是三冲量水位控制系统的原理图。图 7-2-16 中的加法器将控制器的输出信号和蒸汽流量变送器的信号求和后，作为流量控制器的给定值。加法器具体运算如式(7-2-4)。

C_2 前面“±”的确定：假设蒸汽流量增加，要保持液位不变必须增加给水量，流量控制器的给定值必须增加，因蒸汽流量增加，其测量值 I_F 增加，所以 C_2 前面符号为“＋”。

图 7-2-16 所示控制方案属于前馈-串级控制系统。蒸汽流量作为前馈信号，汽包水位为主变量，给水流量为副变量。

有些锅炉控制系统采用比较简单的三冲量水位控制系统，只用一个控制器和一个加法器，加法器可接在控制器之前，如图 7-2-17(a) 所示。加法器可接在控制器之后，如图 7-2-17(b) 所示。图中加法器的正、负号是根据控制阀的开关形式和控制器的正反作用的情况来确定。图 7-2-17(a) 当负荷变化时，汽包液位将有余差，图 7-2-17(b) 的接法汽包液位无余差。

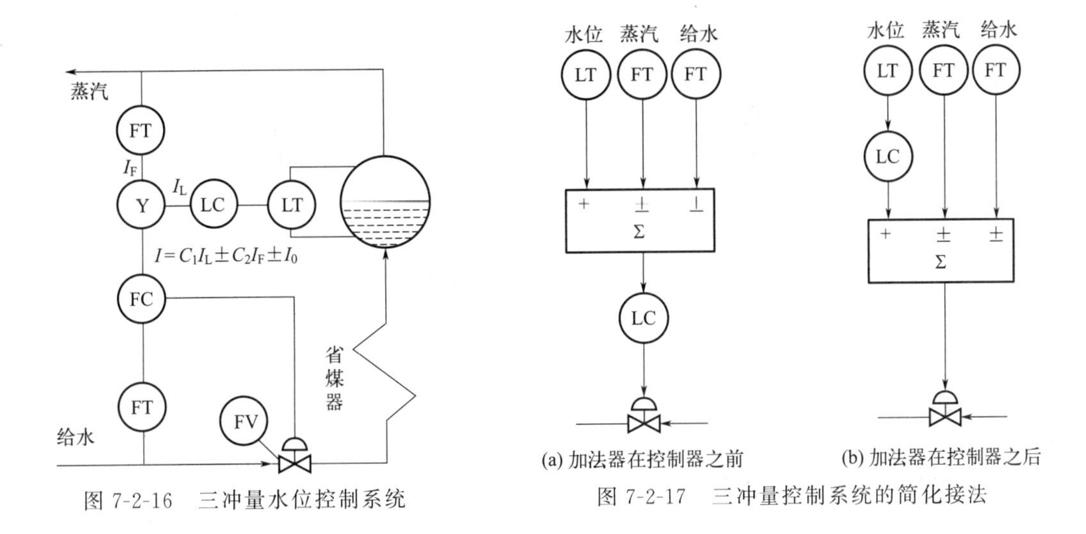

图 7-2-16　三冲量水位控制系统

图 7-2-17　三冲量控制系统的简化接法

2. 锅炉燃烧控制系统

锅炉燃烧控制系统的基本任务是使燃料燃烧时产生的热量适应蒸汽负荷的需要。由于汽包本身为压力容器，它输出蒸汽的压力受到它所带的汽轮机和其他设备的限制，所以锅炉燃烧控制系统有三个主要作用：

① 维持锅炉出口蒸汽压力的稳定。当负荷受干扰影响而变化时，通过控制燃料流量使之稳定。

② 保持燃料流量和空气流量按一定配比送入，即保持燃料燃烧良好。

③ 维持炉膛负压不变，使排烟量与空气量相配合。负压太小，炉膛容易向外喷火，影响环境卫生、设备和工作人员的安全；负压太大，会使大量冷空气漏进炉内，从而使热量损失增加，降低燃烧效率。一般炉膛负压应保持－20Pa 左右。

下面介绍基本控制方案。

① 影响蒸汽压力的主要干扰因素是燃料量的波动与蒸汽负荷的变化。当燃料流量及负荷波动较小时，可以采用以蒸汽压力为被控变量、燃料流量为操纵变量的简单控制系统。当燃料流量波动较大时，可以采用燃料流量为副变量的串级控制系统，如图 7-2-18 所示。

② 为了燃料燃烧效果较好，采用燃料流量与空气流量的比值控制系统，如图 7-2-19 所示。

如图 7-2-20 所示的控制方案，它包括燃料与空气的单闭环比值控制系统和蒸汽压力-燃料流量串级控制系统。

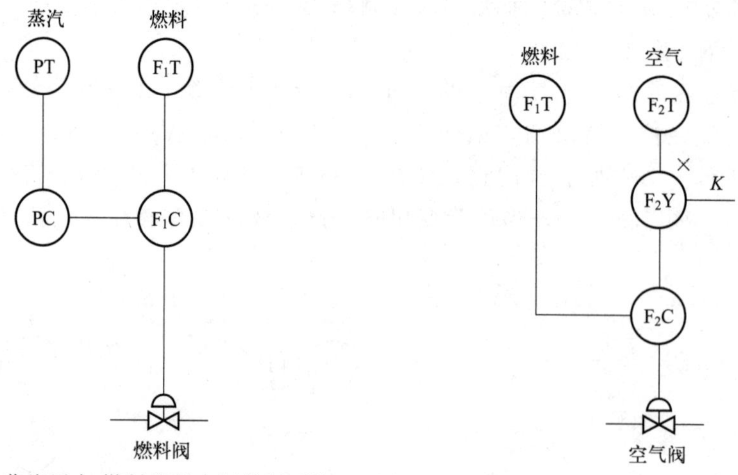

图 7-2-18 蒸汽压力-燃料流量串级控制系统　　图 7-2-19 燃料流量与空气流量的比值控制系统

在比值控制系统中，有时负荷经常需要提降，在提降过程中，为确保生产的正常进行，希望两流量之比始终大于（或小于）或等于所要求的比值，所以提出了逻辑提量问题。在锅炉中，当负荷增加、蒸汽压力下降时，燃料流量也要增加，为了获得良好的燃烧效果，应先增加空气流量，后增加燃料流量；反之，负荷减小、蒸汽压力上升时，应先减小燃料流量，后减小空气流量。即负荷提降过程中，比值控制系统的动作具有一定的逻辑关系。图 7-2-21 是具有逻辑提量的比值控制系统。

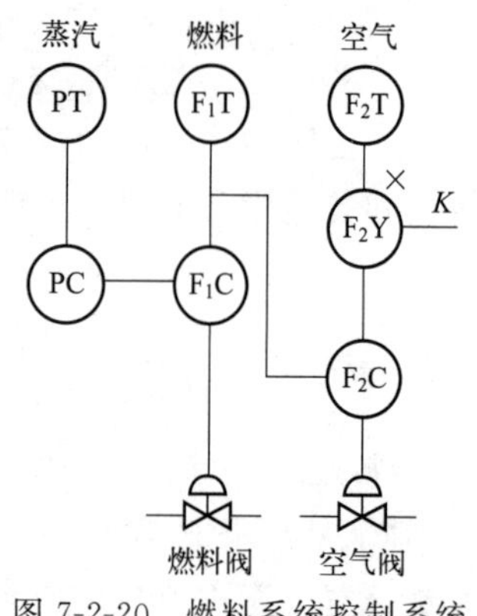

图 7-2-20 燃料系统控制系统

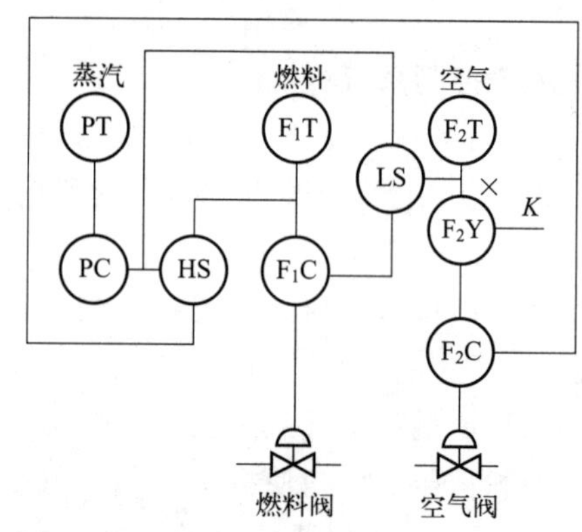

图 7-2-21 具有逻辑提量的比值控制系统

燃料流量与空气流量的比值控制的目的是保证燃料的完全燃烧。保证燃料流量与空气流量的比值，并不一定保证燃料的完全燃烧，燃料完全燃烧的程度需要用一个指标来衡量，常用的是烟气中的氧含量。根据烟气中的氧含量调整燃料流量与空气流量的比值，即燃料流量与空气流量的变比值控制。

3. 过热蒸汽控制系统

过热蒸汽控制系统的作用是保持过热器出口温度在允许范围内，并保证管壁温度不超过允许的工作温度。过热蒸汽控制系统包括一级过热器、减温器、二级过热器。

影响过热蒸汽温度的干扰因素很多，例如燃烧工况、蒸汽流量、减温水的流量和温度、流经过热器的烟气温度和流速等都会影响过热蒸汽温度。在各种干扰作用下，过热蒸汽温度的控制过程都有时滞和惯性且较大，这给控制带来一定的困难，所以要选择好操纵变量和合理的控制方案，才能满足工艺要求。

目前广泛选用减温水的流量作为操纵变量，但是该通道的时滞和容量滞后太大。如果以过热蒸汽温度作为被控变量，控制减温水的流量组成的简单控制系统往往不能满足生产的要求。因此，应采用以减温器出口温度为副被控变量的串级控制系统，如图 7-2-22 所示，这对提前克服如蒸汽流量、减温水的流量和温度等干扰因素是有利的，可以减少过热蒸汽温度的动态偏差，提高过热蒸汽温度的控制质量。

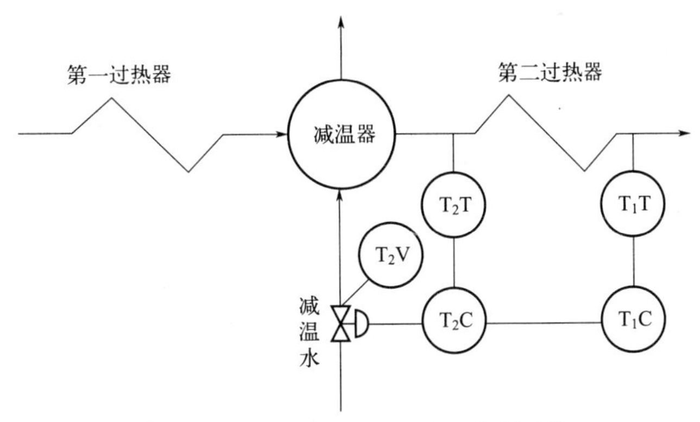

图 7-2-22 过热蒸汽温度串级控制系统

习题与思考

1. 两侧均无相变的换热器常采用哪几种控制方案？各有什么特点？
2. 低温冷却器常采用哪几种控制方案？各有什么特点？
3. 锅炉的自动控制方案包含哪几部分？

项目三　精馏塔的控制

精馏过程是石油化工生产中应用很广泛的过程，它是利用混合物中各组分挥发度的不同将混合物分离成较纯组分的单元操作，多用于半成品或产品的分离和精制。

精馏塔是生产中的重要设备，对产品的质量、产量都起了重要的作用。在精馏操作中，被控变量多，可以选用的操纵变量也多，对其排列组合，使控制方案繁多。精馏塔这一对象的通道很多，反应缓慢，内在机理较复杂，变量相互关联，而控制要求又大多较高，因此必须深入分析工艺特性，总结实践经验，结合具体情况，才能设计出能为工艺生产服务的切实可行的控制方案。

一、精馏塔控制的要求及干扰因素分析

精馏塔的示意图如图 7-3-1 所示。精馏过程是一个传质传热过程，操作时在精馏塔的每块塔板上有适当高度的液体层，回流液经溢流管由上一塔板流至下一塔板，蒸汽则由底部上升，通过塔板上小孔由下一塔板进入上一塔板，与塔板上液体接触。这样在精馏塔每块塔板上，同时发生上升蒸汽部分冷凝和回流液体部分汽化的过程，这个过程是个传热过程。伴随传热过程同时发生的是易挥发组分不断汽化，从液相转入气相；而难挥发组分则不断冷凝，从气相转入液相。这种物质在相间的转移过程称为传质过程。

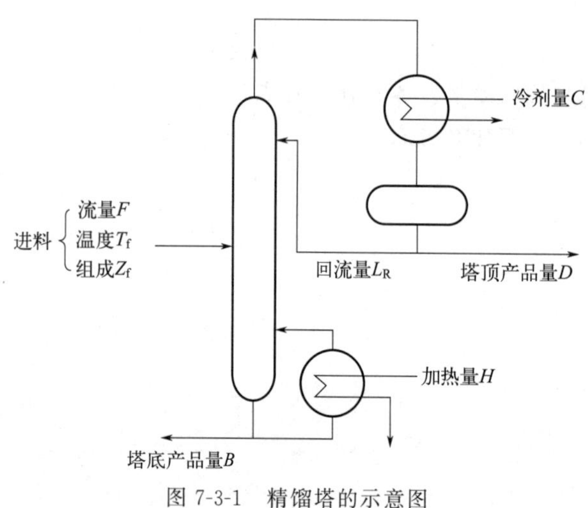

图 7-3-1　精馏塔的示意图

从整个塔看，易挥发组分由下而上逐渐增加，难挥发组分自上而下逐渐增加，其塔板温度自下而上随着易挥发组分增加而逐渐降低。

1. 精馏塔的控制要求

工艺对精馏塔的控制要求为：产品要达到规定的分离纯度，塔的生产效率要高，以达到最高的产量；能耗（指冷剂量，热剂量）尽量低。为达到上述要求，精馏塔配备的自动控制系统应当满足质量指标、物料平衡和热量平衡以及约束条件的要求。

① 质量指标。塔顶或塔底产品之一应达到规定的纯度，另一产品成分亦应维持在规定范围内。

② 物料平衡、热量平衡。用以保证塔的平稳操作，当然塔压是否恒定，对塔的平稳操作有很大影响。

③ 约束条件。为了使塔正常操作，必须满足一些约束条件。例如对塔内部气相速度的限制，太低会使气液接触不好，塔板效率降低；太高会产生液泛现象，将完全破坏塔的操作。塔本身还有最高压力限，越过这个压力，容器的安全就没有保障。

工艺上对精馏塔的控制要求平稳缓变，剧烈波动易出不合格的产品。

2. 精馏塔干扰分析

在精馏塔的操作过程中，影响其质量指标的主要干扰有以下几种。

① 进料流量波动的影响　进料流量的波动是难以避免的，它的波动改变了物料平衡关系和能量平衡关系，可使塔顶或塔底产品成分发生变化，影响产品的质量。如果精馏塔位于整个生产过程的起点，则采用定值控制是可行的。但是，精馏塔的处理量往往是由上一工序决定的，可采取均匀控制系统，使塔的进料流量波动比较平稳。

② 进料成分波动的影响　由于进料成分取决于上一工序的情况，对精馏塔控制系统来说是不可控的干扰。

③ 进料温度波动的影响　进料温度下降，会使塔底轻组分含量增加。进料温度波动，最终会影响产品的成分。可通过加大或减小再沸器加热量来补偿进料温度对产品成分的影响。如进料温度波动过大，则可采用进料温度定值控制系统。

④ 塔内蒸气速度和加热量波动的影响　塔内蒸气速度的波动，会引起塔内上升蒸气流量的波动，从而影响分离度。塔内蒸气速度太大还会产生液泛。塔内蒸气速度的变化主要受加热量变化的影响。为了稳定塔的操作，必须稳定塔内蒸气速度即恒定加热量。对于蒸汽加热的再沸器，蒸汽压力的波动往往是影响加热量的主要因素，因此，蒸汽压力常常需要保持一定。在蒸汽压力恒定时，改变蒸汽流量，实际上就是改变再沸器的加热量，也就是改变塔内上升蒸气速度。

⑤ 回流量及冷剂压力波动的影响　回流量减小，会使塔顶温度升高，从而使塔顶产品中重组分含量增加。因此在正常操作时，除非把回流量作为控制变量，否则总是希望将它维持恒定。冷剂压力波动是引起回流量波动的因素。对于这类干扰，以阀前压力波动影响较大，控制中用压力定值系统即可克服。

⑥ 塔顶（或塔底）产品量的影响　塔顶（或塔底）产品量的变化，实际上是改变了物料平衡关系。在回流罐（或塔底）液位保持稳定的情况下，产品量的变化影响回流量（或再沸器内沸腾的蒸气量）施加到塔内使塔内气液比发生变化，最终使产品成分发生变化。

从上述干扰分析来看，有些干扰是可控的，有些干扰是不可控的。一般对可控的主要干扰可采用定值控制系统加以克服；不可控的干扰最终将反映在塔顶馏出物与塔底采出量的变化上。最直接的产品质量指标就是产品成分。在实际生产过程中，不同的物料性质、不同的精馏方法对产品纯度的要求不同，可采用不同的控制方法。下面介绍精馏塔的基本控制方案。

二、被控变量与操纵变量的选择

精馏塔被控变量的选择，指的是实现产品质量控制。精馏塔产品质量指标有两类：直接质量指标和间接质量指标。在此重点讨论间接质量指标的选择。

精馏塔最直接的质量指标是产品成分。近年来成分分析仪表发展得很快，特别是工业色谱的在线应用，出现了直接按产品成分来控制的方案，此方案的检测点可选在塔顶或塔底。然而由于成分分析仪表价格昂贵，维护保养复杂，采样周期较长即反应缓慢，滞后较大，加上可靠性不够，应用受到了一定限制。

1. 采用温度作为间接质量指标

最常用的间接质量指标是温度。温度之所以可选作间接质量指标，是因为对于一个二元组分精馏塔来说，在一定压力下，沸点和产品成分之间有单独的函数关系。因此，如果压力恒定，塔板温度就反映了成分。对于多元精馏塔来说，情况就比较复杂了，然而炼油和石油化工生产中，许多产品由一系列碳氢化合物的同系物组成，在一定压力下，保持一定的温度，成分的误差可忽略不计。在其余情况下，压力的恒定总是使温度参数能够反映成分变化的前提条件。由上述分析可见，在由温度反映质量指标的控制方案中，压力不能有剧烈波动，除常压塔外，温度控制系统总是与压力控制系统联系在一起。

采用温度作为被控变量时，应根据实际情况选择塔内的某一点的温度作被控变量。

① 塔顶（或塔底）的温度控制。一般来说，如果希望保持塔顶产品符合质量要求，即主要产品在顶部馏出时，以塔顶温度作为控制指标，可以得到较好的效果。同样，为了保证塔底产品符合质量要求，以塔底温度作为控制指标较好。为了保证另一产品的质量指标在规定范围内，塔的操作要有一定裕量。例如，如果主要产品在顶部馏出，操纵变量为回流量的话，再沸器的加热量要有一定富裕，以使在任何可能的干扰条件下，塔底产品的质量指标都在规定的范围内。

采用塔顶（或塔底）的温度作为间接质量指标，似乎最能反映产品的情况，实际上并不尽然。当要分离出较纯的产品时，在邻近塔顶的各板之间温差很小，所以要求温度检测装置有极高的精度和灵敏度，这在实践中有一定困难。不仅如此，微量杂质（如某种更轻的组分）的存在会使沸点起相当大的变化，塔内压力的波动也会使沸点起相当大的变化，这些干扰很难避免。因此，目前除了石油产品的分馏即按沸点范围来切割馏分的情况之外，凡是要通过精馏塔得到较纯成分的工艺，往往不将检测点置于塔顶（或塔底）。

② 灵敏板的温度控制 在进料板与塔顶（或塔底）之间，选择灵敏板作为温度检测点。灵敏板实质上是一个静态的概念。所谓灵敏板，是指当塔的操作经受干扰作用（或承受控制作用）时，塔内各板的组分都将发生变化，各板温度亦将同时变化，直到达到新的稳态时，温度变化最大的那块板。同时，灵敏板也是一个动态的概念。灵敏板与上、下塔板之间浓度差较大，在受到干扰（或控制作用）时，温度变化的初始速度较快，即反应快，它反映了动态行为。

③ 中温控制 取加料板稍上、稍下的塔板或加料板自身的温度作为被控变量，称为中温控制。从其设计目的来看，是希望及时发现操作线左右移动的情况，并得以控制塔顶和塔底的成分。这种控制方案在某些精馏塔上取得了成功，但在分离要求较高时，或是进料浓度变动较大时，中温控制并不能正确反映塔顶或塔底的成分。

2. 采用温差作为间接质量指标

用温度作为间接质量指标有一个前提——塔内压力恒定。虽然针对精馏塔的塔压一般设有控制系统，但对精密精馏等控制要求较高的场合，微小压力的变化将影响温度与组分间的关系，造成产品质量指标控制难以满足工艺要求。为此，需对压力的波动加以补偿，常用的有温差和双温差控制。

① 温差控制　在精密精馏时，可考虑采用温差控制。在精密精馏时，任一塔板的温度是成分与压力的函数，影响温度变化的因素可以是成分，也可以是压力。在一般塔的操作中，无论是常压塔、减压塔、还是加压塔，压力都是维持在很小范围内波动，所以温度与成分才有对应关系。但在精密精馏中，要求产品纯度很高，两个组分的相对挥发度差值很小，由于成分变化引起的温度变化较压力变化引起温度的变化要小得多，所以微小压力波动也会造成明显的效应。例如，苯-甲苯-二甲苯分离时，大气压变化 6.67kPa，苯的沸点变化 2℃，已超过了质量指标的规定。这样的气压变化是完全可能发生的，由此破坏了温度与成分之间

的对应关系。所以在精密精馏时，用温度作为被控变量往往得不到好的控制效果，因此应该考虑补偿或消除压力微小波动的影响。

在选择温差信号时，检测点应按以下原则选择：当塔顶馏出液为主要产品时，应将一个检测点放在塔顶（或稍下面一些），即成分和温度变化较小、比较恒定的位置，另一个检测点放在灵敏板附近，即成分和温度变化较大、比较灵敏的位置，然后取两者的温差 T_d 作为被控变量。只要这两点温度随压力变化的影响相等（或十分相近），则选取温差作为被控变量时，其压力波动的影响就几乎抵消了。

在石油化工和炼油生产中，温差控制已成功地应用于苯-甲苯-二甲苯、乙烯-乙烷、丙烯-丙烷等精密精馏系统。温差控制应用得好，关键在于选点正确、温差设定值合理（不能过大）以及操作工况稳定。

② 温差差值（双温差）控制　采用温差控制存在一个缺点，就是进料流量变化时，将引起塔内成分和塔内压力发生变化。这两者均会引起温差变化，前者使温差减小，后者使温差增加，这时温差和成分就不再呈现单值对应关系，难以采用温差控制。

采用温差差值控制后，由于进料流量波动引起塔压变化对温差的影响，在塔的上、下段温差同时出现，因而上段温差减去下段温差的差值就消除了压降变化的影响。从国内外许多应用温差差值控制的装置来看，在进料流量波动影响下，仍能得到较好的控制效果。

三、常用控制方案

目前最常用的方案是精馏塔的基本控制方案，它们是精馏塔设置复杂及特殊控制方案的基础。基本控制方案根据精馏塔的主要控制系统来分有提馏段温度控制及精馏段温度控制。

1. 提馏段温度控制方案

提馏段温度控制方案如图 7-3-2 所示，由主要控制系统和辅助控制系统两部分组成。

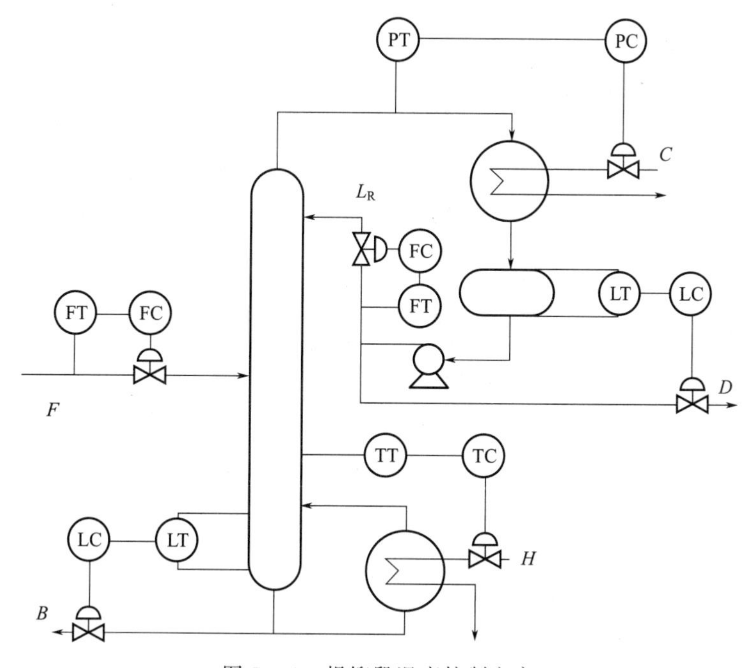

图 7-3-2　提馏段温度控制方案

（1）主要控制系统

提馏段温度控制方案，即提馏段温度为被控变量，其测温元件装在提馏段，塔釜热剂量为操纵变量。

由于这个控制系统的测温元件和控制手段都在塔的下部，所以它对克服首先进入提馏段的干扰比较有效。其次，由于测温元件在提馏段，所以它能直接地反映提馏段的产品质量指标。它的控制效果要比用回流量作为操纵变量迅速、及时。提馏段温度控制方案能较好地保证塔底产品的质量指标。

（2）辅助控制系统

为克服进入精馏塔的其他主要干扰，设有四个辅助控制系统：设置回流量的定值控制系统，回流量应足够大，以便当塔负荷最大时，仍能保持塔顶产品的质量指标在规定的范围内；为维持塔压的恒定，在塔顶引出管线上设置压力控制系统，控制手段一般为改变冷凝器的冷剂量；为减小进料流量波动对塔操作的影响，对塔的进料流量设置定值控制系统，如不可控，也可采用均匀控制系统；为使塔釜液面和冷凝罐液面在一定范围内波动，不至于因液面过低而产生设备抽空的危险，或液面过高而影响传热效果及克服动态上的滞后，设置液位控制系统。

基本控制方案不是绝对不变的，可根据现场具体情况做某些改动。

采用提馏段温度控制方案的场合是：

① 塔底产品纯度比塔顶要求严格时。对成品塔，因为保证产品质量指标是首要的，所以当主要产品从塔底采出时，往往总是采用提馏段温度控制方案。

② 全部为液相进料时。全部为液相进料时，进料流量或进料成分的变化首先影响塔底成分，采用提馏段温度控制具有对干扰的感知及时、控制手段有效等特点。

由于提馏段温度控制回流量足够大，当塔负荷最大时，仍能保持塔顶产品的质量指标在规定的范围内。在生产过程中即使塔顶产品质量指标要求比塔底严格，仍可采用提馏段温度控制方案。

2. 精馏段温度控制方案

精馏段温度控制方案如图 7-3-3 所示，由主要控制系统和辅助控制系统两部分组成。

（1）主要控制系统

精馏段温度控制方案被控变量为精馏段温度，其测温元件在精馏段，操纵变量为回流量。该控制系统由于测温元件和控制手段都在精馏段，所以对克服进入精馏段的干扰和保证塔顶产品质量指标是有利的。

（2）辅助控制系统

精馏段温度控制方案所配备的辅助控制系统是再沸器加热量定值控制系统。加热量稳定可使塔的气相速度比较恒定，保证了塔顶产品的纯度。该系统要求加热量必须有富裕，这是因为当进料流量为最大值时，可以满足塔顶产品纯度的要求。其他辅助控制系统还有回流罐与塔釜液位控制、进料流量控制等，它们设置的目的与提馏段温度控制方案相近，不再讨论。

精馏段温度控制方案的适用场合为：

① 塔顶产品纯度比塔底要求严格；

② 全部为气相进料。

当塔底或提馏段塔板上温度不能很好地反映组分变化时，当组分变化时板上温度变化不

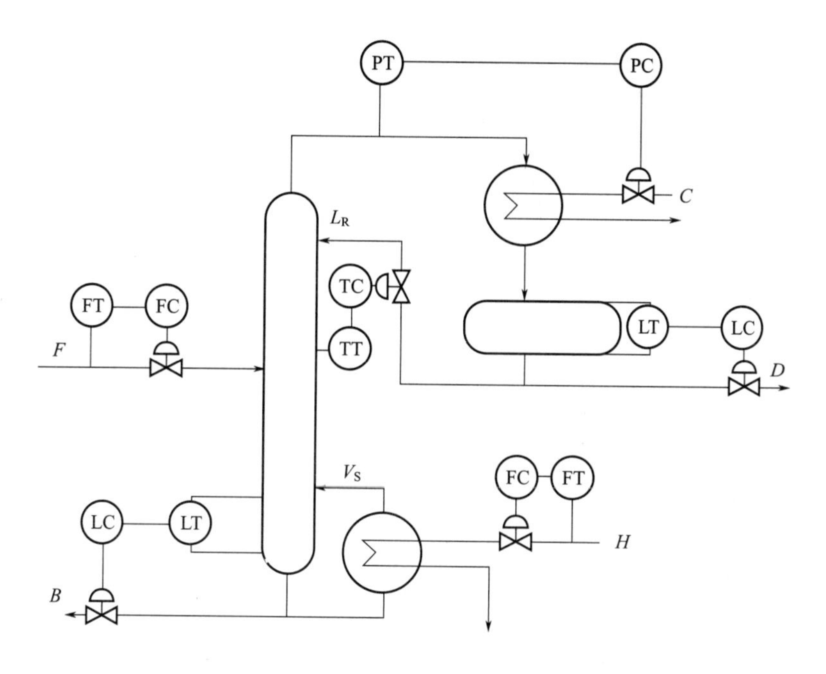

图 7-3-3　精馏段温度控制方案

显著，或者由于进料含有比塔底产品更重的杂质，使测温点设在塔底时的温度控制质量下降，故测温点应适当向上移动。精馏段温度控制方案可以根据具体情况做适当变动。

四、乙烯精馏塔的控制方案

乙烯精馏塔的管道及仪表流程图如图 7-3-4 所示。由图可见，其主要控制方案包括中间再沸器液位选择性控制系统、塔顶回流罐液位与回流量串级控制系统、乙烯回流量与乙烯产品采出量的比值控制系统、塔顶冷凝器乙烯排气流量控制系统、塔压控制系统以及相关变量的显示、记录、联锁和报警等。各控制回路既相互独立又彼此联系，总体上保证了工艺的物料平衡和能量平衡。从对各回路变量的控制要求来看，主要是采用集散控制系统（DCS）控制，各主要变量均在计算机屏幕或 DCS 仪表上显示记录。

1. 中间再沸器液位选择性控制系统

乙烯塔中采用中间再沸器 E-EA-104 产生上升蒸气。从第 107 块塔板侧线流出的液相流体流入中间再沸器壳程，被管程中的裂解气余热加热汽化后，气相从第 108 块塔板处进入乙烯精馏塔，作为上升蒸气，为精馏塔的物料分离提供了能量。本段工艺既要保证足够的流量，以满足上升蒸气量的要求，又要保证中间再沸器的液位不能太低，以保护设备。

流量变送器 FT-127 测量从第 107 块塔板侧线流出的液相流体流量，并将信号送到控制器 FIC-127，进行运算后用内部数据线将结果送至选择器 FX-127。同时，液位变送器 LT-111 测量中间再沸器液位，并将信号送到控制器 LICA-111，进行运算后用内部数据线将结果送至选择器 FX-127，两路信号选择性输出至转换器 FY-127A 转换为气信号，通过电磁阀 FY-127B 操纵控制阀 FV-127。正常情况下进行流量控制，以满足上升蒸气量的要求。当再沸器中的液位偏低时，进行液位控制，以保持中间再沸器正常工作。

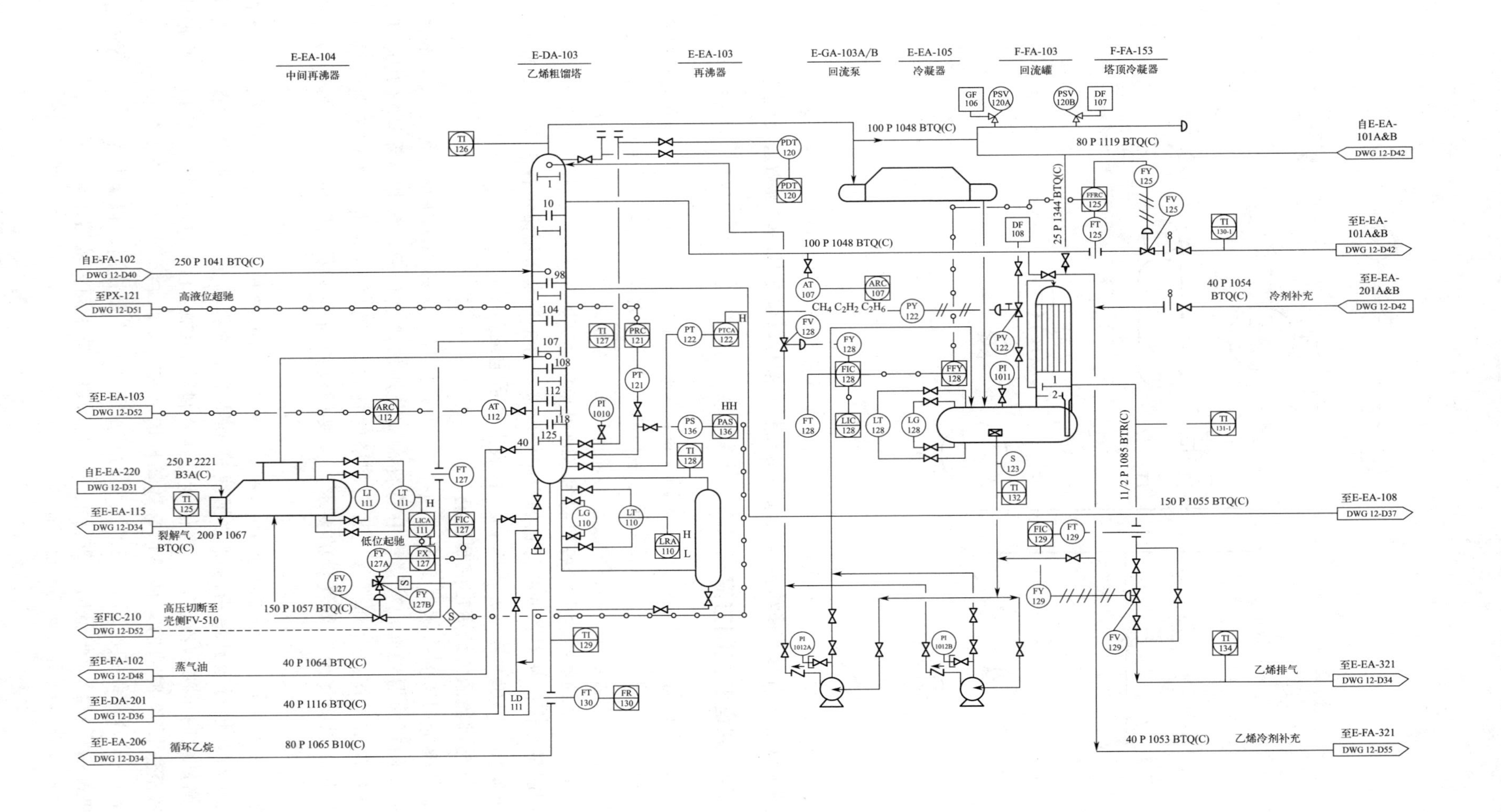

图 7-3-4 乙烯精馏塔的管道及仪表流程图

根据需要，对中间再沸器液位设置了就地指示（LI-111）和控制室屏幕显示报警（LI-CA-H-L）。另外，再沸器壳程介质裂解气出口温度需要在控制室进行屏幕显示。电磁阀FY127B的联锁信号来自DCS的塔压联锁报警系统PAS-136。

2. 塔顶回流罐液位与回流量串级控制系统

乙烯精馏塔的塔顶气相采出为乙烯和少量甲烷，它们被冷凝器冷凝后进入回流罐，实现了气液分离。罐内气相排出为少量乙烯和甲烷。液相为乙烯，经回流泵E-GA-103A/B打入精馏塔的第1块塔板作为回流液。

本方案中采用了塔顶回流罐液位与回流量的串级控制系统。回流罐液位过高不利于分离，太低则会出现空罐的危险。因此，液位是串级控制系统的主被控变量，回流量为副被控变量。由变送器LT-128测得的回流罐液位信号送至控制室控制器LIC-128运算后，作为流量控制器FIC-128的外给定，实现了串级控制，FY-128为电气阀门定位器。回流量设置了控制室屏幕显示，回流罐液位设置了现场显示和控制室屏幕显示。

3. 乙烯回流量与乙烯产品采出量的比值控制系统

精馏塔操作的一个重要指标是回流比，既回流量与采出量之比。为了满足这一操作要求，精馏塔采用了回流量与采出量的比值控制系统。从FIC-128引来的回流量信号经运算器FFY-128进行比率运算后作为流量比率控制器FFRC-125的外给定，此控制器的输出经电气阀门定位器FY-125转换为气信号后作为控制阀FV-125的输入信号，从而实现了回流量与采出量的比值控制。

4. 塔顶冷凝器乙烯排气流量控制系统

乙烯回流罐中的气相为甲烷和部分乙烯，这些介质被连续排出，作为脱甲烷塔的辅助进料。为了保证回流罐内的压力稳定，对这些介质的排出采取了定值控制方案。该控制系统由流量变送器FT-129、控制器FIC-129、电气阀门定位器FY-129及控制阀FV-129构成。

5. 塔压控制系统

精馏塔是一个二元体系，在温度和压力中只要有一个稳定即可。本方案中采用以塔压为被控变量、回流罐的排气量为操纵变量的压力控制系统。另外，塔压经变送器PT-121、控制器PRC-121后，作为高液位超驰控制系统信号，也是控制塔压的辅助手段。

6. 其他相关设备

乙烯分离过程的控制方案中，对一些参数设置了相关的控制室显示记录。例如塔顶采出温度显示TI-126、塔釜温度显示TI-127、塔顶与塔釜压力差显示PDT-120、塔釜采出循环乙烷温度显示TI-129、循环乙烷流量显示FR-130、回流液温度显示TI-132、乙烯排气温度显示TI-134、乙烯采出成分测量AT-107等。

习题与思考

1. 精馏塔操作过程中主要干扰有哪些？

2. 精馏塔的精馏段温度控制方案和提馏段温度控制方案各有什么特点？分别适用在什么场合？

项目四　化学反应器的控制

化学反应器是工业生产过程中的主要设备之一，其作用是实现化学反应过程。化学反应过程机理复杂，不仅受传热、传质过程的影响，而且还要受到温度、压力、浓度等一系列因素的影响。因此，化学反应器的自动控制一般比较复杂。下面简单介绍反应器的控制要求及几种常见的控制方案。

一、化学反应器对控制的要求

反应器的控制方案应满足质量指标、物料平衡及能量平衡、约束条件等方面的要求。

① 质量指标　要使反应达到规定的转化率，或使产品达到规定的浓度。

② 物料平衡和能量平衡　为了使反应器能够正常运行，必须使化学反应器在生产过程中保持物料平衡和能量平衡。例如，为了保持能量平衡，需要及时除去反应热；为了保持物料平衡，需要定时排除或放空系统中的惰性物料，以保证反应的正常进行。

③ 约束条件　对于反应器，要防止工艺变量进入危险区域或不正常工况。例如，在不少催化接触反应中，温度过高或进料中某些杂质含量过高，将会引起催化剂中毒或破损；在有些氧化反应中，物料配比不当会引起爆炸；在流化床反应器中，流体飞速度过高，会将固相吹走，而速度过低，会使固相沉降。为此，应适当配置一些报警、联锁或自动选择性控制系统。

为了保证产品的质量，最好是以质量指标直接作为被控变量，即取出料成分或反应转化率作为被控变量。一般情况下，它们测量比较困难，所以目前多数控制系统都以温度作为被控变量。温度作为反映质量的控制指标是有一定条件的，即只有其他参数不变时，才能正确反映质量情况。

反应器按结构来分，可分为釜式、管式、塔式、固定床和流化床式等，下面介绍几种常用的反应器的自动控制。

二、釜式反应器的控制

釜式反应器（反应釜）在石油化工生产过程中广泛应用于聚合反应。另外，在有机染料、农药等生产中还经常采用釜式反应器来进行碳化、硝化、卤化等反应。

1. 控制进料温度

物料经过预热器（或冷却器）进入釜式反应器，采用控制进入预热器（或冷却器）的热剂（或冷剂）流量来稳定釜内温度。方案如图 7-4-1 所示。

2. 控制夹套温度

对于带夹套的反应釜，可采用控制进入夹套的热剂（或冷剂）流量来稳定釜内温度，方案如图 7-4-2 所示。但由于反应釜容量大，温度滞后严重，特别是进行聚合反应时，釜内物料黏度大，混合不均匀，传热效果差，很难使温度控制达到严格的要求，这时就需要引入复杂控制系统。

三、固定床反应器的控制

固定床反应器的工作方式是催化剂床层固定不动，流体原料通过催化剂床层，在催化剂作用下进行化学反应以生产所需物质。如二氧化硫转化为三氧化硫的接触器，合成氨生产中的变换炉、合成塔都属于这一类型。

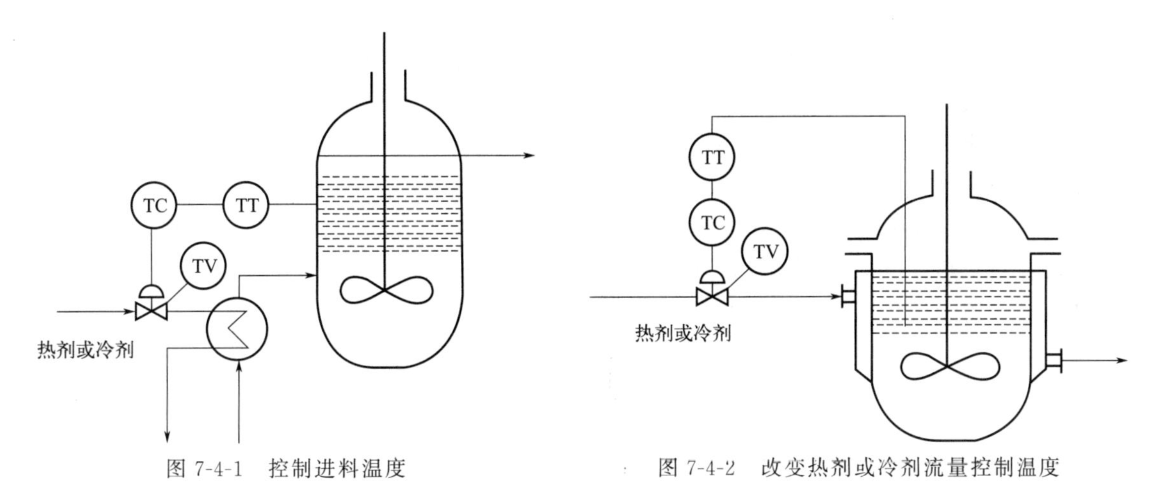

图 7-4-1　控制进料温度　　　　图 7-4-2　改变热剂或冷剂流量控制温度

固定床反应器的温度控制关系到产品的质量，正确选择灵敏点的位置十分重要。对于多段催化剂床层，往往要求分段进行温度控制，这样可使操作更趋合理，控制更为有效。下面介绍几种常见的固定床反应器温度控制方案。

1. 控制进料浓度

主要原料（即非过量的反应物）的浓度越高，对放热反应来说，反应后的温度也越高。如在硝酸生产中，氨氧化制取一氧化氮的过程是空气和氨气分别进入混合器，然后通入氧化炉（反应器）。这一反应基本上是不可逆的。为了使氨气的浓度低于爆炸极限，空气是过量的。当氨气的浓度在 9%～11%范围内时，氨气含量增高 1%，将使反应温度提高 60～70℃。最常用控制方案是通过改变氨气与空气流量的比值来稳定氧化炉的温度。控制方案如图 7-4-3 所示。

2. 控制进料温度

提高进料温度，将使反应器内温度升高。图 7-4-4 所示方案中，进料与出料进行热交换，以便回收热量。此方案是通过控制出料或进料旁路流量即改变进料温度稳定反应器的温度。

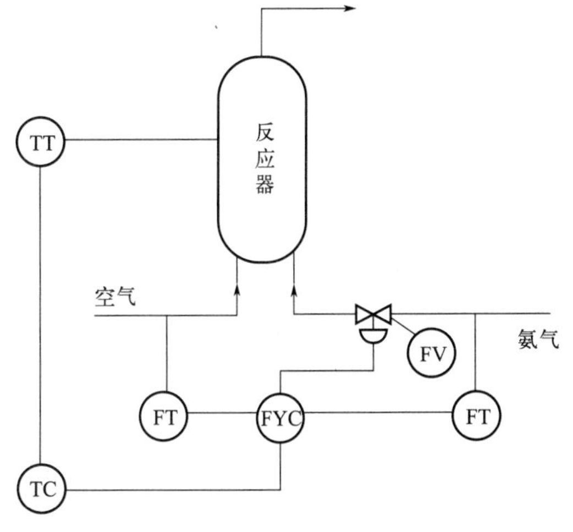

图 7-4-3　改变进料浓度控制反应温度

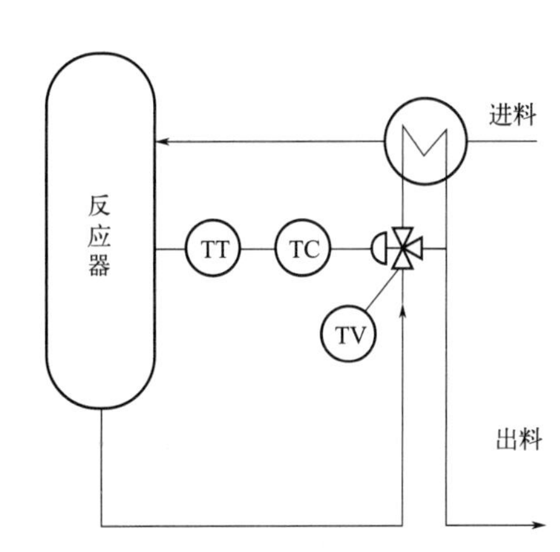

图 7-4-4　用载热体流量控制温度

四、流化床反应器的控制

流化床反应器的工作原理：反应器底部装有多孔筛板，催化剂呈粉末状，放在筛板上，当从底部进入的原料气流速达到一定数值时，催化剂开始上升呈沸腾状，这种现象称为固体流态化。催化剂沸腾后，由于搅动剧烈，因而传质、传热和反应强度都较好，并且有利于连续化和自动化生产。

流化床反应器的控制与固定床反应器的控制相似，温度控制十分重要。控制流化床温度可通过控制载热体流量来改变原料进口温度，如图 7-4-5 所示，也可通过控制进入流化床的冷剂流量来控制流化床反应器内的温度，如图 7-4-6 所示。

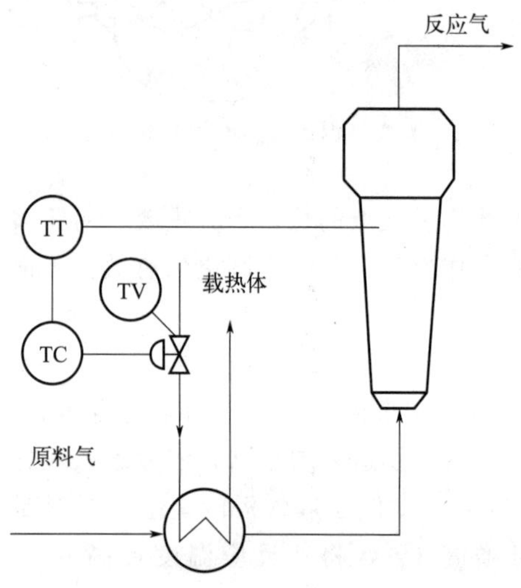

图 7-4-5　改变入口温度控制反应温度

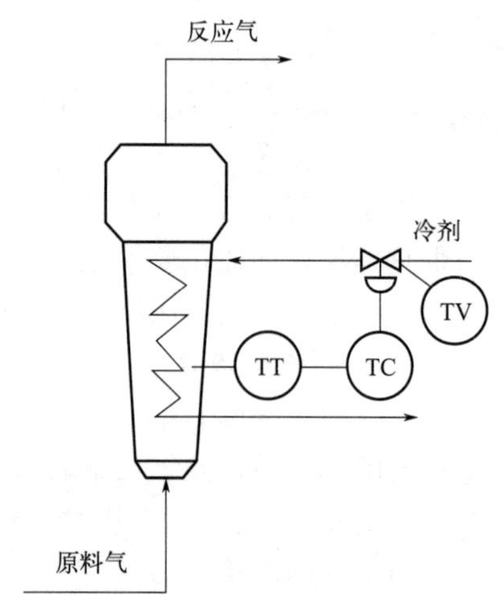

图 7-4-6　改变冷剂流量控制温度

习题与思考

1. 釜式反应器的自动控制方案有哪些？
2. 固定床反应器的自动控制方案有哪些？
3. 流化床反应器的自动控制方案有哪些？

附　录

附录一　常用弹簧管压力表型号与规格

名称	型号[①]	测量范围/MPa	精度等级
普通弹簧管压力表	Y-40 Y-40Z	0～0.1,0.16,0.25,0.4,0.6,1,1.6,2.5,4,6	2.5
	Y-60 Y-60T Y-60TQ Y-60Z Y-60ZT	低压:0～0.06,0.1,0.16,0.25,0.4,0.6,1,2.5,4,6 中压:0～10,16,25,40	1.5 2.5
	Y-100 Y-100T Y-100TQ Y-100Z Y-100ZT	低压:0～0.06,0.1,0.16,0.25,0.4,0.6,1,2.5,4,6 中压:0～10,16,25,40,60	1.5 2.5
	Y-150 Y-150T Y-150TQ Y-150Z Y-150ZT	低压:0～0.06,0.1,0.16,0.25,0.4,0.6,1,2.5,4,6 中压:0～10,16,25,40,60 高压:0～100,160,250(Y-150)	1.5 2.5
	Y-200 Y-200T Y-200ZT	低压:0～0.06,0.1,0.16,0.25,0.4,0.6,1,2.5,4,6 中压:0～10,16,25,40,60 高压:0～100,160,250(Y-200)	1.5 2.5
	Y-250 Y-250T Y-250ZT	低压:0～0.06,0.1,0.16,0.25,0.4,0.6,1,2.5,4,6 中压:0～10,16,25,40,60 高压:0～100,160,250(Y-250) 超高压:0～400,600,100(Y-250)	1.5
标准压力表	YB-150	−0.1～0,0～0.1,0.16,0.25,0.4,0.6,1,1.6,2.5,4,6,10,25,40,60,100,160,250	0.25 0.35 0.5
真空表	Z-60 Z-100 Z-150 Z-200 Z-250	−0.1～0	1.5
压力真空表	YZ-60 YZ-100 YZ-150 YZ-200	−0.1～0.1,0.16,0.25,0.4,0.6,1,1.6,2.5	1.5
氮用压力表	YA-100 YA-150	0～0.25,0.4,0.6,1,1.6,2.5,4,6,10,16,25,40,60,100,160	1.5 2.5
氨用真空表	ZA-100 ZA-150	−0.1～0	1.5 2.5
氨用压力真空表	YZA-100 YZA-150	−0.1～0,0.1,0.16,0.25,0.4,0.6,1,1.6,2.5	1.5 2.5

续表

名称	型号①	测量范围/MPa	精度等级
电接点压力表	YX-150 YXA-150 (氨用)	0～0.1,0.16,0.25,0.4,0.6,1,1.6,2.5,4,6,10,16,25,40,60	1.5 2.5
电接点真空表	ZX-150 ZXA-150 (氨用)	-0.1～0	1.5 2.5
电接点压力真空表	YZX-150 YZXA-150	-0.1～0.1,0.16,0.25,0.4,0.6,1,1.6,2.5	1.5 2.5

① 字母说明：Y—压力；Z—真空；B—标准；A—氨用表；X—信号电接点。型号后面的数字表示表盘外壳直径(mm)。数字后面的字母：Z—轴向无边；T—径向有后边；TQ—径向有前边；ZT—轴向带边；数字后面无字母表示径向。

附录二　常用热电偶、热电阻分度表

附表 1　铂铑$_{10}$-铂热电偶分度表

分度号：S（冷端温度为 0℃）

t/℃	0	−10	−20	−30	−40	−50				
	E/mV									
0	−0.000	−0.053	−0.103	−0.150	−0.194	−0.236				

t/℃	0	10	20	30	40	50	60	70	80	90
	E/mV									
0	0.000	0.055	0.113	0.173	0.235	0.299	0.365	0.433	0.502	0.573
100	0.646	0.720	0.795	0.872	0.950	1.029	1.110	1.191	1.273	1.357
200	1.441	1.526	1.612	1.698	1.786	1.874	1.962	2.052	2.141	2.232
300	2.323	2.415	2.507	2.599	2.692	2.786	2.880	2.974	3.069	3.164
400	3.259	3.355	3.451	3.548	3.645	3.742	3.840	3.938	4.036	4.134
500	4.233	4.332	4.432	4.532	4.632	4.732	4.833	4.934	5.035	5.137
600	5.239	5.341	5.443	5.546	5.649	5.753	5.857	5.961	6.065	6.170
700	6.275	6.381	6.486	6.593	6.699	6.806	6.913	7.020	7.128	7.236
800	7.345	7.454	7.563	7.673	7.783	7.893	8.003	8.114	8.226	8.337
900	8.449	8.562	8.674	8.787	8.900	9.014	9.128	9.242	9.357	9.472
1000	9.587	9.703	9.819	9.935	10.051	10.168	10.285	10.403	10.520	10.638
1100	10.757	10.875	10.994	11.113	11.232	11.351	11.471	11.590	11.710	11.830
1200	11.951	12.071	12.191	12.312	12.433	12.554	12.675	12.796	12.917	13.038
1300	13.159	13.280	13.402	13.523	13.644	13.766	13.887	14.009	14.130	14.251
1400	14.373	14.494	14.615	14.736	14.857	14.978	15.099	15.220	15.341	15.461
1500	15.582	15.702	15.822	15.942	16.062	16.182	16.301	16.420	16.539	16.658
1600	16.777	16.895	17.013	13.131	17.249	17.366	17.483	17.600	17.717	17.832
1700	17.947	18.061	18.174	18.285	18.395	18.503	18.609			

附表 2　镍铬-镍硅热电偶分度表

分度号：K（冷端温度为 0℃）

t/℃	0	−10	−20	−30	−40	−50	−60	−70	−80	−90
	E/mV									
−200	−5.891	−6.035	−6.158	−6.262	−6.344	−6.404	−6.441	−6.458		
−100	−3.554	−3.852	−4.138	−4.411	−4.669	−4.913	−5.141	−5.354	−5.550	−5.730
0	0.000	−0.392	−0.778	−1.156	−1.527	−1.889	−2.243	−2.587	−2.920	−3.243

t/℃	0	10	20	30	40	50	60	70	80	90
	E/mV									
0	0.000	0.397	0.798	1.203	1.612	2.023	2.436	2.851	3.267	3.682
100	4.096	4.509	4.920	5.328	5.735	6.138	6.540	6.941	7.340	7.739

续表

t/℃	0	10	20	30	40	50	60	70	80	90
	E/mV									
200	8.138	8.539	8.940	9.343	9.747	10.153	10.561	10.971	11.382	11.795
300	12.209	12.624	13.040	13.457	13.874	14.293	14.713	15.133	15.554	15.975
400	16.397	16.820	17.243	17.667	18.091	18.516	18.941	19.366	19.792	20.218
500	20.644	21.071	21.497	21.924	22.350	22.776	23.203	23.629	24.055	24.480
600	24.905	25.330	25.755	26.179	26.602	27.025	27.447	27.869	28.289	28.710
700	29.129	29.548	29.965	30.382	30.798	31.213	31.628	32.041	32.453	32.865
800	33.275	33.685	34.093	34.501	34.908	35.313	35.718	36.121	36.524	36.925
900	37.326	37.725	38.124	38.522	38.918	39.314	39.708	40.101	40.494	40.885
1000	41.276	41.665	42.053	42.440	42.826	43.211	43.595	43.978	44.359	44.740
1100	45.119	45.497	45.873	46.249	46.623	46.995	47.367	47.737	48.105	48.473
1200	48.838	49.202	49.565	49.926	50.286	50.644	51.000	51.355	51.708	52.060
1300	52.410	52.759	53.106	53.451	53.795	54.138	54.479	54.819		

附表 3 镍铬-铜镍合金（康铜）热电偶分度表

分度号：E（冷端温度为 0℃）

t/℃	0	−10	−20	−30	−40					
	E/mV									
0	0.000	−0.582	−1.152	−1.709	−2.255					

t/℃	0	10	20	30	40	50	60	70	80	90
	E/mV									
0	0.000	0.591	1.192	1.801	2.420	3.048	3.685	4.330	4.985	5.648
100	6.319	6.998	7.685	8.379	9.081	9.789	10.503	11.224	11.951	12.684
200	13.421	14.164	14.912	15.664	16.420	17.181	17.945	18.713	19.484	20.259
300	21.036	21.817	22.600	23.386	24.174	24.964	25.757	26.552	27.348	28.146
400	28.946	29.747	30.550	31.354	32.159	32.965	33.772	34.579	35.387	36.196
500	37.005	37.815	38.624	39.434	40.243	41.053	41.862	42.671	43.479	44.286
600	45.093	45.900	46.705	47.509	48.313	49.116	49.917	50.718	51.517	52.315
700	53.112	53.908	54.703	55.497	56.289	57.080	57.870	58.659	59.446	60.232

附表 4 铁-铜镍合金（康铜）热电偶分度表

分度号：J（冷端温度为 0℃）

t/℃	0	−10	−20	−30	−40					
	E/mV									
0	0.000	−0.501	−0.995	−1.482	1.961					

t/℃	0	10	20	30	40	50	60	70	80	90
	E/mV									
0	0.000	0.507	1.019	1.537	2.059	2.585	3.116	3.650	4.187	4.726
100	5.269	5.814	6.360	6.909	7.459	8.010	8.562	9.115	9.669	10.224

续表

t/℃	0	10	20	30	40	50	60	70	80	90
	E/mV									
200	10.779	11.334	11.889	12.445	13.000	13.555	14.110	14.665	15.219	15.773
300	16.327	16.881	17.434	17.986	18.538	19.090	19.642	20.194	20.745	21.297
400	21.848	22.400	22.952	23.504	24.057	24.610	25.164	25.720	26.276	26.834
500	27.393	27.953	28.516	29.080	29.647	30.216	30.788	31.362	31.939	32.519
600	33.102	33.689	34.279	34.873	35.470	36.071	36.675	37.284	37.896	38.512
700	39.132	39.755	40.382	41.012	41.645	42.281	42.919	43.559	44.203	44.848

附表 5 工业用铂热电阻分度表

分度号：Pt_{100}（R_0=100.00，α=0.003850）

t/℃	0	−10	−20	−30	−40	−50	−60	−70	−80	−90
	热电阻值/Ω									
−200	18.49									
−100	60.25	56.19	52.11	48.00	43.87	39.71	35.53	31.32	27.08	22.80
0	100.00	96.09	92.16	88.22	84.27	80.31	76.33	72.33	68.33	64.30

t/℃	0	10	20	30	40	50	60	70	80	90
	热电阻值/Ω									
0	100.00	103.90	107.79	111.67	115.54	119.40	123.24	127.07	130.89	134.70
100	138.50	142.29	146.06	149.82	153.58	157.31	161.04	164.76	168.46	172.16
200	175.84	179.51	183.17	186.82	190.45	194.07	197.69	201.29	204.88	208.45
300	212.02	215.57	219.12	222.65	226.17	229.67	233.97	236.65	240.13	243.59
400	247.04	250.48	253.90	257.32	260.72	264.11	267.49	270.86	274.22	277.56
500	280.90	284.22	287.53	290.83	294.11	297.39	300.65	303.91	307.15	310.38
600	313.59	316.80	319.99	323.18	326.35	329.51	332.66	335.79	338.92	342.03
700	345.13	348.22	351.30	354.37	357.42	360.47	363.50	366.52	369.53	372.52
800	375.50	378.48	381.45	384.40	387.34	390.26				

附表 6 工业用铜热电阻分度表（1）

分度号：Cu_{50}（R_0=50.00，α=0.004280）

t/℃	0	−10	−20	−30	−40	−50				
	热电阻值/Ω									
0	50.00	47.85	45.70	43.55	41.40	39.24				

t/℃	0	10	20	30	40	50	60	70	80	90
	热电阻值/Ω									
0	50.00	52.14	54.28	56.42	58.56	60.70	62.84	64.98	67.12	69.26
100	71.40	73.54	75.68	77.83	79.98	82.13				

附表 7　工业用铜热电阻分度表（2）

分度号：Cu_{100}（R_0＝100.00）

t/℃	0	−10	−20	−30	−40	−50				
	热电阻值/Ω									
0	100.00	95.70	91.40	87.10	82.80	78.49				

t/℃	0	10	20	30	40	50	60	70	80	90
	热电阻值/Ω									
0	100.00	104.28	108.56	112.84	117.12	121.40	125.68	129.96	134.24	138.52
100	142.80	147.08	151.36	155.66	159.96	164.27				

参考文献

［1］ 王树青．工业过程控制工程．3版．北京：化学工业出版社，2008.
［2］ 厉玉鸣．化工仪表及自动化．6版．北京：化学工业出版社，2019.
［3］ 张井岗．过程控制与自动化仪表．北京：北京大学出版社，2007.
［4］ 戴连奎．过程控制工程．4版．北京：化学工业出版社，2021.
［5］ 廉迎战．过程控制系统仪表及控制系统．3版．北京：机械工业出版社，2016.
［6］ 俞金寿，蒋慰孙．过程控制工程．北京：电子工业出版社，2007.
［7］ 张德泉．集散控制系统原理及其应用．北京：电子工业出版社，2015.
［8］ 肖军．石油化工自动化及仪表．2版．北京：清华大学出版社，2017.
［9］ 张光新．化工自动化及仪表．北京：化学工业出版社，2016.